为中国建设更好的医院

总编辑黄锡璆

中国中元国际工程有限公司医疗建筑设计院首席总建筑师
国家一级注册建筑师
教授级高级工程师
东南大学建筑系毕业
比利时卢汶大学工学部人居研究中心医院建筑规划与设计博士
卫生经济学会医疗卫生建筑专业委员会委员
中国建筑师学会医院建筑专业委员会副主任委员
国际建筑师协会公共卫生建筑学组（UIA PHG）中国成员
世界医疗保健设施建筑教育大学项目（GUPHA）成员
2012 年荣获“第六届梁思成建筑奖”
2000 年全国工程设计大师
1995 年全国先进工作者
机械工业优秀工程设计奖 7 项
机电部优秀工程勘察设计奖 1 项
建设部部级城乡建设优秀勘察设计奖 2 项
国家优秀工程设计奖 2 项
北京市优秀工程设计奖 7 项
先后主持完成百余项各类医院工程规划设计，获多项国家级、省部级奖项

编写委员会主任

刘殿奎

国务院原医改办公立医院改革组负责人、原国家卫计委体制改革司副司长、中国医学装备协会副理事长、中国医学装备协会医院建筑与装备分会会长，《中国医学装备》杂志社社长。

审稿委员会主任

孟建民

中国工程院院士、深圳市建筑设计研究总院有限公司董事长、总建筑师。2014 年获第七届梁思成建筑奖，2006 年获建设部“全国工程勘察设计大师”称号。

《中国医院建设指南》编撰委员会

参与单位（排名不分先后）：

中国医学装备协会医院建筑与装备分会
中国医学装备协会医用气体装备及工程分会
中国医院协会医院文化专业委员会
中国卫生信息学会卫生信息标准委员会
中国重型机械工业协会停车设备工作委员会
中国城市交通规划学会
中天联盟
深圳市暖通净化行业协会
安徽医科大学第二附属医院
安徽医科大学第一附属医院
北京大学第三医院
北京大学国际医院
北京大学肿瘤医院
北京回龙观医院
北京协和医院
滨州医学院烟台附属医院
常州市第二人民医院
复旦大学附属中山医院
杭州市妇产科医院
华中科技大学同济医学院附属协和医院
江阴市人民医院
丽水市中心医院
山东省千佛山医院
山西省人民医院
上海市卫生基建管理中心
首都医科大学附属北京天坛医院
四川大学华西医院
南京医科大学附属无锡人民医院
无锡市中医医院
西安交通大学第一附属医院
浙江大学医学院附属第二医院
浙江大学医学院附属第一医院
江苏省人民医院
立邦涂料（中国）有限公司
浙江锦水园环保科技有限公司
南京布尔特医疗技术发展有限公司
蓓安科仪（北京）技术有限公司
本德尔（扬州）电子电力工程有限公司
西安四腾环境科技有限公司
中建一局集团第五建筑有限公司
来邦科技股份公司
深圳�达工程科技有限公司
广州铭铉净化设备科技有限公司
上海直玖机场设备有限公司
深圳市威大医疗系统工程有限公司
长春铸诚集团有限责任公司
《中外洗衣》杂志社
艾信智慧医疗科技发展（苏州）有限公司
北京白象新技术有限公司
北京华源亿泊停车管理有限公司
北京三维海容科技有限公司
北京亚太医院管理咨询股份有限公司
北京易识科技有限公司
北京智慧图科技有限责任公司
成都联帮医疗科技股份有限公司
佛山市雅洁源科技股份有限公司
广东华展家具制造有限公司
广州泛美实验室系统科技股份有限公司
广州广日智能停车设备有限公司
广州基太思自动化设备有限公司
国药控股美太医疗设备（上海）有限公司
海南铭泰医学工程有限公司
航天圣诺（北京）环保科技有限公司
湖州永汇水处理工程有限公司
江苏瑞孚特物联网科技有限公司
科夫可环保科技（上海）有限公司

中国人民解放军总医院
中国医科大学附属盛京医院
中南大学湘雅医院
中日友好医院
中山大学中山眼科中心
北京起重运输机械设计研究院有限公司
北京五合国际工程设计顾问有限公司
江苏亚明室内建筑设计有限公司
清华大学建筑设计研究院有限公司
上海建筑设计研究院有限公司
上海浚源建筑设计有限公司
华东都市设计研究总院
深圳市柏鹏建筑设计事务所有限公司
深圳市建筑设计研究总院有限公司
中国城市规划设计研究院
中国建筑科学研究院环境与节能研究院
中国建筑标准设计研究院有限公司产品应用研究所
中国建筑上海设计研究院有限公司
中国建筑设计研究院有限公司
中国中元国际工程有限公司
中建国际设计顾问有限公司
滨州医学院卫生工程管理研究所
滨州医学院公共卫生与管理学院
烟台大学土木工程学院
沈阳大学建筑工程学院
公安部天津消防研究所
重庆大学
四川省卫生和计划生育监督执法总队
同济大学建筑与城市规划学院
重庆大学城市与环境工程学院
重庆大学建筑城规学院
苏州金螳螂建筑装饰股份有限公司
北京睿谷联衡建筑设计有限公司
南京北方赛尔环境工程有限公司
宁波欧尼克科技有限公司
青岛乔威电子科技有限公司
三胞医疗健康建设管理有限公司
山东同圆数字科技有限公司
山东亚华电子股份有限公司
陕西莫格医用设备有限公司
上海建工二建集团有限公司
上海名沪装饰工程有限公司
上海延华智能科技（集团）股份有限公司
深圳捷工智能电气股份有限公司
深圳市鑫德亮电子有限公司
视联动力信息技术股份有限公司
四川港通医疗设备集团股份有限公司
苏州沃伦韦尔高新技术股份有限公司
无锡锐泰节能系统科学有限公司
西安汇智医疗集团有限公司
香港华艺设计顾问（深圳）有限公司
珠海安诺医疗科技有限公司
北京汉迪厨房工程设计有限公司
北京轩涵睿勤管理顾问有限公司
东莞市鹏驰净化科技有限公司
佛山晴杨医疗设备科技有限公司
江苏德普尔门控科技有限公司
江西浩金欧博空调制造有限公司
江西铭铉医疗净化科技有限公司
宁波德科自动门科技有限公司
天津市津航净化空调工程公司
北京医路阳光管理咨询有限公司
四季沐歌科技集团有限公司
北京紫光百会科技公司
上海晋强实业有限公司
上海远洲管业科技股份有限公司

编者寄语

期望《中国医院建设指南》能为推动建设中国绿色、智慧、人文医院发挥应有的作用。

——刘殿奎

《中国医院建设指南》是目前国内医院建筑设计的集大成之作，定位精准，内容翔实，视角前瞻，对未来十年的国内医院建设有着重要的指导和借鉴意义。

——孟建民

《中国医院建设指南》：一本专为医院管理者和建设者撰写的与时俱进的工作指南。

——孙　虹

为中国建设最好的医院，是你、是我、是他共同的心愿。良好的疗愈环境构建更需要你、我、他的共同贡献，愿这本指南能在筑梦的路上给您助力，给您支持！

——鲁　超

集成共享，推动行业发展。

——张建忠

《中国医院建设指南》的出版倾注了业内专家的心力和经验，推动了行业进步。它的传播将让中国医院建设项目少留遗憾，多出精彩！

——沈崇德

以人文关怀为根本，赋予建筑以生命，担起医院发展、百姓健康的历史责任，不负梦想，不负时代；不忘初心，砥砺前行！

——刘学勇

《中国医院建设指南》随着新时代，开启第四版，医建知识紧跟新理念、新技术、新方法、新知识，为新一代医建助力！

——李立荣

你我的健康，用心护航；天使的家园，一起开创。携手共努力，建设生命的七彩殿堂。道路还漫长，我们不停丈量。

——庞玉成

为中国建设更好的医院，《中国医院建设指南》是我们进步的阶梯。

——赵奇侠

编者寄语

不断修编《中国医院建设指南》，助力打造明日医院。

——谭西平

理论与实践相结合，与时俱进只争朝夕；推陈出新广纳善言，汇集精粹不吝赐教；普惠杏林增效提速，节资省心建好医院。

——朱　希

希望本书能够成为医院智能化建设的好帮手，实用指南。

——王　韬

开放边界，共生成长，为中国建设更好的医院。

——李宝山

《中国医院建设指南》，助力中国医院建设产业升级！

——刘建平

面临全面深化改革和转型升级发展的攻坚阶段，希望中国医院的建设要从规模扩张走向内涵集约发展，从传统管理走向创新智慧发展。

——姚　蓁

《中国医院建设指南》，为中国百姓建绿色智慧医院。

——胡建中

本书涵盖了医院建设的各个领域，权威、专业、全面，是一部凝聚业内专家集体智慧的鸿篇巨制。

——徐　民

合抱之木生于毫末，九层之台起于垒土。愿《中国医院建设指南》为筑就医院建设之台，为呵护生命之树贡献智慧。

——辛衍涛

新时代，新要求，新作为，新担当，建设世界一流医院，乃吾辈之己任！

——王　漪

希望《中国医院建设指南》成为医院建设者的得力助手。

——刘玉龙

编者寄语

医院是一个特殊的公共场所，希望《中国医院建设指南》的出版能让我国医院的消防水平迈上一个新台阶。

——李国生

医院建设的复杂性对相关事务参与者提出了较高要求，客观、务实是基础。衷心希望新版指南能助力我国医建事业更稳、更好地向更高水平推进。

——龙　灏

医院建设是一个以终为始的过程，要尊重规律，尊重价值，尊重方法，尊重现实。不断地在质量、成本和时间之中寻找平衡。

——路　阳

建设好中国的医院，守护 14 亿人的健康。

——付祥钊

《中国医院建设指南》凝聚了全体医疗建设者的智慧，让我们携手托起祖国医院建设的美好明天。

——白浩强

《中国医院建设指南》是建设高水平、高质量、现代化医院的精品之作，对新时代医院创新发展建设必将起到极大的推进作用和指导作用。

——漆家学

在中国大健康背景下，相信《中国医院建设指南》能在健康中国的建设之路中起到导引及指向作用。

——郜仁记

中国医院建设正面临着巨大挑战和机遇。《中国医院建设指南》作为业内标杆书籍，对我国现代化医院建设与发展发挥着重要的作用。

——姚　勇

《中国医院建设指南》是规范化、现代化、智能化医院建设宝典，建设优质医院、促进百姓健康。

——潘柏申

我们孜孜不倦，努力做到最好！让我们为中国医院建设事业竭尽所学！

——苏黎明

编者寄语

《中国医院建设指南》给医院建设提供了系统的规范依据和指导意见，凝聚了所有医院建设者的智慧，希望医院管理者通过此交流平台不断探索，建设越来越先进规范的新医院。

——黄如春

项目建设全过程数字化集成管理是医院建设和运维中提质增效，实现精细化管理的有力手段。

——刘鹏飞

第四版《中国医院建设指南》经各位编委和专家的全新修订，将在新时代指引建设高质量、高效率的绿色医院。

——陈海勇

《中国医院建设指南》集行业精英智慧，必将助力中国医院建设与运营更高效，疗愈环境更合理、更舒适。

——蔡文卫

《中国医院建设指南》是医院建设领域的大百科全书，是具前瞻性、科学性、实用性的医院建设工具书，对中国医院建设具有指导意义。

——孙亚明

新版《中国医院建设指南》在世人注目和期待下顺利发行，站在新的起点，肩负使命，服务大众！

——叶　青

紧随健康中国发展目标，探寻未来医院建设发展之路。立邦愿以创新的力量，为未来，建设更好的医院。

——周　晴

《中国医院建设指南》，让我们的医用家具及医疗空间环境变得更加井然有序、高效安全。

——仲恒平

《中国医院建设指南》是目前国内医院建设领域极具前瞻性、权威性、科学性、实用性的大型医院建设工具书，你可以在这里看到中国医院建设的发展趋势与实用案例，一起期待更加美好的中国医院建设的未来。

——周连平

编者寄语

第四版涵盖的内容更丰富、深度更深特别是在智慧化医院建设方面对设计、施工、监理和医院建设管理方都有很好的指导作用。

——张栋良

《中国医院建设指南》融入了先进的建设理念，并结合了医院的发展现状，使医院建设更加合理完善，使患者享受更好的服务。

——金伟忠

《中国医院建设指南》的再版，充分体现了我国在医院建设领域升级换代、技术革新、节能减排等方面所取得的巨大进步。《中国医院建设指南》成就绿色医院梦想！

——孙帮聪

用物联网和系统工程思维解决医院净水问题，实现智能信息化下的中央分质供水，综合利用、环保节能，提高我国医院用水的整体水平。

——李　杰

新版《中国医院建设指南》更好地结合了医院建设的实践并适应了不断发展与变化的中国医院建设的需求。

——朴　军

《中国医院建设指南》立意高远，阐述简明，是一部很好的工具书。

——陈众励

舟车劳顿一心铺设健康路，功名淡薄只为谱写幸福歌！

——朱文华

搭建起医院建设者交流学习的桥梁，为中国医院建设行业发展不断贡献智慧和力量。

——包海峰

编撰《中国医院建设指南》，建设更好的明日医院。

——任　宁

《中国医院建设指南》编纂过程中，体现着对科学发展的追求，立足前沿，致力创新，以坦诚开放的胸怀面对当今多元化的医院建筑领域，为国内医院建设提供了不可取代的指导性意义。

——路建新

编者寄语

《中国医院建设指南》有方向，出彩需细品！

——汤光中

新版的酝酿是一场共生的碰撞，在这个进程中，未来的样貌和图景已经更加明晰。

——唐泽远

望能借助 BIM 工具融合医建人的智慧，以目的为导向，让 BIM 应用落地。

——肖　晶

医院物流随着物流技术的日新月异而蓬勃发展，作为物流技术人员，今后将继续深入研究，助力我国医院建设新发展。

——陈涤新　郝建魁

利用物联网系统优化医院的服务和管理流程，把实践经验提升为对智慧医院建设的专家指导。

——孙炜一

愿航空医疗救援为每一次安全起降保驾护航。

——柳海洲

齐备的功能用房配置、合理的区域划分、明晰的洁污分流、按不同的系统组织流线是做好内镜中心规划的前提，也是提高工作效率，减少交叉感染，保证医患安全的重要基础和有效途径。

——卢　杰

《中国医院建设指南》集医院管理行业专家之所长，全方位阐述了医院建设所需知识，为正在筹划医院建设的管理者提供参考。

——冯靖祎

《中国医院建设指南》紧扣医院建设理念和技术革新的脉搏，汇集了诸多医院建设者的良好实践，将为现代医院建设精准导航。

——吕　品

绿色医院建筑，标准先行，夯实实际，未来可期。

——袁闪闪

编者寄语

为《中国医院建设指南》的编写出一份力，与广大读者分享我的工作经验。

——刘东超

愿《中国医院建设指南》成为读者了解中国新医院发展趋势、指导建设的服务平台。

——刘嘉茵

推动中国医院发展，着力打造与国际接轨的中国医院。

——汤德芸

建设一流医院，弘扬中华医德，传承医学精华，服务千万民众。

——芦小山

希望未来医院建设得越来越完美。

——郑雅清

随着医院的建设步入高度智能化阶段，物流系统已经成为支撑医院后勤物资配送的刚性需求设备。

——梁德利

《中国医院建设指南》不仅是医院建设工作者的匠心之作，更是本实用工具书、指路明灯！

——胡暄玉

为老百姓建设更好医院，追求人类照顾之真、善、美！

——赵　宁

希望《中国医院建设指南》能为中国医院建设提供智能、无障碍、人性化设计指明方向。

——王文丰

以明心为根本，用生命唤醒生命。不忘初心，砥砺前行，为中国建设更好的医院而一起努力！

——张亮亮

秉承绿色理念，解决环保难题。

——林　立

中国医院建设指南

（第四版）

下　册

《中国医院建设指南》编撰委员会　编著

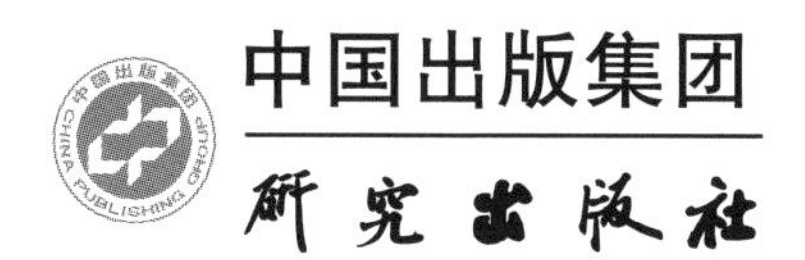

图书在版编目（C I P）数据

中国医院建设指南 / 《中国医院建设指南》编撰委员会编著. -- 4版. -- 北京 ：研究出版社，2019.4
ISBN 978-7-5199-0387-9

Ⅰ. ①中... Ⅱ. ①中... Ⅲ. ①医院－建筑设计－中国－指南 Ⅳ. ①TU246.1-62

中国版本图书馆CIP数据核字(2019)第047198号

出 品 人：赵卜慧
责任编辑：陈侠仁

中国医院建设指南
ZHONGGUO YIYUAN JIANSHE ZHINAN

作　　者：《中国医院建设指南》编撰委员会　编著
出版发行：研究出版社
地　　址：北京市朝阳区安定门外安华里504号A座(100011)
电　　话：010-64217619　64217612（发行中心）
网　　址：www.yanjiuchubanshe.com
经　　销：新华书店
印　　刷：北京华邦印刷有限公司
版　　次：2019 年4月第1版　2019年4月第1次印刷
开　　本：889毫米×1194毫米 1/16
印　　张：99
字　　数：2840千
书　　号：ISBN 978—7—5199—0387—9
定　　价：860.00 元

前　言

《中国医院建设指南》自 2008 年第一版出版以来，迄今已 11 年，在这期间，我国的医院建设发生了巨大变化。党的十九大报告将“实施健康中国战略”作为国家发展基本方略中的重要内容，现代医院建设也开始从追求规模向注重内涵转变，不断发挥科技创新和信息化的引领支撑作用。

医院工程建设涉及自然科学、技术科学、人文科学等诸多领域，随着医疗技术的进步，建筑科技的发展及互联网医院的兴起等，为了适应医疗建设领域新需求，我们编撰了第四版。

《中国医院建设指南》的编撰是一项巨大的系统工作，作为我国医院建设领域的行业巨著与重要学术文献，本书一直以其专业性、实用性、指导性与前瞻性服务于广大医建人。如何才能在前三版的基础上进一步完善知识内容，更好地服务医院建设行业读者，是一个巨大的挑战。200 多家单位的 300 多位专家作者，经过 20 个月的努力，最终完成了这部行业经典的第四版。参编人员中有来自于医院卫生行政管理的人员，有长期从事医院基建工作的院长、卫生技术人员，也有从事咨询、规划设计的规划师、设计师，来自院校研究机构的专家教授以及从事设备产品研发的科技工作者等。

本次编撰细化了知识体系，从项目管理、设计、专项工程到后期的运维管理，实现了对医院建筑“全生命周期”建设的指导。同时，我们在编撰的过程中尽量使内容更广，信息更全，也努力吸纳近期医院建设发展中出现的新装备、新概念、新趋势，努力使其内容贴近实际，并具有适度前瞻性。

由于医院建设涉及专业广泛，内容取舍难免有多寡不均、深浅失衡之处，加上参编人员来自不同专业、不同背景，在文例表述上也不尽统一，欢迎读者在使用查阅过程中提出宝贵意见，以便将来作进一步修正完善。

本书参考引用的相关行业标准和规范，均为 2019 年 1 月前颁布，如有更新或修订，请以新版为准。

《中国医院建设指南》编撰委员会

2019 年 4 月

第四版出版说明

2006年由原卫生部医院管理研究所组织编写《中国医院建设指南》一书，历时两年，于2008年正式出版。作为我国医院建设领域的行业巨著与重要学术文献，本书一直以其专业性、实用性、指导性与前瞻性服务于广大医建人。

10年间，为了不断适应我国医院建设的发展，本书已进行过两次修编。为了更好地服务于我国的医院建设，本书于2017年1月启动第四版编撰工作。本次编撰相对于第三版主要有三个变化。

第一，在整体结构上，医院建设领域专业更加细分，从管理、设计、专项等方面进行论述。

第二，结合当前医院建设实际，特别增加了医院评审与评价、运维管理等方面的内容，使建设者能够从医院未来发展的角度认识医院建设。

第三，在专项建设方面，增加了“停机坪”“医学实验室”等医院建设发展新趋势。同时更新医院建筑装备、产品等新的技术及变化。

第四版全书分为8篇，共47章。希望在我们的努力下，为中国建设更好的医院提供知识指导。

《中国医院建设指南》编撰委员会

2019年4月

总目录

第一篇　医院建设项目管理

第一章　医院建设项目管理概述 …… 3
第二章　项目招标采购与合同管理 …… 37
第三章　施工阶段管理 …… 63
第四章　工程造价与项目资金管理 …… 85
第五章　建设工程监理、设计文件和竣工验收管理 …… 107
第六章　基于 BIM 技术的医院建设项目管理 …… 141
第七章　医院建设项目管理变革 …… 185

第二篇　医院建设前期策划

第一章　项目前期准备 …… 209
第二章　医院建设项目前期专项工作 …… 243
第三章　医用设备配置规划 …… 265

第三篇　医院规划与建筑设计

第一章　概述 …… 289
第二章　医院建筑设计 …… 303
第三章　医院建筑医疗工艺设计 …… 325
第四章　医院室内设计 …… 359
第五章　医院环境与景观规划设计 …… 413

第四篇　医院建设装饰与装修工程

第一章　医院建筑装饰与装修工程概述 …… 429
第二章　医疗空间的室内照明、声学及色彩设计 …… 447
第三章　医院装饰、装修材料及建设用门 …… 483

第四章　医用家具及护理设施 511
第五章　医院陈设等部品系统 539

第五篇　医院建设专项工程

第一章　医院水系统 549
第二章　医院供电、配电及医院电气安全 609
第三章　医院通风、供暖、空调及热力系统 647
第四章　医院消防系统 693
第五章　医院电梯与扶梯系统 733
第六章　医用气体系统 783
第七章　医院物流输送系统 821
第八章　医院停车系统 881
第九章　医院辐射防护与电磁屏蔽 953
第十章　医院标识导向系统 977
第十一章　医疗救援直升机停机坪建设 1003

第六篇　医院特殊用房

第一章　医学检验中心规划与建设 1031
第二章　内镜中心（室）规划与建设 1045
第三章　医院中心实验室规划与建设 1059
第四章　医院手术部（室）规划与建设 1083
第五章　临床营养科及营养配膳中心规划与建设 1139
第六章　医院消毒供应中心规划与建设 1163
第七章　医院洗衣房规划与建设 1177

第七篇　智慧医院工程

第一章　数字医院规划 1195

第二章　医院智能化系统建设 …… 1231
第三章　医院信息化建设 …… 1351
第四章　医院物联网建设 …… 1381

第八篇　医院运维管理与建设创新

第一章　医院建筑调适 …… 1415
第二章　医院评审管理 …… 1429
第三章　医院建筑与设备运维管理 …… 1453
第四章　医院第三方服务单位的管理 …… 1503

下册目录

第七篇　智慧医院工程

第一章　数字医院规划 ………… 1195

沈崇德　申刚磊　赖金林

第一节　概述 ………… 1197
第二节　数字化医院规划内容 ………… 1204
第三节　数字化医院规划实操 ………… 1212

第二章　医院智能化系统建设 ………… 1231

沈崇德　龚海　孙炜一　詹复生　王东伟

唐泽远　王震腾　董政　檀德亮　王庆

第一节　医院智能化工程规划与实施 ………… 1234
第二节　医院智能化系统专项设计与咨询服务 ………… 1243
第三节　综合布线 ………… 1248
第四节　计算机网络系统 ………… 1252
第五节　数据中心系统 ………… 1261
第六节　机房工程 ………… 1270
第七节　多媒体音视频系统 ………… 1279
第八节　医院视频融合系统 ………… 1286
第九节　医院综合安防系统 ………… 1292
第十节　中央空调节能管控系统 ………… 1307
第十一节　智能照明控制系统 ………… 1309
第十二节　楼宇自控系统 ………… 1311
第十三节　能效监管系统 ………… 1316
第十四节　楼宇机电集成管控平台 ………… 1320
第十五节　智能卡系统 ………… 1323
第十六节　数字化手术部系统 ………… 1331
第十七节　医用对讲呼叫系统 ………… 1338
第十八节　分诊排队系统 ………… 1340
第十九节　公共信息发布与多媒体查询系统 ………… 1342
第二十节　医院智能化系统管理与维护 ………… 1344

第三章　医院信息化建设 ……………………………………………………………………………… 1351

王韬

第一节　医院信息化建设规划设计 ………………………………………………………… 1353
第二节　信息化组织机构与管理制度建设 ……………………………………………… 1355
第三节　医院信息系统及功能简介 ………………………………………………………… 1356
第四节　医院信息集成平台与数据中心 ………………………………………………… 1371
第五节　医院信息安全体系 ………………………………………………………………… 1373
第六节　医院信息系统运维管理 …………………………………………………………… 1377

第四章　医院物联网建设 ……………………………………………………………………………… 1381

胡建中　孙虹　孙炜一　黄玉成　冯嵩　熊芳　李云　陈廷寅　陈智

胡强　路建新　艾金　欧海蕉　黄子晶　李溦　宁静静　王攀

第一节　概述 ………………………………………………………………………………… 1383
第二节　物联网技术框架及核心技术 …………………………………………………… 1383
第三节　物联网在医院的应用 ……………………………………………………………… 1387
第四节　如何建设医院物联网 ……………………………………………………………… 1402
第五节　医院物联网应用展望 ……………………………………………………………… 1405

第八篇　医院运维管理与建设创新

第一章　医院建筑调适 ………………………………………………………………………………… 1415

辛衍涛

第一节　概述 ………………………………………………………………………………… 1417
第二节　调适的实施 ………………………………………………………………………… 1418
第三节　关于后调适 ………………………………………………………………………… 1426

第二章　医院评审管理 ………………………………………………………………………………… 1429

鲁超　袁闪闪　李峰　汪卓赟

第一节　概述 ………………………………………………………………………………… 1431
第二节　评审评价标准下的医院建筑要求 ……………………………………………… 1434
第三节　绿色医院建筑 ……………………………………………………………………… 1448

第三章　医院建筑与设备运维管理 …………………………………………………………………… 1453

鲁超　李峰　汪卓赟

第一节　概述 ………………………………………………………………………………… 1455
第二节　医院建筑与设备运维系统的组织结构 ………………………………………… 1456

第三节　医院建筑工程技术管理 …………………………………………………… 1464
第四节　医院设备全生命周期管理 ………………………………………………… 1468
第五节　维修计划与控制 …………………………………………………………… 1491

第四章　医院第三方服务单位的管理 …………………………………………………… 1503

黄如春　王永红　朱虹　刘毅

第一节　概述 ………………………………………………………………………… 1505
第二节　第三方服务单位的运作模式 ……………………………………………… 1507
第三节　第三方服务单位的分类 …………………………………………………… 1511
第四节　针对第三方服务公司的监管办法 ………………………………………… 1513

第七篇

智慧医院工程

第一章

数字医院规划

沈崇德　申刚磊　赖金林

沈崇德 南京医科大学附属无锡人民医院副院长

申刚磊 无锡市中医医院科研处助理研究员

赖金林 中国卫生信息学会卫生信息标准委员会 HL7 研究组副组长

第一节　概述

医院数字化是现代化医院的重要标志之一，也是医院现代化管理和高效运行的有力保证。先进的医院信息系统对提高医院的质量效益、经济效益、社会效益具有巨大的促进和推动作用。数字化医院涵盖了临床、管理、后勤、科研、教学等各个方面，数字化带来了医疗服务模式的重大革命。数字化医院建设正在向一体化、智能化智慧医院方向迈进。数字化医院重点在于业务流程的数字化，建设目标为无纸化、无线化与无胶片化，智慧医院是在数字化医院的基础上，结合信息平台、物联网、云计算、大数据、人工智能，实现业务支持的智能化、闭环化、个性化与无错化，建设重点是智能导航、闭环管理、精准医疗、精细服务，让管理更简单，让服务更便捷，让医疗更便捷。智慧医院的建设重点为“物联网＋互联网＋信息平台＋人工智能”。

一、数字化医院规划环境分析

（一）信息技术发展给医院带来的挑战

随着信息产业的迅猛发展，世界经济结构也在发生着新的变化，由原有的物质型向信息型转变，全球信息化浪潮不断高涨，带动信息化社会快速发展和变革。而这一发展在为信息技术革命带来新生机的同时，也为医院信息化建设注入了新的活力。当然，它对医院信息化建设带来的不仅是机遇，也是挑战。

2008 年，中国政府提出要在无锡打造“感知中国中心”，由此推动了物联网研究、应用和相关产业的快速发展，智慧医疗应运而生。2015 年两会期间，政府工作报告中首次提出制订“互联网＋”行动计划，即把互联网运用到传统行业中，如互联网＋医疗、交通、教育、金融等。伴随着知识社会的来临，驱动当今社会变革的不仅仅是无所不在的网络，还有无所不在的计算、无所不在的数据、无所不在的知识。2015 年 3 月，国务院发布了《全国医疗卫生服务体系规划纲要（2015—2020 年）》明确指出，要积极推动移动互联网、远程医疗服务等的发展，应用信息化技术推动惠及全民的健康信息服务和智慧医疗服务。2017 年 12 月，国家卫生计生委发布了《进一步改善医疗服务行动计划（2018—2020 年）》，要求进一步推动医疗服务高质量的发展，不断增强群众获得感、幸福感。行动计划明确了以“互联网＋”为手段，建设智慧医院，要求医疗机构围绕患者医疗服务需求，利用互联网信息技术扩展医疗服务空间和内容，切实改善医疗服务。

2018 年 4 月，国务院办公厅发布关于《促进“互联网＋医疗健康”发展的意见》（以下简称《意见》），鼓励医疗机构应用互联网等信息技术拓展医疗服务空间和内容，构建覆盖诊前、诊中、诊后的线上线下一体化医疗服务模式；医疗联合体要积极运用互联网技术，加快实现医疗资源上下贯通、信息互通共享、业务高效协同，便捷开展预约诊疗、双向转诊、远程医疗等服务，推进“基层检查、上级诊断”，推动构建有序的分级诊疗格局。《意见》提出了促进互联网与医疗健康深度融合发展的一系列政策措施，健全“互联网＋医疗健康”服务体系。从发展“互联网＋”医疗服务，创新“互联网＋”公共卫生服务，优化“互联网＋”家庭医生签约服务，完善“互联网＋”药品供应保障服务，推进“互联网＋”医疗保障结算服务，加强“互联网＋”医学教育和科普服务，推进“互联网＋”人工智能应用服务等七个方面，推动互联网与医疗健康服务融合发展。

2018 年 9 月，为贯彻落实《国务院办公厅关于促进“互联网＋医疗健康”发展的意见》有关要求，进一步规范互联网诊疗行为，发挥远程医疗服务积极作用，提高医疗服务效率，保证医疗质量和医疗安全，国家卫生健康委员会和国家中医药管理局组织制定了《互联网诊疗管理办法（试行）》《互联网医院管理办法（试行）》《远程医疗服务管理规范（试行）》，根据使用的人员和服务方式将“互联网＋医疗服务”分为三类，明确了互联网医院性质及与实体医疗机构的关系；明确了互联网医院和互联网诊疗活动准入程序和监管；明确互联网医院的法律责任关系。

“互联网+”不仅仅是互联网移动了、泛在了、应用于某个传统行业了，更加入了无所不在的计算、数据、知识，造就了无所不在的创新，推动了知识社会以用户创新、开放创新、大众创新、协同创新为特点的创新 2.0，改变了大家的生产、工作、生活方式，也引领了创新驱动发展的“新常态”。“互联网+”是创新 2.0 下的互联网与传统行业融合发展的新形态、新业态，是知识社会创新 2.0 推动下的互联网形态演进及其催生的经济社会发展新形态。“互联网+”代表一种新的经济形态，即充分发挥互联网在生产要素配置中的优化和集成作用，将互联网的创新成果深度融合于经济社会各领域之中，提升实体经济的创新力和生产力，形成更广泛的以互联网为基础设施和实现工具的经济发展新形态。“互联网+”行动计划将大大促进以云计算、物联网、大数据为代表的新一代信息技术与现代制造业、生产性服务业等的融合创新。

“互联网+”也可以称之为“后互联网时代”，必将带来医疗服务业的重大变革，也将使数字化应用建设迎来新的天地。互联网技术正逐渐改变原有的医疗模式，将原来医院与医院之间、医生与医生间、医生与居民间的信息孤岛有效地连接起来，提升医疗资源的利用效率。但在信息安全问题日益严重的情况下，保证患者的个人信息安全性是实现互联网元素与医疗之间“1+1>2”的关键。

随着互联网、移动互联网、虚拟化、云计算、大数据、物联网、人工智能等信息技术的飞速发展，如何面对这场波及全球的信息化变革大潮，不仅是医院信息化本身的思考，更是医院如何利用互联网和互联网技术进行经营管理和服务模式突破创新，建立符合中国社会经济发展和医疗改革发展的新型智慧医院的重要契机。

信息化的快速发展，无论是当下正如火如荼的公立医院改革还是现代医院管理制度的建立，无论是医院内部精细化管理的需要还是无边界健康服务模式的推进，医院对信息化的具体要求和依存度越来越高。医院管理者们越来越多地关注如何建设新时代的数字化医院，如何让数字化技术更好地为临床、管理和病患服务创造价值；医院的 CEO 们则越来越关注医院业务战略与 IT 系统之间是否有清晰的联系框架？业务的不断发展和信息技术的变化，IT 系统的升级扩展是否变得困难？应用系统越来越多，无统一规划和标准接口，是否系统越建，孤岛越大，孤岛越多，如何消除信息孤岛（见图 7-1-1）；医院信息中心越来越重要，人员越来越多，如何实现 IT 部门的有效管理与有效服务；这些都需要医院有明确的 IT 战略。

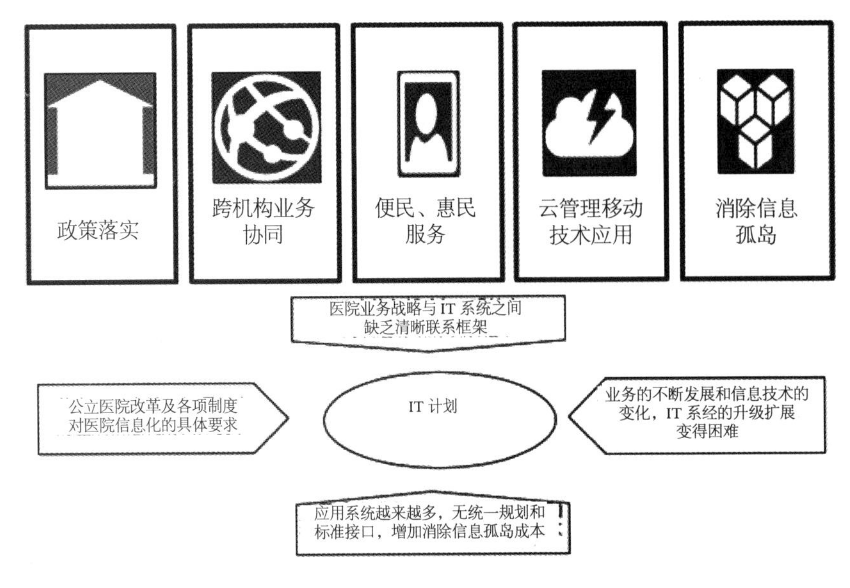

图 7-1-1 医院 IT 规划与 IT 需求

我国医院信息化建设经历了三个阶段，一是20世纪80年代末至90年代末，建设以门诊收费、住院收费、药品管理等以收费记账为主的部门级局域网HIS系统；二是从21世纪初开始，逐步建设以EMR、LIS、PACS等临床服务系统为核心的全院级业务应用系统；三是近几年来，相对较发达地区的医院开始建设以临床路径、闭环医嘱、HRP等为核心的全院级医疗管理与运营管理系统。同时，也有众多医院将移动互联网、物联网、云计算、信息平台、大数据、人工智能等新技术引入医院信息化建设中，做了非常多的探讨和尝试，取得众多经验，逐步探索建设智慧医院的创新模式。信息化手段已经成为医院医疗服务和运营管理体系中不可缺少的一部分，支撑着医院的医疗服务、运营管理、组织架构、业务协同以及流程执行，起着"承上启下"的关键桥梁作用，成为医院战略得以最终执行的必要支撑。医院信息化价值的最大化是驱动业务，创新医院业务与管理模式来促进医院的发展。

随着新医改逐步推进，医疗信息化建设也将迎来一个新的发展阶段。未来的数字化医院应该是什么样的，应如何应用信息技术提升医院整体影响力和竞争力。可以从以下几个方面考虑：

（1）利用信息技术，优化以病人为中心的业务流程；

（2）利用信息技术，规范和固化医院管理制度；

（3）加强数据利用，强化临床服务和病人管理、医院运营的支持能力；

（4）利用信息技术，支持重点专学科建设发展；

（5）利用信息技术，推动医院内部的精细化智能化管理；

（6）通过云计算、大数据等技术应用，支持区域内医院资源整合，支持区域卫生和医联体模式；

（7）利用IT、高新技术，充分挖掘并运用海量数据为医疗、教学、科研、护理、管理等服务；

（8）应用互联网以及移动互联网技术，实现医院服务从院内服务扩展到院前和院后，为病人提供更优质、周到的诊疗服务、健康管理服务等；

（9）利用人工智能技术，为患者提供智能导诊，为医护提供更加精确的辅助诊断，实现精准医疗。

（二）医院IT环境的复杂性及其问题

医学的复杂性、特殊性和管理的不确定性，导致信息技术与医学、管理工程的融合极其困难。由于太过专业，而且业务流程十分烦琐，医疗信息化本身的复杂程度不是其他行业所能比拟。由于对医疗行业信息化复杂度估计不足而导致系统失败是很多见的。

信息化技术与医学的融合本来就是一件非常困难的事情，而这往往又是不被医院重视或忽视的一个环节。表现为要么就是"只安排信息科独挑医院信息化建设的大梁"，要么就是"将信息科看成是一个被动的执行机构，医院信息化建设的所有事情完全由业务人员来决定"，结果造成信息化的技术实现手段与医疗业务流程，不是信息化的技术手段无法被有效利用，就是信息化的医疗流程还得辅助许多的手工操作过程才能完成。

数字化医院建设是一个范围极广、极具专业性的综合项目，需要掌握专业的医学知识，需要掌握专业的信息化技术，需要掌握专业的管理知识。而承担医院信息化建设组织、管理主要职能的信息管理人员又很难集这些专业知识于一身，所以寻求医学和管理工程与信息技术的融合点就显得尤为重要。

面对医院业务的高速发展，管理和服务模式的重大变革，IT如何支持和配合业务发展？这也是很多医院管理者一直需要考虑的问题（图7-1-2），具体如下。

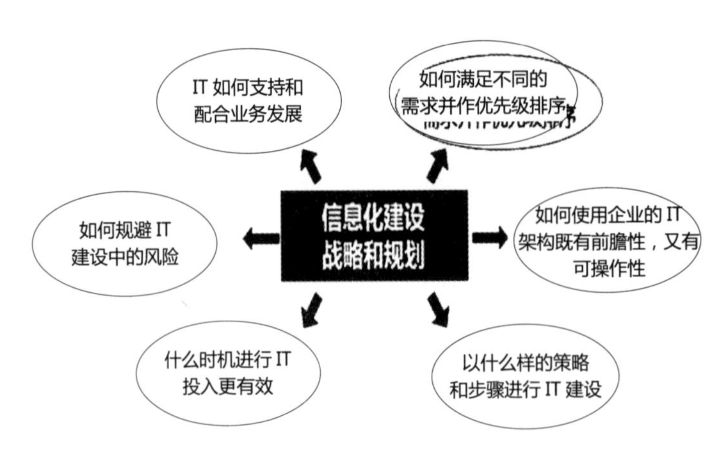

图 7-1-2 医院 IT 规划关注的问题

（1）未来的数字化医院、智慧医院应该包含哪些内涵？实现哪些价值？

（2）各业务和职能部门都有各自的需求，而且每个部门的需求都具有一定紧迫性，资源（包括资金、人力、时间等）有限的信息化投资环境，如何满足不同的需求并作优先级排序？

（3）医院经营环境、业务流程都在不断演变，IT 架构和系统很容易过时，如何使医院的 IT 架构既有前瞻性，又有可操作性？

（4）医院每一部分 IT 系统有不同的技术特点和业务环境，该以什么样的策略和步骤进行 IT 建设？

（5）IT 基础设施的投入既是应用系统建设的前提条件，但因为技术更新而价格波动非常大，如何避免过晚或过早投入，确保 IT 投入更有效？

（6）如何规避 IT 建设中的风险，避免其他同类医院在 IT 建设中都走过的弯路？

（三）IT 规划与业务发展战略

随着全球信息化的迅速发展，信息技术应用渗透到了社会的各个领域，其先导作用也日益明显。随着卫生行业市场的竞争日益激烈、医疗保险制度的改革、医疗安全管理与服务创新的要求和分级诊疗、医联体等医改的需要，使医院不得不寻求更好的载体去适应环境和政策要求，提高医院的医疗服务质量、管理水平，提升医院的良好形象。信息技术是重要载体和工具，建设数字化医院乃至智慧医院成了医院发展的必然选择。医院加快数字化建设步伐，才能更好地提高管理水平，增强综合竞争力，才能适应社会的变革，跟上时代的脚步。数字化医院成为医院业务战略和运营变革实现的重要保障措施之一。它将使医院服务无围墙化，从医疗型向保健医疗型扩展，从点向面辐射，向社区延伸，从而为大众提供更加全面的医疗保健服务。

为了保证策略性的 IT 投资获得最优的业务价值，达成医院战略目标，需进行医院发展战略梳理，通过业务规划诊断、分析、评估医院管理和 IT 现状，优化医院业务流程，提出信息化建设的目标和战略，制定信息化的系统架构、确定信息系统各部分逻辑关系及具体信息系统的应用架构、实施 策略、IT 治理策略。提高医院充分驾驭 IT 的能力，确保 IT 战略支撑医院发展战略，优化管理和业务流程，保障医院提高 IT 投资的收益，降低风险，促进医院整体管理水平提升。

二、数字化医院的内涵与发展

医院信息系统是指利用计算机软硬件技术、网络通信技术等现代化手段，对医院及其所属各部门对人流、物流、财流进行综合管理，对在医疗活动各阶段中产生的数据进行采集、存储、处理、提取、传输、汇总、加工生成各种信息，从而为医院的整体运行提供全面的、自动化的管理及各种服务的信息系统。医院信息系统是现代化医院建设中不可缺少的基础设施与支撑环境。

数字化医院是医院信息化高度发展的产物。数字化医院首先是利用计算机和数字通信网络等信息技术，实现语音、图像、文字、数据、图表等信息的数字化采集、存储、阅读、复制、处理、检索和传输，建成并且涵盖医院各个领域的一体化开放式医院信息系统。数字化医院还包括突破传统医学模式的时空限制，既能够优化医院资源利用，有效控制医疗成本，又能够提供合理规范临床路径，对于医疗行为、医疗质量、医疗服务、医院管理、预防保健进行全过程管控。

医院数字化的主要发展趋势为多元化、一体化、集成化、无线化、智能化、区域化与标准化。多元化就是指医院数字化的领域日益多元，几乎可以涵盖医院所有领域；一体化，就是应用信息技术的多元化的应用，需要整体部署与架构，打造一体化的信息体系，避免信息孤岛；集成化，就是异构系统的融合、数据的共享，信息平台的建设；无线化，就是 Wi-Fi、ZIGBEE、RFID、蓝牙、4G、5G 等技术不断引入医院实际应用领域；智能化，就是基于人工智能、数据挖掘分析的决策支持、过程控制、任务管理、医疗智能导航、机电设备自动化管理、虚拟现实 VR 的应用等；区域化，就是指院际间的互联互通与信息共享，区域医疗协同，远程会诊，双向转诊等；标准化，就是信息相关标准将越来越健全，数据乃至系统将向标准化程度越来越高的方向发展。

云计算、大数据、物联网、移动互联网、虚拟化、人工智能、Web3.0、智能生物传感与可穿戴设备等技术正在带来信息架构体系的变革，信息平台等新技术的融入使医院实现全方位、全对象、全流程的精细化管理成为可能。数字化医院正在迈向智慧医院的时代。

智慧医院是数字化医院发展的高级阶段。智慧医院就是在医院各个业务全面数字化的基础上，达到信息的高度集成和融合，以多知识融合的智能决策方法和多系统兼容的知识表达方式为特色，充分应用信息平台、人工智能、知识库、数据仓库与挖掘、最优化的方法等先进技术和方法，实现医疗流程最优化、医疗质量最佳化、工作效率最高化、绩效评价自动化、决策方法科学化和医疗技术的精准化。智慧医院是一个渐进和长期的过程。

智能型的数字医院至少包括几个条件：

（1）先进的建设理念。建立“以人为本，以病人为中心，以业务人员为主体，全面提升决策管理和诊疗水平”的建设理念。“以病人为中心”应贯穿信息建设与数据整合、数据利用服务的全过程。

（2）全面的应用领域。以电子病历为核心，以精细化管理为导向，构建面向临床业务、患者服务、资源保障、医院管理、决策支持、内部沟通、外部互联互通的信息化平台。从业务领域上看，能够对医院所有的业务领域进行数字化处理和管理。

（3）全程的环节管控。智能化贯穿医院业务的每一环节，能够实现全程追溯和管控。以病人为中心，对患者实现全程智能化服务，从诊前、诊中和诊后每一环节都能实现智能化的服务和提醒、提示；以临床为核心，实现闭环医嘱功能，对诊疗实现全程智能化处理；以管理为导向，对对象实现全程智能化管控。

（4）优化的业务流程。建立与智能型医院相适应的管理机制和运营模式，岗位设置合理，人员职责分明，实现全智能化的门诊流程、病房流程以及其他业务流程，简化就医过程，业务流程优化，提高工作效率，确保整体效益提升。

（5）规范的数据管理。实现各系统统一索引、统一注册，实现统一数据管理与数据利用。规范的数据管理主要体现在两个方面：首先，要有主索引的概念，建立包括病人、工作人员、资产、医嘱等所有对象的主索引；其次，要有数据中心的概念，以主索引为纽带，建立完整的、一元化的数据中心，把分散在不同业务系统中的医疗、业务、流程、管理等数据进行有机地整合，实现高效管理，为上层应用服务提供最根本的数据源支持。

（6）无纸的应用环境。无纸、无胶片和无线网络是数字化医院基本的外在特征，医院应尽量少用乃至不用纸张和胶片。

（7）完善的标准体系。信息标准化是信息集成化的基础和前提，并把软件的标准化建设作为医院与国内外接轨的重要保证贯穿始终。智能型医院建设应普遍采用 HL7、DICOM3.0 等医疗信息交换和接口标准。同时系统中各种代码如疾病、药品和诊疗等代码应采用国际或国家统一的标准代码，甚至医院内部的病人 ID 号也应尽量采用统一的代码如身份证号码等，以便信息能够方便地交换和共享，信息标准化是信息集成化、信息互联互通的基础和前提。

（8）稳定的基础平台。一是系统要能够高效运行，响应速度能够满足应用要求；二是系统要能够安全稳定，安全可靠稳定运行和数据安全是系统设计与规划要重点考虑的问题，建立紧急恢复和应急措施。

（9）智能的应用系统。完善的知识库和辅助决策支持等系统，使得系统不但具有普通信息处理的功能，还可以提升人的知识和处理问题的能力。实现临床业务智能化、管理决策智能化、患者服务智能化、资产管理智能化、医院物流智能化、楼宇建筑智能化等。临床智能化就是要实现以医嘱为主线，构建完善的临床信息系统及其信息融合，人性化的临床数据展示，支持及时和最优化的床旁及时数据收集、临床决策支持、医疗智能导航、基于人工智能的辅助诊疗以及智能化的安全医疗和规范医疗管控；管理决策智能化就是实现医院管理相关业务全流程电子化，全新的管理知识库建设及应用，结合信息化数据采集、统计、分析、辅助决策的功效，通过建立强大的管理数据仓库、综合绩效评价和辅助决策支持等系统，医院管理决策完全建立在科学的基础上，全面提升医院管理和决策水平；资产管理智能化，就是把感应器嵌入和装备到医院环境中包括医疗设备、器械、药品、人员、计算机设备等各种对象中，然后将“物联网”与院内现有计算机网络整合起来，实现人和物的有机整合，能够对整合网络内的人员、机器、设备和基础设施实施实时的管理和控制，以更加精细和动态的方式管理业务达到“智慧”状态。

信息模型应该是业务模型的信息展现。医院的业务模式是“以病人为中心、以临床为核心、以医嘱为主线”，与现在基于传统 HIS 的信息模型不同，新型智能型医院就是按照这个业务模式来建立。智能型数字医院的信息模型如图 7-1-3 所示。

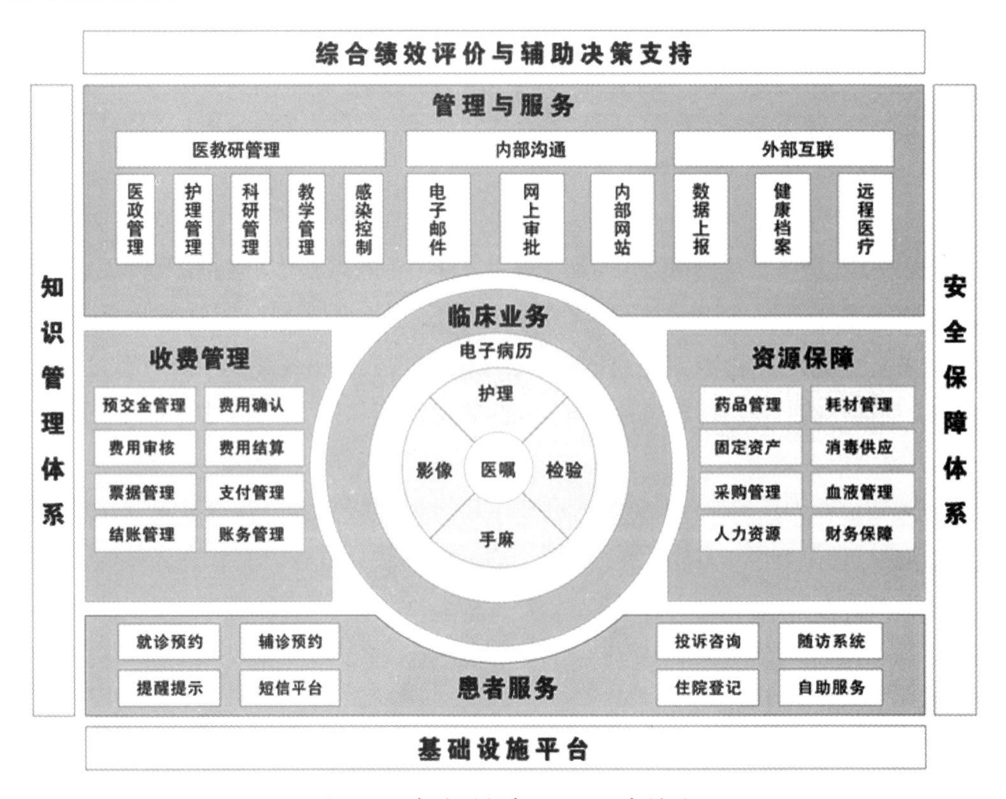

图 7-1-3 智能型数字化医院信息模型

三、数字医院建设价值

数字化医院是医院现代化的必由之路，医院只有充分利用数字信息技术，才能解放劳动力，才能加快医疗、管理、服务、体制等各方面的创新。

数字化医院旨在打造三个方面的信息服务价值链：一是打造面向医护人员的信息服务价值链，为医务人员的业务活动（临床、教学、科研）的全过程提供支持、引导和帮助；二是面向患者的信息服务价值链，为患者的医疗前、中、后全过程提供跟踪、调度与服务；三是面向管理者的信息服务价值链，为管理提供支撑。数字化医院的打造使管理变得更简单、更有效、更精准。从用户体验而言智慧医院能够带来即时自动的信息采集、便捷的信息支持、随时的事务管理、及时的消息预警、准确的流程导航、智能的业务处理和全面的决策支持。

先进的医院信息系统对提高医院的质量效益、经济效益、社会效益具有巨大的促进和推动作用。主要表现在以下几个方面。

（一）优化工作流程，提高工作效率

优化流程是医院信息化最主要的目的之一。传统的手工作业工作流程环节多、周期长，经常发生工作的延误和堵塞。信息化管理彻底改造作业流程，临床医护人员借助信息技术相互沟通，即时获得信息支持，减少了环节，提高了效率，从根本上实现了“把时间还给医生、护士，把医生、护士还给病人”的目的。例如在医院信息系统中，临床医生调阅病患的历次就诊信息，按照诊疗过程记录和分析病人的病情，护理人员通过信息系统记录医嘱的执行。

（二）规范医疗行为，提高工作质量

在信息化管理模式下，各种医疗护理文书，以及药房摆药、取药、划价、记账、结算医疗费用等都一并通过计算机管理，有严格的权限控制、身份认证机制以及痕迹保留机制、追踪溯源机制等。电子病历权限管理、药品权限管理、合理用药监测、药物配伍禁忌提醒、医疗安全警示、过程节点控制、数字化临床路径管理等，不仅让医疗过程更符合规范要求，遵循诊疗规律，而且对医护人员起到了提醒、监督和制约作用，有助于提高医疗护理工作质量，更便于管理部门的检查监督，克服管理上的漏洞，让医疗更安全、更规范。

（三）加强经济管理，提高经济效益

在医院信息系统管理模式下，可实现医疗经费、物资的更有效管理，减少浪费、降低成本，节约和合理利用卫生资源。在医院信息系统中，由于病人的医嘱与后台自动划价系统直接相连，所有医疗活动都自动记录经费消耗而很少人工干预，每个病人的检查与治疗申请都通过网络传递，并经各执行科室确认，一旦确认就自动记录成本消耗，这就最大限度地减少了各种原因引起的漏费、错计费和多计费等人为误差，并可实现闭环追溯。在药品管理系统中，从药品采购、入库、分级发放，直到病人实际使用的一整条流程线都置于网络管理监控之下，从而有效地控制了药品损耗，较少库存积压。医院物资管理系统、设备管理系统、财务管理系统、成本核算系统、绩效管理系统、人力资源管理系统等实现了医院资金流、物流、人流等的全过程管控，医院管理决策支持系统能够直观而快速地提供运行报表，实现预警分析，辅助管理决策，提高医院经济运行整体水平。信息化可以让管理更简单、更精细。

（四）增强竞争能力，提高全员素质

医院信息系统的应用，通过预约诊疗、优化流程等节约了病人的就诊时间，通过提高医疗规范与质量控制为病人提供了更为优质的医疗服务。信息化使病人感到医院管理正规有序、收费透明合理、看病方便快捷，从而使在同等条件下更能赢得病人信赖，这种良好的医院形象是今后医疗市场竞争中十分重要的因素。另外，随着计算机技术在医院各个层次、各个方面、各个部门广泛而深入的应用，也增强和调动了医院各级各类人员学习先进技术、运用计算机的自觉性和积极性，促使了人员素质普遍提高，更加适应医院现代化建设与发展的客观要求。现代医疗服务在形式和内涵上契合信息化时代人们的生活方式和服务模式是其发展的必然趋势。医院数字化能够逾越诸多传统手段无法逾越的屏障，信息化时代给了我们充分的想象空间，也为医疗服务的创新和提升奠定了良好的基础。信息化带来的不仅是技术的创新，更是观念的创新、管理的创新和服务的创新。顺应时代发展和现代生活的需要，让患者享受到就医全过程的优质服务与精细照护，进一步体现医院“人性化”服务内涵，必须推进医院数字化建设。

第二节　数字化医院规划内容

一、数字化医院规划内容和建设要求

数字化医院规划源于对环境的分析，对现况的把握，对未来医院管理服务模式的认识，对医院发展战略的契合，在此基础确定数字化医院建设目标，应用软件、基础设施等建设内容，以及分步走的建设策略，投入的资源。因此，一般一份完整的医院数字化医院规划包括：（1）医院数字化发展回顾与现状评估；（2）医院数字化发展环境与发展趋势分析；（3）医院数字化发展需求分析；（4）医院数字化建设目标与总体思路；（5）医院数字化部署的主要应用系统；（6）医院数字化系统框架设计（包括总体框架、业务框架、技术架构、数据框架、安全体系等）；（7）医院数字化实施步骤和应对保障等。

对于建设一个符合当今标准的现代化数字化医院而言，其整体解决方案应围绕“以病人为中心，以疾病和治疗为主线，以安全和质量为主题”这个思路进行设计，以电子病历为中心、业务支持为核心、医院医疗行为监管为目标，为医院管理提供可持续更新的管理支撑体系，提高医院的服务质量和效率，提升医院的形象和竞争力。主要体现在以下三个方面。

（1）面向病人：以病人为中心，建立病人主索引，关注病人的诊疗安全和就诊体验，保障病人隐私，增强患者服务意识，建立患者服务系统，为病人提供更细致、高效的服务。提升医院的服务质量和竞争力，改善患者就诊的效果。

（2）面向医疗：以临床为重点，通过专业知识库和辅助智能导航，为医院内部的医疗安全和质量管理提供有效手段，从“疾病、治疗、用药、手术、护理、感染、服务”等各个关键点提供有效的管理和跟踪手段，帮助医生、护士以及医院的管理层更好地开展工作，建立风险和危机管理机制，提升医院的医疗服务质量。

（3）面向管理：以医院医疗质量为重点，医疗行为监控为核心，通过解决“信息孤岛”和“应用孤岛”，提升整体信息系统的整合水平，优化整体应用系统的运行流程，为管理层提供及时准确的医院运营数据，协助医院管理层进行决策。

二、数字化医院应用系统规划

为促进和规范全国医院信息化建设，明确医院信息化建设的基本内容和建设要求，2018 年 4 月国家卫生健康委员会规划与信息司和国家卫生健康委员会统计信息中心，在《医院信息平台应用功能指引》明确医院信息化功能和《医院信息化建设应用技术指引》明确医院信息化技术的基础上，研究制定并联合发布了《全国医院信息化建设标准与规范（试行）》。《建设标准》针对目前医院信息化建设现状，着眼未来 5~10 年全国医院信息化应用发展要求，针对二级医院、三级乙等医院和三级甲等医院的临床业务、医院管理等工作，覆盖医院信息化建设的主要业务和建设要求，从软硬件建设、安全保障、新兴技术应用等方面规范了医院信息化建设的主要内容和要求。《全国医院信息化建设标准与规范（试行）》指标体系如图 7-1-4 所示。

《建设标准》分为业务应用、信息平台、基础设施、安全防护、新兴技术等5个方面22类262项具体内容。业务应用包括便民服务、医疗服务、医疗管理、医疗协同、运营管理、后勤管理、科研管理、教学管理、人力资源管理等9类；信息平台包括信息平台基础、平台服务集成等2类；基础设施包括机房基础、硬件设备、基础软件等3类；安全防护包括数据中心安全、终端安全、网络安全、容灾备份4类；新兴技术包括大数据技术、云计算技术、人工智能技术、物联网技术4类。《建设标准》标准按照二级、三级乙等和三级甲等医院提出了具体要求。二级及以上医院在医院信息化建设过程中，要依据《建设标准》，符合电子病历基本数据集、电子病历共享文档规范，以及基于电子病历的医院信息平台技术规范等卫生健康行业信息标准，满足《医院信息平台应用功能指引》《医院信息化建设应用技术指引》和相关医院数据上报管理规范的要求。妇幼保健院、专科医院可参照执行。

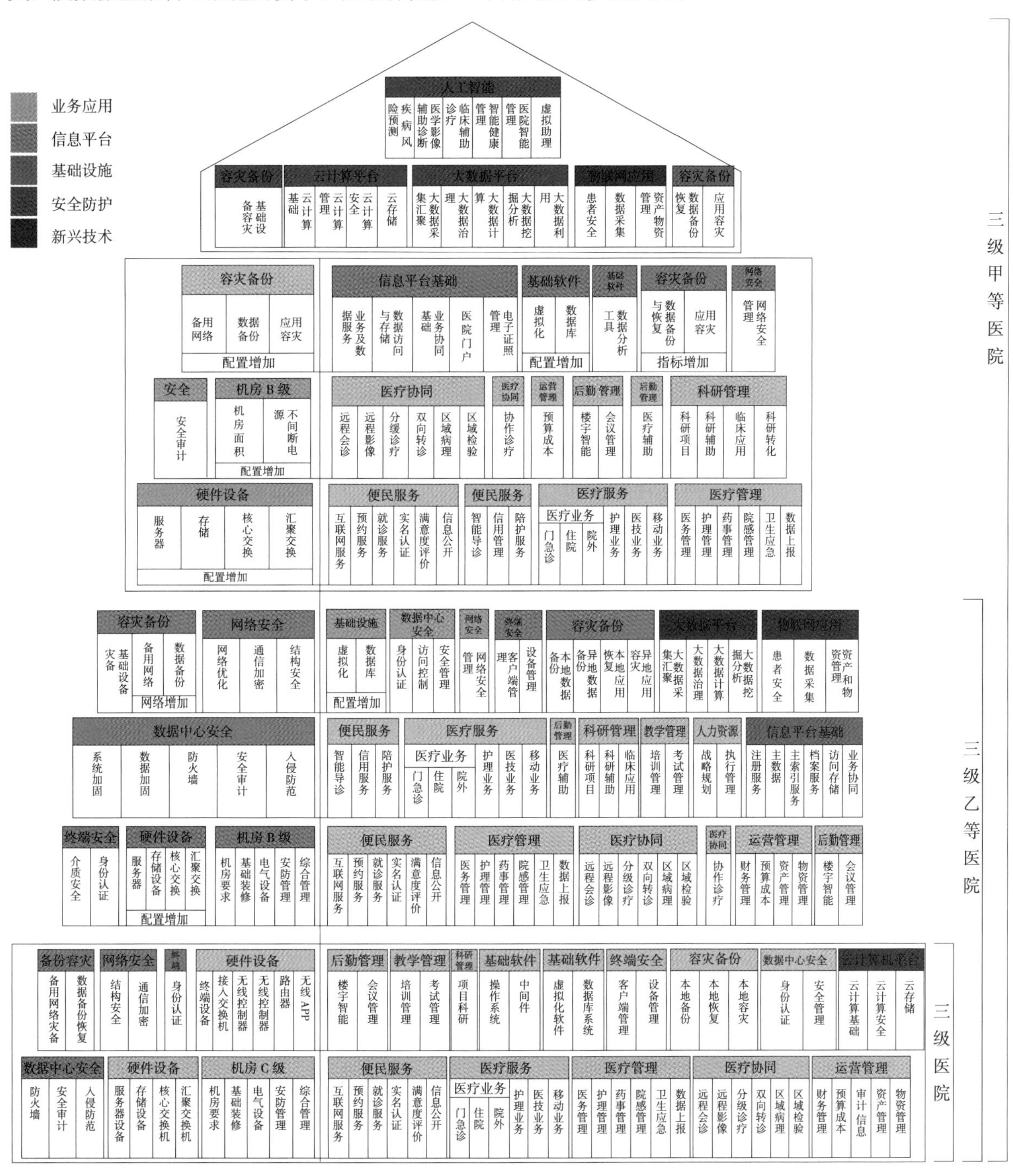

图7-1-4《全国医院信息化建设标准与规范》指标体系图

医院数字化的价值主要体现在医院信息系统的应用。一般认为，一套完整的医院信息系统应覆盖医院运行及管理流程的各个方面和各个环节，从而形成以医院信息为基础的一套完整基础流程。它包括以财务核算为主的服务流程：分诊挂号系统，收费结算系统，各类医保接口等；以患者就诊为主的医疗流程：医生工作站，护士工作站，手术麻醉系统，药房系统等；以后勤管理为主的管理流程：物资、供应、制剂、膳食、机电管控等辅助系统。为便于理解和建立信息发展规划，适应信息发展的潮流和趋势，我们将医院信息系统应用体系构成分为以下七个应用体系和一个平台，主要包括临床服务、运营管理、客户服务、知识管理、后勤服务、区域协同、新技术应用七大信息体系和医院信息集成平台，全面涵盖《全国医院信息化建设标准与规范》中规定的应用。新技术应用实际在每个应用系统中，单列的目的在于方便理解，该领域有着较大的弹性。

（一）医院临床服务信息应用体系

医院临床信息体系分为医疗业务和医疗管理两部分。医疗业务包括患者基本信息管理、院前急救服务、门诊分诊、急诊分级分诊、门/急诊病历书写、门/急诊处方和处置管理、急诊留观、申请单管理、住院病历书写、住院医嘱管理、护理记录、输液管理、非药品医嘱执行、临床路径、临床辅助决策、静脉药物配置中心、药品医嘱执行、合理用药、药事服务、医学影像信息管理（含放射、CT、MRI、PET\CT、超声、病理、胃镜、肠镜、眼底镜、喉镜、手术视频等）、临床检验信息管理、病理管理、生物标本库管理、手术信息管理、麻醉信息管理、输血信息管理、电生理信息管理、透析治疗信息管理、放疗信息管理、化疗信息管理、康复信息管理、放射介入信息管理、高压氧信息管理、供应室管理、随访服务管理、体检信息管理、各专科电子病历系统、临床药物试验（GCP）管理等。医疗管理包括人员权限管理、电子病历质量监控管理、医疗过程控制与安全预警、手术分级管理、危急值管理、临床路径与单病种管理、合理用药监测与处方点评、院内感染管理、抗菌药物管理、死因信息上报、医疗安全（不良）事件、突发公共卫生事件相关信息上报、传染病信息上报、重大疾病信息上报、食源性疾病信息上报、护理质量管理、卫生应急管理、远程会诊、医疗事务系统等。

临床服务信息应用体系核心是电子病历。数字化医院时代就是要基于电子病历构建临床数据中心，实现基于临床数据的决策支持和智能管控。临床数据中心通过对各类临床数据进行标准化、结构化地表达、组织和存储，以及在此基础上开放各种标准的、符合法律规范和安全要求的数据访问服务。临床数据中心的内容主要通过集成展现系统进行展现，它以图形化界面全面展示病人诊疗信息，减少医务人员多次启动不同子系统的重复操作，直观有效地调阅、查询、检索、对比不同的诊疗信息，实现快速浏览、书写等各种功能。临床数据中心可以基于信息平台，实现以电子病历为中心的全面的集成和展现。

（二）医院运营管理信息应用体系

医院精细化管理依赖于一套完善的运营信息系统。数字化医院运营管理要构建起一整套以会计为核心、预算为主线、物流和成本为基础、绩效为杠杆的医院运营管理目标决策体系，实现医院运营管理中的“物流、资金流、信息流、控制流”的统一，帮助医院管理者建立综合运营管理平台，增强对人、财、物各项综合资源的计划、使用、协调、控制、评价和激励等方面的管理，以达到提高医院管理水平，提高医疗质量和工作效率，改进医疗服务的目标，确保医院平稳、健康运行。医院运营管理信息体系主要涵盖医院人、财、物管理，包括挂号服务、实名建档、业务结算与收费、住院患者入/出/转、病区（房）床位管理、财务管理、全面预算管理、成本核算、绩效考核、基本药物监管、药物物流管理、发药管理、检验试剂管理、高值耗材管理、物资管理、固定资产管理、医疗仪器设备管理、医疗废弃物管理、人力资源管理、培训管理、基建管理、信息系统运维管理等信息系统。

近几年药学信息系统不断发展，系统性、全面性越来越强，包含的模块越来越多，正在从与药物物流为核心的系统转向与临床融合、药学服务为中心的药学系统。

（三）医院客户服务信息应用体系

区域医疗协同推进，使医院面对的服务对象由患者扩展到所有对象，医院的服务需求和内涵相应发生了变化；电子健康档案的建立也为人群提供更为细致的持续服务提供了可能。医疗服务“以病人为中心”的理念必将向“以客户为中心”过渡。医院数字化条件下的客户关系管理以及多元化的客户服务必将成为发展的必然，“以客户为中心”的理念意味着更高的服务要求、更细致快捷的服务响应和更复杂多元的服务内容。建立数字化客户关系管理与服务平台及服务体系，旨在解构医疗服务全过程的基础上，实现服务模式创新，为客户提供全过程、全方位、全新的甚至是全生命周期的客户服务，在一定程度上解决看病难问题的同时，契合数字化时代人们的生活方式，更好地满足患者各方面的需求。

以客户全程关怀为中心的服务管理系统就是要在就诊“一卡通”的基础上，充分利用互联网、移动互联网等基础信息设施，搭建全面的公共服务平台，病患不仅在医院，即使在家里、在工作中也能得到医院或社区的个体化健康服务，保持健康服务链条的完整性。实现对病患诊前、诊中和诊后的全程服务关怀，实现对患者诊疗的精细化和人性化服务。同时也可以提高患者的满意度和忠诚度，降低患者的流失率，提高医院核心竞争力。

数字化客户服务体系通过建立统一的服务中心、门户网站、呼叫中心、短信平台、微信公众平台、微信小程序、App系统，完善整个就诊流程中的医院与客户相互的沟通与评价体系。该体系分为诊前、诊中、诊后以及分析与评价等系统。构建首先必须建立客户档案，建立一套完善的可配置智能化的主索引机制。为每一位就诊患者或注册的客户建立唯一的个人账户，每个账户以“一卡通”等方式进行身份管理，移动端应建立可靠的身份认证机制，客户主索引具备模糊匹配功能。其次，医院需要建立相应的客户服务和管理机构，如客户服务中心、门诊一站式服务中心、住院一站式服务中心等，承担相应的服务职能。在此基础上部署一系列客户服务系统，不断建立完善数字化客户服务体系，展开一系列客户服务。

医院客户服务信息应用体系包括一系列惠民服务应用：客户关系管理系统、一体化预约诊疗平台、医技预约诊疗平台、智能语音客户服务系统、互联网服务、自助服务、分诊排队叫号、多维结算、智能导航、信息推送、 患者定位、基于电子地图的院内导航、陪护服务、探视管理、满意度评价、信息公开服务、数字病床边服务系统、健康评估与管理服务系统、慢病管理平台等。

（四）医院知识管理信息应用体系

随着医院信息化水平的不断提高，以及医院内外部各类信息资源的不断丰富，对信息资源的沉淀、共享、应用、创新将日益成为医院信息化的重要领域。医院知识管理是对医院管理领域及业务领域的所有知识进行集中管理的过程，包括知识的收集、整理和运用等。智能型医院需借助信息化手段建立知识的创造、贡献、共享等一整套有效的机制，医院的知识得到持续的累积和共享，最终使应用智能化水平得到根本提高。

医院知识管理体系包括医院制度共享与检索、医院电子图书馆、医院临床资料的共享、医院诊疗经验的分享、医院隐性知识显性化策略等。系统组成一般包括医院知识库管理平台、医院内部网站、数字图书馆、数字期刊、数字音视频库、数字化考试平台、数字教学资源库以及远程教育、临床数据挖掘平台、科研管理系统、继续教育学分管理系统、全科医生培训系统、住院医师规范化培训系统等系统。

（五）医院后勤保障信息应用体系

随着医院后勤社会化的发展，其中相当多的工作将会被纳入社会经营。然而，后勤管理与保障服务作为医院工作的重要内容，就是围绕医院的任务和工作目标，实行计划、组织和调控的活动过程。即使是纳入后勤社会化运作的部分，也应该从系统的角度进行协调和调控。医院后勤管理与保障服务工作是医院信息系统中的主要组成部分，旨在对医院各项工作和生活进行物质性的保障：医疗、科研及教学设备和设施的保障，饮食、水电气等经常性保障，环境净化、秩序维护、建筑用房的保障等。

医院后勤综合管理平台应立足于医院，面向后勤，基于医院后勤现代化管理理念，结合后勤业务管理、后勤保障设备管理、能耗管理的特点，以数字化后勤的视角，将后勤管理中的各类业务管理信息、后勤保障设备的运行参数信息、各类能源的计量信息整合纳入统一集成式平台进行管理，对其予以系统化、流程化和规范化，从而形成一套构建于平台之上且成熟完善的后勤运营管控体系。并可在此体系上充分利用物联网技术、移动办公技术对业务管理的信息支撑，达到挖掘管理潜力、提高工作效率、提升后勤服务水平、降低后勤管理成本的后勤精细化管理目标。

医院后勤管理信息体系后勤运营类与机电智能管控类。后勤运营管理平台以报修、巡检、库存、工程项目、被服洗涤、病区加床、维保服务、运送服务等业务流程为管理主线，实现报修、巡检、独立任务、库存、工程项目、被服洗涤、病区加床、物品运送、集体宿舍管理等管理功能；并通过与成本管理的有效集成，将后勤各项业务所涉及的各类成本数据集中统计，从而实现后勤业务的集中管理，后勤成本信息的综合利用，并为成本分析提供完备的数据支撑和有效的实现手段。运营后勤机电设备智能管控平台包括楼宇智能控制与集成平台、能效监测系统、智能灯光管理系统、空调节能系统、综合安防平台、物流传输系统、自动化仓储系统等。

医院后勤信息化还应包括医疗建筑基于 BIM 的设计以及相关应用管理。

（六）区域医疗协同信息应用体系

区域医疗协同信息体系是区域卫生信息化的核心内容，主要是基于医院间的互联互通的区域卫生信息共享、区域医疗协同、区域决策支持与管理。通过该平台各医疗机构间可以共享检查信息，病人不做重复检查，缩短病人的等待时间，提高医疗服务效率。由于各医疗机构之间通过该平台共享这些医疗影像，避免了很多医学检查，既提高了效率，也节省了病人费用的支出，从而缓解了群众看病贵的问题。通过该平台，急救中心通过居民电子健康档案可以在第一时间了解患者的病史、药物的过敏情况，并有针对性地进行医疗诊治准备，避免因无法询问病情病史不明确导致救治不力的情况。同时可以实现区域医疗机构的信息共享，能够实现小病在社区，大病进医院，康复在社区，进一步促进分级诊疗、双向转诊的实施，使医疗资源得到很好的整合。

区域医疗协同信息体系主要包括区域居民一卡通系统、区域身份认证系统、区域主索引系统、区域数据中心、区域医疗协同平台、多学科协作诊疗、电子病历和健康档案调阅、远程会诊、远程影像诊断、分级诊疗、双向转诊、区域电子政务、区域虚拟化诊疗中心系统、区域影像共享、区域病理共享、区域检验共享。

（七）新技术应用体系

1. 物联网应用

医疗卫生领域被国家列为物联网十大应用领域之一。物联网技术越来越多地运用于医院的各个领域和环节将成为一种必然，医院将由“数字化医院”时代向融智慧健康、医疗信息化、医疗智能化和医院无线传感网为一体的“数字化物联网智慧医院”时代发展。在未来的信息化建设中，需要我们按照“物联网智慧型医院”的思路进行统筹规划。所谓“物联网医院”，指的就是将信息传感设备，如无线射频识别装置、生命体征监测设备、红外感应器、温湿度传感器等种种装置安装到医院的各种物体、设备、设施和环境，包括人体，与医院局域网、WLAN、移动互联网等结合起来，结合各种物联网技术，融入医院大规模开放式一体化的医院信息系统，应用于医院病人管理、员工管理、设备管理、环境监测与管理等领域，转变医院运行和服务模式，提高整体运行水平和效率。从发展趋势来看，传统的医院信息化与物联网两者密不可分，物联网技术将越来越多地融入医院信息系统，用于数据采集、医院安全管理、过程控制、任务管理、全过程跟踪追溯等。

医疗健康物联网应用主要包括基于医疗传感技术的物联网应用，基于识别技术的病患识别管理、员工识别管理、物品识别管理应用，基于传感技术的环境监测管理应用，无线移动技术的系列应用，涉及诸多信息系统。随着医院数字化程度的提高和物联网技术的发展，物联网技术在医院的应用大概可以包括3个阶段。第一阶段：基于Wi-Fi、RFID、条形码以及其他传感技术的应用，主要为传感器局部布置，简单、独立应用。如医院消毒物品管理、医疗废弃物管理、固定资产管理、婴儿防盗管理、医护巡房管理、手术流程管控、定位管理、各类门禁管理等。第二阶段：建立在一个科学的基础架构与基础平台之上的无边界的、融合的医院内物联网，包括医院高度集成的标准化的物联网集成平台、医院物联网地理信息系统等，可以实现物联网技术的任意定制和接入的应用，每一个领域的应用作为一个物联网体系的簇区。第三阶段：无缝隙的医疗机构间物联网。借助于物联网的普及，提供无缝隙的医疗机构间的互联服务。同时作为物联网感知社会体系架构中的一个应用子集，融入区域物联网的共性平台。

2. 云计算应用

近一两年医疗行业云计算的布局速度明显加快，与此同时，IT巨头牵手医疗系统集成商的大戏在不断上演，都把医疗云当作他们或布局圈地或占领制高点的重要目标。数字化医院云计算技术的应用主要包括：云计算服务和私有云平台。

（1）云计算服务：云数据中心服务支持基于虚拟化架构下可配置的共享服务资源池，包括网络、服务器、存储、应用软件等。支持多用户的环境下计算资源和平台组件的统一架构，用户通过虚拟桌面、远程访问协议（如SSH）、HTTP接口等方式访问云计算资源（包括CPU资源、内存资源、网络资源、存储资源等）。通过云平台对云计算资源使用情况进行运维管理。云平台安全管理，支持云平台管理节点组件、IT资源安全访问的身份认证和权限管理。

（2）私有云平台：云平台高可用，支持底层云平台全高可用，包括但不限于控制节点、网络节点、存储节点、计算节点、消息队列、数据库高可用IT资源可扩展，支持快速IT资源准备与扩容（包括CPU资源、内存资源、网络资源、存储资源）。软件定义网络，通过云平台软件自定义网络，支持根据业务系统需要定义新的网络结构，实现网络资源的快速部署。虚拟存储，支持多种业务场景下的数据存储方式（包括分布式块存储、分布式对象存储等）。租户或应用系统间隔离，针对虚拟环境的安全策略设置（包括安全组配置、虚拟防火墙、入侵检测等），在虚拟网络中隔离租户或应用系统。

3. 大数据应用

医疗大数据是涵盖人的全生命周期，包括个人健康、医药服务、医疗机构、健康保障、食品安全和养生保健等多方面数据的聚合与分析。利用医疗大数据，不仅能改进健康医疗服务模式，而且对经济社会发展都有着重要的促进作用，是国家重要的基础性战略资源。数字化医院大数据技术的应用主要包括大数据服务、大数据平台、大数据平台管理三个方面。

（1）大数据服务：数据挖掘和建模，提供基于大数据架构下海量数据读取、数据处理、数据计算服务，通过可视化的数据探索工具、数据挖掘模型、简易模型训练支持数据挖掘与分析服务。数据应用服务，支持快速数据集成、在线数据检索、多人协同等工具，提供大数据的检索、归并等应用服务。数据治理，通过规范流程和规则库，基于流程引擎构建统一的、可配置的数据转换、清洗、比对、关联、融合等加工处理过程，对异构异源海量离散的数据资源加工生产，生成易于分析利用的、可共享的数据。

（2）大数据平台：数据交换汇集，多种数据采集接入技术（包括ETL、爬虫等），实现医疗机构内部数据、医疗相关科室数据、健康数据和互联网数据等多源异构数据的解析、汇集和共享。数据存储，基于列数据库、文件数据库、分布式数据库、集群等多种文件存储技术，支持结构化、半结构化、非结构化文件的分布式存储。分布式计算，基于分布式计算框架，利用集群资源，实现计算任务的分布式并行执行，提高多源异构海量数据的计算效率。数据可视化，基于统一时空框架，利用可交互的可视化界面方式，实现医疗卫生大数据综合展现。

（3）大数据平台管理：平台运维，支持可视化开发界面、计算任务调度、智能部署、资源监控等能力。大数据平台加固，支持大数据平台组件的统一配置，对其安全管理措施进行统一配置，规范平台安全配置管理。大数据平台日志管理，通过 syslog 等方式，记录各组件的操作和运行日志，记录身份验证信息，统一存储，并支持检索和分析。安全告警，支持自动化的异常行为分析、告警及分析规则自定义。访问控制，利用身份认证技术对组件操作权限进行管控。数据权限管理，通过字段级别的访问控制措施，进行结构化数据访问权限、非结构化数据访问权限的管理。

4. 人工智能应用

随着人工智能领域，语音交互、计算机视觉和认知计算等技术的逐渐成熟，人工智能医疗领域的各项应用变成了可能。数字化医院人工智能应用主要包括健康医疗服务、医疗智能应用、医院智能管理三个方面。

（1）健康医疗服务包括：智能健康管理领域，应用智能健康评估模型，通过院内院外数据的采集和融合，基于大数据分析，开展个性化营养学、身体健康管理、精神健康管理。疾病风险预测，通过机器学习的方法，支持基于患者遗传信息、环境、职业、饮食等数据，实现癌症、心脏病以及慢性病等疾病风险预测与个性化精准医疗。药物分析挖掘领域，利用数据模型结合医疗专业知识，帮助新药研发、老药新用、药物筛选、药物副作用预测、药物跟踪研究。

（2）医疗智能应用包括：智能医学影像，利用机器学习、特征提取、神经网络等手段，实现病灶识别与标注、三维重建、靶区自动勾画与自适应放疗。虚拟助理，通过语音识别、自然语言识别等方式实现语音电子病历、智能导诊、智能问诊、推荐用药。人工智能辅助诊疗，利用机器学习模型和深度学习技术，学习医生历史诊疗记录、构建医学智能知识图谱，支撑人工智能辅助诊疗、医疗机器人等应用。人工智能在基因测序、遗传学和分子医学领域，利用数据挖掘、本体等大数据分析技术方法对医疗大数据进行转化规约，建立疾病知识共享平台，寻找疾病的分子基础及驱动因素，实现精准疾病分类及诊断，并在此基础上，开展循证医学研究，对相同病因、共同发病机制的患者亚群实现精准评估、治疗及预防。

（3）医院智能管理包括：基于人工智能的医院智能管理主要体现在医院资产管理、物流输送管理、环境管理、机电设备管理、安全管理等领域。例如，基于物联网等技术的医疗资源信息自动采集，支持运营管理知识库，支撑医院运营管理需求的预测、调度与决策；基于移动互联和物联网技术，支持医疗行为分析评价；基于机器人的物流输送系统，实现区间乃至全院的物流输送；基于人脸识别的各类考勤与签到系统和患者服务流程优化；基于猎鹰技术、猎像技术的安全管理；基于传感技术与人工智能的节能技术和机电智能管控等。

（八）医院信息平台

医院各信息系统间的数据交互与共享及业务协同是目前医院信息化建设面临的主要问题。通过基于面向服务架构（SOA）的医院服务总线（HSB）模式构建医院智能化信息平台，按照 HL7、DICOM、电子病历基本架构与数据标准等标准建立各个业务系统与信息平台之间交互的消息机制，将各业务系统的功能以服务的形式提供给最终用户或者其他服务，以实现医院各业务系统间信息交互与业务协同，降低业务系统间的高耦合性。

医院信息集成平台一般包括数据集成、应用交互集成、门户集成管理和集成应用等几个方面。基于集成平台，实现各应用系统的统一索引、统一注册、统一门户、统一交互、统一通信；通过数据集成，实现主数据管理，统一数据标准，实现数据资源统一管理，实现病人多态数据有序管理，形成 CDR 视图；通过数据清洗过滤，建立数据仓库；通过应用交互集成，实现各业务系统间的松耦合、业务协同和业务监测；通过集成平台，实现临床和管理决策支持，促进科学研究，便于分级诊疗和多学科会诊，优化患者公众服务等。

信息集成平台应用交互的方式有多种，目前比较成熟的解决方案是采用基于面向服务架构（SOA）的总线模式，其核心组件是企业服务总线（ESB），它面向的是公共服务，为服务提供者和服务消费者之间的集成提供一个平台。ESB 通过 Web 服务、HL7 消息、资源适配、数据转换、消息路由等技术采用总线拓扑结构，为医院信息系统实现松耦合的面向服务架构提供基础，并实现医嘱、申请单等业务流程的闭环处理。基于 SOA 的系统集成平台，通过对应用系统接口的服务封装，实现应用接口的服务注册，并且对服务进行弹性业务编排，以松散耦合的方式实现服务和服务之间交互调用，从而实现应用系统之间的松散耦合、灵活敏捷、高度可扩展交互调用。通过 ESB 来实现服务的承载，包括服务注册、查找、路由、调用、编排等，完成服务的松散耦合的互联互通。集成平台基于 HL7、IHE、CDA、DICOM 等标准建立各个系统之间进行交互的消息规范，并建立全局主数据，向各系统提供科室名称、人员字典、ICD10 疾病编码字典等全局资源数据，供全部子系统调用。集成总线将全院临床数据和管理数据归总汇集到医院数据中心，用户在业务流程中可通过医生门户和电子病历浏览器调用，以服务于临床诊疗与管理。

基于医院信息平台的架构图如图 7-1-5 所示。

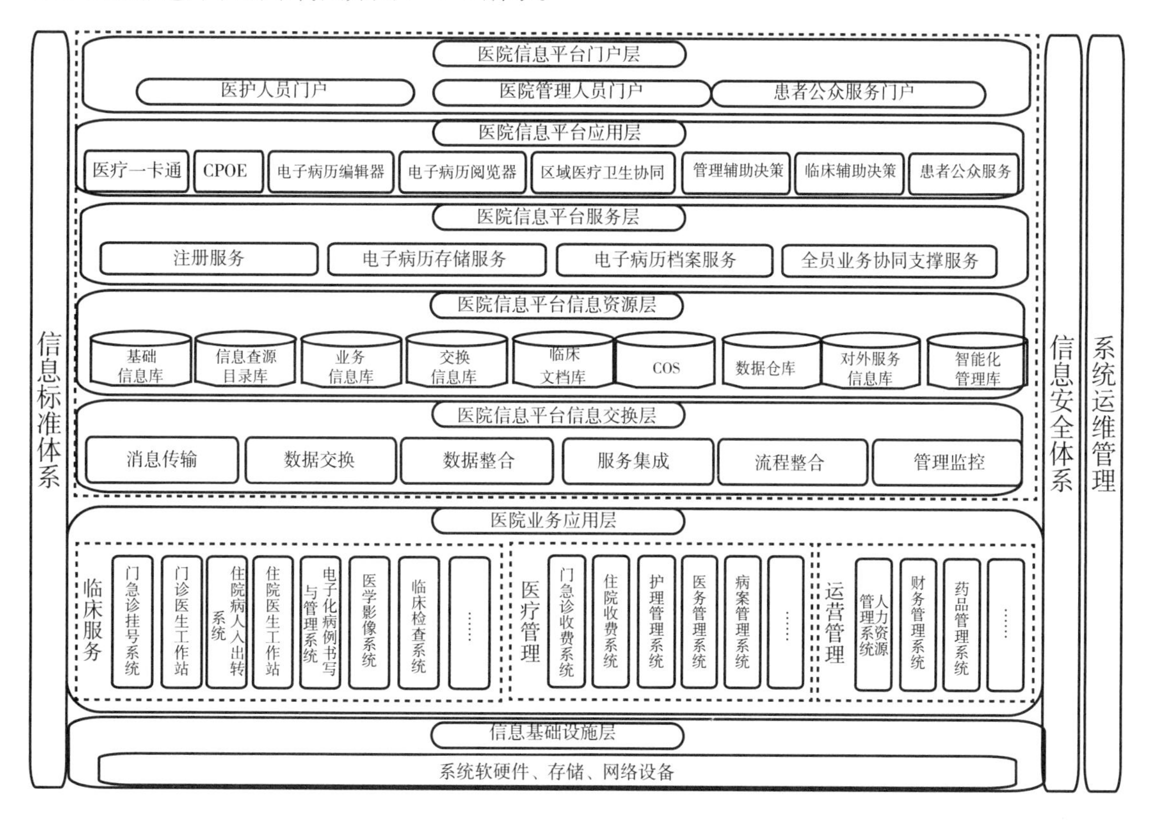

图 7-1-5 基于医院信息平台的架构图

第三节　数字化医院规划实操

一、数字化医院规划的目标

所谓“广义”的数字化医院规划是指从医院的战略出发，充分分析医院核心价值链的运作模式，进而找出 IT 的支撑点和机会点，从而明晰医院的 IT 战略，并构筑医院的 IT 应用蓝图、IT 治理模式、信息资源体系及系统实施规划等，以实现对医院战略目标达成的有效支持。而“狭义”的数字规划则侧重对系统硬件、系统软件、开发技术等进行计划与安排，是围绕技术展开的。这里，我们所讨论的医院 IT 规划主要是针对“广义”的数字化医院规划。

通过对医院进行 IT 规划，应帮助医院达成以下目标：

（1）将 IT 战略与医院业务战略进行匹配；

（2）医院的业务运营和管理特点对信息系统的要求是什么，信息化建设对组织、流程的变革要求是什么，信息系统如何有机地与组织、流程等管理要素进行匹配；

（3）明确医院未来的 IT 定位是什么，结合自身、参照标杆，制订医院信息化的愿景和蓝图，包括蓝图方案的应用架构、数据架构、基础设施架构、技术标准、硬件投入等；

（4）明确云计算、大数据、物联网、移动互联网、虚拟化、人工智能等新信息技术在医院的实施路径与投资规划；

（5）帮助医院规划从现状走向未来的愿景和蓝图的信息化建设路径，制定信息化建设计划，同时要对信息化的投资进行分析；

（6）整理出实现信息化蓝图所需要的 IT 资源、能力要求、组织保障和 IT 管理流程；

（7）帮助医院对信息化建设结果和风险分析预估，制定质量保障策略，有效规避风险。

二、数字化医院规划的步骤

如何进行医院数字化规划，可以按照图 7-1-6 所示步骤展开。

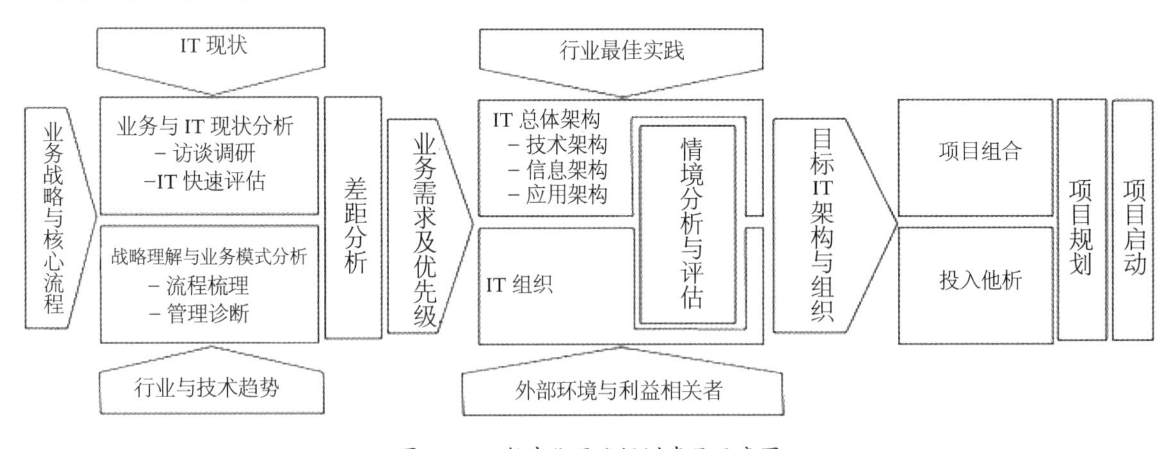

图 7-1-6　数字化医院规划步骤示意图

（1）业务战略与核心流程的梳理：一般进行数字化医院规划前，需要明确医院的业务发展战略，医院未来几年向哪些方面努力，医院的 IT 战略服务于医院的业务发展战略，为业务发展战略的实现提供支撑。所以需对医院的业务战略进行了解和梳理，并梳理实现这样业务战略需开展哪些业务，这些核心业务的流程是怎么样的。

（2）IT 现状的调查：通过访谈、调研等各种方式，了解医院业务及 IT 现状，并对它们进行分析与评估。

（3）战略理解与业务模式分析：对目前医院的流程进行梳理，结合医院的战略，进行管理诊断、评估，并提出优化建议。

（4）行业与技术趋势的了解分析：通过参观学习、专家访谈等方式，了解医院管理、信息技术的发展趋势，结合医院战略，选择性的使用新技术，以免建设后，很快被淘汰。

（5）差距分析：通过医院信息化现状、医院发展战略、行业与技术趋势对比分析，找出医院的差距。

（6）需求及优先级：根据医院战略及医院资金情况、行业趋势等情况综合分析，排出建设的优先顺序。

（7）行业最佳实践：根据上述分析，考虑满足各方面利益相关者的情况下，得出符合医院实际情况的总体架构（技术架构、信息架构、应用架构），并规划医院合理的 IT 组织模式。

（8）项目组合、投入分析、项目启动规划、保障措施。

三、明晰数字化医院建设战略

在数字化医院建设战略明晰阶段，需要分析医院的战略、愿景和目标，并对核心价值链的相关业务环节进行深入的分析，从业务模式和流程入手找到 IT 的支撑点和机会点，进而构建支持业务发展策略的 IT 战略，制定信息化建设的目标。

（一）医院业务战略与核心流程

随着我国医疗环境的变化，医改的推进，不管是国有医院还是民营医院，都面临着如何在激烈的医疗市场生存与发展，如何实现精细化管理应对医改和医保政策的调整。一个医院要保持持续的竞争优势，必须要制定出符合外部环境和内部情况的医院发展战略。

一个科学、合理、实际操作性强的医院业务发展战略是在医院发展目标的指引下，结合对医院外部环境（机遇与风险）和医院内部情况（优势和劣势）的全面分析，所得出如何实现医院目标的策略和方法。战略解决的是医院内部思想一致、步调一致的问题；思想一致，才能有目标一致和行为一致，才能减少内耗，减少运营成本。战略的制定和梳理是一个严谨、细致的过程，不应当因个人情感的因素而受影响。战略是一个系统，除了医院整体的基本战略外， 还包括：市场战略、差异化战略、文化战略、人力资源战略、组织战略、营销战略、资本战略、品牌战略等。

近年来，国家卫计委召开多次会议，强调要推进以电子病历为核心的医院信息化建设，促进医疗服务体系建设。然而任何先进的信息技术本身都不可能自然成为先进的管理模式，以先进的信息技术包装陈旧的医院管理模式是行不通的，数字化医院要从根本上实现医院人流、资金流、物流、时间流管理的计算机化，就必须改变或者优化原有的流程，摒弃其弊端。对医院核心流程梳理就非常有必要性，并且，这些核心流程需通过医院信息系统进行固化、优化。IT 战略成为医院业务战略实现的保障措施，我们在进行医院 IT 战略规划和梳理时，必须符合医院业务发展战略。

（二）数字化医院需求分析与 IT 战略愿景

医院 IT 战略成为医院业务战略实现的保障措施，必须服务于医院业务发展战略。医院的战略、愿景和目标，并对核心价值链的相关业务环节进行深入的分析，从业务模式、业务架构、组织、流程、绩效入手找到 IT 的支撑点和机会点，进而构建支持业务发展策略的 IT 战略，找到符合医院的 IT 架构，组织投资实施（见图 7-1-7）。

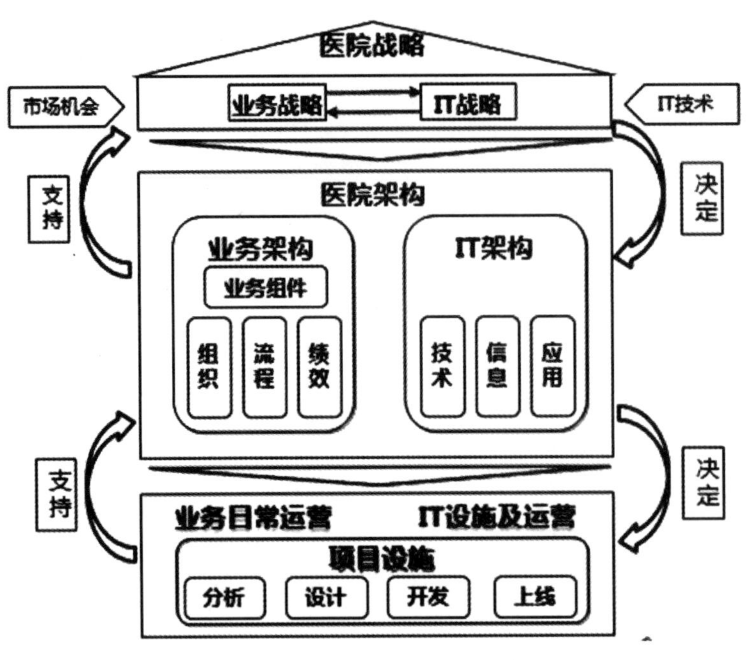

图 7-1-7 医院 IT 战略与业务战略

一个好的 IT 总体规划，应包括以下内容。

（1）确定医院 IT 建设总体目标。总体目标应与医院的战略发展规划相一致，信息化建设正是为实现医院整体战略目标服务。

（2）了解国内外医院 IT 发展状况，产品情况，深入调查本医院的信息化现状，找出差距，确认医院真实的需求。

（3）建立最佳业务流程模型，进行可行性分析论证。

（4）确定信息系统的总体架构图。总体架构图是 IT 建设的愿景图，它能够清晰反映各功能范围分隔、相互依存关系、信息交互流向等。总体架构图是粗线条的，应充分体现整体性、开放性、集成性和前瞻性的原则。

（5）确定各分系统的基本内容，功能要求等。

（6）确定各分系统的标准化原则，包括内外部接口原则。

（7）确定各分系统建设的先后顺序。

（8）确定人力资源组织架构。

（9）估算各分系统投资预算，总预算和资金来源。

（10）医院 IT 建设的风险评估和应对策略。

四、数字化医院建设能力分析

在数字化医院建设能力分析阶段，首先会结合医院的 IT 支撑点，从核心业务环节入手，分析并形成医院不同层面的 IT 需求和 IT 目标。然后，构建合理的 IT 评估模型对医院的信息化现状进行全面的评估，并进行差距和约束条件分析，为后面的 IT 蓝图及系统规划提供依据。

（一）行业现状与趋势

展望国内外医疗卫生事业的发展前景，信息化、智能化已经成为大势所趋。在国内，医疗卫生事业的信息化建设已经成为新一轮医疗体制改革的重要方面，并且对促进经济转型发挥了积极作用。医院信息系统的发展应用趋势：一是以医院管理为中心的医院管理信息系统将逐步向以病人健康为中心、多系统整合的健康信息系统发展；二是信息化以医院为中心向区域化、全球化发展，我国已基本建成国家和省、市、县区四级区域卫生信息平台，实现对区域内居民所有健康信息的规范和整合，居民健康卡将逐步实现全国通用；三是临床数据由为医院服务向为公共卫生服务发展，公共卫生机构可以通过对各种医疗活动记录和患者健康状态变化信息的监测，掌握疾病变化规律，及时采取应对和干预措施；四是信息系统不断向集成化、智能化和标准化方向发展；五是新技术广泛应用并不断推进，移动互联网技术、物联网技术、大数据、人工智能以及云计算和虚拟化等技术将大大促进医院信息化的发展。

医院信息化发展的成熟度，可以从效率与关注部门内外部两个维度看（如图 7-1-8）。整个医院信息化发展，一般会经历四个阶段。

（1）孤岛阶段：医院各部门各自为政，独自实施各部门自己的业务系统，各个系统间相互独立，形成信息孤岛与业务孤岛，信息化只是代替了部分手工工作，对整个医院的价值贡献有限。

（2）整合业务阶段：将各个部门独立的业务系统整合一起，实现各部门业务协同。

（3）整合管理阶段：各个应用系统的数据按照标准存储到统一的数据中心，实现全院信息共享、业务协同的同时，通过信息平台整合全院业务流程，提高管理效率，让管理者能够全面、及时了解全院业务信息，方便做出相应决策。

（4）驱动业务阶段：通过信息技术的应用，提升服务可及性、方便性，为病人提供更优质、及时的诊疗服务、健康管理服务，引领医院业务创新。

信息化对医院业务贡献，也按孤岛阶段、整合业务阶段、整合管理阶段、驱动业务阶段依次递增。现在中国医院信息化发展很不平衡，大部分医院还处于第二个阶段，也有一些沿海经济发达城市的医院，现在正在第三个阶段，正向第四个阶段探索。各个医院处于什么阶段，采用的 IT 战略会有很大区别。

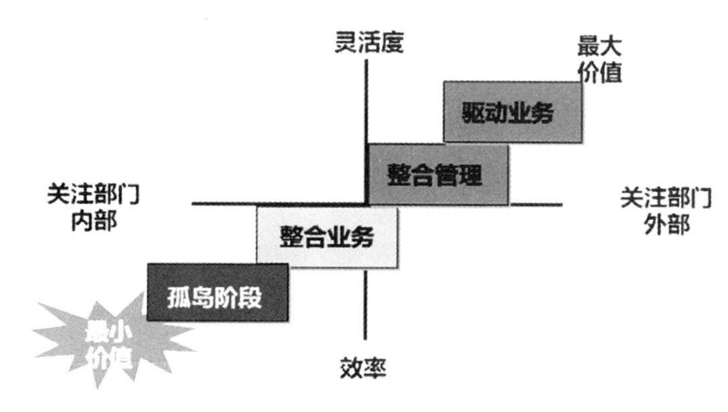

图 7-1-8 医院信息化发展的四个阶段

（二）医院现状分析

国内医院管理信息系统应用始于 20 世纪 80 年代末期。1995 年开始的“金卫工程”、90 年代末在军内研究推广的“军字一号”、21 世纪初《医院信息系统基本功能规范》的推出、2005 年前后启动的医院信息化示范工程、2008 年开始进行的区域医疗协同的探索以及近年来启动的电子病历分级评价和卫生信息互联互通成熟度测评等都在很大程度上推动了医院信息系统的推广普及和升级换代。尤其是 2009 年新医改的启动，将卫生信息化列为新医改的“四梁八柱”之一，极大地促进了卫生信息化应用的普及和整体水平的提高。

2016 年全国卫生与健康大会，习近平主席明确要求加快医疗卫生信息化建设，实施“互联网 + 健康医疗”行动计划，建设人口健康信息平台、医疗卫生大数据中心和远程医疗网络系统，推进互联互通和跨区域共享共用，以家庭医生签约服务为基础，推进居民健康电子档案、电子病历的广泛应用，建立统一的信息标准和接口，全面提升二级以上医疗机构信息化水平，促进优质医疗资源向基层延伸。

2017 年 12 月，国家卫生计生委发布了《进一步改善医疗服务行动计划（2018—2020 年）》明确了以“互

联网 +”为手段，建设智慧医院，要求医疗机构围绕患者医疗服务需求，利用互联网信息技术扩展医疗服务空间和内容，切实改善医疗服务。

2018 年 4 月 28 日，国务院办公厅印发《关于促进“互联网 + 医疗健康”发展的意见》，就促进互联网与医疗健康深度融合发展作出部署，鼓励医疗机构应用互联网等信息技术拓展医疗服务空间和内容，构建覆盖诊前、诊中、诊后的线上线下一体化医疗服务模式，允许依托医疗机构发展互联网医院。

2018 年 8 月 22 日，国家卫健委下发了《关于进一步推进以电子病历为核心的医疗机构信息化建设工作的通知》，明确要求电子病历信息化建设要“实现诊疗服务环节全覆盖；发挥临床诊疗决策支持功能；推进系统整合和互联互通”，要充分发挥电子病历信息化作用，“促进医疗管理水平的提高；改善医疗服务体验；促进智慧医院发展”。对电子病历应用水平分级评价、医院信息互联互通标准化成熟度评价和信息安全建设提出了具体要求。

在数字化医院规划角度，应了解国内医院信息化发展的背景，更应进行对照分析，清楚地了解医院信息化的发展目前达到什么程度、处于什么状况。一般需要通过调查统计和考察了解，才能有一个比较清楚、准确的把握。

为了更真实的医院的信息化现状及行业对信息化的需求，了解医院在信息化建设方面的投入、所关注的应用与技术，以及信息化项目过程中遇到的各种瓶颈，以及医院 IT 能否服务于医院业务战略，需对医院全院全范围开展该项调查。具体调查内容可以包括以下主要内容。

（1）基本情况：

医院基本情况，如规模、业务量发展情况等；

信息部门基本情况。

（2）规范化与标准化：

信息技术应用状况；

信息系统集成状况 ；

网络安全；

系统安全；

数据安全。

（3）Internet/Intranet 应用状况。

（4）基础设施及硬件使用状况。

（5）机房及其他外周设施状况。

（6）网络应用状况：

网络设备使用状况；

安全设备使用情况；

服务器设备使用状况；

存储设备使用情况；

终端机设备使用品牌；

终端机设备使用状况。

（7）信息系统应用状况：

信息系统建设状况；

信息系统产品；

信息系统项目管理；

区域卫生信息化接入情况。

（8）信息技术外包状况。

（9）信息化建设障碍。

（10）信息系统建设投入状况：

预算投入；

目前投入；

规划投入。

（11）医院信息管理制度情况。

（12）各部门满意度情况。

（三）IT 愿景与业务协调

此阶段的主要任务是组建信息化相关组织。由“一把手”领导与项目组成员、信息中心人员对项目的建设内容、建设周期、投资预算进行反复磋商，形成初步项目建设范围和预期项目结果，而结果即是总体规划的目标。重点解决为什么要做（目的），做什么（内容），结果如何（目标、愿景）。确定 IT 建设总体目标。总体目标应与医院的战略发展规划一致，信息化建设正是为实现医院整体战略目标服务。

（四）差距分析

任何项目都是在一定背景和需求下产生的。了解医院信息化行业背景对制定明确的总体规划有指导意义，例如 15 年前医院信息化建设都是以财务为中心的收费系统，现在却是以临床为中心的电子病历系统，乃至“互联网 +”的医疗服务和人工智能、大数据的融入。建议医院在规划过程中，多看一些业内做得好的各级标杆医院，多了解国内有代表性的应用软件，在此基础上进行差距分析。

差距分析可从以下几个方面进行分析比较，再与行业的信息化标杆医院比较，找出医院的信息化差距。

1.IT 架构差距分析

医院现有的 IT 架构是否能满足现在的业务要求，是否可以实现持续发展，可以从以下几方面来进行比较分析。

（1）不同的系统和模块、数据、业务如何实现有效的互联互通。

（2）数据分布在不同的系统里面，现在的 IT 架构能否实时了解整体的业务情况。

（3）现在的业务数据是否实现充分、合法的共享利用。

（4）信息系统是否满足医院业务发展的要求，现有的 IT 架构能否起到快速调整适应变化与战略的要求。

2. 能否满足随着医院规模和业务的发展不断产生新的需求

当医院业务量持续快速增长，规模不断扩张，管理模式不断调整，服务需求日益丰富，各级卫生管理部门的管理要求不断提高，这些对信息化提出了越来越多的要求。经过十多年的信息化建设，医院可能已经建立了较为完善的医院信息系统，但由于建设的时间不同，刚建成时可以很好满足当时的业务需求，随着时间的流逝，变得需要不断调整或是增加新的功能来适应业务的发展。

3. 是否支撑业务系统的平滑升级

目前大部分医院的信息系统都是按照科室或业务条块分散单独存在，主要关注科室或业务条块内部的流程自动化，随着应用覆盖面日益完整，积累下大量而又充分的数据。 系统之间的集成方式主要是以点对点的方式进行集成，对于医院管理的基础系统 HIS 而言，几乎临床和管理相关的每个系统都需要与之相连，集成的系统比较多，而且如果进行改动，影响的面也相对比较大。从集成的角度来看，这是一个网状的结构，复杂度和可维护性都需要进行优化，同时某一点的问题会影响与之相连的所有集成点。

由于建设的周期不同，以及受限于当时的技术手段。HIS 的集成只能以引用接口 DLL 的方式来进行，对于 Web Service、WCF、RMI 等较新的技术不能很好地支持，对医院信息化的整体架构有一定的影响。信息平台技术、HIS 微小化等正在改变业务系统组织和耦合方式。

4. 对数据的集中和再利用程度

目前在很多医院的 IT 架构中，没有建设公共的基础数据服务和公共服务层。 公共数据服务和公共服务层的缺失，直接导致每个供应商和每个系统建设的时候出现对同样语义的字段命名不一致，基础数据反复建设，各个系统之间没有标准约束。重复的字段、信息无法自动关联、重复接口等架构失控的建设局面已经出现，某些应该建设一次就应该复用的基础数据和公共服务出现了各个厂商各自为政进行建设的现象，建设效率却没有任何提高。而使用体验并没有提高，系统间信息割裂的体验仍然突出。

现在普遍的医院临床信息系统建设的覆盖面已具有一定的完整性，通过紧耦合方式的流程整合也已经完成了一部分。业务系统中积累的数据量已经非常丰富，但临床和科研一线工作人员缺乏的数据共享和利用，职能部门数据获取和分析利用得也不充分。

患者诊疗数据包括以医疗事件为链条的横向关联特点，以时间为链条的纵向关联特点和以患者为核心的多纬度关联特点。 医疗数据的组织形式必须要具备上述三个特点才能够完整地描述医疗行为。从当前医院信息化现状是信息被紧耦合在信息孤岛中，对上述三个信息特点都不能很好地满足。

（1）以医疗事件为链条的横向关联特点：由于信息孤岛效应明显，导致信息之间的横向关系更多是依靠人工形式进行的，无论是准确性还是完整性都无法保证。

（2）以时间为链条的纵向关联特点：由于当前医院的 IT 系统更多是面向“窗口”业务的实现，因此并没有对积存起来的众多医疗数据进行梳理，很难实现以时间轴为统计口径的各类分析数据，这些以时间为特征的数据往往缺乏梳理和利用。

（3）以患者为核心的多维度关联特点：以患者为核心的多维关联数据一般是依靠电子病历系统实现的，若没有信息的共享交互，就无法实现多维度关联。

目前普遍的医院的数据分散存储在各个应用系统中，没有统一的标准和管理方法，很难保证数据质量和数据的挖掘利用。

5. 基础服务支撑临床业务的要求情况

现在医院普遍拥有多套应用系统，分别由不同家厂商提供，异构系统间大多没有整合，数据被分隔在各自的信息孤岛，无法共享利用，流程亦没有整合，无法遵循相关的信息规范和标准。大多数医院尚未建立一整套 IT 系统建设规范，这就导致在建设新的业务系统，以及在选择新的供应商时无法提出规范性的要求，只能任由功能来驱动，信息部门技术把关的作用无法得到发挥。一套完善的医院 IT 规范应该包括：

（1）统一面向服务的应用开发规范：要求各应用提供商应能够保证其提供或开发的 IT 系统能够依照面向服务的开发方法进行开发，以方便建立院内应用开发的平台组件库；

（2）统一界面服务规范：规范不同应用提供商的用户界面交互方法，以便进行医院业务门户系统的建设；

（3）统一用户认证及访问服务规范：确定全院 IT 系统的用户认证及授权模型，例如统一认证、统一授权，统一认证、分布式授权，统一认证、集中粗粒度授权、分布式细粒度授权等，要求不同应用提供商按照此规范提供用户认证及授权模型的集成方法；

（4）统一工作流规范：确保不同应用系统之间流程的可交互性；

（5）统一信息服务规范：形成院内最小数据集规范，例如可参照卫生部电子病历信息标准最小数据集规范定义现在普遍的医院电子病历最小数据集；以指导不同应用提供商进行信息共享交换服务的构建；

（6）统一接口服务规范：确定系统间接口的实现规范，服务配置方式，确定接口封装的技术路线；

（7）统一系统平台规范：确定网络、硬件服务器、存储、系统软件的基本技术路线，保证未来 IT 维护的可持续性。

从目前现在普遍的医院的 IT 系统建设来看，要制定出这一系列 IT 建设规范还存在较大的差距，需要有目的、分步骤地进行梳理以推进此项工作。

五、数字化医院解决方案

在数字化医院解决方案阶段，需要结合上面两个阶段的成果，设计医院的 IT 应用蓝图，进行应用系统的集成点分析并构建医院的数字化医院基础架构，同时对这些内容进行深入的描述和分析。

（一）IT 总体架构

医院 IT 总体架构图能够总揽未来信息化建设的内容，直观地描述各系统之间的关系，是目标、愿景和蓝图。在总体架构规划时，应注意以下几个方面。

（1）在框架设计上，从垂直业务和单一应用向扁平化信息平台与主线业务的应用系统建设相结合转变，利用纵横交互的平台技术实现统筹规划、资源整合、互联互通和信息共享，提高医院医疗服务水平和监管能力，有效推进公立医院改革任务。

（2）在业务内容上，从单纯的医院工作管理向综合管理与为公众提供服务相结合转变，一方面突出服务功能，直接让居民与患者成为信息化发展的受益者；另一方面突出资源优化与管理创新，利用 IT 技术快速提升医院在区域内的竞争优势。

（3）在实现路径上，从追求单个系统规模向促进各系统资源整合转变，加强标准化和规范化，逐步实现数据共享，避免应用系统的重复开发和数据的重复采集。

（4）应采用业界先进、成熟的软件开发技术和设计方法，基础技术框架采用组件化、平台化的开发与集成模式；系统支持 C/S + B/S 架构等。

（5）在安全设计上，医院信息系统安全等级应满足相关要求。

业务架构、数据框架、应用架构、安全体系以及信息集成设计详见本篇第三章《医院信息化建设》。

（二）应用软件部署

结合医院的现状，从临床服务、运营管理、客户服务、知识管理、后勤服务、区域协同、物联网应用七大信息应用体系和医院信息集成平台，选择医院需要部署的信息应用系统或者需要丰富的应用功能模块、需要提升优化的应用系统功能。各应用系统的功能要求详见本篇第二章《医院智能化工程建设》、第三章《医院信息化建设》和第四章《医院物联网建设》。

（三）硬件设计

硬件基础设施是支撑整个医院信息平台运行的基础设施资源、软硬件及网络等资源，主要包括各类系统软件、系统硬件、网络设备、安全设备、容灾备份以及数据存储等。详见本篇第二章《医院智能化工程建设》。

（四）安全体系设计

随着卫生业务对信息系统的依赖程度越来越强，信息化环境也日益恶劣，安全问题越来越突出。数字化医院安全架构设计需以等级保护为基本指导思想，从技术措施、安全管理两方面构建医院信息平台的综合信息安全保障体系，确保平台承载业务信息的安全可靠及业务服务的连续运行，并可随着未来业务及管理所需的不断发展而动态性调整，最终实现“政策合规、资源可控、数据可信、持续发展”的生存管理与安全运维目的。

1. 安全设计

《信息安全等级保护管理办法》（公通字〔2007〕43 号）、《关于开展全国重要信息系统安全等级保护定级工作的通知》（公信安〔2007〕861 号）、《信息安全技术信息系统等级保护安全设计技术要求》（GB/T 25070—2010）等文件等级保护标准规范提出了安全信息系统应当包括安全应用支撑平台和应用软件系统两个组成部分，在应用支撑平台方面提出了应当按照计算环境、区域边界、通信网络三个环节进行分等级的安全防护建设，同时在此基础上还需要建设集中的安全管理中心，对部署在计算环境、区域边界、通信网络上的安全策略与安全机制实现集中管理。

其中，安全计算环境主要针对主机安全性保障提出，对于医院信息平台，应实现二级增强的计算环境所要求的身份鉴别、访问控制、安全审计以及数据保密性和完整性等内容，此外，应根据实际情况，建立数据的备份及存储恢复措施，如条件具备，可构建集中的数据和系统灾备中心，保证在发生安全事件时能够尽快恢复数据、系统，快速恢复业务。

安全区域边界针对隔离与访问控制而提出，应实现二级增强的区域边界所要求的防火墙隔离、安全审计、入侵防护以及恶意代码监测与过滤等内容。

安全通信网络则针对网络及通信的安全保障而提出，应当实现二级增强的安全通信网络所要求的通信机密性、完整性保护、网络设备安全性保护、网络设备冗余等内容。

安全管理中心则关注上述三个层面所采取的安全措施的集中管理，包括系统管理、安全管理等相关内容。

其次，物理安全方面，要根据实际情况建立相应的安全防护机制；需要加强计算机房的安全建设，机房必须具备防水、防潮、抗震、防雷击、防盗窃、防静电、防电磁辐射的措施。

安全管理方面，要考虑政策、法规、制度、安全培训等，制定切实有效的管理制度和运行维护机制。

2. 隐私保护设计

电子病历是由一系列关于个人健康资料的数字化档案库构成，如病人的身份确认、病历记载、实验室检验、影像诊断报告、处置、治疗、用药等信息。加强对电子病历的隐私保护是基于电子病历的医院信息平台重点关注的问题，《电子病历基本规范（试行）》要求：“对操作人员的权限试行分级管理，保护患者隐私。”

患者隐私保护应对医务人员进行身份审查，根据病种、角色等多维度授权对于用户登录，当医务人员因工作需要查看或访问非直接相关患者的电子病历资料时，应警示使用者依照规定使用患者电子病历资料，系统应自动生成、保存使用日志，对电子病历数据的创建、修改、删除等任何操作都将自动生成、保存审计日志，用于日后的审计。同时，应加强电子病历的传输加密，应加强对关键个人病历信息（字段级、记录级、文件级）进行加密存储保护，从而使患者的隐私得到更好的保护。

医院应当建立电子病历等医疗数据信息安全保密制度，设定医务人员和有关医院管理人员调阅、复制、打印电子病历的相应权限，进行可配置的电子病历应用脱敏，建立电子病历使用日志，记录使用人员、操作时间和内容。未经授权，任何单位和个人不得擅自调阅、复制电子病历。同时，建立、健全电子病历使用的相关制度和规程，包括人员操作、系统维护和变更的管理流程，出现系统故障时的应急预案等。具体标准可依据《信息系统安全等级保护基本要求》，并参照《信息系统安全管理要求》等进行。

（五）IT 组织

IT 管理组织架构是贯彻 IT 策略的组织保证，这个组织完成决策管理（IT 建设发展规划、项目审批）、

实施管理和运行 / 维护管理三部分工作。医院 IT 基本管理组织架构见图 7–1–9。

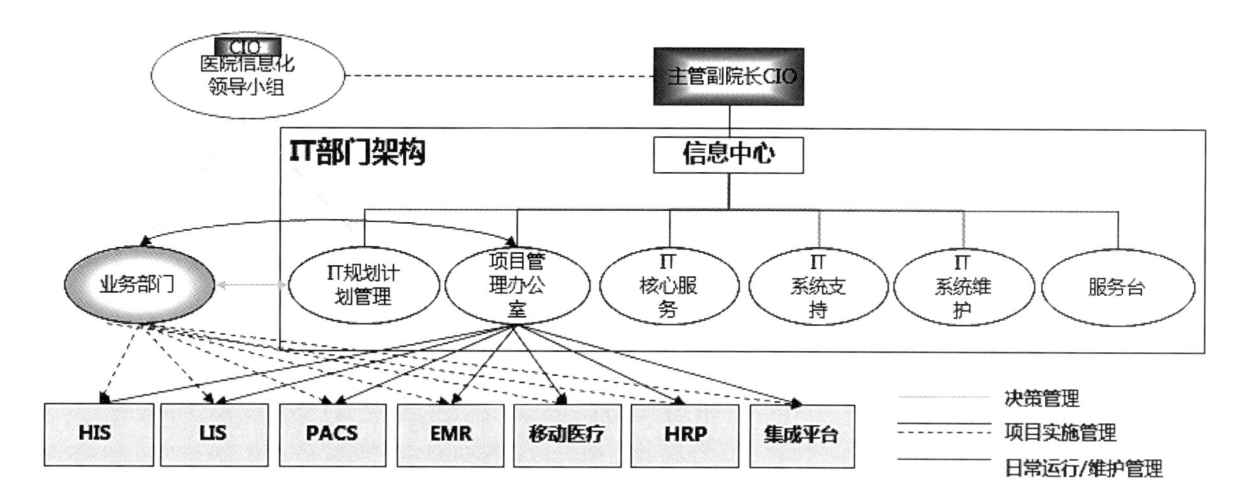

图 7–1–9 医院 IT 基本管理组织架构与职能

为有效推进数字化医院建设，应建立院级信息化领导小组，下设办公室，指导和督促医院信息化建设项目的实施。办公室由信息中心负责，建议建立医院信息管理委员会，重点论证信息化计划、年度项目、信息化预算、现状评估、项目论证等；建议建立信息化建设网络体系，每个科室病区确定一名网络成员即“应用系统协管员”。院领导担任领导小组组长，应高度重视，亲自决策、亲自推动，才能在人力、物力、财力上得到保障，处理好重点项目、难点项目的协调，保证建设的顺利进行。条件成熟时逐步建立首席 CIO 制度和首席数据官制度。

信息管理委员会一般由主管院长或分管院长担任主任委员，由信息中心主任等担任副主任委员，由各职能科室负责同志以及信息中心技术骨干、临床医技部门专家代表组成。信息管理委员会的管理原则是：对医院信息统一领导、设计、规划，打破信息壁垒，实现全院信息共享，信息资源合理利用，提高信息化工作效率。信息管理委员会的主要职责包括：负责制定医院信息发展战略、发展规划；负责审定信息中心年度与半年度工作；负责制定医院信息管理办法、管理制度；负责医院信息软件、硬件的规划、论证工作和预算编制工作；及时掌握医疗信息发展动态并及时做好信息反馈工作；在院部的领导下开展各项工作，为院部提供决策依据；审议监督信息建设及经费使用等重要事宜；定期召开会议，讨论、制订医院信息工作发展计划和应急事项。

六、IT 行动方案

在 IT 行动方案阶段，需要对设计的 IT 蓝图进行全面的规划，制定医院的信息化建设步骤，进行风险及效益分析，同时给出医院的 IT 治理方案，并在此基础上形成医院具体的信息化行动方案，指导医院的下一步行动。

（一）应用系统实施步骤

实施进程分若干期，每期还需分若干步骤实施，明确每期实施的内容，供未来项目计划和预算安排时参考。

（二）预算安排

要制订系统阶段经费投入计划，确保系统建设资金的投入，否则将影响系统建设周期和系统的运行效益。按有关要求，一般信息化的投入为年医院支出的 1.5% ~ 3%，不低于 1%；在基础设施建设中，信息智能化工程投入占工程总投入的 5% ~ 10%。建议医院信息化建设采用预算管理的方式，先申报、内部委员会论证，然后具体实施。

（三）人力保障

人力保障措施包括两个方面。一方面，要求软件提供商必须指派专门的实施技术人员、管理人员与开发人员合作进行系统的实施、开发和维保；另一方面，要加快和加强医院专业技术队伍和应用操作队伍的建设。信息中心配置必要的人员，一方面按照职能运行的要求，另一方面应按照重点专学科建设方式推进信息科建设。因为卫生信息学是一门学科，目前在医院临床、管理、服务等领域愈显重要，应逐步建立学科带头人、后备学科带头人、学科技术骨干构成的学科核心团队，并逐步建立学科发展规划、学科人才培养制度、学科绩效管理制度、学科继续教育制度等。医院应对信息技术学科带头人、技术骨干给予待遇等方面的政策倾斜。

（四）技术保障

相对于信息企业而言，医院自身的信息化建设能力总体还比较薄弱，信息化建设人员相对缺乏，因此在信息化建设过程中，应要求软件提供商提出强有力的技术保障措施。医院信息化建设不能简单等同于上线一套软件，它是基于现代信息技术将更优化的患者就诊流程、医院管理者的先进管理理念、医院各业务管理部门的有价值的管理经验完美结合，是一项持久的系统工程。如何科学、高效的组织实施信息化项目建设，是各医院亟待解决的问题。医院应在信息化建设过程中引入科学的项目管理策略，可以对推动信息化建设高效实施起到积极作用。

（五）策略保障

主要包括有序原则、角色定位、理念驱动、需求管理与宣传引导。

1. 有序原则

在系统建设的过程中，要始终贯彻和坚持“统一规划、统一设计、统一标准、统一体制、统一管理”的“五统一”原则，并形成制度；在总体规划的前提下，逐步有序地推进医院信息化建设。

2. 角色定位

在信息化推进过程中，应明确管理者、使用者、支撑者的角色观念。信息中心是技术支撑部门，职能处室很多情况下既是管理者，也是使用者，临床医技部门一般均为使用者。例如电子病历质控系统的推进，信息中心是技术支撑部门，负责软件的组织开发实施、系统安全的保障、实际运行的可靠支持等，医务、护理、门办、病案、质管部等部门是管理者，负责提出需求、安排培训、确定权限、推进使用，同时这些部门与临床科主任、临床医师均是使用者。角色定位的清晰，可以避免角色错位。

3. 理念驱动

医院信息化建设是医院现代化的象征，也是现代医院管理的象征。各职能处室应更新观念，认真学习研究本职能条线如何运用信息化手段来提升管控水平，应了解本职能条线信息化发展的状况和经典系统模块，应向业内同类管理和临床科室做的医院学习，提高信息管理认知水平。

4. 需求管理

需求必须被管理。一要避免随意性，应避免打个电话给信息中心人员就要求改系统的状况，避免各职能科室需求的提出零打碎敲，干扰信息中心系统实施安排；随意更改系统，容易导致系统混乱，容易导致投资性价比错位；二要规范流程，应规范需求提出流程，建议以书面形式提出需求；三要调研需求，信息中心应及时调研，发现需求、完善需求；系统的建设有步骤与计划性，需求如何变为实际应用，应该论证；四要评估需求，应通过信息中心初步评估、信息管理专业委员会二次评估，确认评估需求是否合理。

5. 宣传引导

应加强宣传，积极提高员工和各级管理者对信息化建设的认知水平和参与程度；应积极引导，克服容易出现的几种心态包括：自满心态、旁观心态、求全心态等。培训应该认真组织、主动参与、用户该掌握的系统功能必须熟悉，严格按规范要求操作。全院上下应统一思想，一起来做建设者。

七、数字化医院建设实施

数字化医院项目是一系列复杂的、大型、长期、持续的系统工程组成，不仅涉及技术实现的方法和手段，而且涉及项目实施期间各种资源的管理与调配。数字化医院建设规模大、建设周期长、投资高，只有起点，没有终点。数字化医院建设涉及众多的硬件提供商和软件提供商以及众多的项目参与人员。为确保数字化医院建设各项目在规定的时间、规定的资源条件下实现建设目标，需要使用现代项目管理的理论和方法进行项目建设的管理。在医院信息化建设项目实施前、实施过程中、实施后以及实施保障几个方面采用项目管理策略可对推动信息化建设高效实施提供保障。

通过项目管理可以很好地控制项目范围、项目进度、项目成本以及项目质量的平衡关系，确保项目的成功。从国外国内项目管理的经验来看，进行有效的项目管理具有以下意义。

（1）有效控制项目范围：通过项目范围计划管理、项目范围确认等手段对项目范围进行控制，可以把握项目总体目标，有效控制需求变化，使项目的范围控制在合理范围内。

（2）确保项目实施进度：通过制订项目进度计划，将项目任务进行细化，可以减少对任务进度控制的难度，减少因某项目任务的延期而导致项目整体延期。

（3）有效控制项目成本：通过项目成本估算、项目成本预算可以比较准确地预测项目的成本、保证项目资金的筹集，在项目过程中通过对实际发生成本的监控及修正达到有效控制项目成本的目的。

（4）可以确保项目质量：通过项目的质量计划及质量控制可以在项目的整个生命周期对项目的质量、产品的质量进行有效的控制，提高项目质量和效益。

（5）加强项目团队合作：按照项目人力资源管理、项目沟通管理的理论和方法，进行项目团队建设，通过合理有效的激励机制，增强团队合作精神，提高项目组成员的工作积极性和工作效率。

（6）降低项目潜在风险：通过制订项目风险管理计划，对项目风险进行分析、提前做好风险规避或风险缓解措施，使项目的风险降到最低限度，或者将已发生风险对项目进度、成本、质量的影响降到最低限度。

（一）启动阶段

1. 编制采购计划

数字化医院建设会包括一系列的采购，项目采购是一项复杂的工作，涉及不同的软件和硬件以及不同的厂商，需要考虑如何采购、采购什么、采购多少、采购时机、所采购产品和服务的质量及性能指标、当前价格、市场供求情况等因素，根据项目的进度计划和资源计划编制出详细可行的项目采购计划。

项目采购计划应该包括以下内容：

（1）项目采购工作总体安排；

（2）确定采购所用合同类型；

（3）确定项目采购估价办法；

（4）确定项目采购工作责任；

（5）项目采购文件的标准化；

（6）资源供应商的管理方法；

（7）确定采购协调工作办法。

2. 编制采购合同

为了保证采购计划的有效性，按时、高质量的获得硬件、软件或服务资源，必须制订出项目的招标计划。

合同编制过程包括准备招标所需要的文件和确定合同签订的平等标准的过程，包括何时开标、选择供方、签订合同，以确保采购的各种产品和服务能够根据项目进展需要及时到位。

（1）编写招标文件：请求建议书（RFP）或请求报价单（RFQ）。

（2）编写评估标准：用来对建议书或投标书进行评级和打分。

评估标准一般包括以下内容：

①产品价格：硬件或软件厂商提供的产品或服务的价格；

②技术能力：硬件或软件厂商是否具有或能够获得所需的技能和知识；

③管理方式：硬件或软件厂商是否具有或能够制定出一套确保项目成功的管理过程；

④技术方案：硬件或软件厂商所提议的技术方法、解决方案和服务是否符合采购文件需求；

⑤财务能力：硬件或软件厂商是否具有或能够获得所需的财务能力；

⑥对需求的理解：硬件或软件厂商建议书中对合同说明书的重视程度；

⑦生产能力和兴趣：硬件或软件厂商是否有能力和兴趣以满足将来的潜在需求。

3. 项目采购招标

数字化医院建设投资规模巨大，必须按照招投标管理办法进行软件、硬件的招标，项目招标流程如下：

（1）确定招标人或招标组织者；

（2）准备招标通知书和招标文件；

（3）招标公告或招标邀请；

（4）投标者的资格审查和通知；

（5）投标文件编写与投标和交保证金；

（6）询标、开标和评标；

（7）中标和不中标的通知；

（8）中标后开展的合同谈判。

4. 组织建设

数字化医院建设是一项复杂的系统工程，涉及项目建设方、项目承建方及项目监理方的各种资源，因此建立一套健全有效的组织保障体系是项目管理及项目成功实施的必要条件和保障措施。在组织保障建设中应考虑以下原则：

（1）项目组需要建设方、承建方、监理方共同参与；

（2）成立以医院院长为组长的项目领导小组，负责项目的领导及资源调配；

（3）成立以信息中心主任为项目经理的项目执行小组，负责项目的实施及管理。

5. 制度建设

为了保证项目的顺利进行，需要制定各项管理制度，建设单位、承建单位及监理单位各方人员共同遵守，需要建立的管理制度包括以下方面：

（1）日常管理制度：日常的工作要求，劳动纪律等；

（2）项目汇报制定：项目工作日常汇报及重大问题汇报内容、汇报流程；

（3）项目例会制定：确定项目例会的时间、频度、参与人员及会议要求；

（4）需求管理制度：需求调研、需求管理、需求变更、需求跟踪的流程及规范；

（5）培训考核制度：培训及考核管理。

6. 项目启动

数字化医院建设需要医院各个科室或部门人员的参与，因此在项目启动时就应该让所有的人员了解项目的情况。通过召开项目启动会，让各科室负责人向医院所有员工传达项目建设的目的、项目建设的内容、项目建设的周期、项目建设的效果以及在项目建设过程中需要员工配合的工作，使医院所有员工提前了解项目的概况，为项目的顺利实施打下基础。

项目启动会应由院领导主持召开，各科室主任、副主任、护士长等部门负责人以及项目承建单位、监理公司代表参加。

在项目启动会上由院领导介绍项目总体情况并进行全员动员，承建单位、监理单位介绍公司情况、参与项目人员情况及各自承担的工作内容，项目负责人介绍项目详细情况及工作计划。项目启动会结束后要求形成《项目启动会备忘录》，备忘录包括的内容：项目启动会召开时间、地点、人员、各项目小组负责人员及联系方式、院方提出的问题或建议、系统上线的时间或者安排、是否需各承担单位帮助解决的问题；备忘录由建设单位、承建单位、监理单位负责人员签字备案。

（二）实施阶段

数字化医院建设是一项庞大而复杂的一系列的系统工程。随着医疗市场和IT技术的不断发展和变化，加大了项目建设的周期和复杂性。为了保证前后衔接，避免脱节和重复投资，造成人力、财力、物力的浪费，需要在项目实施中把握以下原则。

（1）整体规划：任何一个信息系统的建设都不可能一蹴而就，数字化医院是一项非常庞大、复杂、长期的系统工程。无论从战略上或从战术上，从软硬件系统上都必须服务从医院整体规划，才能为后续的建设指明道路和打下基础。

（2）分步实施：建设过程是一个长期的过程，必须分成多个阶段来完成，以保证项目建设的可行性和可控性。因此必须在总体规划的指导下，对整个项目科学地划分多个实施阶段，逐步完成各项工程的建设。

（3）成熟先行：建设包含了各种各样的产品，而各种产品又是在不断发展和完善的。医院的业务和流程也在不断完善过程中。因此在建设时，不能冒进和盲目跟风，需要根据医院实际情况，选择成熟实用的产品或系统，从系统的底层一步步做起，减少系统建设的风险和浪费。

在项目实施阶段需要制订详细的项目计划，并按计划执行。在执行的过程中对项目进行监控，根据项目管理理论下面从项目范围、时间、成本、质量、人力资源、沟通及风险等方面如何进行管理进行阐述，供建设各方参考。

1. 项目范围管理

制订项目范围管理计划，可以确保项目包含且只包含达到项目成功所需完成的工作。范围计划需要对项目范围进行定义、确认和控制，并制定工作任务分解结构（WBS）。范围管理计划应当包括以下内容:

（1）项目范围说明书；

（2）项目任务分解（WBS）；

（3）项目管理文档和技术文档清单；

（4）项目范围变更申请和处理流程。

2. 项目时间管理

项目时间管理也叫项目进度管理，是项目按时完成的重要管理过程。在制订项目进度计划时要把人员的工作量与花费的时间联系起来，合理分配工作量，利用进度安排的有效分析方法严密监控项目的进展情况，使项目的进度不致被拖延。项目进度计划包括活动定义、活动排序，活动资源估算、活动工期估算。项目进度计划建议采用软件工具进行编制。

3. 项目进度控制

项目进度控制是依据项目进度计划对项目的时间进展进行控制，使项目能够按时完成。有效项目进度控制的关键是监控项目的实际进度，及时、定期地将实际进度与项目计划进行比较，对项目进度发生偏差时采取必要和有效的纠正措施。在项目进行过程中需要定期召开项目例会，通过项目例会了解项目进展情况，并对项目进度进行控制，项目进度控制的步骤如下：

（1）分析进度，找出哪些地方需要采取纠正措施；

（2）确定应采取哪种具体纠正措施；

（3）修改计划，将纠正措施列入计划；

（4）重新计算进度，估计计划采取的纠正措施的效果。

4. 项目成本管理

项目成本管理是项目管理重要组成部分，是在项目实施过程中，为了保证完成项目所花费的实际成本不超过预算成本而展开的项目成本估算、项目预算编制和项目成本控制等方面的管理活动。在项目计划阶段主要进行成本估算和成本预算，在项目执行过程中需要进行项目成本控制。

5. 项目质量管理

项目质量管理过程包括执行组织关于确定质量方针、目标和职责的所有活动，使得项目可以满足其需求。它通过质量计划、质量保证、质量控制程序和过程以及连续的过程改进活动实施来实现项目质量管理。

（1）质量计划：确定适合于项目的质量标准并决定如何满足这些标准；

（2）质量保证：用于有计划、系统的质量活动，确保项目中所有过程满足项目期望；

（3）质量控制：监控具体项目结果以确定其是否符合相关质量标准，制定有效方案，消除产生质量问题的原因。

6. 人力资源管理

项目人力资源管理是指对于项目的人力资源所开展的有效规划、积极开发、合理配置、准确评估、适当激励等方面的管理工作。

为了提高项目团队成员之间的个人技能，提高他们完成项目活动的能力，提高项目团队成员之间的信任感和凝聚力和团队合作精神以提高工作效率在项目建设的过程中需要对项目团队进行建设。项目团队建设可采用以下方式：

（1）提供培训：项目会涉及很多新的技术、新的产品，通过培训提高项目团队综合素质、工作技能和绩效，提高项目团队成员工作满意度；

（2）绩效考核：项目建设各方需要建立内部绩效考核机制，通过对团队成员工作绩效的考察与评价，反映团队成员的实际能力和业绩；

（3）项目激励：通过项目激励激发团队成员的行为动机和潜能，为实现项目的目标服务。

7. 项目沟通管理

项目沟通管理是指对于项目过程中各种不同方式和不同内容的沟通活动的管理。这一管理的目标是保证有关项目的信息能够适时、以合理的方式产生、收集、处理、贮存和交流。沟通要掌握准确性、完整性和及时性原则。

（1）制订项目沟通协调计划，明确建设单位、承建单位、监理单位负责人负责项目小组间以及小组内部的沟通与协调。

（2）制定项目工作汇报制度，明确工作汇报的时间及汇报内容。

（3）建议承建单位、监理单位负责人列席医院每周办公会议，简要汇报项目进展情况及需院方协调的工作。

（4）定期召开项目例会，提前拟定会议议程并分发给相关人员，以便参会人员提前准备，提高会议效率。会议结束后，由专人记录会议内容并分发给相关人员。

（5）定期提交项目工作进展报告，总结本期工作内容、安排下期工作任务，并提出项目中的问题、解决方案及需要沟通协调的事宜。

（6）根据项目的需要不定期召开各类专题会议，及时解决项目中存在的问题。

（7）阶段里程碑结束后召开里程碑评审会议，总结经验教训。

8. 项目风险管理

项目风险是指由于项目所处的环境和条件本身的不确定性和项目业主 / 客户 / 项目组织或项目其他相关利益主体主观上不能准确预见或控制的影响因素，使项目的最终结果与项目相关利益主体的期望产生背离，并存在给当事者带来损失的可能性或带来机遇的可能性。

为了减少风险对项目带来的危害和损失，在项目过程中必须对风险进行管理。风险管理包括制订风险计划、对风险进行识别、度量及控制。风险管理计划应该描述如何识别风险、如何对风险进行定性和定量的分析、采取何种方式应对风险并对风险进行监视和控制。对项目风险识别的和度量应当贯穿于项目实施全过程，并在整个项目过程中根据项目风险管理计划和项目实际发生的风险与变化，开展项目风险控制活动。

数字化医院建设过程中会出现各种各样的风险，对于这些风险需要提前识别并制定相应的应对措施，以下是在项目建设过程中可能出现的风险以及应对措施，供建设单位参考。

（1）人力资源风险。

①风险：项目领导小组或项目执行小组人员发生变动；项目执行小组人员缺乏或技术水平不够。

②措施：成立以医院院长 / 主管副院长、各承建单位负责人为核心的项目领导小组，保证人力资源配合合理；在与承建单位签订合同时要求提供各阶段核心人员名单并保持人员的稳定。

（2）项目范围风险。

①风险：项目目标和范围不清晰，项目过程中随意调整或扩大项目范围。

②措施：项目立项前进行项目可行性研究及项目论证，明确项目范围。

（3）需求变更风险。

①风险：需求调研、需求分析不充分，需求不完整、不明确，经常变更。

②措施：进行详细的需求调研和需求分析，对需求进行评审，各方签字确认，对于需求的变更按照变更流程执行。

（三）收尾阶段

在项目阶段结束或项目整体结束的时候需要对项目进行验收，项目验收需要满足以下标准：

（1）确认项目已经满足了所有需求。

（2）确认已经达到所有的完工标准和退出准则。

（3）为满足项目或阶段的完工或退出准则所需要的活动或措施已被实施。

（4）验证所有的项目可交付物已经提供并被接受。

项目完工后需要对项目的绩效进行评估，主要对项目的水平、效果和影响，投资使用的合同相关性、目标相关性、经济合理性等方面进行全面的评价。项目评估可由建设单位自评或者委托专业机构进行评估。项目评估主要包括信息技术评估和应用效果评估。

应用效果评估主要包括经济效益评估和管理效益评估：

（1）经济效益评估：通过项目建设带来了哪些经济效益？

（2）管理效益评估：通过项目建设是否优化了管理流程、提高了运行效率、减少了管理成本；是否搭建了适应医院长远发展的信息化平台，使医院管理理念和管理模式迈上了新的台阶；通过项目建设是否有利于医院在管理、控制、组织、协调、决策等方面的综合效率得到了提高。

（四）项目监理

根据《信息系统工程监理暂行规定》，信息系统工程监理师职依法设立且具备相应资质的信息系统工程监理单位，受建设单位委托，依据国家有关法律法规。技术标准和信息系统工程监理合同，对信息系统工程项目实施监督管理。

监理的主要内容为“四控三管一协调”。其中“四控”是指质量控制、投资控制、进度控制、变更控制；“三管”是指合同管理、信息管理和安全管理；“一协调”是指沟通协调，起到建设单位和承建单位之间沟通和协调的桥梁作用。

监理单位协助建设单位制定项目的总体规划和技术方案，以及设备选型方案。监理单位应对整个工程实施的进度、质量、费用以及合同进行监督。

项目建设单位可直接委托监理单位承担项目建设的监理工作，也可以采用招标方式选择监理单位。若采用招标的方式建设单位应当与监理单位签订监理合同，监理合同需要包括以下内容：

（1）监理业务内容；

（2）双方的权利和义务；

（3）监理费用的计取和支付方式；

（4）违约责任及争议的解决方法；

（5）双方约定的其他事项。

监理单位按照以下程序对项目建设进行监理：

（1）组建信息系统工程监理机构，监理机构由总监理工程师、监理工程师和其他监理人员组成；

（2）编制监理计划，并与业主单位协商确认；

（3）编制工程阶段监理细则；

（4）在整个项目过程中实施监理；

（5）参与项目工程验收并签署监理意见；

（6）监理业务完成后，向业主单位提交最终监理档案资料。

参考文献

[1] 陈金雄，王海林 . 迈向智能医疗 [M] . 北京：电子工业出版社，2014.

[2] 计虹 . 临床路径医疗管理模式的应用研究 [J] . 中国医院管理，2010，30（11）：26-27.

[3] 申刚磊，沈崇德，童思木 . 基于 SOA 的医院信息系统集成平台建设与思考 [J] . 中国数字医学，2013，8（09）：60-63.

[4] 沈崇德 . 数字化条件下医院客户服务体系构建的总体构想与实现策略 [J] . 中华医院管理杂志，2012.28（5）：364-367.

[5] 沈崇德，王彬夫 . 基于电子病历的医疗质量控制与安全管理策略 [J] . 中国医院管理，2012（8）：

42−44.

［6］沈崇德 . 医院物联网建设之我见［J］. 中华医院管理杂志，2012，28（9）：682−684.

［7］高燕婕 . 医院信息中心主任实用手册［M］. 北京：电子工业出版社，2007.

［8］孙虹， 胡建中 . “互联网 +”时代智慧医院建设［M］. 北京：电子工业出版社，2017.

［9］沈崇德，王韬，吕晋栋，等 . 医院智能化建设［M］. 北京：电子工业出版社， 2017.

［10］王韬，沈崇德，尚邦治，等 . 医院信息化建设［M］. 北京：电子工业出版社， 2017.

［11］黄锡璆 . 中国医院建设指南（第三版）［M］. 北京： 中国质检出版社、中国标准出版社，2015.

第二章

医院智能化系统建设

沈崇德　龚海　孙炜一　詹复生　王东伟
唐泽远　王震腾　董政　檀德亮　王庆

沈崇德 南京医科大学附属无锡人民医院副院长

龚　海 江阴市人民医院信息中心主任

孙炜一 江苏瑞孚特物联网科技有限公司董事长

詹复生 常州市第二人民医院总务科副科长

王东伟 上海延华智能科技（集团）股份有限公司执行总裁、总工程师，教授级高级工程师

唐泽远 山东亚华电子股份有限公司副总经理

王震腾 视联动力信息技术股份有限公司联合创始人、董事、执行副总裁

董　政 无锡锐泰节能系统科学有限公司总经理

檀德亮 深圳市鑫德亮电子有限公司总裁

王　庆 来邦科技股份公司总经理

技术支持单位

江苏瑞孚特物联网科技有限公司

专业提供医院物联网解决方案，并形成了基于智能卡、视频感知和人脸识别为核心的医院管理服务集成运营解决方案。对医疗支持、医院安全及智慧后勤、就医服务等方面提供了更有效的支撑。参与国内近百家医院的新建和改扩建设计及专家指导工作，并获得业内的高度认可。多次获得“全国医院建设十佳供应商” 和现代医院建设解决方案大赛二、三等奖。

视联动力信息技术股份有限公司

视联动力信息技术股份有限公司是专业化的网络通信核心技术研发厂商，网络通信技术和互联网基础技术研究的高新技术企业。视联动力开发设计了全新 V2V 视联网通信协议，在视联网通信协议的基础上，研发推出了一套统一视频多媒体服务平台系统，是优秀的下一代网络统一视频多媒体服务平台。

山东亚华电子股份有限公司

山东亚华电子股份有限公司，专业聚焦于医疗场景的多维度沟通交互智能化解决方案的科技型企业，为全国 300 多万张床位、6000 余家医院与康养机构提供护理通讯、智慧病房终端、无线护理装备、智慧门诊等解决方案与服务，2013 年至今，六次荣获“全国医院十佳优秀供应商”，为医院建设提供全生命周期的伴随服务。

来邦科技股份公司

创立于 1997 年，主要提供以可视对讲为核心的音视频通讯产品。包括病房护理对讲系统、床旁交互系统、ICU 探视系统、排队叫号系统、信息导引与发布系统、手术室对讲系统、移动输液报警系统。公司秉承 “专心做好一件事” 的经营理念，始终重视技术研发与创新，建立了深圳、合肥、西安三地研发中心，在 19 个省会城市设立了分公司或办事处，为超过 400 家三级医院和众多二级医院提供产品服务。

第一节　医院智能化工程规划与实施

医院数字化是现代化医院的重要标志之一，也是医院现代化管理和高效运行的有力保证。医院智能化系统是医院数字化建设的重要内容，先进的医院智能化系统对提高医疗服务质量、工作效率，降低运营成本具有巨大的促进和推动作用。医院智能化系统已由过去的智能建筑、机电设备管理和基础设施，向越来越宽的领域拓展，如今“物联网”“互联网 +”“云计算”“大数据”“人工智能”已成为热词，既丰富了智能化系统建设的内容，更改变了系统的部署方式、应用体系和运维模式。如何适应时代的发展，部署和实施医院智能化系统，打造数字化智慧型的智能化医院，是人们十分关注的问题。打造智能化医院，有效部署智能化系统，是医院建设和医院改扩建工程的核心构成，往往是亮点的体现，也因其复杂性和专业性，成为规划实施的难点。

医院智能化系统在改扩建领域，原来仅限于智能建筑的概念。智能建筑是信息时代的必然产物，建筑物智能化程度随着科学技术的发展而逐步提高。智能建筑是 4C 技术（即 Computer 计算机技术、Control 控制技术、Communication 通信技术、CRT 图形显示技术）发展的产物。将计算机技术、自动化控制技术、现代通信技术、信息处理技术综合应用于建筑物之中，在建筑物内建立一个计算机综合网络，使建筑物智能化。中国智能建筑的建设始于 1990 年，随后便在全国各地飞速发展。

在新的时代，医院智能化系统内涵日益丰富，外延不断拓展，逐步融合了管理、临床和后勤管理，包括智能建筑等领域。信息技术的飞速发展和技术的专业化、复杂性，对医院信息规划、信息基础设施设计与建设、信息相关技术的合理选择提出了新的要求。

一、医院智能化系统的主要内涵

医院智能化系统的主要内涵在业内实际有广义与狭义之分。广义的智能化系统不仅包括综合布线、计算机网络、安全防范、楼宇智能控制等系统，还涵盖了医院各类信息应用系统。狭义的医院智能化系统，主要是原来智能建筑的内容，是医院改扩建关注的主要内容。

最早智能建筑的内涵为“3A”：BAS- 建筑设备自动化系统；CAS- 通信自动化系统；OAS- 办公自动化系统。后来逐步拓展为“5A”，增加的为：FAS- 智能防火监控系统，SAS- 安防自动化系统。

医院智能化系统在智能建筑的范畴中，内容更为丰富、应用更为广泛、营运模式更为多元。医院智能化系统重点关注信息基础设施设计、部署与建设，机电设备的数字化智能化管理，与建筑功能关联的医院专项应用系统等，为医院管理信息系统、临床信息系统等核心应用系统的有效应用和未来拓展奠定基础。

二、医院智能化系统的主要构成

医院智能化系统一般由网络通信系统、安全防范系统、多媒体音视频系统、建筑设备智能管理系统、医院后勤运营智能管控系统、医院专用系统、机房工程、其他应用、医院信息应用系统等构成，如图 7-2-1 所示。

三、医院智能化系统的发展趋势

随着互联网、移动互联网、虚拟化、云计算、大数据、物联网、人工智能等信息技术的飞速发展，医院如何利用技术发展成果部署推进医院智能化建设，促进经营管理、服务模式与后勤支持服务模式的突破创新，值得我们进一步研究与探索。医院智能化系统建设的主要发展趋势可以概括为多元化、集成化、智能化、可视化、虚拟化、移动化、区域化与标准化。

（1）多元化。多元化就是医院智能化系统应用领域日益多元，逐步涵盖到医院运营管理的每一个领域；智能化系统的展现方式和实现手段也日益多元，更加丰富多彩。

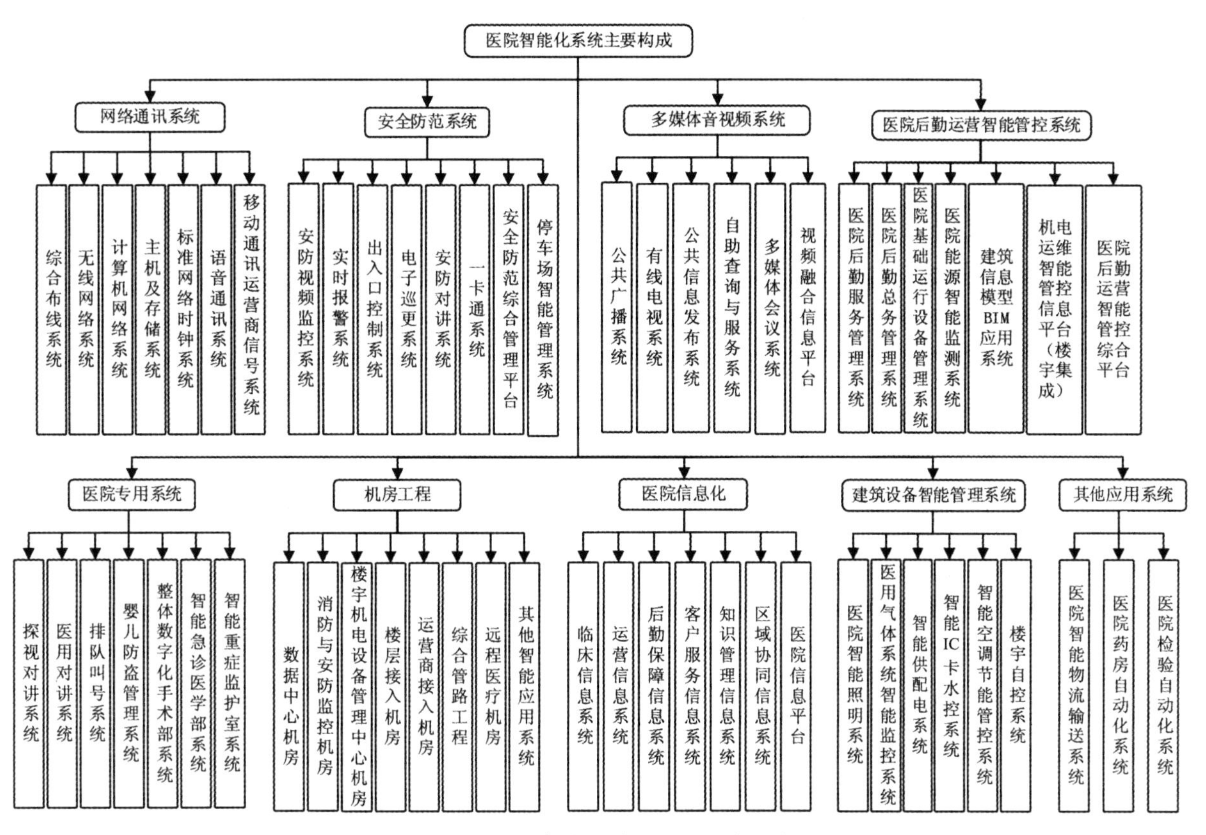

图 7-2-1 医院智能化系统主要构成示意图

（2）集成化。集成化就是各应用系统的功能的整合、数据的融合和门户的集成，实现互联互通。首先是同一类系统的集成，如安防系统包括的视频监控、报警、巡更、停车、门禁的集成，建立安防综合管理平台；再如各类视频资源融合现成视频融合应用信息平台等，逐步发展为异构系统的融合，建立机电运维管理信息平台等。即使是各类卡应用也需要集成为智能卡应用信息平台，实现平台化管理，并与医院信息平台建立接口。医院智能化系统由单系统功能模块的集成，向单系列多系统的集成，进而转为多系统的集成；由功能的整合、门户的集成，逐步过渡为数据的综合管理和利用共享；由以功能界面的集成展现、集中管理，最终实现统一索引、统一注册、统一门户、统一通信、统一交互、统一数据利用和管理。医院智能化系统基于平台的集成化程度必将越来越高，基于平台的应用将展现一个新的空间。

（3）智能化。智能化就是基于物联网技术、基于人工智能技术、基于数据挖掘分析的逻辑判断、决策支持，实现自动化过程控制、任务管理、智能导航、安全警示、机电设备运营优化等；其中，物联网、人工智能等新技术，将带来革命性的变化，智能机器人在医院的应用将越来越广泛，自动感知、机器学习、万物互联、虚拟现实将带来医院支持系统智能化程度和发展模式意想不到的变化。

（4）可视化。可视化就是利用 3D 技术、BIM 技术、GIS 技术、VR 技术，实现运营环境、运营设施、运营状态的基于平台的可视化，实现设施设备全生命周期运维的可视化。

（5）虚拟化。虚拟化就是利用云计算、虚拟化技术，实现基于云端的平台资源存储、平台部署和应用系统管理、应用系统开发维护等，云计算就是资源池化，传统的机房、存储等资源组织形态正在发生重大改变。

（6）移动化。移动化就是利用 WIFI、ZIGBEE、RFID、蓝牙乃至 4G、5G、NB-IOT 等技术不断引入实际应用领域，不仅是各类通信方式的移动化体现，更是基于移动化的掌上应用的丰富，包括服务端、运维端和管理端，“互联网 +”的应用将日益丰富，院内院外的界限将日益模糊。

（7）区域化。区域化是指院际间的智能化系统互联与信息共享，区域运维协同，资源共享，服务支持，数据集成等。尤其是基于云端的各类应用服务和运维服务、以及基于管理需求的区域化将成为必然趋势。

（8）标准化。标准化就是智能化相关标准将越来越健全，功能、数据、系统、接口乃至平台建设将向标准化程度越来越高的方向发展，从而更好地促进互联互通、促进数据的挖掘利用。

随着技术的飞速发展，医院智能化系统的内涵将日益丰富，功能将日益强大，将展现不同的魅力。

四、医院智能化系统设计建设的目标

医院智能化系统的设计与建设应参照国家智能信息化建筑标准规范，合理考虑维护与操作的可行性、经济性、产品选型和最佳性价比，技术适当超前，积极采用国内外新技术和新设备，并充分考虑功能和技术的扩展。

智能化系统设计与建设的目标是构建高速信息传输通道和信息基础设施，适应医院不同领域的信息应用和未来发展需求，建设集高效、安全、节能、管理为一体的智慧型数字化医院。

五、医院智能化系统设计建设的原则

（一）实用性原则

实用性是系统建设成功与否的重要标志，智能化系统对业主而言首先是实用，其次是好用。

（二）整体性原则

智能化系统涉及诸多领域，应通盘考虑，避免重复建设，避免信息孤岛，注重系统集成和集中管理。

应关注系统的集成，实现对医院智能化各子系统分散式控制，集中统一式管理和监控。总体结构具有可扩展性、兼容性和开放性，集成不同生产厂商的先进产品，使整个的智能弱电系统可以随着技术的进步不断地得到充实和提高。集成的方式和架构应符合主流技术的要求。

（三）前瞻性原则

系统不仅满足当前业务需要，同时考虑未来的发展，系统具有良好的结构，以适应新技术带来的变革，保证系统在相当长的一段时间内不过时、不落后，并考虑冗余。例如，信息端口的预留，应预见未来工位的分布、设备的接入、功能的拓展等。前瞻性包括空间的预留、点位预留、设施设备的选型、接口的开放、平台化思路等问题，也包括系统的升级、维保、备品备件等问题在合同签订等方面的前瞻性考虑。

（四）兼容性原则

智能化设计应注意标准化和应用国际国内主流技术，系统间、设备间能够兼容，便于集成，设备或软件采购应要求各方开放接口。

（五）开放性原则

信息技术不断发展，设备不断更新，软件不断升级，各系统间应具备开放性，满足系统的拓展。系统开放性体现了系统的可扩展性和可成长性，在设备的选型、网络的结构上应充分考虑系统延伸和扩展的需要，要求选用的设备具有一定的开放性，以满足今后根据发展需要进行二次开发的要求。

（六）稳定性原则

系统架构、设备选型、软件部署、未来运行应注重稳定、安全、可靠。

（七）经济性原则

系统应立足于当前实际，选用性价比高的软硬件平台，运行费用相对较低，系统要具有良好的可操作性，管理方便、应用灵活。

（八）规范性原则

系统设计应按照已有的标准，施工、设备安装、现场管理、验收等应规范。

（九）易维护性原则

系统维护是整个系统生命周期中所占比例最大的，易维护性、易用性直接关系到系统的实际应用价值。

（十）总体设计、分步实施原则

医院智能化系统覆盖面广，内容丰富，医院信息技术和应用在不断发展。智能化系统设计应立足当前，放眼未来，总体设计；智能化系统建设应分步实施，不断完善，不断提升。

六、医院智能化系统设计部署的步骤

医院建筑智能化系统是集建筑技术、信息技术、医疗技术等多学科紧密结合的科学，系统庞杂，功能复杂。工程实施难度大，它除了一般智能建筑的智能化系统，还必须具备医院建筑所独特要求的医疗辅助智能化系统。医院智能化工程具有提出需求难、寻找合适的设计单位难、设计方案评价难、设备产品选型难、寻找合适的施工单位难等问题。

规划设计医院智能信息化工程时要知道医院是为病人服务的场所，它对智能化系统有着专业的需求；医疗又是一个专业性非常强的行业，相对于其他行业来说，它具有自己独特的特点。医院智能化系统的建设应紧紧围绕着医院的特殊服务、特殊环境、特殊管理、特殊功能进行详细的、有针对性的规划设计。

（一）智能化设计的设计部署步骤

医院智能化系统工程设计全过程与医院建筑设计一样，通常有概念方案设计、初步设计、施工图设计三个阶段。智能化系统设计与建筑设计同步进行是最佳做法。建议深化设计的工作尽可能请有经验的医院智能化设计单位放在建筑平面设计完成后即展开，且尽量细化，避免招标后再深化导致很多歧义或不可控的局面。

主要设计部署步骤为：

（1）基线调查，充分了解医院信息发展现状和有关要求，了解医院智能化系统建设现状；

（2）编制医院信息化规划：对医院今后一段时间的信息化目标、各领域信息系统部署、分步实施策略等进行系统规划；

（3）编制项目工程设计任务书：对医院智能化工程进行总体定位，确定设计原则，对涉及的各系统模块进行部署，确定投资。任务书应适当细化；

（4）形成设计方案：包括概念设计方案、初步设计方案；

（5）方案优化：分项系统专家咨询、论证，各专业公司参与，不断完善方案；如核心机房可请APC、爱默生等公司帮助优化，信息安全可请安全测试机构帮助优化等；

（6）形成施工图：在点位图的基础上形成施工图，进而形成合适的招标文件及方案。

（二）智能化系统设计任务书框架

智能化系统设计任务书一般应由业主方编制，鉴于智能化系统复杂，业主方一般没有经验，常由设计单位梳理完成或由业主方聘请的智能化专项咨询团队、咨询顾问在调研后完成。智能化系统设计任务书主要包括以下要素。

（1）项目背景与概况：主要描述项目的来源，建设目标定位，建设规模和投资，项目主办单位基本概况等。

（2）基线调查情况：原有的信息化智能化基础，包括主要系统构成、建设年限、主要亮点和存在问题，迁建项目需要说明哪些系统和哪些设备需要迁移，业务流程上的延续等。

（3）智能化项目建设目标：确定智能化项目的建设目标。

（4）指导原则：确定项目建设的主要指导原则。

（5）项目投资控制：确定投资控制范围和要求。

（6）项目设计范围：确定设计范围边界，确定设计成果的展现方式。

（7）主要建设内容与要求：描述需要设计的子系统，以及各子系统的功能、设备等方面的要求。

以中型医院为例，在设计任务书中的常见子系统一般包括以下内容。

①基础支撑系统：一般包括综合布线系统、无线网络系统、计算机网络系统、主机与存储系统、语音通信系统、运营商信号覆盖系统、网络时钟系统、机房系统、综合管路系统、公共广播及背景音乐系统、卫星及有线电视系统、无线对讲系统、电梯五方通话系统等。

②运维服务支持系统：一般包括视频安防监控系统、防盗报警系统、门禁管理系统、停车场智能管理系统、一卡通系统、巡更管理系统、火灾自动报警系统、安全防范综合管理平台、医用气体智能管控系统、智能供配电系统、智能给排水监控系统、智能 IC 卡水控系统、能源监测平台等，智能照明系统、楼宇自控系统、建筑信息模型（BIM）应用系统、医院机电运维智能管控信息平台（楼宇集成系统）等，一般有条件的医院建设。

③业务系统：一般包括探视对讲系统、医用对讲系统、专科视频监控系统、分诊排队系统、公共信息发布系统、多媒体查询系统、数字化手术部系统、会议系统等。视频融合信息平台、婴儿防盗系统、重症智能病房系统、医院后勤服务系统、医院后勤运营智能管控平台等，一般有条件的医院才设。

④其他应用系统：一般包括医院智能物流输送系统、医院药房自动化系统、医院检验自动化系统等。

（8）提出分步实施初步设想。

七、医院智能化系统的主要配置

根据《智能建筑设计标准》（GB 50314—2015）的要求，各类医院智能化系统的主要配置如表 7-2-1 所示，医院智能化系统实际在内容上有了较大的丰富。

表 7-2-1 医院建筑智能化系统配置选项表

<table>
<tr><th colspan="3">智能化系统</th><th>一级医院</th><th>二级医院</th><th>三级医院</th></tr>
<tr><td rowspan="12">信息化应用系统</td><td colspan="2">公共服务系统</td><td>⊙</td><td>●</td><td>●</td></tr>
<tr><td colspan="2">智能卡应用系统</td><td>⊙</td><td>●</td><td>●</td></tr>
<tr><td colspan="2">物业管理系统</td><td>⊙</td><td>●</td><td>●</td></tr>
<tr><td colspan="2">信息设施运行管理系统</td><td>○</td><td>●</td><td>●</td></tr>
<tr><td colspan="2">信息安全管理系统</td><td>⊙</td><td>●</td><td>●</td></tr>
<tr><td>通用业务系统</td><td>基本业务办公系统</td><td colspan="3" rowspan="7">按国家现行有关标准进行配置</td></tr>
<tr><td rowspan="6">专业业务系统</td><td>医疗业务信息化系统</td></tr>
<tr><td>病房探视系统</td></tr>
<tr><td>视频示教系统</td></tr>
<tr><td>候诊呼叫信号系统</td></tr>
<tr><td>护理呼应信号系统</td></tr>
</table>

表 7-2-1 医院建筑智能化系统配置选项表（续）

智能化系统			一级医院	二级医院	三级医院
智能化集成系统	智能化信息集成（平台）系统		○	⊙	●
	集成信息应用系统		○	⊙	●
信息设施系统	信息接入系统		●	●	●
	布线系统		●	●	●
	移动通信室内信号覆盖系统		●	●	●
	用户电话交换系统		⊙	●	●
	无线对讲系统		●	●	●
	信息网络系统		●	●	●
	有线电视系统		●	●	●
	公共广播系统		●	●	●
	会议系统		⊙	●	●
	信息导引及发布系统		●	●	●
建筑设备管理系统	建筑设备监控系统		⊙	●	●
	建筑能效监管系统		○	⊙	●
公共安全系统	火灾自动报警系统		按国家现行有关标准进行配置		
	安全技术防范系统	入侵报警系统			
		视频安防监控系统			
		出入口控制系统			
		电子巡查系统			
		停车库（场）管理系统	○	⊙	●
	安全防范综合管理（平台）系统		○	⊙	●
	应急响应系统		○	⊙	●
机房工程	信息接入机房		●	●	●
	有线电视前端机房		●	●	●
	信息设施系统总配线机房		●	●	●
	智能化总控室		●	●	●
	信息网络机房		⊙	●	●
	用户电话交换机房		⊙	●	●
	消防控制室		●	●	●
	安防监控中心		●	●	●
	智能化设备间（弱电间）		●	●	●
	应急响应中心		○	⊙	●
	机房安全系统		按国家现行有关标准进行配置		
	机房综合管理系统		⊙	●	●

注：● – 应配置；⊙ – 宜配置；○ – 可配置

八、医院智能化系统的系统规划

（一）医院智能化系统的系统规划

医院智能化子系统有多种分类方法，现按照医院智能化子系统的技术类别，将智能化系统细分为五大类子系统，如图 7-2-2 所示。

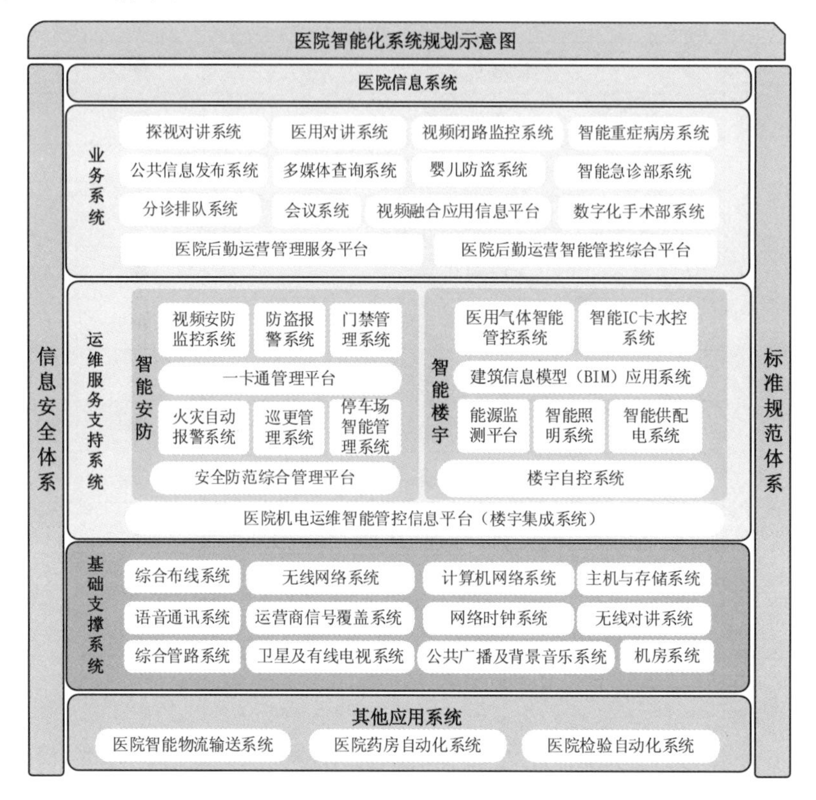

图 7-2-2 医院智能化系统整体规划示意图

根据上图所示，医院智能化系统规划可分为医院信息系统、业务系统、运维服务支持系统、基础支撑系统和其他应用系统，还有相关的医院信息安全体系和标准规范体系。其中改扩建项目通常认为的智能化系统不包含医院信息系统和其他应用系统。在系统规划中，尤其需要关注各类平台的建设和必要的互联互通。

（二）医院智能化系统设计建设的主要内容

医院智能化系统设计建设涉及业务系统、运维服务支持系统、基础支撑系统、信息应用系统，如图 7-2-1 所示，主要包括网络通信系统、安全防范系统、多媒体音视频系统、建筑设备智能管理系统、医院后勤运营智能管控系统、医院专用系统、机房工程、其他应用、医院信息应用系统等。

1. 网络通信系统

网络通信系统为智能化提供可靠的通信传输通道和网络平台。主要包括：综合布线系统、无线网络系统、计算机网络系统、主机及存储系统、标准网络时钟系统、移动通信运营商信号系统、语音通信系统等。其中计算机网络系统、主机及存储系统、系统集成和信息安全系统可列入数据中心系统中。

2. 安全防范系统

安全防范系统是针对医院可能的偷盗和医患纠纷发生案件而设立的系统，保护人身、财产和信息安全，其防范的对象主要是人与车。子系统主要包括：安防视频监控系统、实时报警系统、出入口控制系统、电子巡更系统、安防对讲系统、停车场智能管理系统、一卡通系统、安全防范综合管理平台、电梯五方通话等。

3. 多媒体音视频系统

多媒体音视频系统主要是医院智能化系统中有关音频和视频的子系统的集合，主要包括公共广播与背景音乐系统、有线电视系统、公共信息发布系统、自助查询与服务系统、多媒体会议系统、视频融合信息平台等。信息发布系统是指公共区域的所有显示设备，包括 LED 信息大屏、各类 LED 显示屏等。

4. 建筑设备智能管理系统

建筑设备智能管理系统是指医院主要机电设备的计算机监控和管理，为医护人员和病患家属提供舒适环境的系统，并达到节能减排和科学管理的效果。其主要由医院智能照明系统、医用气体系统智能监控系统、智能供配电系统、智能 IC 卡水控系统、智能空调节能管控系统、楼宇自控系统等组成。一般还将楼宇集成系统归入此部分。

5. 医院后勤运营智能管控系统

医院后勤综合运营智能管控系统是指医院后勤运营管理的各类系统和机电智能运维有关的相应系统。主要包括医院后勤服务管理系统、医院后勤总务管理系统、医院基础运行设备管理系统、医院能源智能监测系统、建筑信息模型（BIM）应用系统、机电运维智能管控信息平台（楼宇集成系统）、医院后勤运营智能管控综合平台等。

6. 医院专用系统

医院专用系统是指提供医疗业务应用所需的特定功能的智能化系统，其与医院的业务和流程关联紧密，专业性非常强，主要包括：探视对讲系统、医用对讲系统、排队叫号系统、婴儿防盗管理系统、整体数字化手术部系统、智能急诊医学部系统、智能重症监护室系统等。

7. 机房工程

医院的机房工程主要包括机房工程和综合管路两部分。机房工程主要是指数据数据中心机房、消防与安防监控机房、楼宇机电设备管理中心机房、楼层接入机房、运营商接入机房、综合管路工程、远程医疗机房等，其中运营商接入机房包括电信、移动、联通和广电等；综合管路包括桥架管路。

8. 其他应用

其他应用主要是指物流输送系统、智能机器人等相关应用。一般包括医院智能物流输送系统、医院药房自动化系统、医院检验自动化系统等，此部分一般不含在智能化招标中，而是单独采购。

9. 医院信息化应用系统

医院的信息化应用系统会随着应用的细化和深入，衍生出新的应用系统。医院信息化是智能化的应用层面，决定着综合布线、计算机网络和主机存储建设的方案规范。

医院信息化系统包括以下主要模块。

（1）医院临床信息体系：包括电子病历、PACS、LIS、手术麻醉系统、心电信息系统、重症监护系统，各专科电子病历系统，以及基于临床信息集成平台的医疗质量监控系统、数字化临床路径管理系统、院内感染管理系统、合理用药监测与处方点评系统、医疗智能导航等，也包括临床医护的移动应用。

（2）医院运营管理信息体系：包括 HIS、OA、HRP、EHRS、院领导决策支持系统等，围绕医院资金、人流、物流、日常运营管理展开的系统。

（3）医院客户服务信息体系：包括数字化客户管理平台、数字病房视频互动客户服务平台、各类自助服务系统、门户网站、基于物联网的健康监测与健康管理、中医治未病管理系统等围绕客户服务的信息应用系统。

（4）医院知识管理信息体系：包括医院内部网站、数字图书馆、数字期刊、数字音视频库、数字化考试平台、数字教学资源库以及远程教育、临床数据挖掘平台等。

（5）医院后勤保障信息体系：数字安防系统、楼控系统、后勤运营信息管理平台等。

（6）区域医疗协同信息体系：包括区域医疗协同平台、远程会诊、区域一卡通、电子政务以及临床信息共享等。

（7）医院信息平台：医院信息平台是一个集成各类应用系统以及日常运营的数据交换和业务协作平台。医院信息平台包括数据集成、门户集成、应用集成和平台应用四个方面。

九、医院智能化系统工程项目的有效实施

医院智能化系统工程纷繁复杂，项目的有效实施、有效管理、有效验收等工作直接影响到项目的建设效果。

（一）把好需求关

适应项目实际情况、医院方要求和智能化系统发展趋势的需求，是合理设计的关键。提出需求首先应进行医院信息化现状和业务、管理模式发展调查，摸清家底；其次应结合医院实际和国家医疗信息化发展规划要求提出医院的信息发展规划，包括目标、内容、步骤、配套措施等；再次是认真调研国内医院智能化系统建设领域的发展情况，参观样板医院，做到对智能化系统心中有数；最后是内部充分论证，并在征求专家意见的基础上提出需求。需求应包括建设目标、设计原则、总体概算、主要内容和规模、各子系统的主要功能要求等。其中对于投资规模也应合理安排，避免影响设计与实施。根据近年来的经验，医院智能化系统工程的项目预算一般为项目建安总投资规模的 5%~10%，6%~8% 比较常见；如果按照单方面积计算，智能化系统工程的预算安排一般为每平方米 400~600 元，目前国内较高的单方已达 1000~1500 元。当然由于各个项目的实际投资规模差距较大，智能化系统工程的预算安排也需要根据实际承受能力来调整。

（二）把好设计关

应寻找专业的有过设计大型医院智能化系统经验的专业智能化设计单位进行二次专项设计。设计单位应参与设计的全过程，承担需求分析、施工图设计、设备产品选型、预算编制、现场实施跟踪、咨询服务的全过程服务。初步设计阶段应根据需求和智能化专业设计状况，先做加法后做减法，即先按较为齐全、中高端的系统设计，然后进行论证，再由医院方做减法。初步方案形成后，应组织总体和分项论证，反复推敲，并邀请相关集成商和设备提供商的技术人员等一并参与方案优化和细化，最终细化施工图。

（三）把好招标关

招标根据代理机构的不同分内部招标、财政平台招标、市场招标和国际招标等，根据招标形式的不同分为公共招标、邀请招标、单一来源采购、竞争性谈判等，根据工程的组织形式分为总包或分包。各种招标形式各有利弊，首先鉴于智能化专业的专业化特征以及售后维保升级等问题，建议适当分包；在分包的基础上寻找合适的招标途径。标书的形成，应根据市场情况和招标途径、评标方式，确定商务标和技术标的条款和取分方式，把握价格、质量和技术的底线。

（四）把好监理关

首先，应寻找专业的智能化专业监理单位和项目经理；其次，要形成规范的监理流程；再次，要针对项目形成合适的监理方案；最后，医院方应有合适的人员对监理进行监督。

（五）把好施工关

甲方应委派信息主管部门的专业技术人员到现场参与项目的施工管理。智能化系统工程管理包括很多方面，其中较为突出的是施工管理、技术管理和质量管理。施工管理包括工程进度管理、工种接口界面的协调管理、施工的组织管理、施工现场安全管理等方面的内容。技术管理包括技术标准和规范管理、

安装工艺管理、技术资料文件管理等方面的内容。质量管理需要按照ISO 9001的工程质量规范要求进行管理，包括施工图质量管理、设备材料的质量管理、安装工艺的规范管理和系统的检验与测试管理等步骤。每项管理内容应根据项目要求进行细化。其中，在现场组织协调中，应注意细致的图纸会审和现场交底、施工节点安排、与各工种的配合、与功能和布局变更相匹配的图纸变更等，尽量控制工程进度，减少返工，减少工程变更，把握质量控制节点。

（六）把好验收关

智能化工程质量控制需要按照规范要求把好验收关。验收包括节点验收、专项验收和竣工验收。节点验收是指重要的施工节点、阶段性成果的验收，例如隐蔽工程在封板前的验收、各类重点传感器的安装验收等；专项验收是指系统专项的验收，例如安防视频监控系统的验收、一卡通平台的验收等；竣工验收为竣工结束，交付使用前的细部验收、必要的检测和系统联调验收。智能化系统工程项目应编制验收方案，例如节点验收的内容、系统验收的要求等，应明确验收的流程、提交的文档等。每一个系统完成的每一阶段，都必须经过技术指标测试，测试合格后方允许进入下阶段系统的全面施工，各系统进入全面施工后对于综合布线等或复杂的系统组合，应进行抽样检测，抽样检测工作要求现场施工质量管理员负责完成，承重金属构件进行应力及相关物理力学试验，产品合格方可使用，并将有关资料存档。

医院智能化工程纷繁复杂，智能化系统设计应尽可能早地参与工程总体设计，争取聘请专业的医院智能化设计或咨询机构参与二次深化设计或提供项目咨询服务，具体内容将在后文一一阐述。

第二节　医院智能化系统专项设计与咨询服务

医院智能化系统内容丰富，涵盖面广，专业性强，发展迅速，是医院改扩建和智慧医院建设的重要工程内容。医院智能化系统相对于其他公建项目要更加复杂，这已被行业内普遍认同。但在项目建设的操作实施过程中，一方面院方很重视，一方面结果却不太令人满意。迫切需要积极推进智能化工程的专项设计与咨询服务。

一、医院智能化系统工程建设典型问题

目前，相当一部分新建、迁建或扩建的医院项目，其智能化系统工程虽然也经过正规的工程建设项目的招标程序，但工程竣工时大致都存在以下一系列的现象：(1)项目联系单多；(2)系统功能调整大；(3)项目超预算现象突出；(4)预算超概算状况严重等。医院智能化工程中联系单较多，改功能改产品的、边做边改现象普遍存在，在验收和维保阶段甲乙双方也容易产生矛盾。

建设工程中，造成智能化系统工程修改调整多和超概预算的现象，原因是多方面的。综合起来，主要原因大约有以下几点：招标前，医院方对智能化工程的功能需求不详细，不明确；用于招标的土建总包设计的智能化系统的图纸粗糙；智能化工程招投标时，招标文件技术要求不明确；施工过程中，医院方没有可以咨询的专业智能化设计单位。

（一）招标前，对智能化系统功能定位不清，需求不明确

智能化系统工程的技术含量很高，它是多学科、多专业交叉又融合的一项复杂工程；而医院的智能化系统工程，更是在医院专业流程上针对性的智能化系统工程，其子系统内容更多，相互的关联性也更强，场景的适用性要求更高，这也使医院智能化系统工程显得更为复杂。

项目开始时，医院方没有详细而明确的智能化的设计需求，而传统建筑设计中的智能化内容相对简单。医院方采用的方式通常是在工程商中征集方案拼凑成一个博采众家之长的方案，然后开始招标，或者希望通过工程商有一个完整的投标方案。但是拼凑的方案往往没有系统性和集成性，顾此失彼的现象

非常多。依据此方案的短期内投标也是一个仓促的过程，所以投标后需要深化设计是必然现象。由于工程较紧和工程商的能力限制，深化过程一般并不周密，不够专业，集成商关注的重点是利润，主要是围绕着利润的工程内容和要求的调整，这样必然给施工过程留下隐患。

客观上，由于智能化系统工程需要根据建筑特点、医疗流程、业务需求和管理模式的不同，进行针对性的设计。在土建总包设计阶段，一般情况下其智能化需求还没有形成，所以医院方也无法拿出一个较为详细的智能化设计需求，更是无法明确其智能化功能，土建总包设计的专业性一般都不够，因此针对性设计常常在工程后期。

（二）用于招标的土建总包设计的智能化系统的图纸粗糙

土建总包设计的智能化系统的图纸粗糙，其实有两方面的原因：一方面，由国家原建设部批准的《建筑工程设计文件编制深度规定》（以下简称《规定》）对弱电工程中的智能化设计有所描述，但深度不详，审图也容易通过。根据编制《规定》的专家解释："弱电系统施工图设计文件的内容为配合结构施工的预留、预埋，例如：系统框图、机房和设备间的位置；电气竖井和剪力墙留洞、结构构件预埋套管；桥架、线管的布线路径和空间；桥架、线管敷设部位的管网配合等。"依据以上的解释，原建设部对设计院设计图纸设计深度的要求，设计深度要求也较肤浅、粗糙，含在土建总包设计里的弱电设计，其实不是一个完整的智能化设计方案，而仅仅是一个为想象中的智能化系统的预留；即使其包含的弱电图纸，也仅限于能通过审图即可。粗浅的方案不适合用于智能化系统工程的招标，用于工程招标，其弹性必然很大，无法针对性编制清单和招标功能要求。当然粗浅的方案更不适合医院数字化飞速发展的现状。另一方面，土建总包设计时，应招标要求（要求本身不详细）土建总包设计包含智能化设计时，土建总包设计方也会提供几个常规的智能化系统的图纸；由于大多数土建总包设计院没有配备医院智能化专业工程师或人数很少，其医院智能化专项设计能力达不到提供完整智能化设计的程度，因此，所提供的图纸仍达不到智能化系统招标的要求。

有时设计院将签订智能化专项设计合同后，将智能化系统设计联系工程商来配合或直接委托工程商。由于工程商对产品对部分常用智能化设备较熟悉，但不全面；且工程商普遍对图纸的理解和专业配合较弱，因此，其图纸也存在不少问题。另一方面，由于其由工程商本身利益出发决定了其在做设计中可能会预留将来的工程投标有利因素，这种有利因素有可能是技术上的或系统上的缺漏或实施过程中的升级变更等。

以上两种情况，都可能造成因图纸上的原因而造成工程过程中的调整频繁，可能涉及功能变化、预算调整和工期影响。

（三）智能化工程招投标文件含混不清

根据国家招标投标法，智能化工程的建设需按照规定的程序进行招投标来选择合适的工程承包商或系统集成商。招标前，必须委托招标代理机构来实施和履行招投标工作，同时编制招标文件，招标文件至少包括商务和技术两部分。商务部分是招标的游戏规则，技术部分是招标的功能和技术参数要求。

编制招标文件技术部分的依据则是设计院的初步设计图纸，加上许多招标代理公司缺乏专业技术人员，没有专门的技术人员来编制"技术参数要求"和"技术需求书"。多数情况下是请工程商或产品厂家来协助编写，大多都是拷贝或拼凑起来的。备选设备品牌与招标技术要求不对应，缺漏项明显等错误频现。提供的图纸和设备工程量清单的依据是设计院的不完整的设计图纸、征集方案的设备清单等等。

医院智能化系统工程具有较强的系统性、集成性、整体性，它不仅是简单的设备堆积和连接；各子系统中各设备间的兼容性和融合性至关重要，相关技术要求应该明确。

依据设计院的设计图纸和招标文件的不全面要求，使竞标者很难做出较完善和全面的投标文件。大多是以满足招标文件要求为主，中标后再说的理念。结果造成中标后的深化设计在工程实施中将发生大量的设计变更、施工洽商等现象。

（四）智能化工程建设项目周期长

由于一般的医院建筑工程具有特有的建筑工期，智能化系统工程在土建地下室阶段就需要进场做预留预埋，到装修完成才可以进入设备最后的安装调试，一般医院项目都需要 2 ～ 3 年施工期，较大型医院工程项目可能需 4 ～ 5 年时间，因融资或其他原因拖延的，其工期就可能会更长。

由于建设周期较长，而智能化工程技术发展极快，往往是投标时的设备产品或系统选型，在漫长的施工过程中，厂家的产品已经升级换代了。在更新过程中，由于没有智能化专项设计做咨询，系统与产品的过渡没有很好的控制性能与造价。甚至有的工程商因其他原因想变更产品型号或品牌，也提出原投标设备产品存在诸多问题，要求变更，医院方也在不明究竟的情况下签字同意了。

（五）项目智能化投资出现重大偏差

就工程项目建设而言，我国实行的是“项目审批立项制”，即一项工程项目的建设，在开工之前必须立项，并报相关部门（目前是发改委、规划委、环保、国土资源部等）审批，通过后方能开工建设，特别是一些有政府投资的项目。在审批立项前需由建设单位提供申报材料，除土地使用手续、市政配套手续外，还需报送项目可研报告、初步设计图纸和项目（概）预算或匡算，以及建设资金的来源渠道和落实状况。

医院项目在报批阶段，无法对智能化系统进行专项设计；再加上医院智能化系统不够专业，土建总包设计在智能化系统部分，只是拼凑地写了一段文字，按面积做了简单的估算，依据这种比较粗犷的初步设计所做出的智能化系统工程（概）预算与最终符合业主实际需求存在较大的差距。而实践证明，在这种情况下的概算还对后来的智能化系统工程有相当大的制约作用，在一定程度上影响了后面的智能化专项设计与工程实施。由于前期使用功能定位模糊、设计粗犷而造成工程（概）预算与实际投资间的差距。目前上述现象是大多数工程建设中普遍存在的现象。

二、医院智能化系统工程专项设计

随着医院建设项目的增多，智能化专项设计问题越来越多地被建设方和设计方所关注。

（一）医院智能化系统专项设计的必要性

由集成商简单设计而非专业智能化设计单位专业设计，常常出现医院需求不明确、设计图纸深度不够、招标文件不专业、施工过程中咨询服务困难等。而这些问题，恰恰是智能化系统专项设计工作要解决的。随着医院数字化的发展，医院智能化系统所包含的子系统越来越多，涉及的技术也越来越复杂；而且智能化技术日新月异，产品更新换代也快，因此智能化系统的设计也需要更多专业的工程师共同协作配合，医院智能化系统设计工作需要专业的设计单位，特别熟悉医院业务的专业智能化设计院所或医院智能化工程专业设计师来承担。

优秀的专业的医院智能化系统设计最主要是可以引导医院方完成智能化的需求分析报告，从而确定医院智能化建设的目标。在此基础上，可以提供详细的施工图纸、较准确的工程预算和招标技术要求，一方面为医院方提供了完整的招标方案；另一方面也便于医院方在同一个标准下选择工程商。

智能化系统的专业设计单位可以在整个施工过程中为医院智能化系统工程提供技术咨询服务，如工程初期的产品考查、工程商考查等。设计前，提供智能化设计任务书；招标过程中，提供分标段策略，提供评标专家技术服务；施工过程中，随时解决工程中出现的技术问题，以及最终工程技术验收服务。有经验的智能化专业设计单位还可以为医院建成后的智能化系统提供管理模式上的顾问服务。

在医院的基建项目中，许多医院建筑设计单位都含有智能化的内容。对这部分的设计深度要求，医院方与设计方有不同的认识，并存在矛盾。因此，强化智能化系统专项设计显得尤为重要，一是《建筑工程设计文件编制深度规定 2016》的要求；二是满足医院数字化发展与时俱进，需要对更专业的行业认知的需要；三是科学系统推进智能化设计与施工的需要；四是改变因智能化项目工程招标设计深度不足导致的技术参数描述不清、清单缺漏的现象的需要；五是智能化系统在医院日常运营中真正发挥应有作用的需要。应该选择专业的熟悉医院的智能化设计院所或者专业的医院智能化工程项目设计团队来进行医院智能化系统专项设计。

（二）医院智能化系统工程专项设计的服务内容

医院智能化系统工程的专项设计服务，可以根据医院方的需要以及设计方的能力，提供医院智能化建设过程中部分或全过程的技术顾问服务，包含需求分析、施工图设计、预算编制、咨询服务和施工过程管理。主要包括以下几个方面：

（1）协助医院方进行医院智能化的全面需求分析，明确智能化各子系统的功能需求，制定智能化工程总体规划，制定切合实际的智能化设计任务书，或者便于医院方确认的设计需求；

（2）为设计单位制定智能化系统的总体思路，确定智能化系统实现集成方案和集成模式；

（3）代理业主对智能化子系统的技术选型，力求走先进、成熟、可靠、主流的技术道路，控制技术风险；

（4）设计智能化各子系统的架构图、系统图、施工图等；

（5）协助甲方确定分标段招标任务和内容；

（6）协助医院方对智能化所涉及的产品进行考察，在兼顾质量、服务、经济的前提下，选择适合的产品；

（7）协助医院方对智能化系统工程的预算进行把关，审核缺漏项，力求系统完整；有效控制工程造价，避免不必要的浪费；

（8）根据医院方的投资概算，协助制定智能化工程分期实施的方案，保证本期实施，预留下期扩展接口；

（9）协助医院方对工程进行监督管理，参加工程阶段性的工程例会，指导工程建设，参加智能化工程的验收；

（10）为医院方的智能化系统的运营管理模式提供顾问意见，使医院智能化系统能够进行顺利的移交与正常运营；

（11）提供技术需求书、设计图纸和清单，为招标工作提供服务和咨询。

（三）医院智能化系统工程专项设计的设计工作要求

根据住建部《建筑工程设计文件编制深度规定 2016》的要求，通用的智能化专业设计根据需要可分为方案设计、初步设计、施工图设计及深化设计四个阶段。方案设计、初步设计、施工图设计各阶段设计文件编制深度应符合规范的要求。其中方案设计文件，应满足编制初步设计文件的需要，应满足方案审批或报批的需要；初步设计文件，应满足编制施工图设计文件的需要，应满足初步设计审批的需要；施工图设计文件，应满足设备材料采购、非标准设备制作和施工的需要。设计总包单位应配合深化设计单位了解系统的情况及要求，审核深化设计单位的设计图纸。

例如施工图设计文件，应满足设备材料采购、非标准设备制作和施工的需要。智能化专业设计文件应包括封面、图纸目录、设计说明、设计图及点表，应包括技术需求书和设备材料清单、主要性能参数。技术需求书应包含工程概述、设计依据、设计原则、建设目标以及系统设计等内容；系统设计应分系统阐述，包含系统概述、系统功能、系统结构、布点原则、主要设备性能参数等内容。

鉴于智能化系统涉及系统众多，按照《建筑工程设计文件编制深度规定 2016》要求，和各阶段设计任务，可参考沈崇德主编的《医院智能化建设》一书，均有详细描述。

（四）医院智能化系统设计介入的时机选择

医院的新建、迁建、改扩建项目，设计一般经过方案设计、初步设计和施工图设计三个阶段。项目设计一般分为结构、建筑、给排水、强电、暖通、智能化、装饰等专业，智能化专业何时介入是最佳时机呢？下面通过分析不同设计阶段的工作内容确定智能化专业最佳的介入时机。

1. 方案设计阶段，规划医院的流程和智能化的概算

一般工程在方案设计阶段的设计文件包括设计说明书（含各专业设计说明及投资概算的内容）和总平面、建筑设计图纸。在此阶段，一方面设计布置医院的基本业务流程，另一方面编制项目投资总概算作为报批项目的资料。

医院的基本业务流程与医院采用什么样的智能化系统有关，作为建筑的一部分的智能化技术可以使传统的业务流程更优化，医院的运行效率更高，建筑更紧凑更经济。因此，在方案阶段，智能化专项设计就应该参与流程的规划设计，有助于使建筑流程更符合智慧医院的使用要求。

一般工程在方案设计阶段的设计文件包括设计说明书（含各专业设计说明及投资估算的内容）和总平面、建筑设计图纸。这个阶段的投资总概算是作为报批项目的资料，成为整个工程项目控制造价的依据。其中，此时确定的智能化系统工程概算，将制约智能化系统工程的造价。

设计单位在做智能化系统的概算时，应向有医院智能化系统设计经验的设计单位咨询，以求概算尽可能全面，以免对后面的智能化系统工程造成限制。当然，如果此时智能化提前介入将会有助于编制智能化系统概算和专业说明。

2. 初步设计阶段是智能化系统设计介入的最佳时机

一般来说，初步设计的内容是项目的宏观设计，即项目的总体设计、布局设计、主要的工艺流程、设备的选型和安装设计、土建工程量及费用的估算等。医院的业务流程、功能分区、房间排布都在此阶段进行分配，因此，智能化专业的各机房的位置、面积、配电等如何分配，影响到智能化系统的方案。如果此时能将智能化专业的要求全部提给其他专业，将有利于下一步的设计，减少设计修改甚至不必要的返工，所以此时是智能化系统设计介入的最佳时机。

3. 施工图阶段是智能化系统设计介入的适宜机会

施工图设计的主要内容是根据批准的初步设计，绘制出正确、完整和尽可能详细的建筑、安装图纸，包括建设项目部分工程的详图、零部件结构明细表、验收标准、方法、施工图预算等。在扩初设计的基础上确定的业务流程、功能分区、房间分配需要在施工图阶段调整并确定，智能化专业设计此时介入，可以审核扩初设计阶段建筑等专业给智能化预留的条件是否可以满足智能化系统的要求，如果条件不能满足，这时应全面系统地提出，并与相关专业协调，请他们理解并适当配合修改。

此阶段智能化系统对机房的结构荷载要求、机房的建筑的位置与面积、机房的配电容量等都有一定的要求；还与消防、暖通有配合接口界面；其他相关设备的管线底盒也存在预留预埋件的配合。如果协调得好，将有利于智能化系统下一步的施工；在一定程度上可以减少工程返工，有利于有效控制投资。

4. 工程施工阶段是智能化系统设计介入的补救时机

如果建筑等相关专业的施工图已经完成，并开始工程施工，此时智能化系统设计介入，可以很清晰地了解工程项目的全貌。如果工程还在地基部分，那么智能化系统设计单位可以快速审核图纸，看看前设计给智能化专业的预留是否满足要求。如果有不满足的地方，应及时提出，在可能的情况下进行修改；

如果工程进展到已经完成部分机房的施工，而遇到不满足的情况，可以由医院方协调前设计、施工单位进行修改拆建，直到满足要求；对于预留条件可以使用的，则应尽量利用，避免返工浪费。

总之，智能化系统设计应尽可能早地参与工程总体设计，如果已有设计总包方，则应争取聘请专业的医院智能化设计或咨询机构，参与二次深化设计或提供项目咨询服务，协调配合完成工程设计。

5. 智能化系统设计早，有利于工程建设的工序优化

在医院的建设工程中，普遍存在两个问题：一方面，桥架管路安装涉及专业很多，如：空调、消防、水电、智能化等。因管路交叉冲突造成返工、增加费用、工期延误、工程质量问题不在少数，协调管路综合是工程建设的一个难点；另一方面，智能化工程从前期的预留预埋，到中期的设备安装，后期的调试与培训，整个施工周期非常长，加上智能化系统技术发展快，设备升级换代频繁，设备联系单变更较多，如何缩短智能化工期是要面临的问题。

分析桥架管路冲突客观上的原因是各专业前期设计配合不到位，以及管路分多家单位施工，没有统一协调。如果由一家安装总包单位负责所有管线安装，则可以省去不同工程管线施工单位间的协调环节，这个安装总包单位可以自行对各专业的管线进行综合，如果有问题，他们直接联系设计单位，无须找业主和监理来协调。安装总包单位完成桥架管路施工后，智能化就可以进场穿线和设备安装，这样智能化系统的工期就可以缩短，其因工期长造成设备升级增加联系的情况就会大大减少。或者在前期设计阶段，智能化专业及早提供管线设计成果，交由 BIM 设计做管线设计统筹，就可以在实施阶段减少很多问题。要做到这一步，智能化设计需要提前介入，在安装总包单位招标前完成管线施工图。

医院智能化工程纷繁复杂，智能化系统设计应尽可能早地参与工程总体设计，争取聘请专业的医院智能化设计或咨询机构，参与二次深化设计或提供项目咨询服务，协调配合完成工程设计，需求的提出应细化与合理全面，方案和图纸设计应细化推敲，并注意加强施工的组织和质量的控制，使项目少留遗憾，少走弯路。

第三节　综合布线

综合布线系统是信息高速公路的基础物理层。医院信息网络传输平台综合布线系统规划，需要针对高复杂的医院信息网络的高性能、高稳定、高管理要求，通过选择适合的产品，构建合理的系统架构，使其达到高的容错性、可用性、可扩展性。

一、基本原理与构成

（一）基本原理

综合布线系统又称为结构化布线系统，采用模块化接插件，垂直、水平方向的线路一经布置，只需改变接线间的跳线，改变集线器，增加接线间的接线模块，便可满足用户扩展和移动这些系统的需求。综合布线系统采用标准化部件及模块化组合方式，把语音、数据、图像和控制信号用统一的传输介质进行综合，形成了一套标准、实用、灵活、开放的布线系统。它是涉及建筑、计算机与通信三个领域的结合系统，是日益完善的信息系统网络的基础部分。

（二）构成

完整的综合布线系统由 6 个独立的子系统组成，一般采用星型结构，可使任何一个子系统独立地连入综合布线系统中，如图 7-2-3 所示；它是实现智能建筑系统集成的统一中央平台，包括以下 6 大部分：（1）工作区子系统（Work Area）是指由终端设备连接到信息插座的连结及信息插座组成。信息点由标记 RJ45 插座构成。（2）水平子系统（Horizontal）是指其功能主要是实现信息插座和管理子系统，即中间配线架(IDF)间的连接。常用屏蔽或非屏蔽双绞线实现,有时也用光纤。(3)垂直干线子系统(Backbone)是指提供建筑物的主干电缆的路由，实现主与中配线架的连接，计算机、PBX、控制中心与各管理子系统间的连接。常用介质是大对数双绞线电缆及光缆。（4）设备间子系统（Equipment Room）由设备室的电缆、连接器和相关支撑硬件组成，把各种公用系统设备互连起来。（5）管理子系统（Administration）是指由交连、互连和输入输出配线管理，为连接其他子系统提供手段，由配线架、跳线设备及光缆配线架所组成。（6）建筑群子系统（Campus Subsystem）是指建筑群子系统实现建筑之间的相互连接，提供楼群之间通信设施所需的硬件、常用介质是大对数电缆及光缆。

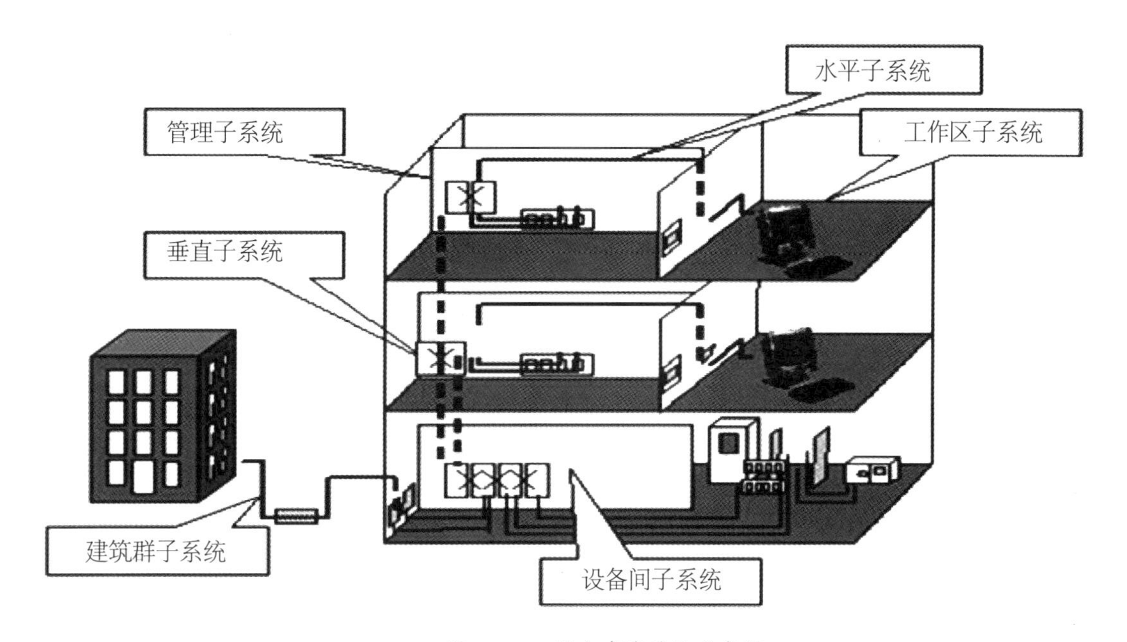

图 7-2-3 综合布线系统示意图

1. 工作区子系统

工作区即最终用户的办公区域。工作区子系统由线缆、跳线和信息插座组成，将电话、计算机等连接至信息插座上，信息插座由符合国际 ISDN 标准的八芯模块化插头组成，它可以接受从建筑自动系统的弱电信号需求到高速数据网和数字话音的复杂传送的一切信息。

计算机终端通过 RJ45 跳线与数据信息插座连接，而电话机终端则通过 RJ11 跳线与语音信息插座连接，其中数据和语音信息插座均采用相同标准的模块，插座底盒距离装修地面 30cm 或桌面以上 10cm，并与电源插座保持 20cm 以上的距离。

信息点模块安装采用墙装模式和沿柱安装的方式，预埋管路及 86 型底盒，并用 86 型面板封装，部分采用地插和桌面安装。每个信息点配置一个 6 类信息模块，选用单孔和双孔固定式面板，并可采用不同的颜色来区分语音和数据信息点。

2. 水平子系统

水平布线子系统系电信间水平配线架至工作端口（插座）的连接线缆。水平子系统是连接配线间和信息插座之间的线缆，水平布线距离不应超过 90m，信息插座到终端设备连线之间不超过 10m，参见图 7-2-4。

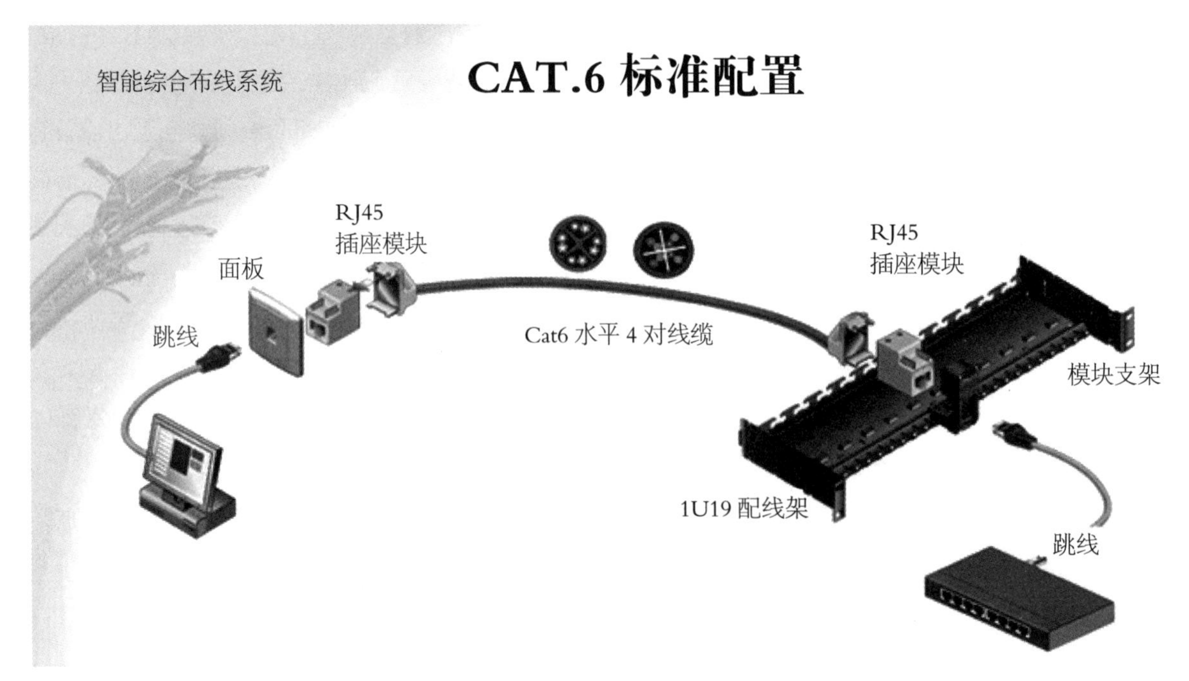

图 7-2-4 水平子系统示意图

由于语音和数据均采用六类四对非屏蔽双绞线，因此对用户而言，电话线和数据线将可以灵活互换，就可以很方便地实现所有的语音点和数据点之间的互换。6 类双绞线的传输带宽不少于 250MHz，数据传输速率达到 100Mbps 以上。

水平线缆长度计算方法：

（1）信息点平均长度 =（线路最长信息点长度 + 线路最短信息点长度）/2+8m 余量；

（2）线缆总长度 = 信息点平均长度 × 总信息点数量 ×115% 。

3. 垂直干线子系统

垂直线缆是贯穿整个建筑物各个水平区子系统连接路由的主馈线缆，它将各分配线架与主配线架以星型结构连接起来，贯穿于大楼的垂直竖井中。

主干子系统可分为数据主干及语音主干。

数据主干：一般可考虑部署 6 ~ 12 芯 50/125μm 室内多模 OM3 万兆光缆或者单模万兆主干；大多数情况下多模光纤可以满足需要。主干带宽拟根据医院的规模确定，目前，内网主流的为万兆主干，特大型医院可考虑十万兆主干，规模较小的医院可考虑千兆主干。

语音主干：大对数（25/50 对）非屏蔽 UTP 双绞线铜缆。

垂直主干线缆长度的计算方法：

垂直线缆长度（单位：m）=IDF 距 MDF 实际距离 ×1.1 ＋ 10

1.1 为走线余量系数；＋ 10 表示端接余量。

4. 设备间子系统

设备间是整个综合布线系统的铜缆和光缆配的线管理中心，也是整个系统对外联络的节点。该设备间主要用于汇接各个 IDF，并放置服务器（计算机网络设备等）、语音主干端接设备、IDF 接入设备。

5. 管理间子系统

管理子系统由分散在各楼层的分配线间及设置网络中心的主配线间组成。根据每个设备间的管理的语音电话点数量，一般按 4:1 比例配置大对数电缆，每个设备间接入单模或多模光缆作双链路备份，为防止意外断裂，设备间的不同光缆应分开各自铺设，不共管敷设。

6. 建筑群（Campus）子系统

建筑群（Campus）子系统是将多座建筑物的数据通信信号连接成一体的布线系统。

二、主要功能

作为智能建筑不可或缺的物理基础，综合布线系统将为整个医院建筑群提供高性能的数据和语音通信，支持电话、数据、图文、图像等多媒体业务，满足语音、数字信号传输的需要，并能适应今后不断发展的计算机网络的需求。

三、典型应用

以某医院新院建设为例，建筑面积 160000m^2，床位规模 1200 床。部署了内网、外网、机电设备网、语音网。线缆采用进口知名品牌，原厂 15 年质保。

1. 工作区子系统

数据信息点采用 6 类模块，语音信息点采用 5 类模块。影像科、手术部、会议室部分信息点设为光纤模块。所采用的信息插座全部使用 86 型面板带防尘插座，带配套安装附件；各信息点附近需设 220V 电源插座。设备网末端直接采用 RJ45 水晶头连接。模块采用颜色区分：红色为外网；蓝色为内网；白色为语音；同时考虑标签应采用同样颜色进行区别。建筑总信息点位数为 12000 个左右。

信息点设置示例：

（1）门诊大厅服务台按照 6 个内网，1 个外网，2 个语音配置；

（2）诊室按照 1 个语音，2 个内网配置；超声等医技检查科室根据设计需要预留，其他功能房间按照 1 个语音和 1 个内网配置；

（3）门诊分诊台按照 2 ～ 3 个内网，1 个语音配置；

（4）病房按照每个床位 2 个内网配置（其中 1 个为预留）；

（5）病区护士站按照 8 个内网配置，2 个语音。内网配置中一般为 3 个或 4 个点位为护士工作电脑，同时预留床边呼叫接入、医疗监护、数字监控接入点位、网络打印机等；

（6）标准病区的医生办公室按照 10 个内网点位、1 个外网点位、2 个语音点位预留；其中一般 6 ～ 7 个用于医生工作站、2 个用于网络打印机、1 个用于专用影像工作站；预留 1 个外网，用于远程医疗等；

（7）主任办公室按照 2 个内网、2 个外网配置、1 个语音，按两个主任位配置；

（8）病区治疗室和处置室各 1 个内网信息点位配置；

（9）示教室设置 1 个语音点和 2 个内网点，如预留加床的病区，增加信息点位；

（10）ICU 床边按照每床 5 个内网点位配置，其中干区 2 个、湿区 2 个，另一个作为护士工作点位。

2. 其余子系统

采用 6 类低烟无卤标准的非屏蔽 4 对双绞线。数据水平选择 6 类水平数据配线架，准电子配线架系统。主干数据光缆统一端接至 24/48 口 LC 19 安装高密度光纤配线架。电话水平采用 5 类水平数据配线架。室内垂直区子系统设计 2 根 12 芯 OM3 多模万兆光缆（1 根外网、一根内网）。主室外部分采用 12 芯 OM4 多模万兆光缆敷设接入。

四、设计部署策略

综合布线系统方案规划设计应全面的、整体规划智能化系统的传输，应具有高的安全性、可靠性，考虑多种冗余链路的设计；应满足标准化要求例如国家标准 GB/T 50311—2007 和 GB/ T50312—2007、国际标准 ISO/IEC 11801、欧洲标准 EN 50173 等要求。

如何设计综合布线系统是建设好智能化的最重要的关键，应注意以下几点。

（1）综合布线系统方案规划设计应全面、完整，具体的点位位置配置，需要对子系统需求的深层理解，准确把握目前业务需求，兼顾将来扩展需要。在点位安排时，如果投资受限，可先预埋线缆，后端交换设备可暂不用配置位，预留未来发展。

（2）方案选择：综合布线系统目前主流是六类布线解决方案，可以满足目前绝大多数对布线的使用要求；在同一个项目中，综合布线应统一规划设计，并尽量使用同一品牌产品。

（3）光纤的选择：光纤线芯数量的确定的参照承载的网络应用数量、专用光纤数量、光纤到桌面数量和备用余量等。医院的综合布线系统目前主流是六类布线解决方案，主干数据室内可采用多模万兆光纤或单模万兆光纤。

（4）铜缆的选择：在造价允许的情况下，作为特殊环境下的医院水平线缆尽量使用六类 UTP 非屏蔽低烟无卤的线缆；在特殊情况下使用屏蔽线缆。

（5）设计点位高度与位置：综合布线系统点位的安装高度，应根据使用要求或设备安装高度确定，并与相应的强电插座高度相适应。

（6）电子配线架的使用：对规模较大，建筑单体较多的项目，从方便管理，提高工作效率出发，在有条件的情况下，可以选择使用电子配线架系统。

第四节　计算机网络系统

医院信息系统的广泛应用，使医院的工作效率和医疗服务质量有了质的飞跃，流程优化，病人就医方便快捷，医院的管理水平和经济效益也明显提升。而医院信息化的发展，也使得医疗业务应用和后勤服务更加依赖于基础计算机网络平台。

计算机网络系统，在医院智能化系统中占有基础和重要的位置。一般应包括骨干、汇聚和接入三个层次，其中骨干、汇聚层由大容量以太网交换机组成，接入层可以由三层交换设备组成。核心、汇聚层主要负责数据的快速转发，其网络结构重点考虑可靠性和可扩展性。

接入层负责提供各种类型用户的接入，将不同地理分布的用户接入网络中，扩大核心层设备的端口密度和种类，同时进行三层路由选择，虚网划分等。近年来，大二层的设计越来越被业内接受，可以提高网络传输效率，减少故障节点。

随着医院 HIS、CIS、PACS、LIS、OA 等系统相互融合，网络建设也已经从简单的数据业务应用逐步发展到数据、语音、视讯等多媒体业务运行，传统网络的构建模式已经无法满足新业务的需求，主要问题体现在：传统网络资源很难通过灵活有效的策略调整实现业务与网络的充分融合；网络平台缺乏智能性，无业务识别能力，不能对关键业务应用提供端到端的高质量数据传输的有效保证；安全设备多且庞杂，各安全层面相互分离，难以有效兼顾，网络病毒泛滥，医院的安全漏洞处处存在；X 光图像、CT、MR 等对存储的可靠性要求越来越高，在保障信息安全的同时，如何高效使用是医院面临的重要课题；网络的管理控制功能薄弱，单纯设备级的网络管理已经不能满足医院用户对业务可靠性的要求，业务的可靠性除了要求网络稳定，还依赖于服务器可靠和数据存储可靠等多种技术组合。

一、基本原理及系统组成

计算机网络系统网络设备主要由交换机、防火墙、路由器、网络安全与管理、应用服务器、磁盘阵列存储等组成，在医院主要提供内部业务信息传递、后勤管理、对外访问因特网、设备通信等功能。

（一）网络安全

网络整体安全保障体系设计应分为内网和外网两个部分：外网部分主要是 Internet 边界防护以及上网行为审计，通过防火墙以及上网行为审计系统实现。内网部分主要内容是保护业务内网网络边界安全和业务安全防护，通过防火墙、网闸、入侵防护等实现网络访问控制，入侵攻击防护等，并在桌面端部署防病毒系统和终端桌面管理系统，保证桌面安全。

安全管理方面主要进行安全监控和安全管理，通过将网络系统、安全系统、应用系统进行监控和管理，可以有效地提高工作效率，防范未知风险。信息系统的安全体系应包括以下几个方面：访问控制、检查安全漏洞、攻击监控、加密通信、认证、备份与恢复、多层防御、隐藏内部信息、设立安全监控和管理中心等。三级医院核心系统应满足信息安全等级保护三级的要求。

（二）网络逻辑隔离技术

目前常见网络逻辑隔离的技术包括：

（1）二层 VLAN：二层隔离技术，在三层终结。不易扩展，STP 维护复杂、难以管理和定位；

（2）分布式 ACL：需要严格的策略控制，灵活性差，可能配置错误，扩展性、管理性差，适合某些特定场合；

（3）VRF/MPLS VPN：三层隔离技术，业务隔离性好，每个 VPN 独立转发表， 扩展性好。 支持多种灵活的接入方式，配置管理简单、支持 QoS，能够满足大型复杂园区的应用。

推荐组合：VLAN+VRF，VRF+MPLS VPN。二三层隔离的融合，安全性高，避免大量的 ACL 配置问题，直观、易维护、易扩展。

二、主要功能

（一）网络系统功能描述

一般来说，新建医院，特别是规模较大的医院计算机网络通常会根据应用业务的不同和数据安全的考虑构建多个网络平台，如：业务内网、设备网和外网三个网络平台，其职能划分阐述如下：

（1）业务内网：即医疗活动业务网，俗称内网。支持医院内部医疗信息和管理信息的数字化采集、处理、存储、传输、共享，实现病人信息，医疗过程，管理流程，服务与沟通数字化。所有医疗业务平台的各系统依靠计算机内网系统集成平台的标准交换协议实现系统之间的数据共享与数据交换，从而形成整体的医院信息系统，构造全面集成化智能化现代化的数字化医院。

（2）对外广域网：与因特网相联，俗称外网。主要承载的业务主要应用包括：医院对外联络的工作站，专用的资料查询工作站，对外开放网上门诊预约，医院远程设备维护工作站，医院行政管理工作站，咨询查询等 Web 服务，以及提供医院公共区域患者家属的互联网接入服务。

（3）设备网络：构建一套基于数字视频监控的网络，主要承载数字电视监控系统，以及为其他智能化子系统的数据访问提供传输平台，其中包括：安防视频监控、报警系统、出入口管理、广播系统、一卡通管理系统、楼宇自控系统、能源监测系统等子系统。

在医院规模较小，网络信息流量压力不大的情况下，也可只建一个物理大网，并在中间逻辑划分若干应用子网可以满足实际使用要求，但需要配套相应的网络管理和安全措施。

（二）常见网络部署架构

根据医院规模的不同，对于整个网络的设计也有所不同，包括核心交换的参数、接入层的带宽、边界的安全防御功能等，以下给出了不同床位数下的配置建议。

1. 小型医院（200 床左右）网络配置建议

对于小型医院，主要是 200 床左右的医院，在网络设计时建议进行如下配置：

（1）网络核心层：在网络核心层中，将使用单台交换机组成。交换机使用双引擎及双电源，保证设备的冗余性，整机交换容量不小于 2Tbps，包转发率（整机）不小于 300Mpps。

（2）汇聚层：汇聚层使用单台设备组成，冗余引擎及电源。汇聚层一般用于汇聚楼宇的接入层交换机，再与核心层相连。整机交换容量不小于 500Gbps，包转发率不小于 100Mpps。

（3）接入层：接入层交换机又称为楼层交换机，一般用于连接终端计算机。如门诊的挂号收费、住院部医生、护士站的计算机等，都直接与大楼弱电间的接入层交换机相连。接入层交换机端口速率一般为百兆。

（4）外联区：外联区主要用于院外单位的连接，如卫生计生委、社保网、银行结算网络等。交换机整机交换容量不小于 100Gbps，包转发率不小于 60Mpps。

（5）网络拓扑图，如图 7-2-5 所示。

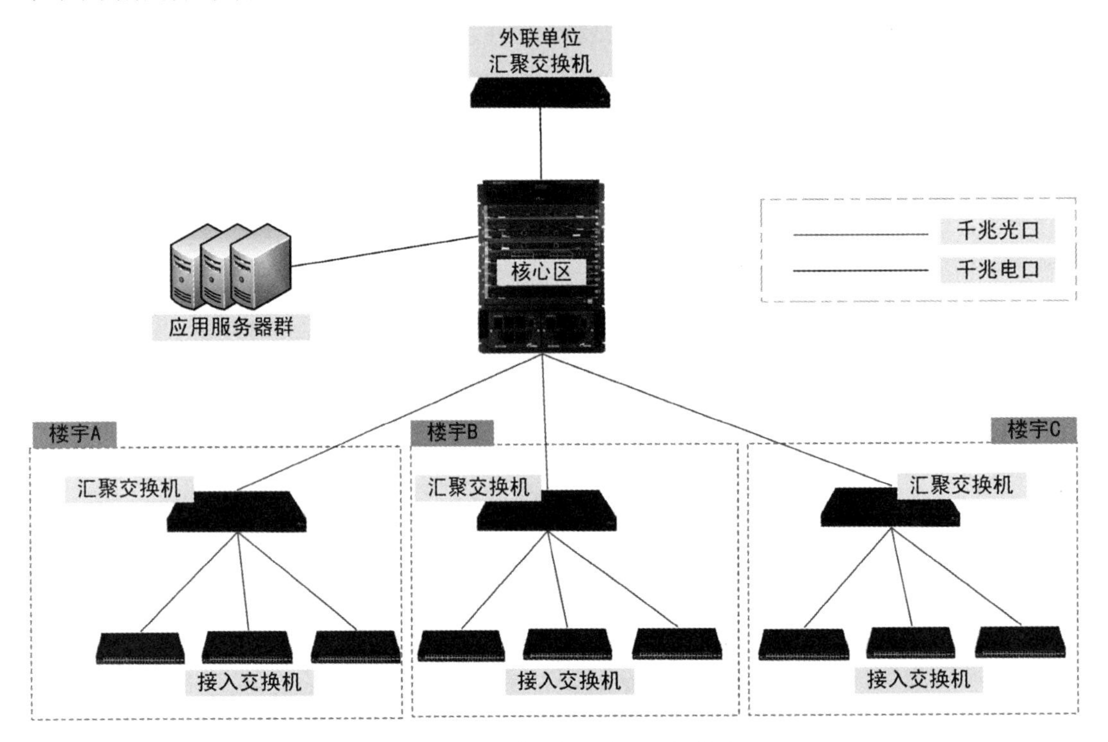

图 7-2-5 小型医院网络配置拓扑图

2. 中型医院（500 床左右）网络配置建议

对于中型医院，主要是 500 床左右的医院，在网络设计时需要考虑网络的性能及稳定性，确保医院网络实时在线，一般具体配置如下。

（1）网络核心层：在网络核心层中，将使用两台交换机组成，交换机使用单引擎及双电源，保证设备的冗余性，每台核心交换机的整机交换容量不小于 8Tbps，包转发率（整机）不小于 1500Mpps。交换机采用模块化设计，支持多台设备组成高可用性系统，如 VRRP、虚拟化等。

（2）汇聚层：汇聚层使用单台设备，配置双引擎及电源。汇聚层通过两根光纤链路连接至核心层两台核心交换机上（图 7-2-6），保证汇聚层网络的冗余。整机交换容量不小于 500Gbps，包转发率不小于 100Mpps。采用模块化设计，业务插槽数不小于 4 个。

（3）接入层：接入层交换机又称为楼层交换机，一般用于连接终端计算机，如门诊的挂号收费、住院部医生、护士站计算机等，都直接与大楼弱电间的接入层交换机相连。接入层交换机上联端口速度为千兆光口，下联端口也为千兆电口，保证千兆到桌面的网络。交换机交换容量不小于 80Gbps，包转发率不小于 60Mpps。

（4）外联区：外联区主要用于院外单位的连接，如卫健委、社保网、银行结算网络等。交换机整机交换容量不小于 100Gbps，包转发率不小于 60Mpps。在外联区与医院内网间使用防火墙进行隔离，对数据包进行包过滤规则，允许正常的包通过，其余的包全部丢弃，保证医院内网的安全，如图 7-2-7 所示。

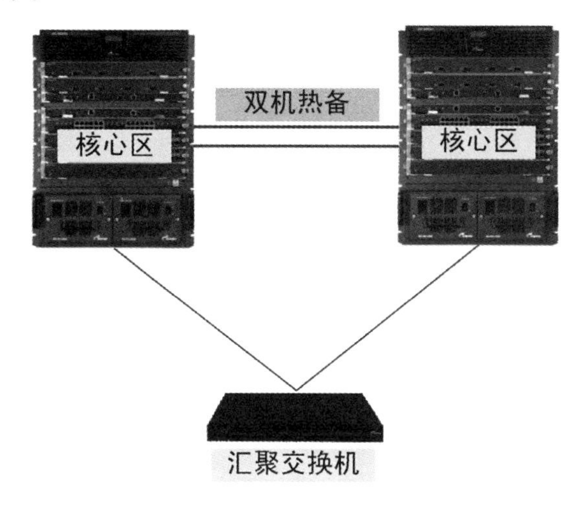

图 7-2-6 汇聚层组网示意图

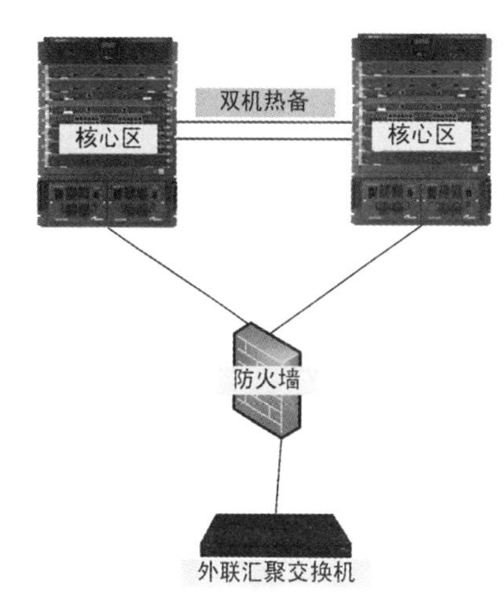

图 7-2-7 外联区组网示意图

（5）网络拓扑图，如图 7-2-8 所示。

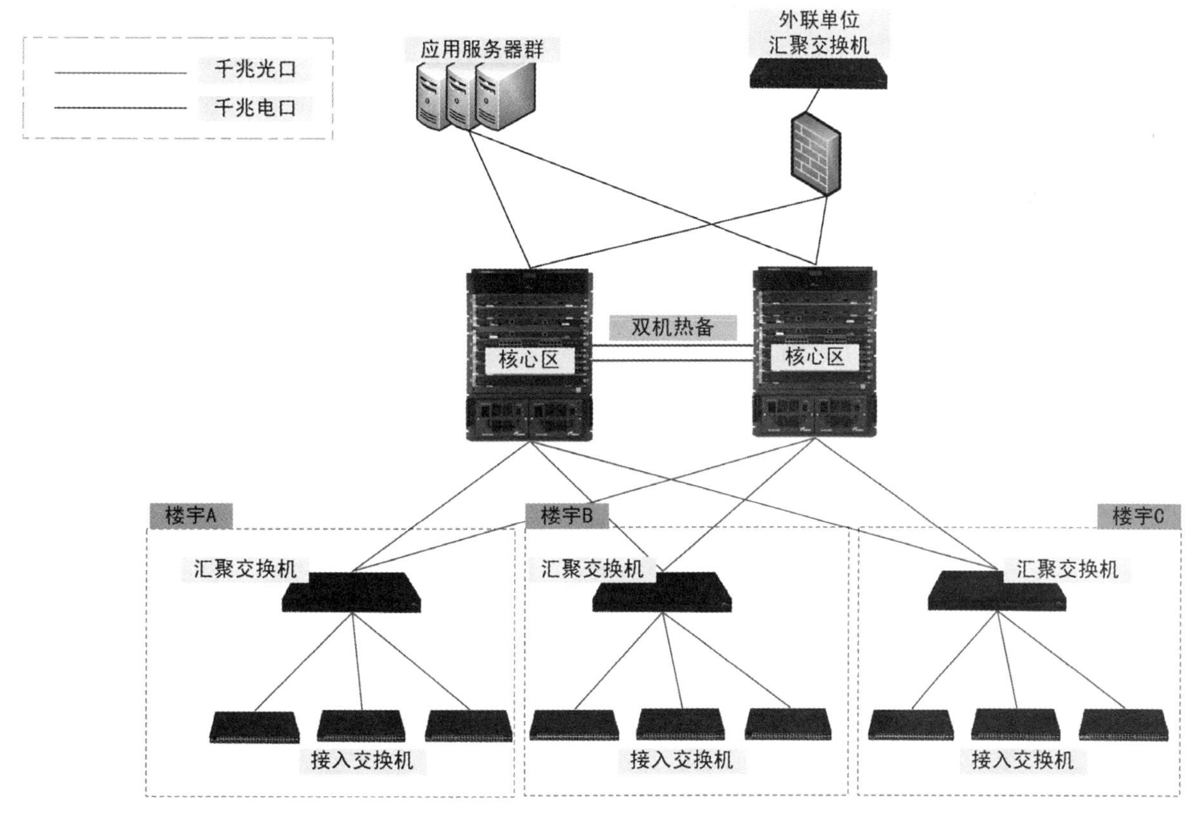

图 7-2-8 中型医院网络配置拓扑图

3. 大型医院（800 床及以上）

对于大型医院，主要是 800 床及以上的医院，在网络设计时需要考虑到各方面的因素，如网络的整体性能、网络的高可用性、网络的安全性、网络应急措施等。在设计网络时也需考虑计算系统高负载时的压力，保证系统在高负载时也能稳定运行，一般具体配置如下。

（1）网络核心层：在网络核心层中，将使用2台高性能的交换机组成，并使用虚拟化技术，使2台交换机逻辑上组合成一台。这样，交换机的交换容量及转发性能都将叠加在一起，提高整个核心网络区的处理能力。同时在每台核心上配置一块高性能的防火墙，内置在交换机内。通过配置，使之可以保护医院内部重要应用服务器的安全，如HIS/LIS/PACS/电子病历等应用。每台核心交换机使用双引擎及四电源，保证设备的冗余性，每台核心交换机的整机交换容量不小于25Tbps，包转发率（整机）不小于3800Mpps。交换机采用模块化设计，支持多台设备组成高可用性系统，如VRRP、虚拟化等。

（2）汇聚层：汇聚层使用2台高性能交换机设备组成，配置双引擎及电源。使用虚拟化技术将2台汇聚交换机组成一台（如图7-2-9）。每个汇聚交换机的整机交换容量不小于8Tbps，包转发率不小于1200Mpps。采用模块化设计，业务插槽数不小于4个。汇聚层与核心层将使2两根万兆光纤相连，并通过链路聚合功能将链路捆绑，使核心层与汇聚层达到2×10Gbps带宽，如图7-2-9所示。

（3）接入层：接入层交换机又称为楼层交换机，一般用于连接终端计算机，如门诊的挂号收费、住院部医生护士站计算机等，都直接与大楼弱电间的接入层交换机相连。接入层交换机通过2根光纤与上联的2台汇聚交换机相连，保证上联网络的冗余性（如图7-2-10所示）。上联端口速度为千兆光口，下联端口也为千兆电口，保证千兆到桌面的网络。交换机交换容量不小于120Gbps，包转发率不小于80Mpps。

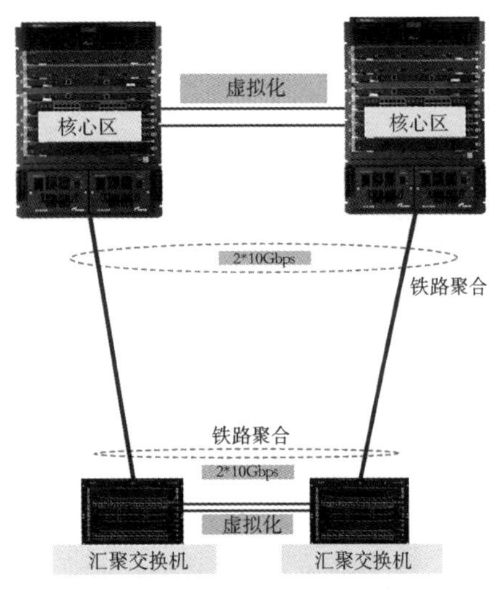

图7-2-9 汇聚层组网示意图

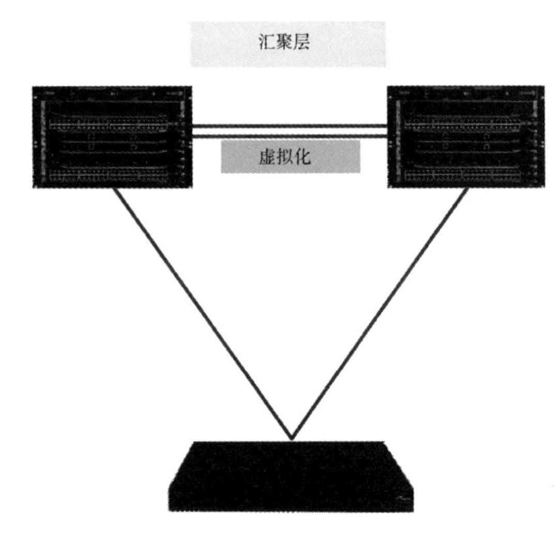

图7-2-10 接入层组网示意图

（4）外联区：外联区主要用于院外单位的连接，如卫健委、社保网、银行结算网络等。交换机整机交换容量不小于100Gbps，包转发率不小于60Mpps。在外联区与医院内网间使用下一代防火墙进行隔离，对数据包使用包过滤、入侵防御及病毒过滤等规则，对每个数据包进行入侵防御及病毒的检测，正常的数据包允许通过，其余的包全部丢弃，保证医院内网的安全。如图7-2-11所示。

（5）网络拓扑图，如图7-2-12所示。

（三）无线网络

随着无线局域网技术的不断成熟和普及，无线局域网在全球范围内医疗行业中的应用已经成为了一种趋势，“互联网+”更是将用于无线应用推上了一个新的台阶。作为医院有线局域网的补充，无线局域网（WLAN）有效地克服了有线网络的弊端，利用PDA、平板、笔记本电脑和移动手推车，甚至手机，可随时随地进行生命体征数据采集、医护数据的查询与录入、医生查房、床边护理、呼叫通信、护理监控、药物配送、病人标识码识别，以及基于WLAN的语音多媒体应用等。基于无线网络的应用日益丰富。

无线局域网，也被称为 WLAN（Wireless LAN），用于医院内部无线通信，目前采用的技术主要是 802.11a/b/g/n 等系列。WLAN 利用无线技术在空中传输数据、话音和视频信号，作为传统布线网络的一种替代方案或延伸。无线局域网的出现使得原来有线网络所遇到的问题迎刃而解，它可以使用户任意对有线网络进行扩展和延伸。只要在有线网络的基础上通过无线接入点、无线网桥、无线网卡等无线设备使无线通信得以实现。

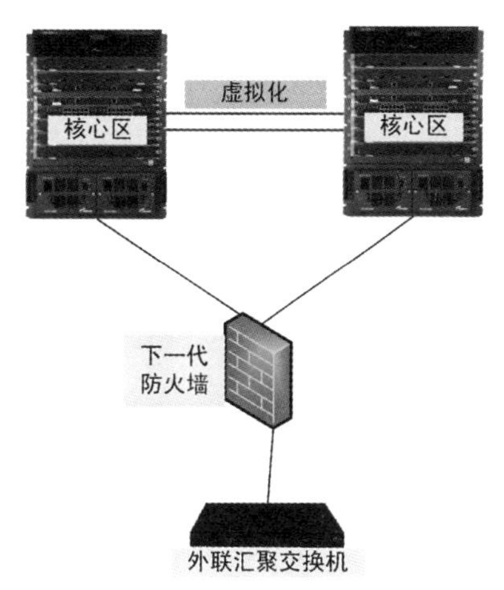

图 7-2-11 外联区组网示意图

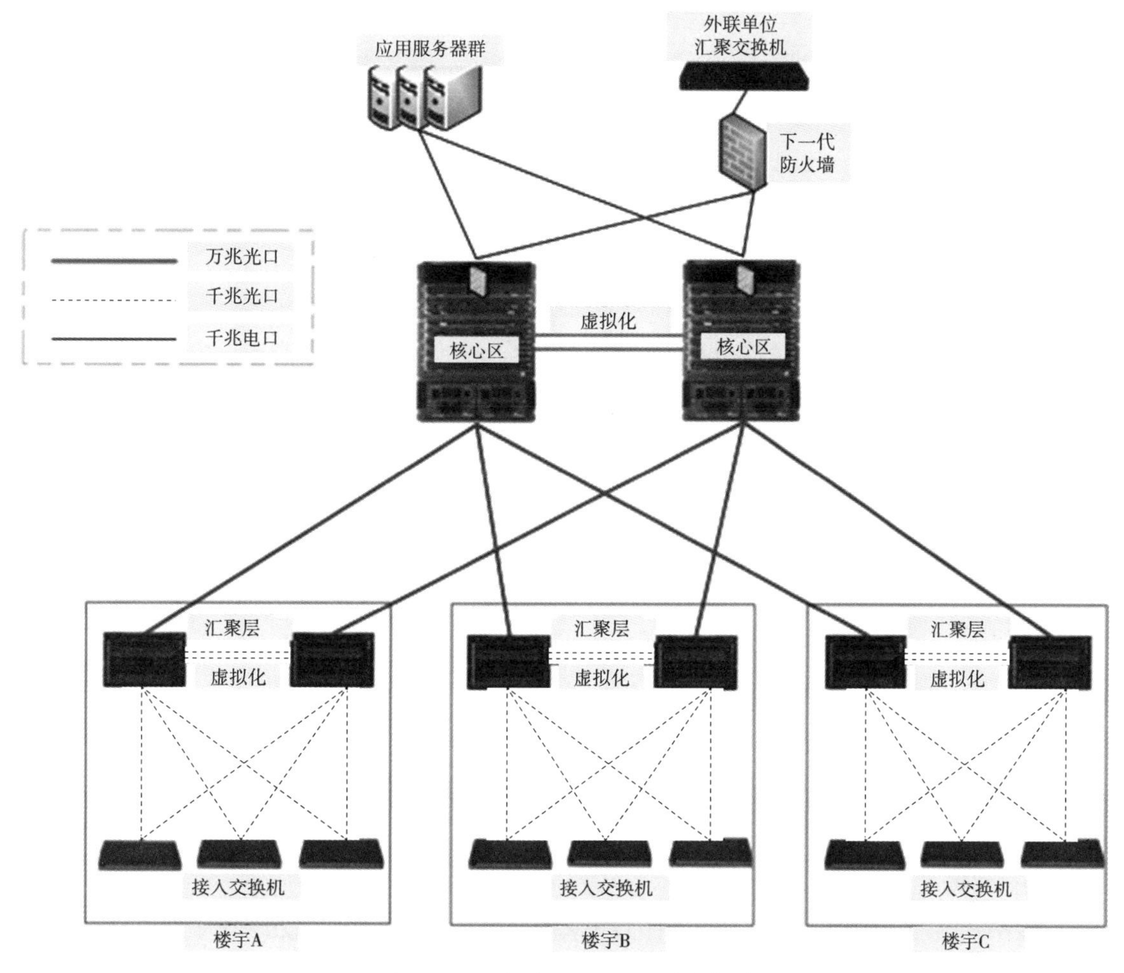

图 7-2-12 大型医院网络配置拓扑图

1. 常见组网部署模式

无线网络分为信道覆盖技术与蜂窝覆盖技术。目前信道覆盖技术相对普及。信道覆盖技术又包括馈线模式、瘦 AP 模式、敏捷分布式 AP 部署模式。

2. 部署模式说明

馈线模式：馈线模式由多频合路馈线系统、无线网络控制器（WNC）和无线网络管理系统（WNMS）三部分组成。

瘦 AP 模式：瘦 AP 模式一般由瘦 AP、接入控制器 AC（也称为无线交换机）、用户认证系统以及 POE 供电模块构成。

敏捷分布式 AP 部署模式：在传统 AC+Fit AP 的基础上，将 Fit AP 一分为二，形成 AC+ 中心 AP+ 远端射频单元的三级分布式架构。

三、典型应用

以上讲解了计算机网络系统在各种类型医院的常见部署方式，下面我们通过无锡市妇幼保健院的案例来详细了解一家中型医院的网络部署方式。

（一）概述

无锡市妇幼保健院（以下简称无锡妇幼）新建了一幢妇科大楼，在搭建妇科大楼的网络时，医院直接建立了容灾系统网络，生产机房设在了新建的妇科大楼 11 楼中心机房，容灾机房设在门诊楼 7 楼中心机房。核心及接入的网络设备都采用锐捷品牌来搭建。核心交换机由两台锐捷 S12010 组成，生产及中心机房各放置 1 台核心交换机，2 台核心组成 VSU 虚拟化，使之具有高可用性。数据中心区用来连接妇幼所有的服务器设备，包括生产中心及容灾机房，都有一套数据中心网络。生产机房由 2 台锐捷 S6220 万兆交换机组成，容灾机房由原核心锐捷 S8606 构成。数据中心交换机通过万兆双光纤与核心锐捷 S12010 网络相连，带宽为 20GB。接入网络也将实现容灾。楼层交换机都通过双光纤连接至 2 台核心交换机上，通过链路聚合实现网络链路冗余。

外网采用 VSU 虚拟化架构，核心交换机采用锐捷 S5750 交换机，楼层接入门诊楼楼层仍与容灾机房的核心交换机相连，爱婴楼与门诊楼相连，新建的综合楼与生产中心的核心交换机相连。确保外网的核心层为高可用性及冗余性。

外网服务器群采用双机冗余架构，分为三道安全域来保证数据的安全。第一道安全域负责外网应用服务器的安全，第二道安全域用来保证外网数据库服务器的安全，第三道安全域用来保证内网核心应用的安全。

其他外联单位还包括社保及卫生计生委网络，社保原本为 2 条主、备线，此次把主线路电信的线路割接至生产中心，广电的线路仍然留在容灾机房内。在社保链路上加上入侵防御设备及防病毒墙设备，保证内网网络不被入侵，提高网络的安全性。卫健生委只有 1 条链路，直接将其割接至新的生产中心机房，设备的架构及拓扑不变。

整个内网网络采用身份准入，及网络设备安全管理系统等，使其网络系统更加安全可靠。

（二）内网网络

1. 内网网络概述

内网网络是无锡妇幼的主要生产网络，医院所有的核心业务包括 HIS、LIS、电子病历等运行在该网络上，它的性能及稳定性直接关系着医院的运营。

2. 内网总体设计方案

（1）内网拓扑，如图 7-2-13 所示。

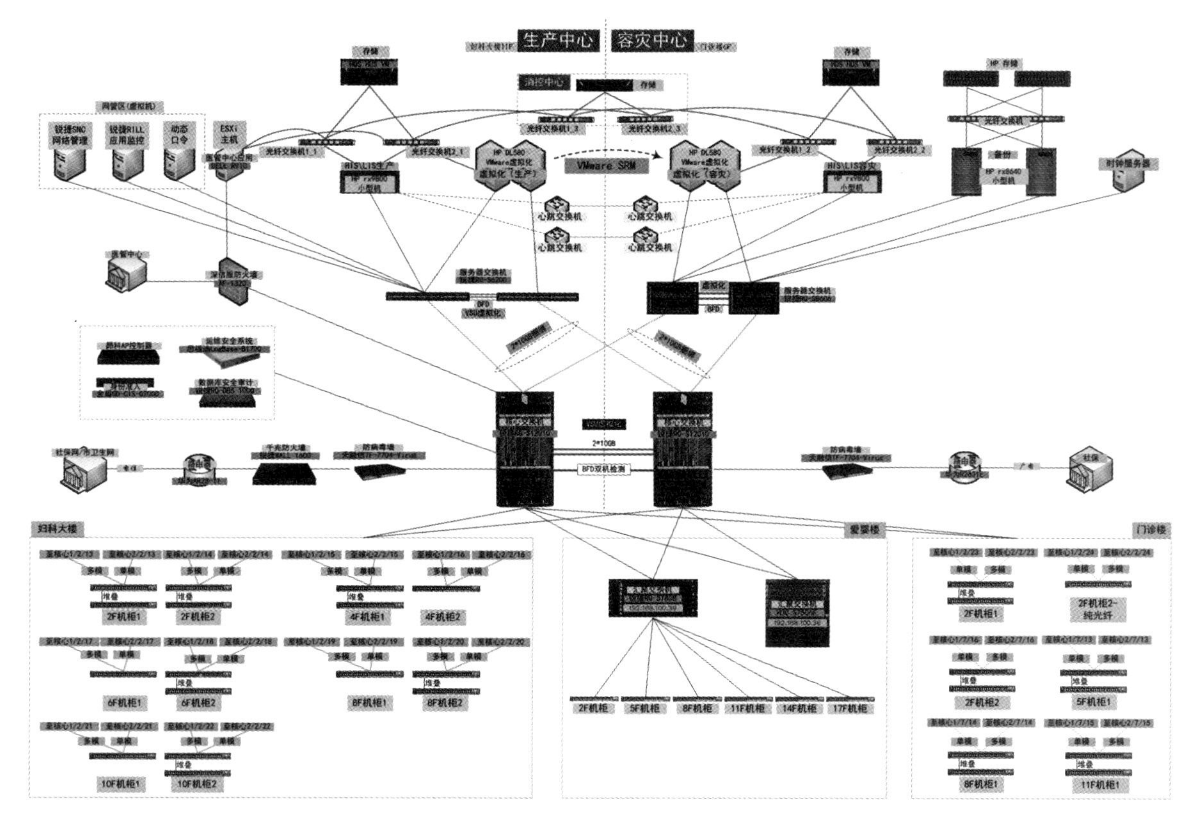

图 7-2-13 内网拓扑图

（2）拓扑说明：

无锡妇幼目前共有妇科大楼、爱婴楼和门诊楼 3 幢楼；

内网网络主要由以下几部分组成：网络核心区、服务器区、楼宇网络接入区、外联单位区以及网管区，所有区域都有各自的功能。

四、选型策略

计算机网络系统包含多个分区，如核心网络区、汇聚网络区、接入网络区、网络安全区、外联接入区、无线网络区等，每个区的作用各不同，在软件、硬件的选型上需要考虑多个因素，需要结合项目的特点来完成设备的选型工作。

（一）网络系统

目前网络设备生产厂家主要有思科、瞻博、H3C、华为、锐捷、神州数码等。思科、瞻博为国外品牌。随着国内网络生产厂家的不断发展，目前越来越多的网络系统已经使用国内的生产厂家。

1. 核心网络区

核心网络区作为整个网络的核心部分，承载着全部数据的转发工作，在设备选型上需要特别注意以下因素：

（1）性能。核心交换的性能，包含交换容量、数据包转发率等都需要重点考虑。且在计算整体性能时，需要留出 50% 的冗余性能，以确保网络环境的突然猛增长带来的网络突发流量。

（2）扩展性。千兆光接口等的物理扩展，还包括软件性能的扩展。如 AP 管理控制器扩展、防火墙功能扩展、入侵防御功能扩展等，以确保后期网络需要时可以方便地扩展功能。

（3）稳定性。作为网络的核心交换区，稳定性是一个重要的考虑因素。除了设备本身的稳定性，还需对设备的配件进行冗余性配置，如电源模块的冗余、散热风扇的冗余、交换网板的冗余等。

核心设备还需支持多台设备的集群冗余，早期设备一般支持双机热备模式即可，如思科的 HSRP，

H3C、华为的 VRRP 模式等。但随着技术的不断发展，虚拟化技术目前已经使用越来越广泛，在选型时一定要选择支持虚拟化技术的核心交换设备。

2. 汇聚交换区

汇聚交换机一般部署在楼宇汇聚机房，负责整幢楼的网络传输，在设备选型时也需要考虑设备的性能、安全性等。

（1）性能。汇聚交换机也承载着整幢楼的数据转发作用，所以也需要选择性能不错的交换机，在性能考虑时也需要留有一定的性能余量，以保证业务的正常运行。

（2）扩展性。汇聚交换机也需要考虑有很好的扩展性，当楼宇的接入层网络发生变化时，可以很好地适应网络的变化 。

（3）冗余性。汇聚层交换机在冗余性方面主要考虑设备本身的冗余性，但若网络系统非常重要，建议汇聚层也需要采用两台以上来组成虚拟化或双机热备系统，保证汇聚层网络的正常运行。

（4）安全性。在汇聚层交换机上，也需要考虑对接入层网络的控制，包括 QoS、接口流量控制等，以确保对于接入层网络的控制。

3. 接入层

接入层在选型时主要考虑端口的速率、堆叠性能等，确保接入层终端的网络正常运行。

4. 无线设备

在协议选择上拟选择选择 802.11n 或 802.11ac；在频率选择上，根据需要选择单频或双频方式；在部署区域上，拟优先保证病区和急诊；在应用考虑上，重点考虑医疗用途。

（二）安全设备

安全设备包括防火墙、入侵防御、漏洞扫描等。随着国内网络安全的不断升级，越来越多的安全产品开始使用国内生产的设备，且近年来国外网络监控事件的发生，更加需要尽量使用国内的安全网络设备。

在选型上需要注意以下几点。

1. 防火墙

目前医院骨干网防火墙一般都内置于核心交换机。医院内各交换区域按照功能区分，并通过核心交换机的内置防火墙模块来进行安全域的划分，确保整个网络边界的安全。

在选型时，还需考虑防火墙的转发性能，确保可以满足整个网络的性能。随着医院等级保护的要求越来越严格，在医院的边界区域配置的防火墙还需配置入侵防御及防病毒模块，来满足等保的要求。

2. 入侵防御

在医院的边界区域，如与社保、银行等区域相连时，一般需要配置入侵防御设备，以确保内网网络的安全。在选型时，也需要考虑其转发性能，因为入侵防御设备一般是串联部署，若性能不行，将会影响整个链路的网络性能。

3. 网闸

网闸作为网络设备中重要的安全设备，主要用于内、外网的安全隔离。近年来随着医院信息化建设的不断发展，外网应用服务器也需要访问内网的资源，如医院的网上挂号系统，一般就需要外网的挂号前置服务器访问内网的数据库信息，这时就需要使用网闸设备，通过网闸设备，可以使内、外网建立一条安全的通信通道，既能保证业务的正常运行，又能保证内网网络的安全。

在选型上，首先需要考虑网闸的转发信息，由于机制的不同，它的转发性能与防火墙有所不同，建议转发性能不低于 100Mbps，以确保网络的正常运行。

第五节　数据中心系统

医院信息化已经进入了无纸化与智能化的时代，医院管理信息系统和医疗临床信息系统覆盖了临床、教学、科研、管理、后勤等各个方面。这些信息系统在使用过程中产生大量的数据需要处理和存储。因此，快速稳定地处理数据和安全可靠地保存数据是医院信息化建设非常重要的环节。主机及存储系统是医院信息化的“生命中枢”，其性能与安全直接关系到医院各信息系统的运行水平、业务承载能力和数据安全。

一、基本原理及构成

主机及存储系统主要由服务器、磁盘阵列柜、磁带库和相应软件组成。基于应用的不同，服务器和磁盘阵列又组成子系统的应用组合。某些子系统因业务关系，通过约定的接口进行数据交换，形成较复杂的应用。

（一）虚拟化技术

虚拟化是在 IT 基础设施领域最热门的新技术之一。虚拟化（Virtualization）是一种资源管理技术，是将计算机的各种实体资源，如服务器、网络、内存及存储等，予以抽象、转换后呈现出来。虚拟化技术主要包括服务器虚拟化、桌面虚拟化、应用虚拟化、存储虚拟化。虚拟化技术的引入，可以实现资源的动态分配。在部署方式上，可以采用虚拟机的方式来部署软件服务器。在实现灵活部署的同时，提供了更好的可扩展性和高可用性。采用虚拟桌面技术，工作站的电脑可由瘦客户机代替，可以为医院节省成本及维护上的开支。

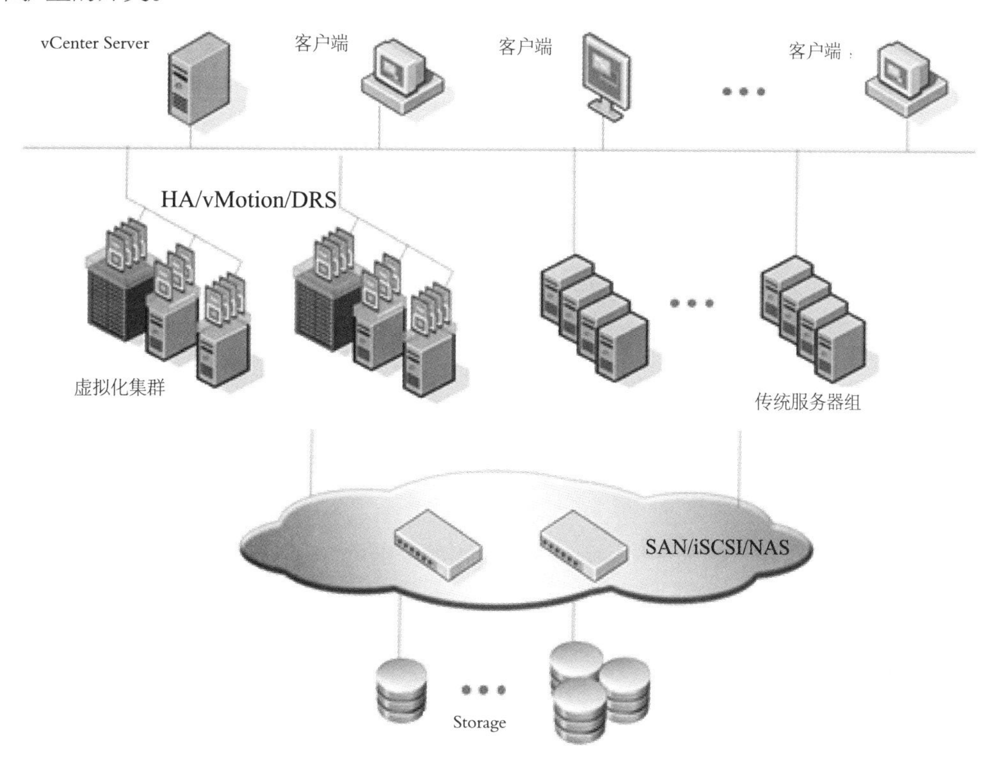

图 7-2-14　虚拟化整合之后的 IT 架构

图 7-2-14 是虚拟化整合后的网络拓扑图。从中可以看出，并没有对原有的网络结构做什么改变。对于虚拟化服务器，搭建了虚拟化集群，并进行统一管理。原有的服务器设备仍可以正常运行，并且与虚拟化服务器融合在一起，从网络层面构建 VLAN、数据共享、业务隔离等，都可以延续原来的网络管理模式。随着虚拟化的不断应用，可以不断动态地增加虚拟化集群的规模，搭建更健康的 IT 体系架构。客户端方面，延续了原先的访问模式，对于虚拟服务器的数据交互等操作，等同于原先传统物理服务器

的访问模式，不会对业务系统造成任何不利影响。

（二）容灾技术

容灾系统是指在相隔较远的异地，建立 2 套或多套功能相同的 IT 系统，互相之间可以进行健康状态监视和功能切换。当一处数据系统因意外（如火灾、地震等）停止工作时，整个数据库系统可以切换到另一处，使得该数据库系统功能可以继续正常工作。特别是灾难性事件对整个 IT 节点的影响，提供节点级别的系统恢复功能。

容灾体系包括四个阶段：本地数据安全保护，本地应用的高可用性，异地数据安全保护，异地应用的连续性。这四个阶段是容灾系统建设的一个渐进的过程，用户可以根据自己的实际情况进行选择，分步建设，最终建成一个完善的容灾系统。

容灾技术的基本思路是在异地建立和维护一个备份系统，利用资源冗余性和地理分散性来保证数据库系统对灾难事件的抵御能力。数据库容灾系统核心技术主要有 2 个方面：数据复制和应用切换。数据复制是指在异地建立一个数据备份系统，实时或定时地备份本地关键性数据。应用切换是指在数据复制的基础上，在异地建立一个应用系统的远程镜像，在发生灾难情况下，快速地切换到远程应用系统，恢复系统运行。

1. 灾难备份层次

在系统部分，通过操作系统自带的“集群”功能，部署更多的节点，使某一节点（服务器）出现故障时，其实节点会自动将服务接管，不会对服务造成影响，保证了系统的高可用性。

对于灾难备份的结果，就是要保证数据和业务的可用性（Availability），根据通用性和成本来考虑，业务的可用性目前有 3 个级别（如图 7-4-15 所示）。

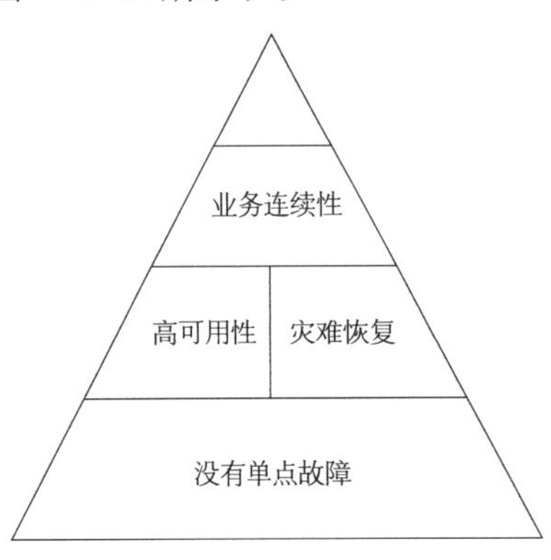

图 7-2-15 可用性金字塔

其中，业务连续性是可用性的最高级别，也是最难实现的部分，业务连续性的实现要依赖高可用性和灾难恢复的实现，而单点故障的消除是保证业务连续性最基本的手段。

从灾备系统实施的层次来看，灾备体系应该包括数据和应用 2 个部分。数据灾备是基础，应用的灾备是建立在数据灾备基础之上的。

对于数据的保护，应该从两个级别来考量（图 7-2-16）。

第一个级别是数据安全，这是保证数据可用的最基本的手段。数据安全包括我们通常谈到的一级存储和二级存储，一级存储就是我们通常所说的磁盘阵列存储等，二级存储是通常所说的用磁带介质、光介质等完成的备份。

第二级别是指数据 7×24 的高可用性。为实现数据的高可用性，我们可以采用双机容错或者服务器集群的方式来实现。

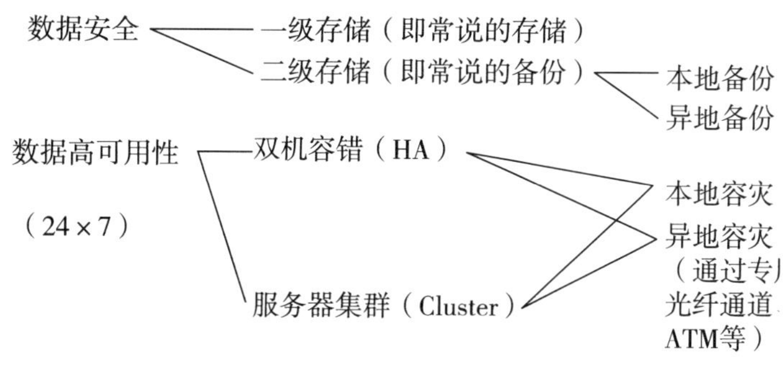

图 7-2-16 数据保护的级别示意图

2. 远程数据镜像系统

远程镜像系统是灾备系统的重要组成部分，它可为两地点间的重要信息传输提供丰富的存储空间，保证主站点和备份站点之间数据的同步。远程镜像系统的实现有 3 种方式：（1）数据库复制；（2）远程文件系统镜像；（3）存储子系统的远程镜像。

3. 远程高可用系统

远程的高可用管理系统，即远程应用切换，也就是应用灾备，它实现二级的远程广域范围管理，这一层次基于本地的高可用系统之上，实现故障的分类和采取对应的故障接管机制。

4. 数据磁带备份系统

数据备份系统一般采用磁带库来完成，用户可以根据自己的存储系统架构来选择备份方式，如 LANfree 或者 Serverless 等。数据备份系统是整个存储系统非常重要的后备支撑。一旦遭受到误操作、黑客攻击等灾难时，如果用户制定了有效的备份策略，备份系统可以很好地恢复灾难前的数据内容。

5. 连续数据保护 CDP

连续数据保护（continual data protection，CDP）是一种连续捕获和保存数据变化，并将变化后的数据独立于初始数据进行保存的方法，而且该方法可以实现过去任意一个时间点的数据恢复。由于医院业务的特殊性，应高度重视连续数据保护。在容灾方面做到：

（1）持续数据保护（CDP）。恢复点目标 RPO=0，实时备份，数据零丢失；数据可任意点回退，保证数据完整可用而不损失任何有用信息。

（2）业务连续性保障。恢复时间目标 RTO ≈ 0，让系统在出现故障后能快速恢复业务系统对外服务。

6. 常用容灾实现技术

由于信息系统在医院的重要性越来越高，容灾系统目前已用在医院信息系统中。目前主要实现技术主要分为硬件实现、软件实现或者软、硬件结合方式实现。

（1）Storage Foundation。

软件实现目前主要是 SYMANTEC 的 Storage Foundation，通过该软件，可以实现医院重要应用如 HIS\LIS\PACS 等应用可以部署在生产机房和容灾机房，通过 Foundation 将生产和容灾的两台存储配置为镜像模式，这样，当往生产端的存储写一条数据时同时也会往容灾端的数据库也同样写一条数据，如图 7-2-17 所示。

当生产端的小型机或者交换机出现问题时，Storage Foundation 软件会自动将应用如 ORACLE 数据库切换至容灾端的小型机上，使应用不受影响，从而实现容灾的功能。

（2）EMC VPLEX 技术。

此方案，将通过软件及硬件技术结合的方式来实现容灾。上层应用通过 ORACLE RAC 技术，使应用在生产和容灾机房都对外提供服务。底层存储的容灾使用 EMC VPLEX 技术，在生产机房和容灾机房各大放置 1 台 EMC VPLEX 虚拟化存储。所有的物理存储都将纳入 EMC VPLEX 虚拟存储下，由 VPLEX 再给小型机或相关服务器分配磁盘空间，这样，生产和容灾端的 VPLEX 虚拟化存储会通过自有的技术进行实现同步，数据的误差在 5ms 左右。

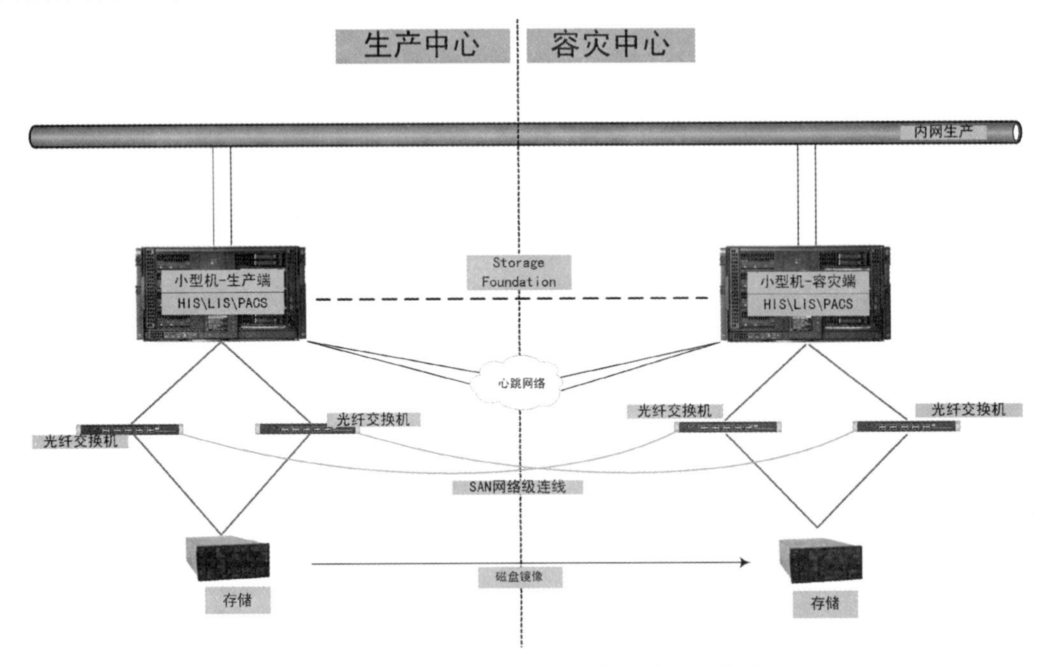

图 7-2-17 Storage Foundatio 容灾系统示意图

该种方案的优点在于生产中心和容灾中心的应用都对外提供服务，当任一端出现问题，不会影响整个应用对外提供的服务，从而实现了容灾的功能。容灾拓扑如图 7-2-18 所示。

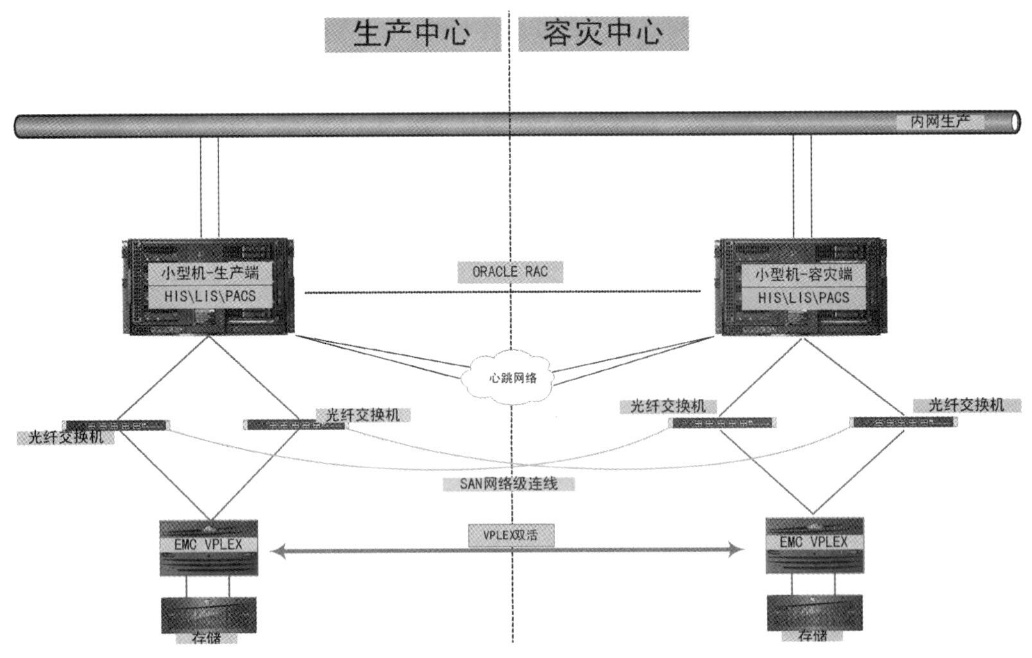

图 7-2-18 EMC VPLEX 容灾系统示意图

以上两种方案是业内常用的，但均需要增加连续数据保护，否则存在数据灾难可能。

容灾的根本是恢复，而灾难恢复计划（DRP），是指在灾难前、灾难中和灾难后采取的一些手段和措施。灾难恢复计划应该是一个全面的、经过测试的、可以保证数据和应用恢复的计划。灾难恢复计划对于医院的生存是很重要的，一个经过测试的灾难恢复计划能使得医院从一个无法预计的灾难中在可能的时间内进行恢复，并且不影响医院业务的正常运作。

二、主要功能

（一）主机及存储系统主要功能

主机及存储系统主要承担数据的处理和存储功能。系统需要满足以下功能要求：

（1）主机系统性能应确保业务 7×24 小时的连续运行，保证数据最大的完整性，硬件需支持 5 年以上的扩展性；

（2）存储系统要具备 7×24×365 连续工作的能力，系统的可用性为 99.999%。在自动化管理软件支持下可以实现磁盘数据的在线（不停机）备份；

（3）在两台存储之间通过操作系统的逻辑卷管理技术进行镜像，在其中一台存储与远程的一台存储建立一个存储底层复制关系。当主中心一台存储发生故障，系统自动切换到另一台存储；

（4）当主中心发生火灾等故障，两台存储同时不可用时，可切换到远程容灾中心。医疗数据需要长期甚至永久保存，应保证足够的存储空间和存储扩展空间，实现分层存储；应建立连续数据保护安全机制；

（5）主存储采用多种主机接口（如 FC+iSCSI），FC 提供满足高吞吐量，iSCSI 提供灵活部署，具备远程容灾的能力；能够支持多种进阶网络功能，节省设备投资。

（6）存储系统配置：存储系统医院现有业务量估算拟考虑 3 ～ 5 年内的数据量，硬盘可以根据 HIS 数据文件小容量、高并发、反应快的特点，选择高转速硬盘；根据 PACS 图片文件的较大，并发量不高，可选择较低转速、大容量的硬盘或选择磁带库作为近线、离线的存储。

（二）常见部署方式

1. 常规模式配置

采用服务器及相关容灾设计，其常规典型配置如图 7-2-19 所示，目前随着虚拟化技术和灾备技术的发展，该方案的使用已进行适应性调整。

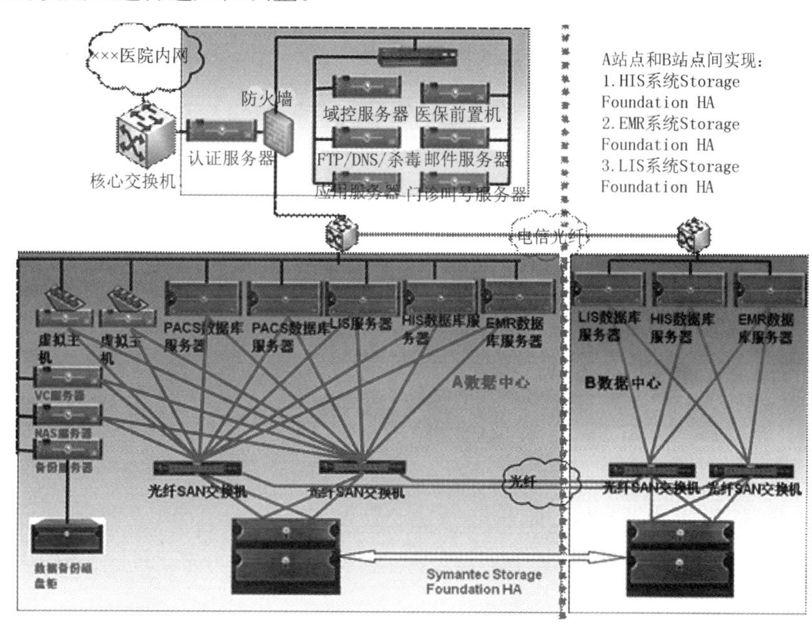

图 7-2-19 传统的网络架构、存储备份和异地容灾备份模式示例

2. 采用虚拟化技术的配置方式

HIS、LIS、PACS 和电子病历等医院核心系统及业务以及医院的其他普通业务均统一部署在虚拟化平台上。虚拟化平台将物理服务器硬件虚拟化，在一套物理服务器上运行多套虚拟服务器，这些虚拟服务器都有各自独立的操作系统，独立的机器名和 IP 地址等设置。

考虑到安全性设计，可以在主数据中心和容灾数据中心各部署一整套虚拟化应用服务器和存储系统。

如图 7-2-20 所示，主数据中心和容灾数据中心的两套虚拟化应用服务器平台首先各自安装相同的虚拟化软件，并配置虚拟化 HA 软件，通过 vMotion 实现两个数据中心虚拟化平台本地的热备切换和负载均衡。同时，两个数据中心的两套虚拟化应用服务器平台之间通过 VMware vCenter Site Recovery Manager（SRM）实现跨数据中心的业务负载均衡和容灾备份。而最为关键的两套数据存储系统，则通过存储底层镜像复制及管理软件实现主数据中心和容灾数据中心两套存储系统之间的数据同步。

通过这种架构，能够实现存储系统的双活和系统配置管理的便捷性。同时，通过虚拟化平台部署应用系统，可以精简很多物理服务器，节省了很多的空间和资源。通过虚拟化平台的 HA，可以增强应用系统可靠性和稳定性。

当然考虑到数据安全，应该在容灾设计方面，增加连续数据保护系统。

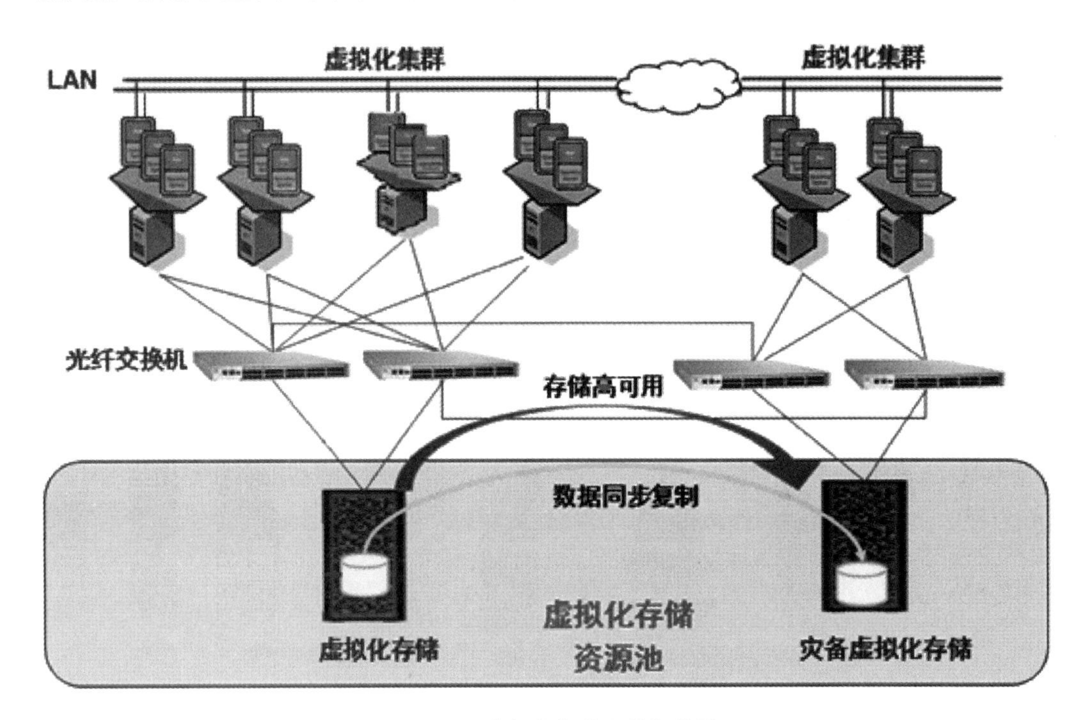

7-2-20 虚拟化集群配置架构图

三、典型应用

以无锡妇幼保健院为例来分析一下整个医院的主机、存储的部署架构。

（一）主机存储系统概述

无锡市妇幼主机存储系统运行着医院内的所有的业务系统，包括 HIS、LIS、电子病历等，它们都通过不同的硬件组成在一起，构成一个主机存储系统，再在系统上由软件商部署相应的应用。

目前无锡妇幼的 HIS ORACLE 核心数据库系统、虚拟化平台系统都已经实现了应用级容灾，且核心 ORACLE 数据库系统实现了双活功能，即生产及容灾机房的两台小机同时对外提供服务；虚拟化平台实现了主备容灾，即当生产中心的虚拟化平台出现问题时，可以切换至容灾中心，在容灾中心将虚拟化平台运行起来，继续对外提供服务，确保应用的高可用性。

（二）主机存储系统组成

无锡妇幼主机存储系统主要包括：

1. 核心数据库系统

主要运行医院的 HIS 核心 ORACLE 数据库，由 1 台小型机及 2 台高性能存储组成。

2. 虚拟化系统

部署了虚拟化平台，运行着除核心数据库外的众多应用。硬件由多台四路服务器及服务器组成。

医院共有两套虚拟化系统，内网和外网各一套，内网虚拟化平台主要运行电子病历、PACS 等内网应用，外网虚拟化平台主要运行外网应用如网站、邮件、网上预约等应用。

3.PC 服务器

一些特殊的应用，无法运行在虚拟化平台上，所以该区域主要有多台物理 PC 服务器组成，运行一些特殊的应用。

（三）核心 ORACLE（HIS）数据库

1. 系统概述

HIS 系统作为医院最重要的系统，本次采用了 ORACLE RAC+HDS 存储虚拟化功能，最终实现了数据库的双活，在生产机房和容灾机房各放置一台小型机及一台 HDS 存储，中间通过 SAN 光纤网络连接在一起，组成一个容灾系统。

并且在消控机房放置一台 HDS 小型存储，作为 HDS 容灾系统的仲裁存储，用于防止生产及容灾机房链路等出现故障时的脑裂现象。

2. 系统拓扑

系统拓扑图，如图 7-2-21 所示。

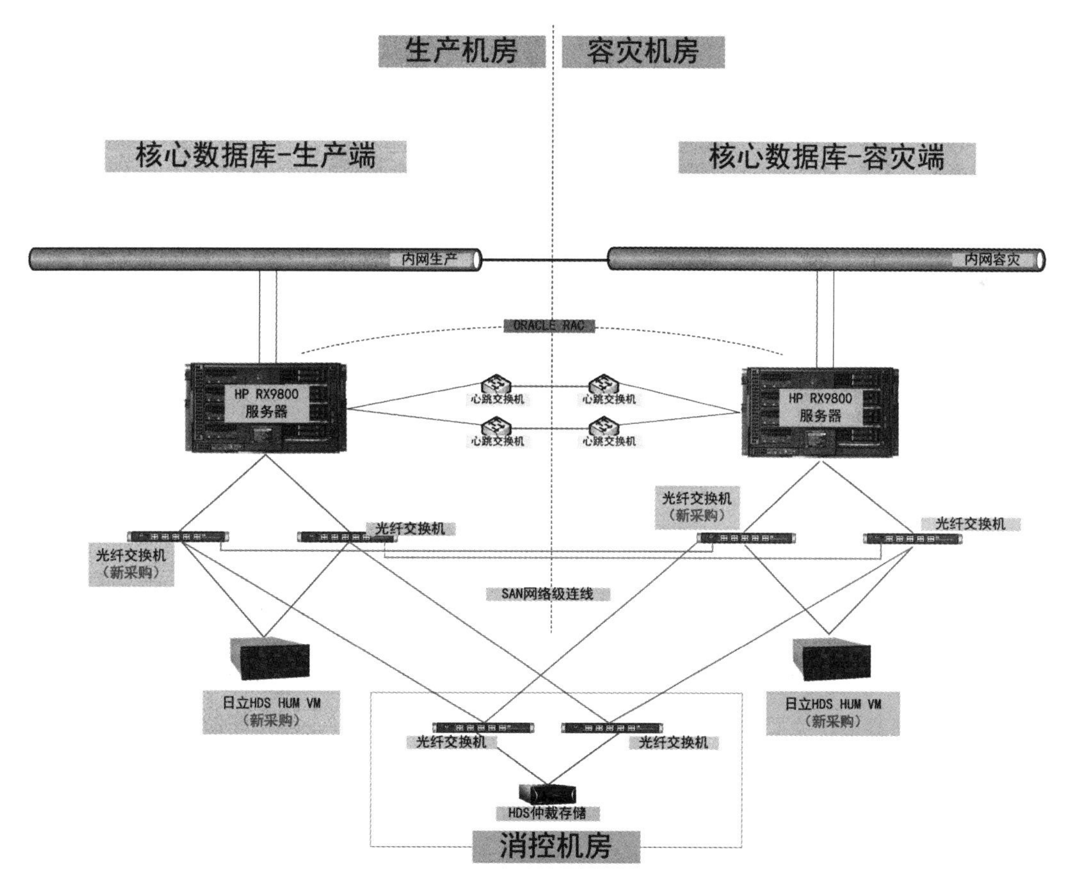

图 7-2-21 核心 ORACLE 数据库拓扑图

3. 拓扑说明

如图 7-2-21 所示，整个容灾系统硬件设备共分布在三个机房：生产机房、容灾机房及消控仲裁机房。

4. 小型机 – 数据库服务器

信息中心共配置了 2 台 HP RX9800 动能服务器，每台配置 2 颗安腾 CPU，64G，安装 ORACLE 11g 数据库系统。ORACLE RAC 心跳网络由 4 台心跳交换机组成，生产和容灾机房各放置 2 台，用于防止 ORACLE 脑裂现象。

HP 数据库服务器。

HP Integrity rx9800 动能服务器是一款面向关键业务计算环境的重要服务器产品组合。

采用新的英特尔·安腾·9300 及 9500 系列处理器的 HP Integrity rx9800 动能服务器，为要求苛刻的环境提供了出色的可扩展性、性能和可用性；集成 Blade System 基础模块，简化了服务器配置程序；基于 HP Integrity 刀片模块，并适应标准机架部署环境，易于配置、扩展和管理。

5. 存储系统

采用的存储品牌为日立，型号为 HDS HUS VM，配置 2 台，分别部署在生产及容灾机房，仲裁存储 HUS 110 部署在仲裁机 – 消控中心。

如图 7–2–22 所示，利用 2 台 HDS HUS VM 存储的虚拟化功能，实现核心数据库的容灾功能，即存储自身虚拟化后，再将虚拟化后的卷（LUN）划分给 2 台 HP 数据库服务器。这样，当 ORACLE 数据库写一份数据时，会同时往 2 台存储写数据，保证数据的冗余性，即当一台存储出现故障时，不会影响业务的正常运行。当有故障的存储恢复正常后，后台会自动将数据进行同步，以恢复容灾的功能。

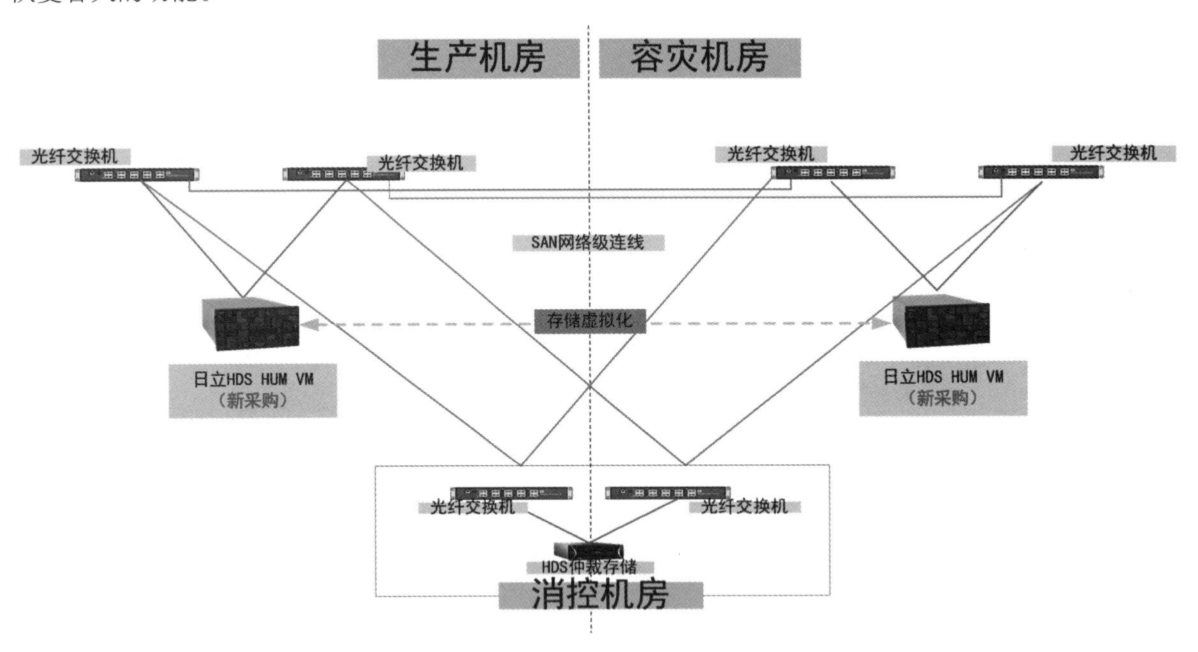

图 7–2–22 存储拓扑图

（四）虚拟化系统

该医院虚拟化平台系统共有 2 套，一套在内网，一套在外网。内网由 3 台 HP DL580 四路服务器及一套日立 HUS 130 存储组成，外网虚拟化由 2 台 DELL R720 及 1 套日立 AMS2300 存储组成，如图 7–2–23 所示，vCenter 都部署在了物理服务器上，在内网虚拟化集群中，还有 1 台独立的 ESXi 主机，即医管中心的虚拟化服务器，日立 NAS3000 机头用于创建 NAS 存储空间，用于存储 PACS 图片。

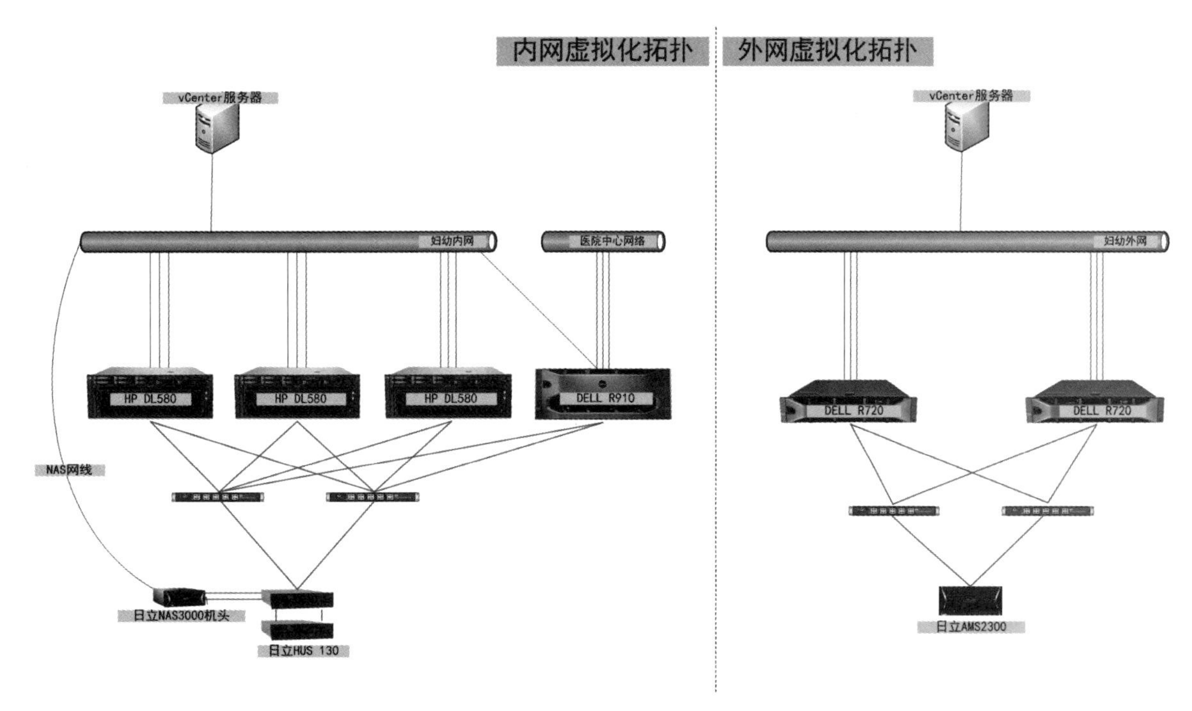

图 7-2-23 内、外网虚拟化平台原拓扑

本例对虚拟化改造后，使虚拟化平台也具有容灾功能，确保虚拟化平台高可用性。

1. 内网虚拟化平台

内网虚拟化平台主要用于 PACS、电子病历等除 HIS 外的其他重要应用系统，这些应用系统对平台要求性也非常高，包括平台的高可用性、数据的存储安全性等，所以本次将对原虚拟化平台进行升级改造，使其在高可用性及稳定性上得到提升。

（1）拓扑，如图 7-2-24 所示。

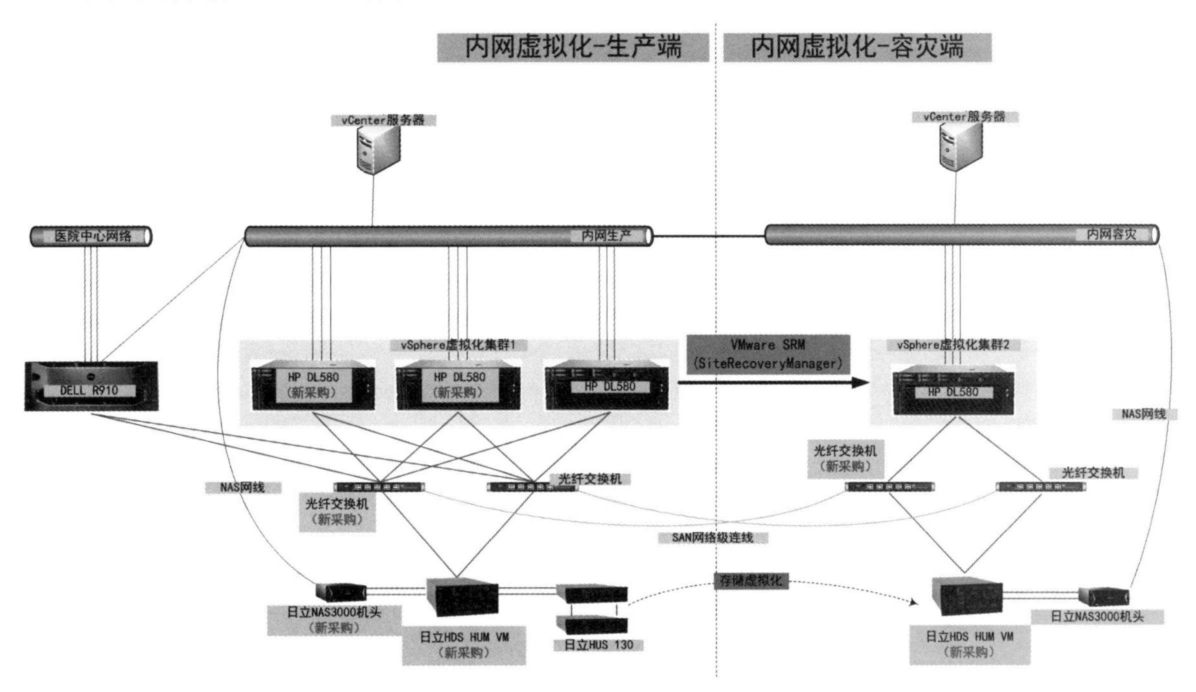

图 7-2-24 内网虚拟化平台容灾拓扑

（2）主机资源。

内网虚拟化的主机资源共有 4 台服务器组成，每台服务器配置 4 颗物理 CPU+256G 物理内存，每

台服务器安装 ESXi5.1 虚拟化操作系统，并通过 vCenter 集群管理软件组成虚拟化集群，生产及容灾机房都安装相同版本的操作系统。

（3）存储资源。

生产机房中，将原虚拟化平台 HDS HUS 130 存储挂载在 HDS HUS VM 下，由 VM 统一管理，容灾机房则直接使用 HDS HUS VM 上的存储空间。

通过 HDS HUS VM 存储的底层复制功能，再配合 VMware SRM 站点恢复管理插件，将生产机房中重要的虚拟机实时同步至容灾机房的虚拟化平台上，当生产中心的虚拟化平台出现不可恢复的故障时，切换至容灾中心的虚拟化平台上，使应用系统在最短的时间内得到恢复。

（4）NAS 存储资源。

HDS NAS3000 存储网关主要作用是可以将 HDS HUS VM 中的部分存储资源映射成 NAS（ISCSI）资源，供医院 PACS 应用系统存储图片之用。

配置 2 台 NAS3000 存储网关，生产及容灾机房各 1 台，并配置为双机热备模式，即当生产机房的一台 NAS3000 存储网关出现问题时，可以将 NAS 存储自动在容灾中心运行，使 PACS 应用系统可以继续使用 NAS 的存储空间，用来存储 PACS 图片，使医院的业务系统不受影响。

第六节　机房工程

医院数据中心机房作为数字化医院的心脏，肩负着全院网络、服务器、存储安全有效运行的重要任务。机房工程还包括消防安防机房、通信机房、楼宇机电控制机房等，本节重点介绍数据中心机房。

医院数据中心机房涉及结构装饰系统、供配电系统、照明系统、环境监控系统、精密空调系统、UPS 主机系统、防雷接地系统、新风及排风系统、消防系统、综合布线系统等关键物理基础设施配合。

一、数据中心机房动力环境要求

（一）选址与面积要求

1. 选址要求

数据中心应建立在电力供应可靠处，远离水灾、火灾、强噪声、强磁场、强振源、易燃易爆品及大气污染物超标的医院楼层；拟建在多层建筑物内的数据中心时，还应考虑设备运输通道、管线敷设、雷电感应、空调室外机安装位置等条件，在医院选择恰当合理的位置。

2. 面积要求

数据中心机房的组成应根据系统运行特点及设备具体要求确定，一般宜由主机房、辅助区、支持区和行政管理区等功能区组成。数据中心机房应与信息中心其他用房统筹考虑，例如工程师办公室、培训室、值班室、库房、维修间等。

主机房的使用面积应根据电子信息设备的数量、外形尺寸和布置方式确定，并预留今后业务发展需要的使用面积。

辅助区和支持区的面积之和可为主机房面积的 1.5 ~ 2.5 倍。

用户工作室可按每人 4 ~ 5m^2 计算。硬件及软件人员办公室等有人长期工作的房间，可按每人 5 ~ 7m^2 计算。

按照《综合医院建筑设计规范》（GB 51039—2014），《医疗建筑电气设计规范》（JGJ 312—2013）的要求，二级综合性医院信息机房面积宜 50m^2 以上，三级综合性医院信息机房面积宜 150 ~ 200m^2 以上，三级大型综合性医院（1500 床以上）信息机房面积宜 200 ~ 300m^2 以上（含主机数据机房、UPS 室、设备间、气瓶间、辅助用房，未含容灾机房）。采用冷池技术的机房，机房面积可适当缩小。信息中心其他用房另行按需设置。中心机房面积参见表 7-2-2。

表 7-2-2 医院床位与数据中心机房面积相关性的参考表（不含信息中心其他用房）

房间名称 \ 床位数	1000 床	1500 床	2000 床
主机房（核心区）	80 ~ 110	90 ~ 130	110 ~ 150
UPS 室、配电室	20	30	30
辅助区（操作间）	20	30	50
辅助用房	20 ~ 50	30 ~ 50	40 ~ 70
面积总计：	150 ~ 200	180 ~ 240	230 ~ 300

医院信息中心用房除中心机房及配套用房外，应考虑工程师办公室、实施方工程师办公室、主任办公室、值班室、小型讨论室、培训室、维修间、备品库房、报损物品库房、通信机房等，还应考虑远程医疗用房等，并应适当预留未来发展需要用房。一般三级综合医院建议在 600 ~ 1000m^2，二级综合医院不少于 300m^2。

（二）地面承重建设

（1）变形缝不应穿过主机房。抗震设防分类：A 级机房不宜低于乙类；B 级机房不应低于丙类；C 级机房不宜低于丙类。

（2）控制室的楼板均布活荷载可按 5.0~10kN/m^2 设计；数据中心机房楼板均布活荷载可按 8.0kN/m^2 以上设计；弱电间、电信间、设备间的楼板均布活荷载可按 5.0kN/m^2 设计。

（3）承重墙和楼板应根据弱电专业的要求，预留进出线保护管、线槽的孔洞，预留等电位连接端子。

（4）中心机房区域建议采用降板处理，一般需要降板 40 ~ 50 公分左右。

对于数据中心建筑，大部分优质数据中心机房的建设标准都达到 8 ~ 8.5 级的抗震强度，可以保证数据中心机房在常规状况下的抗震效果；单平方米投影面积内 700 ~ 800 公斤的承重能力，则是保证数据中心机房在机柜服务器密度较高的时候能够很好地承受住机柜压力。数据中心楼板的一般承重会有 30% 的预留，保证日后的数据中心扩容。

（三）结构装饰建设

1. 技术要求

（1）室内装修设计选用材料的燃烧性能除符合本规范的规定外，尚应符合现行国家标准《建筑内部装修设计防火规范》（GB 50222—2017）的有关规定。

（2）主机房内的装修，应选用气密性好、不起尘、易清洁，符合环保要求、在温、湿度变化作用下变形小、具有表面静电耗散性能的材料。不得使用强吸湿性材料及未经表面改性处理的高分子绝缘材料作为面层。

（3）主机房内墙壁和顶棚应满足使用功能要求，表面应平整、光滑、不起尘、避免眩光、并应减少凹凸面。

（4）主机房地面设计应满足使用功能要求：当铺设防静电地板时，活动地板的高度应根据电缆布线和空调送风要求确定；并应符合下列规定：

①活动地板下空间只作为电缆布线使用时，地板高度不宜小于 250mm。活动地板下的地面和四壁装饰，可采用水泥砂浆抹灰。地面材料应平整、耐磨。

②如既作为电缆布线，又作为空调静压箱时，地板高度不宜小于400mm。活动地板下的地面和四壁装饰应采用不起尘、不易积灰、易于清洁的材料。楼板或地面应采取保温防潮措施，地面垫层宜配筋，维护结构宜采取防结露措施。

（5）技术夹层的墙壁和顶棚表面应平整、光滑。当采用轻质构造顶棚做技术夹层时，宜设置检修通道或检修口。

（6）A级、B级数据中心机房的主机房不宜设置外窗。当主机房设有外窗时，应采用双层固定窗，并应有良好的气密性，不间断电源系统的电池室设有外窗时，应避免阳光直射。

（7）当主机房内设有用水设备时，应采取防止水漫溢和渗漏的措施。

（8）门窗、墙壁、顶棚、地（楼）面的构造和施工缝隙，均应采取密闭措施。

（9）主机房净高应根据机柜高度及通风要求确定，且不宜低于2.6m。

（四）布线工程建设

1. 技术要求

（1）强电与弱电的管槽应分开敷设，并有一定的距离，以避免干扰；

（2）承担信息业务的传输介质应采用光缆或六类及以上等级的对绞电缆，传输介质各组成部分的等级应保持一致，并应采用冗余配置。

（3）当主机房内的机柜或机架成行排列或按功能区域划分时，宜在主配线架和机柜之间配置配线列头柜。

2. 设计施工要求

机房内综合布线系统在设计时，主要是主机、存储和交换机之间的连接，同时兼顾门禁、监控等其他系统的布线是大楼综合布线系统的延伸。具体施工时，还需根据机房的特殊布线要求提出合理的布线方案。

机房网络布线还须考虑其网络枢纽的特殊功能，要求线缆在机房内的布设距离尽量短且整齐有序。综合布线系统主要是网络柜与各服务器机柜之间的布线，具体项目设计时，应考虑设置网络列头柜，对机柜数量较多、规模较大的机房，还应设置分级网络配线列头柜。

（五）机房供配电系统建设

1. 技术要求

（1）消防报警系统与动力配电柜联动，当消防报警信号被确认后，用消防控制系统中手动应急按钮关掉动力配电柜。

（2）各配电柜、箱设有N、G或PE汇流排，所有空气开关连接均用铜排。

（3）配电柜配有多功能数字显示电量测量器，随时直观显示并传送线电压、相电压数字，主机电源功率、频率、有功功率、kW/H等参数，可以提供计算机场地监控的接口。

（4）动力柜安装手动按钮，使线路负载分段配送，减少设备之间的冲击。

（5）配电柜内各供电回路均预留备用供电回路，以便增容和维护使用。

（6）动力柜输入端安装进口电源防雷装置。在工作过程中，相线——相线、相线——中线、相线——地线、中线——地线都具有浪涌抑制模块全方位进行保护。

（7）计算机机房的建设必须建立一个良好的供电系统，在这个系统中不仅要解决计算机设备（主机、网络、主控、电脑、终端等）用电的问题，还要解决保障计算机设备正常运行的其他附属设备（计算机房空调、安全消防系统等）的供配电问题。

（8）机房配电柜各相负荷须均衡配置，其均衡度≥80%。

2. 设计要求

医院数据中心机房的供配电系统必须安全可靠。一般一类市电供电方式为从两个稳定可靠的独立电源引入两路供电线，两路供电线不应有同时检修停电的供电方式。两路供电线宜配置备用电源自动投入装置，要求双路电源经自动切换机房送电，送至机房动力电柜，动力配电柜供 UPS 主机、精密空调主机、照明、维修插座、辅助设备、备用等，UPS 电源从分别的 UPS 主机逆变整流输出到机房指定的配电列头柜上，给计算机设备及外围设备、监控系统、计算机机柜及其他必须采用不间断电源的设备。供配电系统在满足机房供电品质要求的同时，还需要在将来的扩展等方面有一定的余量。需注意的就在电源进线进入配电柜之前，应在进线端安装防雷装置。

（六）UPS 系统建设

机房是进行网络、通信、信息实时处理的枢纽，各种设备需要连续、正常、高效运行，为此，提供稳定、可靠、纯净的电源质量至关重要。UPS 作为一种特殊的保护性电源，是机房重要的供电保障设备，能为机房内各关键负载供应高品质电源，实现不间断供电。

（七）精密空调系统建设

在机房内，服务器、核心交换机、存储等设备在运行中产生的热量非常大，几乎全部是显热负荷（90% ~ 100%），是机房的主要热源。机房设备多由精密电子设备、各种集成电路、电子元器件等组成，其性能、工作特性、可靠性、使用寿命都与工作环境有密切关系，其中温度、湿度、洁净度就是工作环境的关键因素。

1. 技术要求

根据《数据中心设计规范》（GB 50174—2017）标准，计算机机房温、湿度的要求，按开机时和停机时分别加以规定，参见表 7-2-3。

表 7-2-3 温湿度要求表

项目 \ 级别	A 级、B 级、C 级	备注
主机房环境温度（推荐值）	18~27℃	不得结露
主机房相对湿度和露点温度（推荐值）	5.5 ~ 15℃，同时相对湿度不大于 60%	
主机房环境温度和相对湿度（停机时）	5 ~ 45℃、8%~80%，同时露点温度不大于 27℃	不得结露
辅助区温度、相对湿度（开机时）	18 ~ 28℃、35% ~ 75%	
辅助区温度、相对湿度（停机时）	5 ~ 35℃、20% ~ 80%	
不间断电源系统电池室温度	15 ~ 25℃	

2. 设计要求

机房不同于大楼里的其他设备间，具有余热量大、余湿量小、热负荷变化幅度大、循环风量大、焓差小、需多种送风方式等特点，应该独立设置专用空调系统，不可用大楼中央空调。精密空调空调系统的设计是为了进行精确的温度和湿度控制，具有高可靠性，保证系统终年连续运行（8760 小时 / 年），并具有可维修性、组装灵活性和冗余性，可以保证机房四季正常运行。精密空调设计的显热比率（SHR）为 0.95~0.99，参见表 7-2-6。近年来冷池技术发展较快，使用的医院越来越多。

（八）新风系统

机房设备运行时，由于设备及操作人员产生的各种气体无法及时与外界空气交换，致使空气质量下降，操作人员为此感到不舒服，这就要求考虑新风的供给问题。

1. 技术要求

机房新风量设计规范要求：

（1）A 级机房洁净度为 30 万级，B 级机房洁净度为 20 万级；

（2）每人新风量应为 40 ~ 60m^3/h；

（3）机房空气量循环次数标准应大于 2 ~ 3 次 / 小时；

（4）室内总循环风量的 5%；

（5）维持室内正压所需风量。

2. 设计施工要求

一个密闭的机房对新风系统的主要要求如下：

（1）从室外送进机房的空气经过处理是必要程序。为维持机房内的正压状态，新风必须经过加压后送入机房，同时为了避免室外的热负荷及不洁净的空气进入，对机房的恒温恒湿环境造成影响，这就要求新风机具有处理空气的能力，有制冷和滤尘的功能。新风在空调系统中含量应约占送风总量的 5% ~ 10%。

（2）机房新风机的新风管在入口安装普通尼龙网作粗滤过程，然后在机房精密空调机内再安装一层滤网作为中效过滤过程，经空调恒温恒湿处理后送入机房，从而保证了机房内洁净度的空气环境。

（3）机房新风机组是向机房室内单向进风的一种动力设备，但是机房新风换气机却具有同时双向换气的功能和作用，机房新风换气机在向机房室内提供经过过滤处理的新鲜空气的同时，还能降室内污浊空气排出室外排放，能同时起到了一机两用的作用，现在市场上的新风换气机采用热回收装置来减少热量或冷量损失的设计，具有明显的节能作用。

（九）防雷接地系统建设

数据中心机房的防雷和接地设计应符合《数据中心设计规范》（GB 50174—2017）、《建筑物防雷设计规范》（GB 50057—2010）和《建筑物电子信息系统防雷技术规范》（GB 50311—2012）的有关规定。

对机房进行全面防雷保护，除了机房所在建筑要有良好的防雷装置外，还需在机房内安装电源防雷器和信号防雷器，对电源系统、信号系统进行可靠、有效的防护。目前，计算机信息及通信系统加装有效、可靠的防雷器，是国际上通用的最有效的防护措施。

供电系统从配电箱以后采取 3 级电涌保护器（SPD）进行保护，有效地将雷电过电压降低到设备能够承受的水平。在机房配电箱的输入端配置三相电源防雷器（箱式），作为初级防雷保护；在各分支路供电线路设备前端配置单相电源防雷器，作为次级防雷保护。具体电源防雷器的数量和规格需根据现有机房的供电情况而定。

（十）防火防水系统建设

机房防火是机房管理工作的重点，必须建立有效的灭火系统。医院机房通常采用气体灭火系统。

机房防水也是机房设计的重要内容。数据中心不应有与主机房内设备无关的给排水管道穿越主机房，相关给排水管道不应布置在电子信息设备的上方。

（十一）机房安防与机房运维系统

一般规定，数据中心机房应设置环境监控和设备监控系统及安全防范系统，各系统的设计应根据机房的等级，按照国家现行标准《安全防范工程技术规范》（GB 50348—2018）和《智能建筑设计标准》（GB/T50314-2015）的要求执行。

1. 机房集中监控系统的监控

机房集中监控系统由前端数据采集器、传感器、控制器、智能接口以及终端管理软件平台等共同构成。机房集中监控系统的监控内容：

配电监控系统：配电柜、UPS、发电机组、蓄电池、防雷等监控。

环境监控系统：空调、新风排风、泄漏、温湿度等监控。

安防监控系统：门禁、入侵探测、视频、消防等监控。

计算机网络监控系统：CPU、内存、存储盘、网络拓扑、网络流量、网络带宽等监控。

机房运维集成系统：将以上系统进行集成管理，满足更为丰富的管理需求。

2. 机房运维系统

机房运维系统就是将机房各类需要监测的设备设施进行集中监测，实现软件集成管理，对于规模较大的医院建议部署机房运维系统。整个机房监控系统由机房内各种智能设备及探测器、监控主机、远程管理主机等组成，对供配电、环境、安防等监控系统进行集成。整个系统分为三层：现场采集中心、集中监控中心、远程管理中心。机房监控系统结构拓扑图，如图 7-2-25 所示。

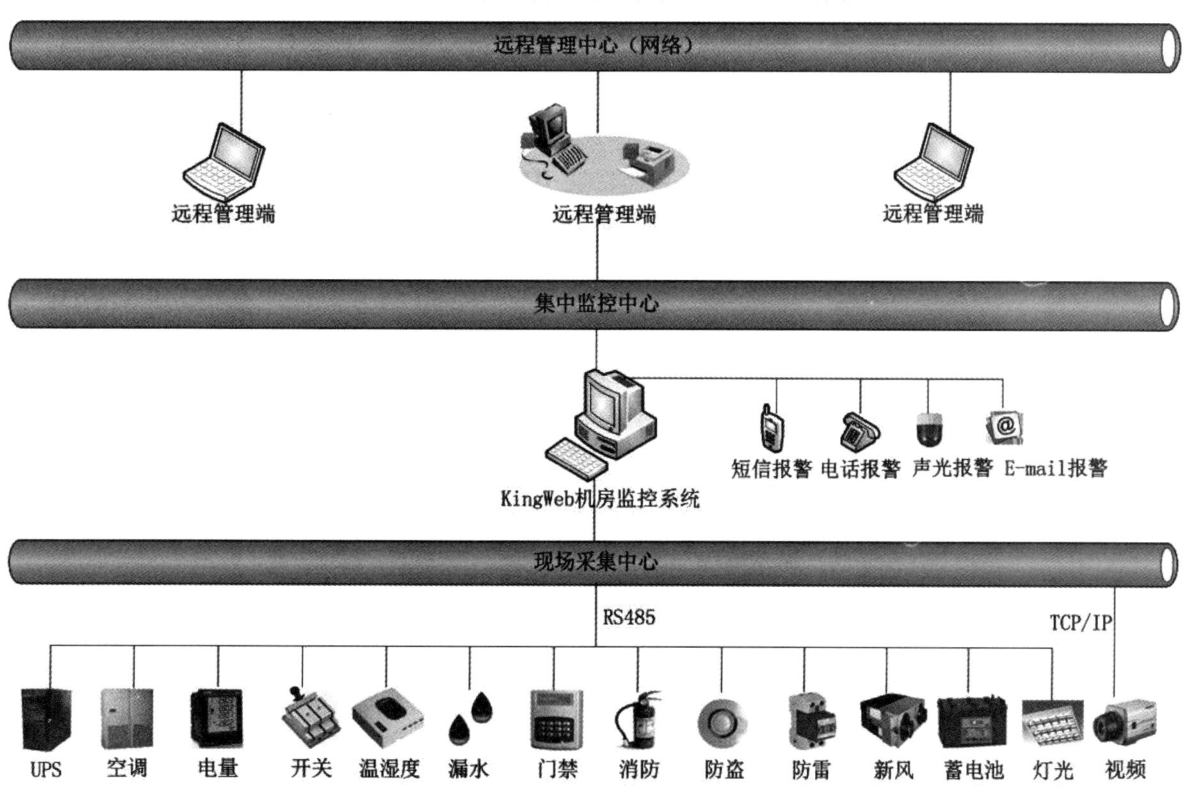

图 7-2-25 机房运维系统拓扑图

监控系统采用纯 B/S 结构，用户通过浏览器（无须安装任何客户端软件及浏览器插件）即可实现对机房的远程管理，包括界面浏览、用户管理、报警管理、曲线管理、事件管理、日志管理、电子地图、参数管理、巡视管理及视频、门禁管理等功能。

某品牌系统参考界面，如图 7-2-26 所示。

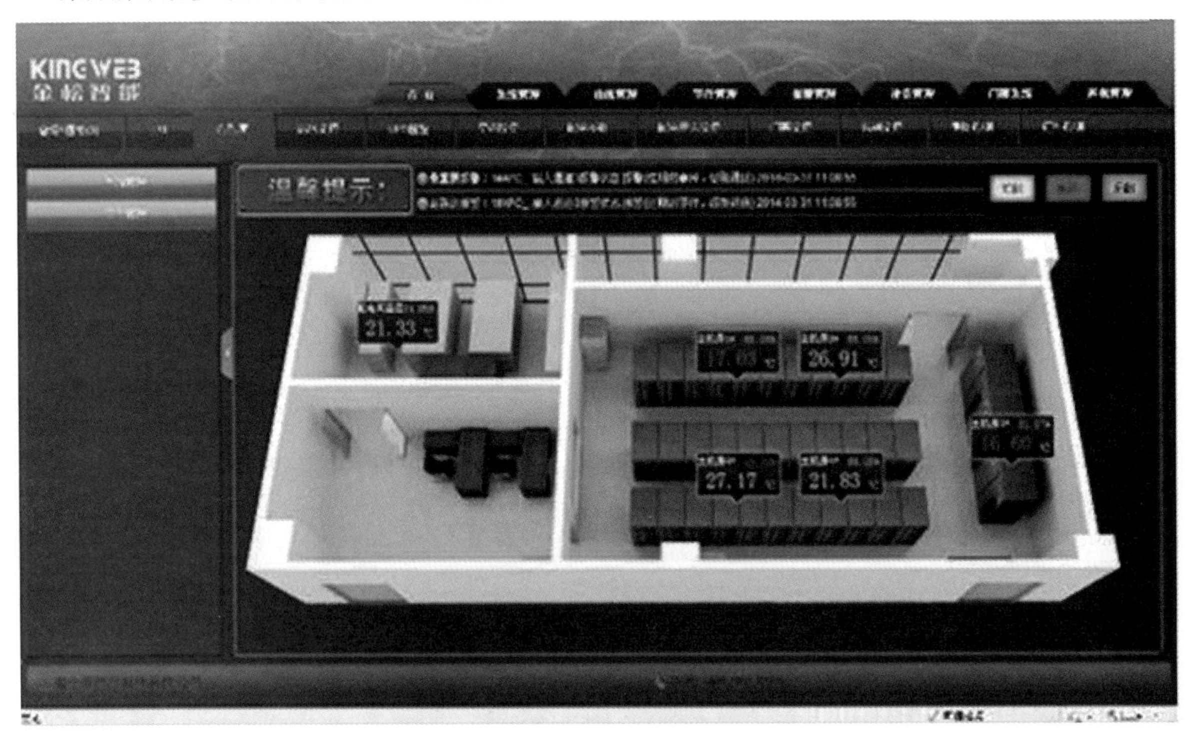

图 7-2-26 运维系统参考界面

A 级、B 级、C 级机房建设关于安防监控方面的比较参见表 7-2-4。

表 7-2-4 机房监控比较参见表

项目	A 级	B 级	C 级
空气质量	温湿度、灰尘浓度、压差		温湿度
漏水监测报警	装设漏水感应器		装设漏水感应器
机房专用空调	状态参数和报警参数		无
供配电系统	开关状态、电流、电压、有功功率、功率因数、谐波含量		根据需要选择
UPS 系统	输入和输出功率、电压、频率、电流、功率因数、负荷率等		根据需要选择
安防设备间	出入控制（识读设备采用读卡器）	入侵探测器	机械锁
主机房出入口	出入控制或人体生物特征识别、视频监控	出入控制、视频监视	机械锁、入侵探测器
主机房内	视频监视		无

（十二）机柜设计

对于医院数据中心机房而言，机柜是其重要的组成部分之一。机柜内安装有服务器、存储、网络核心设备、大量线缆等硬件设备，它是所有设备运行的基础平台。一个好的机柜应具有良好的承重保证、安全保证、良好的散热性保证等因素。

采用冷池技术的机房，应相应调整机柜配置方案。

1. 机柜选型

机柜内放置的都是数据中心机房核心设备，如服务器、网络核心设备及存储，机柜需要承担这些昂贵设备的重量及运行，要求其不变形，结实牢固，保证整个设备的正常运行。机柜选择应关注承重质量，一定要确保相关部位板材的材质、质量和厚度。机柜前后门应采用带网孔的钢材门，一方面是出于散热方面考虑，另一方面是出于安全方面考虑。医院数据中心机房不建议采用钢化玻璃制作的机柜门。在普通竖井机房，机柜内如果只放置汇聚交换机、接入交换机及线路等，设备散热量不大，可以采用钢化玻璃机柜门，这样便于查看交换机运行状态。

机柜自身散热也是重点关注的内容，建议采用全网孔形门的机柜，保证机柜内通风顺畅，散热及时。通常情况下，应在服务器机柜柜体的前门或者侧壁板的下方作为进气口，上方作为排气口安装风扇，管理上需定期查看风扇的运转状况。

2. 机柜布局构架

（1）线缆管理。

机柜内需配置水平缆线管理器与垂直缆线管理器来对机柜内线缆进行整理。机柜必须提供充足的线缆通道。应有整齐有序的线缆布置和标识，可采用覆膜热敏标签，不易掉色及损坏，能长久保留。

（2）机柜摆放位置。

依据《绿色医院建筑评价标准》（GB/T 51153—2015）标准，要求医院数据中心机房绿色节能，机柜摆放应采取分离冷热通道的机柜布置方式，并在机柜上未摆放服务器的位置加装盲板，减少热空气回流和冷空气旁通。

为了美观和便于管理，可将装有同类设备的机柜放在一排。一般摆放参见图 7-2-27 所示。

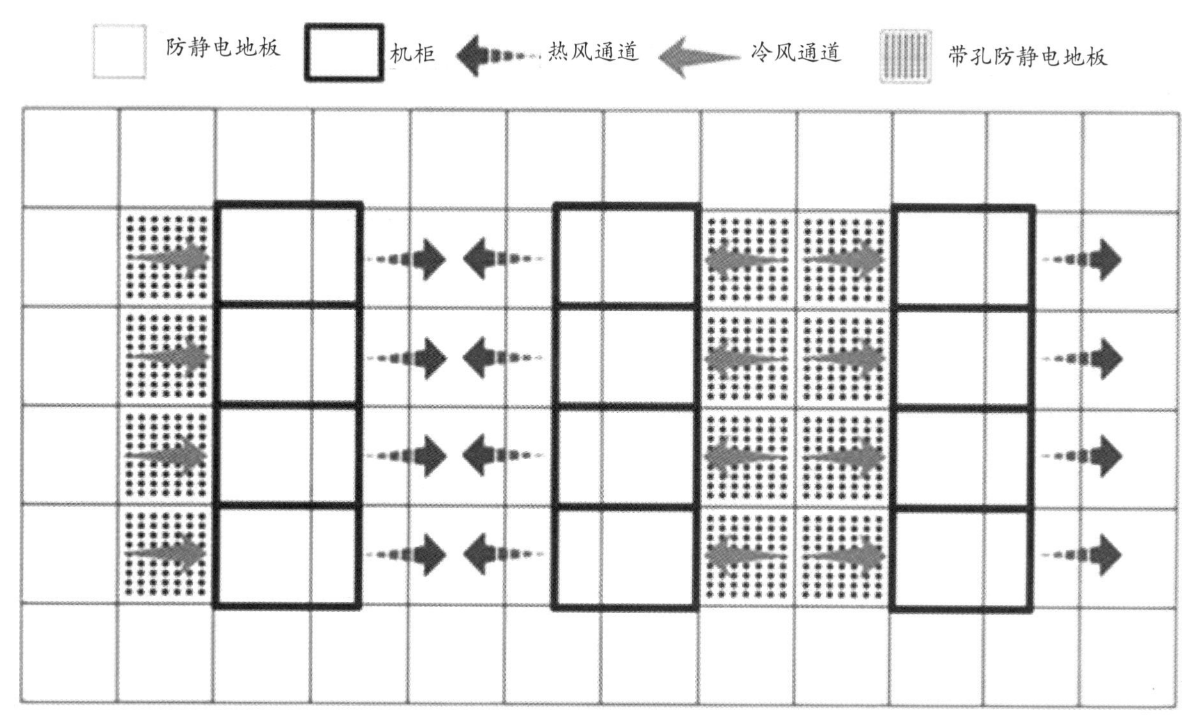

图 7-2-27 数据中心机房机柜摆放俯视图

机柜需并列摆成一列，每排的左右两侧需留有至少 1m 的空间的方便管理人员进出；配合机房内冷热通道进行摆放，带走机柜中设备所产生的热量。

（3）关注冷池技术。

随着绿色节能技术的不断发展，医院数据中心机房可采用冷池技术，通过在机柜间建立起全封闭的冷风进风通道，直接把冷风送到机柜内设备的进风口处。冷池技术实测节能可达 20% ~ 30%。在冬季寒冷期间可利用机房通风系统，将过滤除尘后的外部冷空气引入冷风通道处，配合精密空调使用，可降低精密空调的负荷及能耗。冷池技术包括外冷池与内冷池。

（十三）服务器、存储设计

医院数据中心的核心部件服务器、存储与灾备体系，需要稳定、高效，全年时刻处于正常运转。采购时需要考虑到高可用性、可管理性、可扩展性及先进性。详见本篇第四章。

（十四）灾备系统

容灾备份系统是为计算机信息系统提供一个能应付各种灾难的系统，当主机房受到自然灾难或计算机系统软、硬件的人为操作错误等人为灾难时，容灾机房的容灾备份系统能够实时接替运行业务的需要，保证医院业务数据的完整性和关键业务的连续性。

二、安防监控机房

安防监控室是整个医院的安防控制和管理中心，中心设置操作台和监控电视墙，用于监控医院各处的报警信号和查看医院各处摄像机发回的视频图像信息，一旦发生安全事故，监控中心立即获取信息，及时做出应急部署。

医院安防监控机房一般由自身安全防范设施、医院各安防系统、环境质量保障系统、供电系统、防雷接地系统、机房综合布线系统等组成。安防监控机房内设监控管理工作站及显示设备，对医院建筑内各处设的监控摄像机的视频信号进行集中查看、分析，以便及时报警。而诸多医院将存储等功能设备放在了信息机房，安防监控机房只保留了管理工作站、报警主机和电视墙以及消防报警主机和管理工作站。安防监控机房一般只有供配电箱、UPS、防雷接地、门禁安防等，以及安防管理工作站、电视墙、安防报警主机。服务器与存储部署在医院数据中心也比较常见。

根据《数据中心设计规范》规范要求：安全防范系统宜由视频安防监控系统、入侵报警系统和出入口控制系统组成，各系统之间应具备联动控制功能。紧急情况时，出入口控制系统应能受相关系统的联动控制而自动释放电子锁。

三、消防控制机房

消防监控室通常与安防机房一起部署，是整个医院消防控制和管理中心，当医院发生火灾报警时消防控制室立即获取信息，实时监测机房内的火灾情况，及时做出应急部署。

消防控制室内设置的消防设备包括火灾自动报警控制器、消防联动控制器、消防控制室图形显示装置、消防专用电话总机、消防应急广播控制装置、消防应急照明和疏散指示系统控制装置、消防电源监控器等设备或具有相应功能的组合设备以及供电电源、UPS 等设备。设备应能监控并显示建筑消防设施运行状态信息、并应具有向城市消防远程监控中心（以下简称监控中心）传输这些相关信息的功能。

具有两个及两个以上消防控制室时，应确定主消防控制室和分消防控制室。主消防控制室的消费设备应对系统内共用的消防设备进行控制，并显示其状态信息；各分消防控制室内的控制和显示装置之间可以相互传输、显示状态信息，但不应互相控制。

四、楼宇机电设备管理中心机房

部分医院又将楼宇机电设备管理中心称为后勤机电运维管控中心，主要用于对医院建筑机电设备进行实时监管和控制。对于规模较大、分工较细的医院，由于其受监控的机房设备较多，可以设立楼宇机电设备管理中心，中心的管理工作站通过网络通信的方式，将各受监控系统和设备的运行状态信息显示在中心的电视墙上，实现集中监控和管理。

楼宇机电设备中心机房的规模和建设标准，可以参照保安监控中心的机房建设标准进行。机房内主要由楼控管理工作站、电视墙、操作台，以及照明、空调、防雷接地等组成。

楼宇机电设备管理中心机房主要是提供楼宇自控系统的管理主机的运行环境；提供受监控系统和机电设备的运行状态的显示，以便实时监视和管理医院的机电设备的运行状况，对系统和设备故障发出的报警，做出基本判断后，安装相关专业部门前往处理解决。一般也可以将各子系统的主机放在数据中心机房，楼宇机电设备管理中心机房只用于系统的监控和运行状态的显示，以及调度指挥。在一般的医院项目中，楼宇机电设备管理中心机房多与安防监控中心或数据中心合并设置，这样可以节省值班管理人员，降低运营成本。

五、综合管路工程

综合管路工程体现了智能化各子系统的穿线走向，而这个路由走向是由智能化系统的设计方案决定的，需要在建筑设计阶段就开始。

为保证综合管路实施的合理性以及未来的管理便捷，如有条件建议采用 BIM 设计。

水平管线是指从楼层接入机房主节点连至终端的管线，主要包括一些水平桥架和进入房间的预埋管道等；垂直主干桥架是指主机房（数据中心、保安监控中心、机电设备监控中心等）到各楼层接入机房的连接桥架，一般情况下，这部分主要是安装在垂直井道内的桥架或较大口径管子等。

电缆桥架是由托盘、梯架（直线段、弯通、附件以及支吊架）等构成，用以支撑电缆，并具有连续的刚性结构系统。

按照结构型可式分为：梯型桥架、槽型桥架、托盘式桥架、网格式桥架和线槽。

按照材质可分为：钢制桥架、不锈钢桥架、铝合金桥架、有机材料、阻燃防火桥架。 槽式电缆桥架是一种常用的全封闭型电缆桥架，最适用于敷设计算机电缆、通信电缆、智能化系统电缆、热电偶电缆及其他高灵敏系统的控制电缆等。它对控制电缆的屏蔽干扰和重腐蚀环境中电缆的防护都有较好的效果。建议采用分路分色桥架，便于管理和维护。

第七节　多媒体音视频系统

一、公共广播系统

数字化医院由众多智能化子系统支撑，其中多媒体音视频系统是一个界面友好、功能强大，与医院业务直接相关的智能化重要组成部分，其子系统包括公共广播系统、有线电视系统、信息发布系统、自助查询系统、多媒体会议系统、视频融合流媒体集成平台等。

医院的公共广播系统主要用于医院公共场所的广播、背景音乐播放和医疗抢救时呼叫医生等几个方面。除了设置在医院建筑走廊、护理站、医生办公室、会议室、等候厅、地下室等处，在医院的室外花园、道路绿化边等处也会设置。在室内设置的喇叭通常与消防广播合用，室外则独立设置。

（一）基本原理及组成

公共广播系统从技术实现上可分为模拟定压广播与 IP 数字网络广播 2 类。目前，对于医院建筑来说，公共广播的主流技术是 IP 网络广播；而模拟定压广播在一些相对较小的医院项目中也有应用。下面分别对模拟定压广播和 IP 网络广播作简要介绍。

1. 模拟定压广播

模拟定压广播系统通常由：节目源部分、功率放大部分、信号处理部分、广播传输线路、扬声器音箱和监听音箱等组成。一般定压广播系统功率较大，给设备供电时，会配时序电源以保证线路安全。模拟定压广播结构参见图 7-2-28 所示。

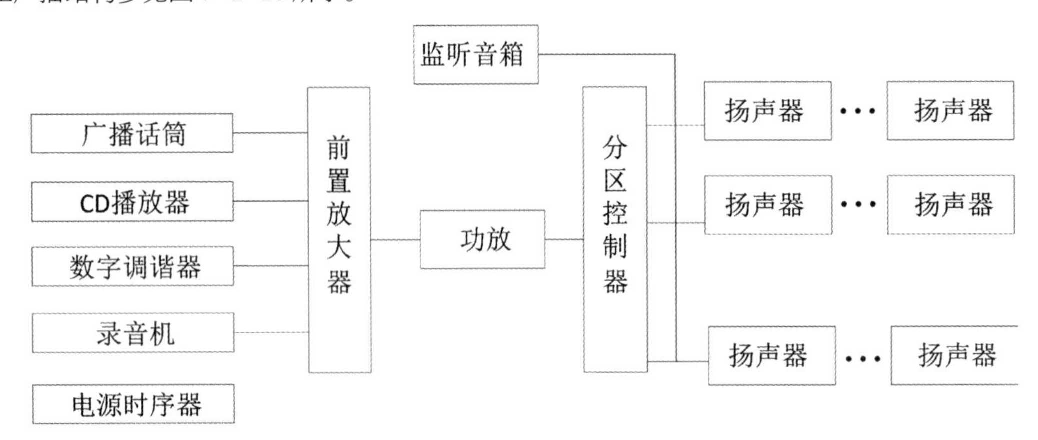

图 7-2-28 模拟定压广播结构示意图

模拟定压广播的工作原理是将音频信号直接放大，基于功率信号进行传输的。优点是：技术成熟、结构简单、性能稳定、维护容易；缺点是音质较差、失真度高、节目容量小、技术落后。

2.IP 网络广播

IP 网络广播系统是由节目音源、IP 网络服务器、IP 网络功放、局域网、扬声器和监听音箱等组成参见图 7-2-29 所示。

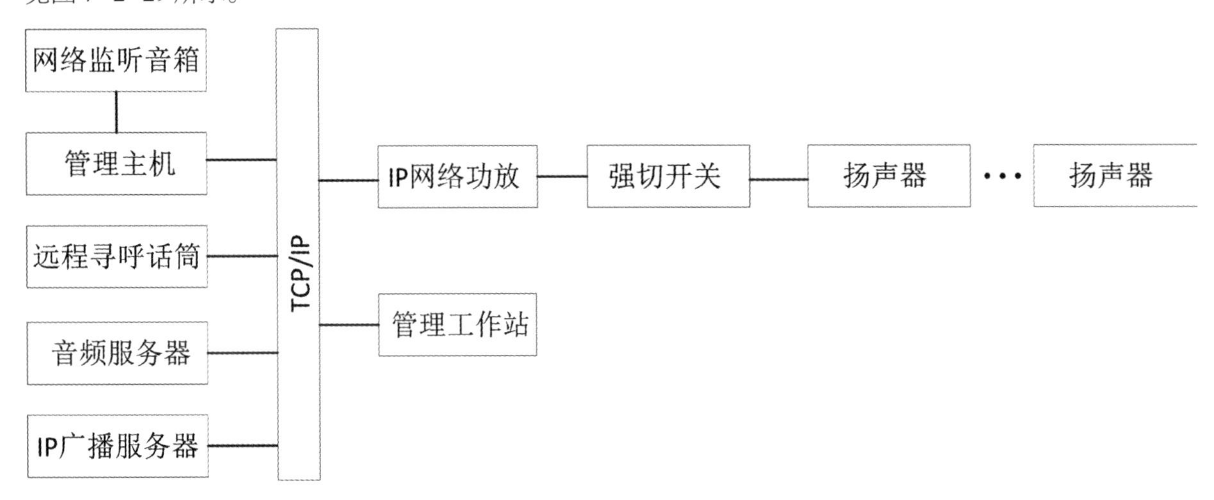

图 7-2-29 IP 网络广播系统的基本工作原理

工作原理是一台音频服务器将数字音频信号（如 WAV、MP3 等多种格式），以 IP 流的方式发送远端 IP 网络功放，每台网络功放都有一个固定的 IP 地址及网络模式、一个专业数字音频解码装置（软件或硬件）、功放控制单元，信号经解码后送到扬声器。

IIP 网络广播借助于网络平台传输音频信号，其功率能量在各楼层接入机房的 IP 网络功放提供，因此，很方便在网络平台上扩展传输；IP 网络广播可以有多个本地呼叫站，可以实现分区授权广播；IP 网络广播将节目源数字化，精减了模拟广播的前端音频设备。

（二）主要功能

一般建筑公共广播系统主要业务是背景音乐广播和服务性广播（医用紧急呼叫）。

公共广播系统节目信号的数字化，在音质上有了较大的提升，基于计算机网络传输，公共广播可以借助网络的延伸到达建筑的任何地方，方便扩展。管理可以分级授权，统一管理，提高了安全性；仍然可以与火灾紧急广播系统共用前端喇叭，实现楼层的自动切换，平时作为背景音乐和服务性广播，火灾发生时切换到紧急广播状态。

（三）选型策略

IP 网络广播首选在设备网传输，与消防广播共用喇叭时，根据消防规范要求，其与消防强切换需在楼层机房进行，不可在机房切换。

医院在公共区域通常都有天花吊顶（除地下室和室外），故采用吸顶喇叭，每层的所有喇叭都由一根总线连接，喇叭之间并联。在无吊顶的地下室区域，通常配置壁挂音箱，在医院室外区域，通常配置室外草坪音箱。注意合理分区配置。

所有 IP 网络功放和远程桌面话筒分散放到各楼层机房和护士站，IP 网络功放机柜安装，并相应配 220V 电；远程桌面话筒放置于护士站桌面，方便操作。

二、有线电视系统

有线电视是数字化医院智能化系统的重要组成部分。借助数字有线电视系统，不仅能为患者和医务人员提供娱乐新闻节目，还能更好地普及疾病预防和健康保健知识，借助数字电视为扩展医疗业务应用和后勤管理服务应用提供了更多空间。

（一）基本原理及组成

有线电视系统主要由前端、网络、终端共 3 部分组成。前端是节目源部分，广电运营商主要提供新闻娱乐节目源，医院也可以加入若干自办宣教节目源。网络是基本传输平台，也是一般医院智能化系统建设的主要内容，终端就是电视机。

有线电视系统方案有模拟有线电视、数字有线电视之分。目前国内模拟有线电视应用越来越少，数字有线电视已经成为主流。在数字有线电视基础上结合医疗业务应用和后勤管理服务的应用，是医院智能电视发展的方向。

数字有线电视的方案分为广电的数字有线电视、IPTV 有线电视和互联网有线电视。互联网电视近年来随着互联网的发展而日渐兴起，卫星电视作为一种传输途径，因其内容丰富，而成为涉外医院电视节目的补充。

（二）主要功能

数字电视系统是目前主流的有线电视系统，相对模拟有线电视系统，数字电视除了提供娱乐、新闻等节目内容外，还能提供交互式节目服务，以及电子政务、本地资讯、生活信息、远程教育、互动游戏、电视商务等各种服务，已经将电视机变成一个多媒体信息终端，所以我们将医院的电视称为病房智能化电视终端。

机顶盒是一种将数字信号转换成模拟信号的变换设备，通行解码还原产生模拟信号，通过电视显示器和音响设备播放。人们常把它放在电视机上边，所以称为“机顶盒”。它把经过数字化压缩的图像和声音信号传送给观众。

（三）选型策略

医院有线电视系统的建设，应根据医院的实际情况进行方案选择，可遵循以下几条策略。

第一，对于建设规模较小的医院，如果医院方无自办节目的需求，则可以直接引入当地有线电视源，由运营商投资建设，并提供节目。

第二，对于建设规模为中大型的医院，设计应考虑有线电视采用数字电视与本院业务、管理相结合的方案，与当前医院的实际使用情况分阶段实施，时机成熟时再实施交互式节目和应用。

第三，关于电视节目源的接入，除了有线电视和运营商的 IPTV 提供的节目源外，还可以考虑互联网运营商提供的电视，涉外医院还可以考虑卫星电视节目源，以上节目源都需要符合国家的相关管理规定。

三、信息发布平台系统

为方便病人就诊，规范就医流程，医院通常在门急诊大厅、住院大厅、电梯厅、候诊区、休息区、分诊台、护士站和各类窗口等处设立不同的信息显示屏，发布就医导引、排队就诊提示，以及电视新闻娱乐、医疗科普知识、宣传广告等信息。

医院公共区域的显示屏包括常规的 LED 大屏、LED 条屏、液晶电视显示、排队叫号屏、广告屏等，这些显示屏分属于不同的智能化系统，如大屏显示系统、电视系统、排队叫号系统、广告发布系统等。随着信息技术和网络技术的发展，把分属于不同系统的显示屏集成整合到统一的信息发布平台上，进行统一规划建设、统一维护管理，是数字化、智能化医院的发展趋势。

（一）基本原理及系统组成

医院信息发布平台系统由各类显示屏、控制器、显示服务器、管理服务器、接口服务器和管理工作站组成，整个系统运行在医院现有的 TCP/IP 网络平台上，实现联网控制。

其中，接口服务器负责与排队系统、自办节目服务器、办公信息通告系统、广告宣传系统等系统之间的数据接口，实时接受需要发布的信息；管理服务器负责管理分配不同信息内容的显示区域与位置，以及分配各子系统管理员的权限；显示服务器负责信息的实时显示；管理工作站是设在不同部门的信息发布客户端，由获得授权的管理人员进行控制。显示系统示意图参见图 7-2-30。

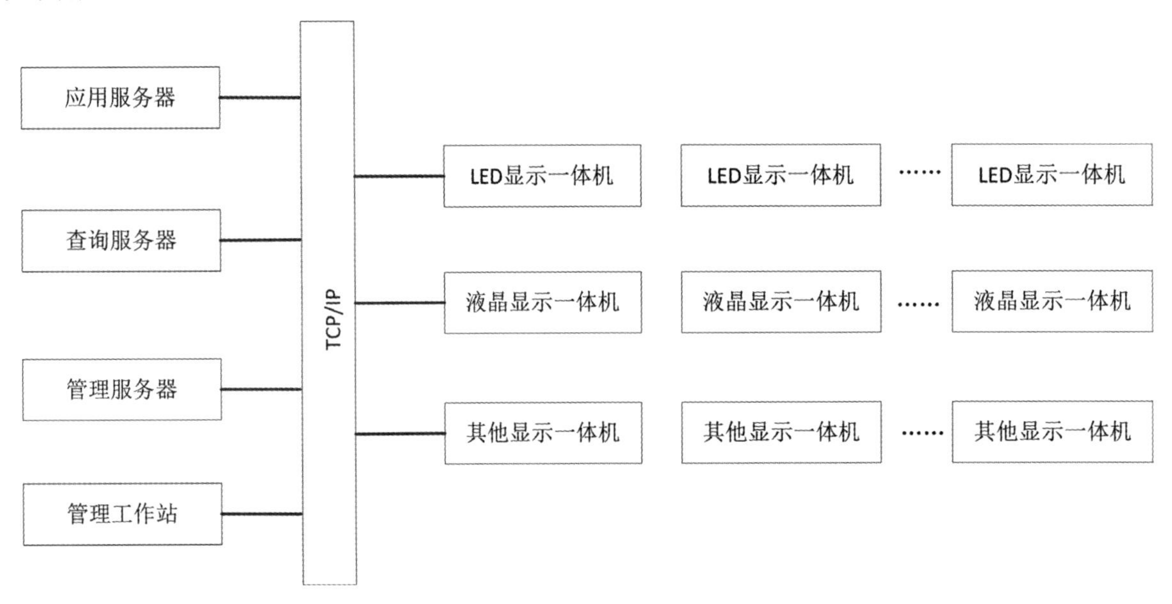

图 7-2-30 显示系统示意图

（二）主要功能

信息发布平台系统是基于网络的信息发布共享平台，其主要功能有以下几点。

（1）支持多种格式的文件播放：包括实时电视节目和流媒体节目播放，以及其他图文信息显示。支持多种视音频编码和图文格式 如：MPEG1/2/3/4、WMV、WMA、Real、Flash、JPEG、BMP、Gif、TIFF、WORD、EXCEL、PDF、PPT 等，更适合于 Internet 传播。

（2）支持 LED 大屏幕和 LCD 显示屏的显示：支持 4:3 和 16:9 两种显示方式，以及多画面组合显示，并适应各种显示终端，如 LCD、LED 和投影仪等等。

（3）支持授权管理：发布平台上的各显示屏分别有不同的 IP 地址，管理员可以授权管理不同显示屏的管理权限。

（4）支持实时信息发布：可以通过网络与业务系统、后勤管理系统接口，实时显示相应信息；系统可以接入有线电视节目。

（5）支持多点管理：通过多点管理软件可以实现对多台网络信息发布系统的管理，实现各业务部门控制管理员分类管理。网络信息发布系统编组管理功能，可以对不同区域的网络信息发布系统实现编组管理。

（6）支持实时插播：提供实时插播字幕功能，可以实时字幕资讯显示，如呼叫信息、紧急通知等信息。

（7）支持远程管理：包括播表和设置 playlist 要求有日播表和周播表，按起止时间循环播放，比如从自动从 7:00 ～ 21:00 循环播放。也可以指定不同的时间段播放不同内容。可以通过网络获取客户端的播放信息、状态等，提供播放控制、客户端文件管理、删除等远程操作。

四、多媒体会议系统

多媒体会议系统是为医院会议提供音视频服务的智能化子系统。不同的医院对多媒体会议系统的需求也有差异，医院一般会设置 1 ～ 2 个会议室和 1 个学术报告厅。有的会议室还可以兼顾手术示教和远程医疗的观摩；学术报告厅主要用于较大型的学术专题报告会、医院专题大会和节假日文艺活动等。

（一）基本原理及组成

多媒体会议系统一般包括会议发言系统、扩声音响系统、录播系统和显示系统。为使用管理方便还会增加集中控制系统、投票表决系统、网络视频会议系统、摄像自动跟踪系统、舞台灯光管理系统和桌面显示系统等功能也可以根据需求的不同按需增减，如图 7-2-31 所示。

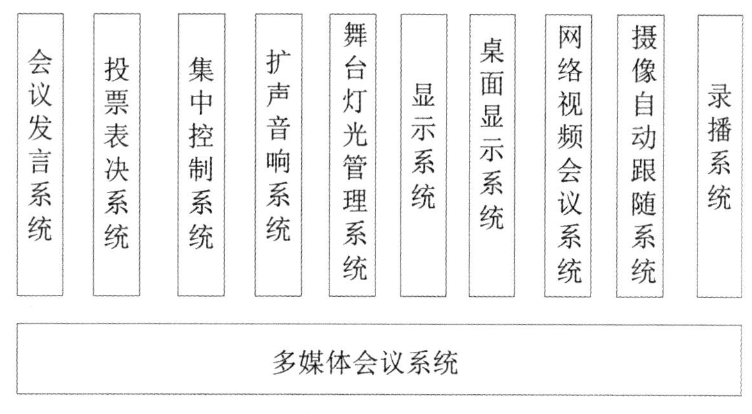

图 7-2-31 多媒体会议系统功能配置图

（二）主要功能

多媒体会议系统的功能由若干个子系统的功能所决定，一个会议室选择多媒体不同的子系统就具有相应的功能。主要包括会议发言功能、扩声系统功能、显示系统功能、录播系统功能、摄像自动跟踪系统功能、远程视频会议系统功能、舞台灯光系统功能、投票表决系统功能及集中控制系统功能等。

其中智能集中控制系统可通过触摸式、有线 / 无线液晶显示控制屏或 IPAD 对几乎所有的电气设备进行控制，包括投影机、屏幕升降、影音设备、信号切换，以及会场内的灯光照明、系统调光、音量调节等。

（三）典型应用

多媒体会议系统在医院的典型应用通常是医院的行政办公会议室和学术报告厅，下面分别介绍典型的应用方案。

1. 行政办公会议室

医院的会议室要求满足行政、后勤会议，如工作汇报、接待交流和专题议事等活动的需求，在会议室里可以考虑配置以下多媒体功能，如发言、扩声、音响、显示等。这些设备均通过集中控制系统进行集中管理，即使非专业人员也可以便捷使用。参见图 7-2-32。

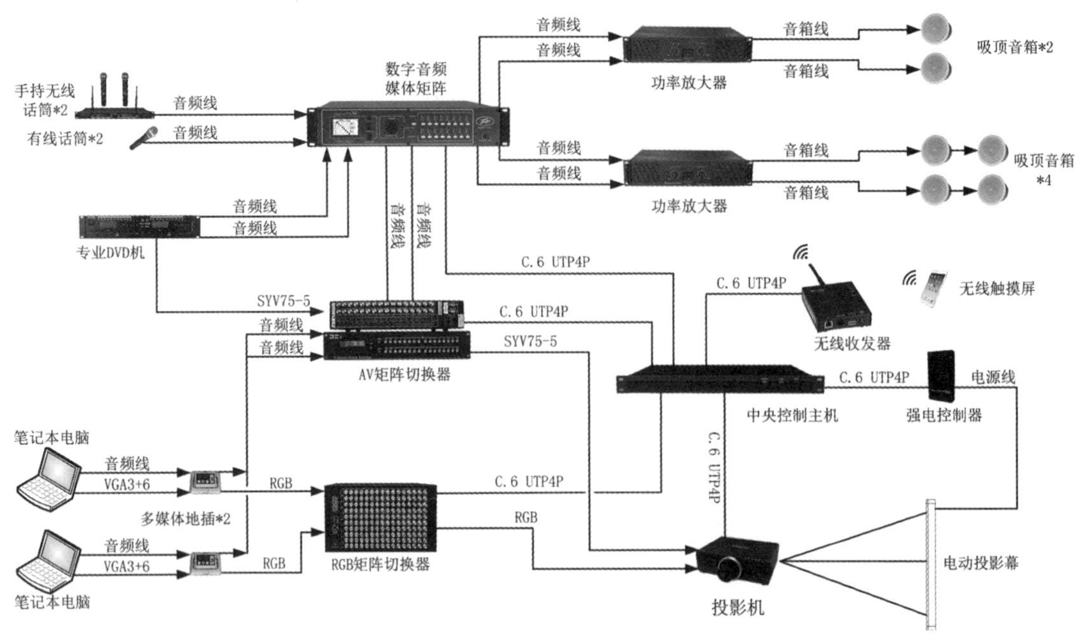

图 7-2-32 小型行政办公多媒体会议原理图

以上是一个相对完整的小型行政办公多媒体会议方案，用户可以根据自身的投资和需求自行增减功能。

2. 中型行政办公会议室

对于医院中型会议室，即扩大的小型会议室或小型的学术报告厅或培训教室，因会议室面积增，大会议功能也较小型会议室增多，除了扩声功放相应加大，还可增配会议发言系统、会场监控系统等，并设专门音控室，派专人进行会议技术保障。参见图 7-2-33。

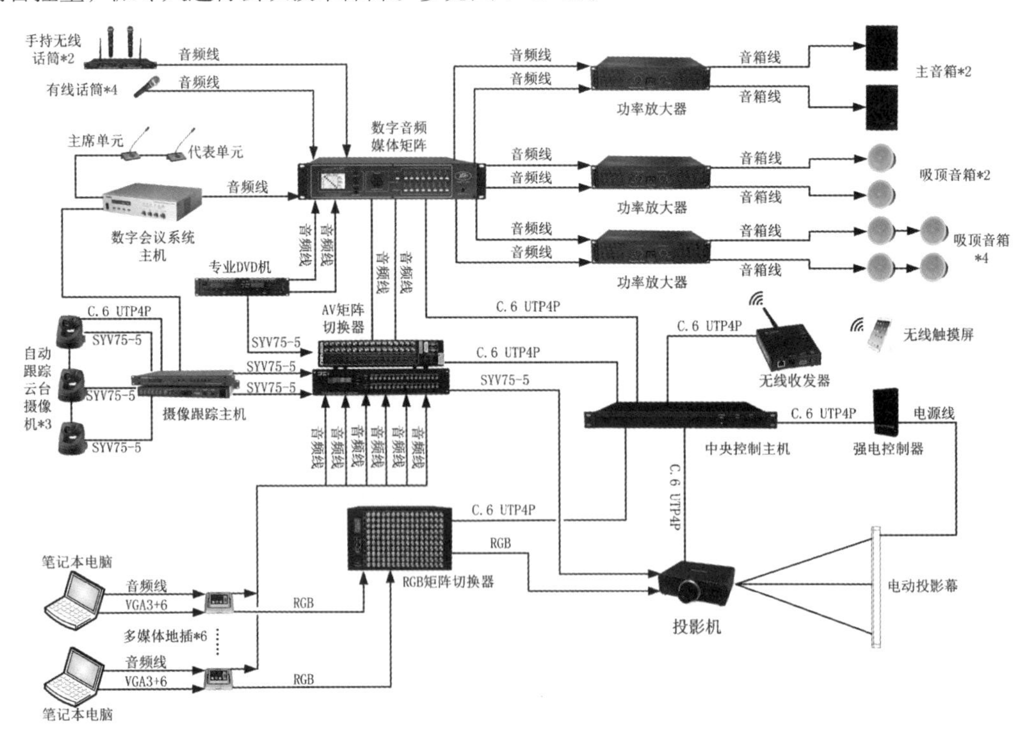

图 7-2-33 中型行政办公多媒体会议原理图

3. 学术报告厅

学术报告厅面积较大，通常都在 200 人以上，其会议模式常有报告模式、大会模式、放映模式和演出模式，而区别于一般的中小型会议室。

其音响效果将是一个非常重要的技术指标，则多媒体功能配置可以选择，如带表决功能的数字会议，扩声音响、高清大尺寸投影或 LED 点阵全真彩显示屏、LED 电子横幅、集中控制、会议视频监控等，并设专门的灯光音控室。参见图 7-2-34。

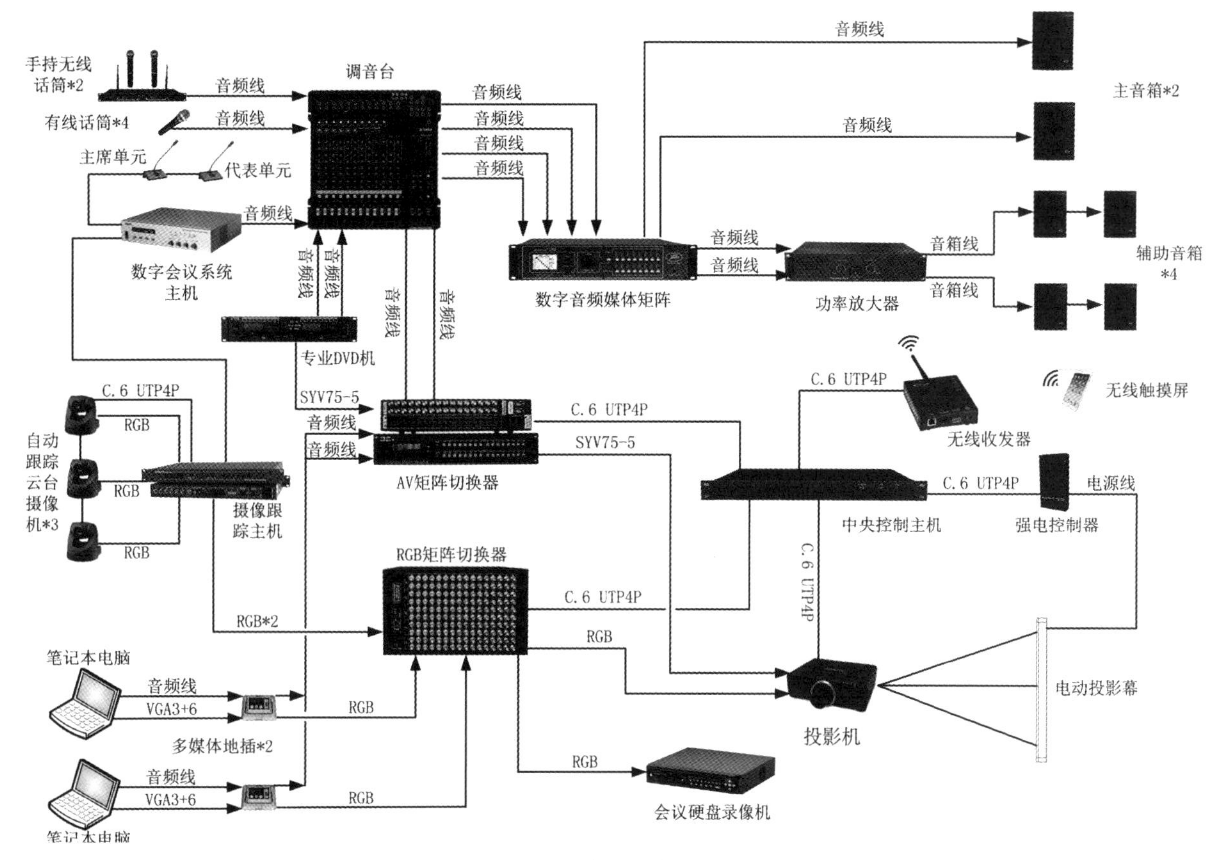

图 7-2-34 多媒体会议原理图

学术报告厅在医院是一个较大的活动场所，有时也叫多功能厅，因此，设计时除了考虑以上音视频功能外，还需设置有线网络和无线 Wi-Fi 覆盖，为报告厅的多用途打下基础。

对于大型医院，可以考虑多媒体会议系统接入网络视频会议，这样可以将正在进行的会议音视频信息通过网络实时发布到各部门示教室或其他会议室，实现全院视频会议。

对于以上三类会议室，由于设备较多，使用时应考虑使用中控系统，实现对主机设备控制操作，包括投影机、投影幕的升降、灯光的控制、矩阵的切换、摄像机的控制、红外音源设备的开关和播放等，同时系统还可以根据用户的使用需要，设置多种会议场景，实现一键控制的效果。

（四）技术要点

多媒体会议系统是技术复杂、实施难度较高的系统，尤其是学术报告厅的声响效果上，涉及的方面较多，因此在设计与建设时，应注意以下几点。

医院多媒体会议系统的应用定位和功能选择需要在设计协助下确定，实施针对性设计，切忌盲目求新求大，造成浪费。

在大型医院里，多媒体会议系统需考虑预留手术示教的现场演示，会议显示系统设计时兼顾作为手术示教系统后端显示和播放设备，这样会议室可以是手术示教和远程医疗的观摩点，接收来自手术示教系统中的音视频信号，对接收到的音视频信号进行显示和扩声。

多媒体会议系统要实现同样的功能，按音视频质量的不同，价格差距也较大，系统设计时应坚持经济实用的原则，着重基础扩声、投影、联网、中控等基本功能的实现，其他扩展功能酌情适当兼顾。

医院如果有多个多媒体会议室，应统一设计，其多媒体设备应考虑会议室间的互用和共用；最好采用软件可升级的数字化系统。

多媒体会议系统是整个医院楼宇智能化的一部分，应考虑与医院其他楼宇智能化的集成应用，如网络系统、视频监控系统、信息发布系统的引入与整合，以提高会议系统的功能，同时降低总投资。

相关专业配合的考虑，多媒体会议室需与二次装潢配合，设备安装与功能实现需与装潢、灯配合，与家具厂家的配合，以保证有较好的效果；对于大型会议室还需考虑与建筑声学配合。

第八节　医院视频融合系统

视频融合信息平台有多种名称，来源于最初的视频数字化流媒体管理模式，逐步在架构上进一步优化，内容上进一步丰富，应用上进一步拓展，又名流媒体管理平台、统一视频融合平台、医院统一视频融合系统、视频融合集成应用平台等。视频融合信息平台是以数据集成整合、统一后台服务、集中建设管理、分布应用服务、开放式架构的设计理念，以数据即服务、智慧即服务、安全即服务的核心架构为用户打造定制化、个性化的医院信息系统。依托于统一视频管理集成平台的视频信息为基础，结合如流媒体、GIS、智能终端、视频分析等技术与医院业务和功能进行融合。

视频融合集成应用是技术进步和需求驱动的结果。随着科学技术的发展和社会的进步，人们对服务体验，对智能化和信息化的要求越来越高。对患者、公众而言，医院的信息化、智能化建设在一定程度上代表了医院的整体医疗服务水平。医院多元的视频资源如何统一管理，提高一体化管理水平和用户体验，是三网融合时代智能化发展的重要领域。

一、基本原理与系统架构

视频融合信息平台是一个多学科多功能的视频通信管理体系，其建设和发展与医院业务信息业务无缝连接，该系统以视频联合应用为主，以统一视频为核心，实现基于一套统一平台架构的手术示教系统、ICU 探视系统、智慧病房系统、互动电视系统、信息发布系统、视频查房系统、视频会议系统、安防监控系统等数十种业务应用系统相结合，最终实现基于一套网络架构、一个终端的众多平台化服务，方便管理统一调度，新三网融合，互联互通。同时，与医院医疗信息化、流程化、网格化、智能化紧密结合，发展成为与医院通信业务结合的新型视频统一综合管理服务平台。

信息平台采用多层架构，一体化平台，实现一个管理平台、一个数据中心、一套基础配置，实现多系统的设备共享、资源共享，减少医院资产的重复投入，降低系统维护、管理难度。通过该可提供对多媒体、视频、语音、IP 数据、医学影像和体征信息的全兼容，统一进行处理和传输，对分散在各科室的信息业务实现“统一控制、分散管理”；构建“全方位、立体化”的一体化数字化医院联动协同体系。在一个系统中实现手术示教、信息发布、视频会议、ICU 探视、互动数字电视、智慧病房、培训教学、视频监控、远程医疗、应急指挥、视频监控等数十种功能，如图 7-2-35 所示，避免医院视频信息化系统独立建设、资源难以共享的问题，同时还提升了信息化管理效率与工作协同。

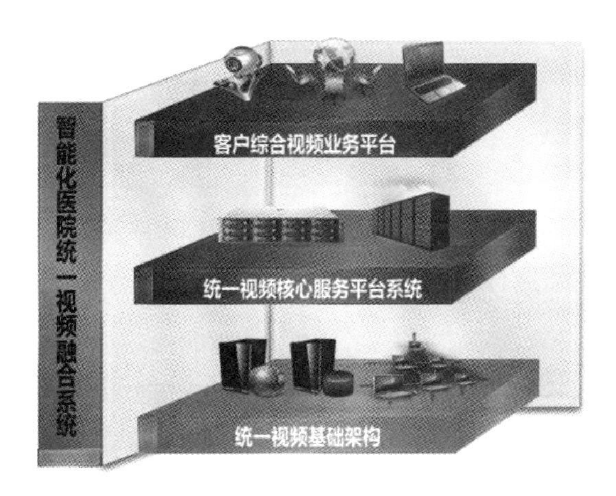

图 7-2-35 视频融合信息平台

不同品牌产品由于功能内涵和系统组织方式不同，技术架构设计上有所差异。下文以视联动力品牌技术架构为例进行说明。

平台分接入层、网络层、资源层、管理层、应用层等，如图 7-2-36 所示。

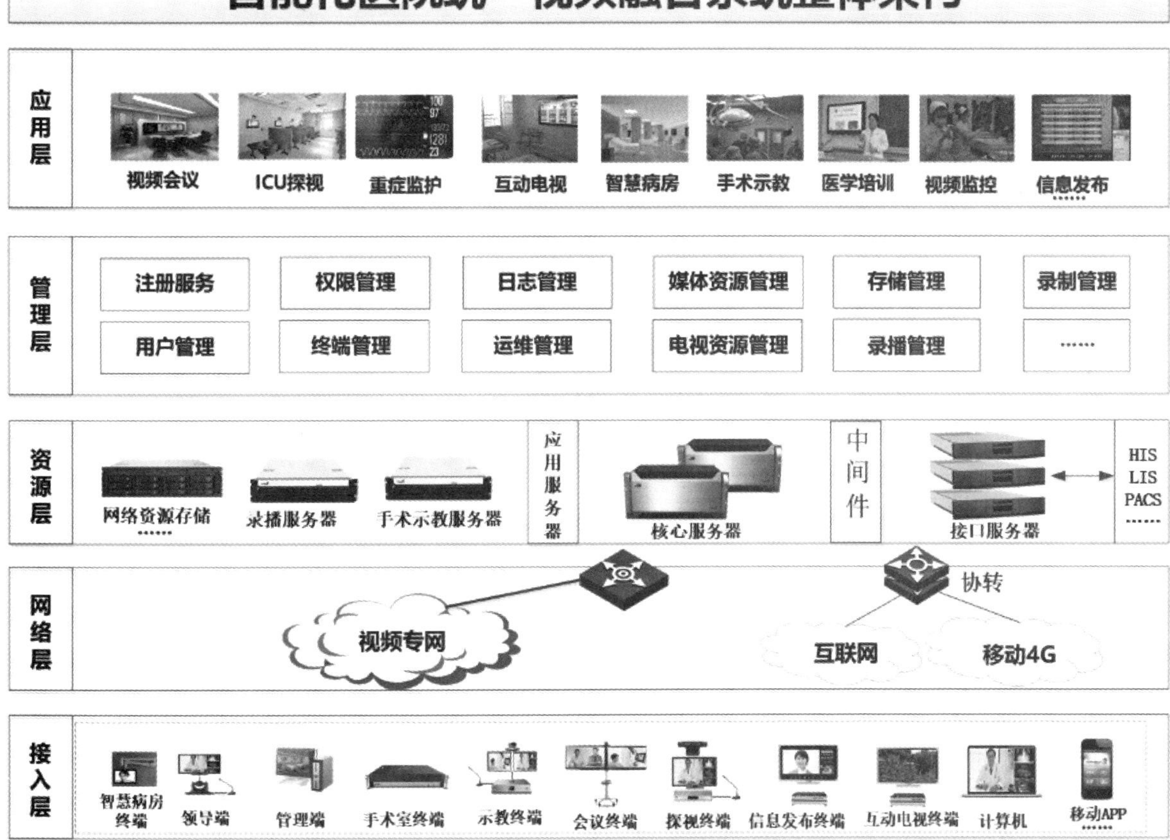

图 7-2-36 视频融合信息平台系统架构图

1. 接入层

接入层主要为会诊室、示教室、护士站、办公室、ICU 探视区及 ICU 病房、普通病房、公共区域、候诊区等场所的视频资源信息，经过网络层接入统一视频融合系统，实现统一调度管理，完成各种差异化资源的一致性转化。

2. 网络层

网络层基于医院现有局域网，与4G、互联网网络相结合，满足多种终端网络组网需求；为接入设备提供交换信号传输介质，实现不同视频业务系统的互联互通；采用异步包交换式虚拟电路技术，保障各类视频数据大规模并发、高质量持续传输。

3. 资源层

资源层是对整个平台资源的统一调度管理，形成统一的交换式资源池，包括医院音视频通信资源、手术示教视频资源、视频监控资源等；同时通过中间件与医疗信息系统（HIS、LIS、PACS等）进行接口对接，实现整体联动应用。

资源层主要由机房侧设备、软件平台等组成，包含视频核心服务器、应用服务器、中间件、存储等设备。

4. 管理层

管理层是指统一视频融合系统的管理控制后台，提供音视频数据、数据存储；提供注册服务、数据调度服务、用户管理、角色管理、权限管理、设备监管等支撑服务；以及对终端等设备进行入网管理、注册管理、权限管理、音视频控制调度等功能。

5. 应用层

应用层为统一视频融合系统提供统一的手术示教、信息发布、视频会议、ICU探视、互动数字电视、培训教学、视频监控等应用，系统具备独立权限管理、用户管理、业务流程管理等应用架构，统一在一套系统中实现所有视频资源联动。

二、主要功能与应用

（一）平台基础管理

主要包括统一索引、统一注册、统一数据资源管理等。包括的模块统一身份认证模块、统一视频管理模块、统一接口管理模块、时钟同步模块等。部分产品具有电子地图系统模块。

（1）统一身份认证模块：实现系统统一的身份认证管理，用户权限管理服务。为指定的用户提供其应有的系统功能界面及服务。

（2）统一视频管理模块：实现所有视频资源的文件管理、分类管理、存储管理、查询统计管理、编码管理、播放管理、上传下载管理。

（3）统一接口管理模块：采用中间件技术，采用统一的系统模块实现数据接口服务，对系统接口进行管理，提供承上启下的数据接口服务，如视频接口、报警接口、HIS系统接口、视频会议系统接口等。

（4）时钟同步系统（接口）可通过GPS、互联网方式进行精准时间的同步、效验管理。是系统、平台内部个终端设备、软件的时间保持一致。如提供医院信息发布系统、三维导医系统、无人值守咨询台、数字电视等系统的时钟服务。

（二）平台应用服务

1. 视频会议

视频会议系统，为医院办公区域提供全院日常行政会议，满足领导之间的可视通话以及医院各科室间的病例讨论、视频会议和会诊等综合通信应用的需求。医院日常远程行政会议，可利用视频终端定期组织可视化视频会议，像打电话一样方便，实现各医院间任意组会，实现多级视频会议召开，便捷高效地传递会议精神。

2. 视频会诊

视频会诊系统可为多院区、医联体提供远程视频音实时通信数据交互支持，支持实时高清会诊，在需与不同院区申请会诊时，提供远程视频会诊前、中、后不同环节的视频会诊服务，支持院内以及远程院区跨专科、跨机构、跨区域的多专家同时对同一患者进行实时联合会诊。

3. 信息发布

信息发布系统是一套专业的信息管理与发布系统，提供了功能强大的内容编辑、传输、发布和管理等专业媒体服务，可以实现统一视频资源与各类多媒体信息的组合播放，实现集中控制和远程管理，实现新闻和通知等信息的即时播放。

4. 视频监控

视频监控系统能将医院多种异源异构的监控设备、监控系统集成起来进行统一的管理。为用户提供统一管理应用，并支持调度视频监控图像资源的操作；对视频监控图像资源统一编码和信息维护，并提供完善的权限体系和共享机制，支持跨区域、跨部门的视频图像信息共享应用。通过使用视频监控统一管理系统能够有效加强资源整合，实现医院安全视频监控建设集约化、联网规范化、应用智能化，为各级医院建设“平安医院”提供信息化支撑。

5. 应急指挥可视化培训

在统一视频融合系统中将实际应急指挥视频与应急预案无缝融合，实现应急指挥可视化培训，可视化的应急指挥培训能达到更好的培训效果，再结合实际应急情况进行实战演习，能帮助医护人员在应急事件突发时更准确地执行应急预案。

6. 数字电视应用系统

系统通过编码解码器将电视信号、医院视频、示教多媒体文件、自办节目频道整合到视频融合信息平台。主要包括：（1）医院数字电视服务；（2）医院 IPTV 点播服务；（3）医院自办节目播放服务；（4）医院信息发布联动服务，向医院数字电视终端发送通知、广告、宣传资料等信息。

7. 智慧病房（医院智能床边服务系统）

基于视频融合信息平台的数字电视、IPTV、信息发布、多媒体查询服务、互动服务等，为患者病床智能终端设备的多功能应用服务系统。为患者提供影视、游戏娱乐、营养点餐、医院服务、住院信息查询等服务，同时可通过智能终端时间医患之间的即时沟通交互服务。如图 7-2-37、图 7-2-38 所示。

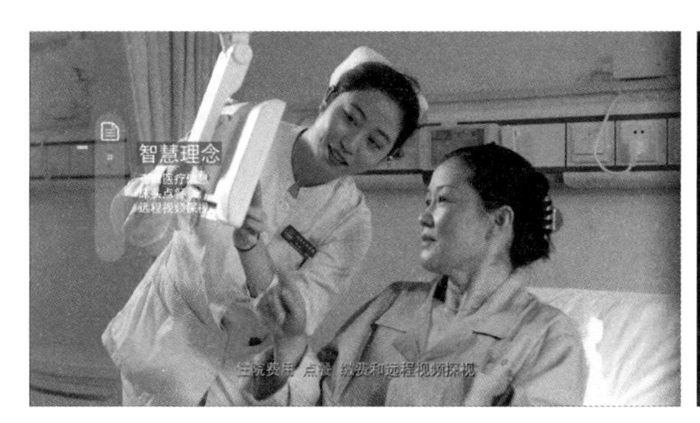

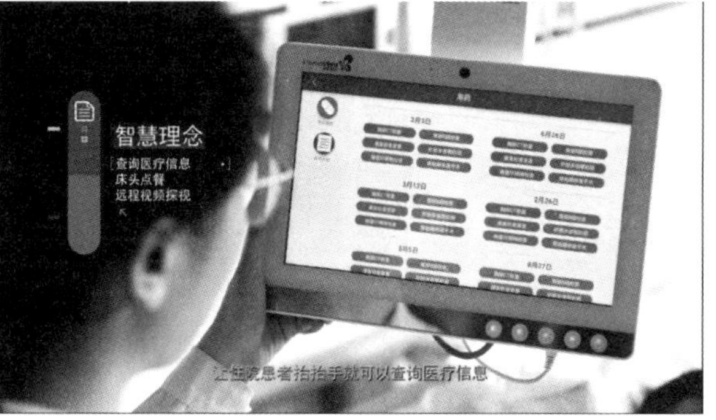

图 7-2-37 智慧病房摇臂屏实际操作

图 7-2-38 某品牌智慧病房摇臂屏终端界面

8. 手术示教

手术示教系统以统一视频融合系统为核心，实现手术室、办公室、专家会诊室和示教室、学术报告厅等之间全面的信息沟通和交流，可在手术室、示教室或任意场所接入点进行实时手术观摩及示教讲解，实现双向、实时、高清的交流与教学的需求。手术示教系统可以满足医院及相关人员的临床教学、实时视频示教、学术交流、手术观摩的需求，而且传输效果可满足临床医生对色彩、分辨率、扩展性等的诸多要求。同时在与医院信息系统对接的基础上，可提供与 PACS 影像、HIS 信息的查询等功能。如图 7-2-39 所示。

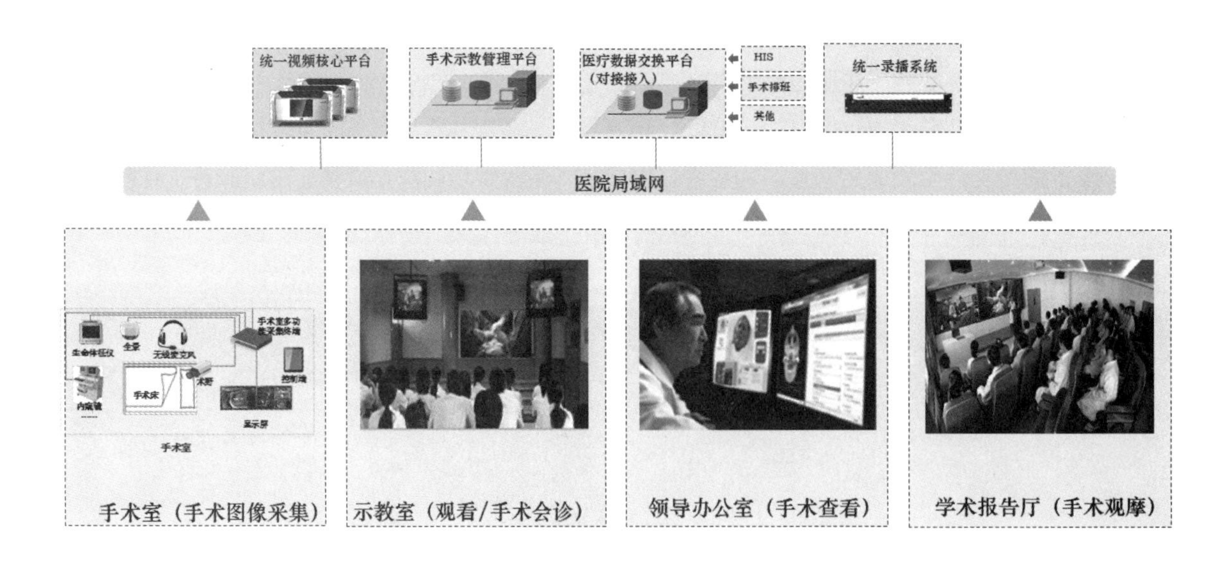

图 7-2-39 手术示教系统整体部署

9.ICU 探视

ICU 探视系统一般用于重症监护病人或者特殊病人的探视，它以语音通话和视频图像来实现探视功能；实现了任何一个前来探视的家属通过护理站安排，与探视间或病床的患者进行可视通信；可实现家属、ICU 病床、护士站之间的视频通话。如图 7-2-40 所示。

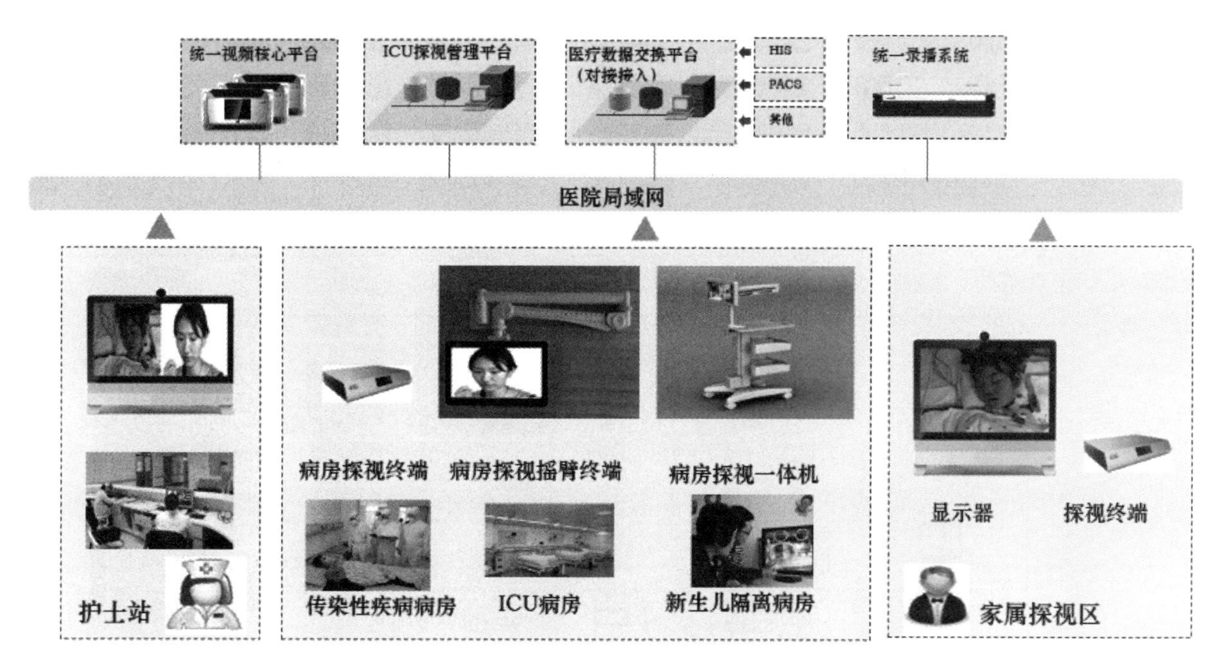

图 7-2-40 ICU 探视系统整体部署

10. 院前急救

院前医疗急救系统是一个多学科多功能的视频通信管理体系，其建设和发展与医院的院前急救业务无缝连接，可以把无人机、高清视频监控、视频会议、急救车车内外实时视频、急救生命体征监护数据、基于 GIS 地图的急救车定位与指挥、手机视频等多种视频资源全部通过视联网技术整合到一个“视频资源池”里，实现与院前急救各个部门的通信业务结合的新型视联网院前医疗急救服务平台。如图 7-2-41 所示。

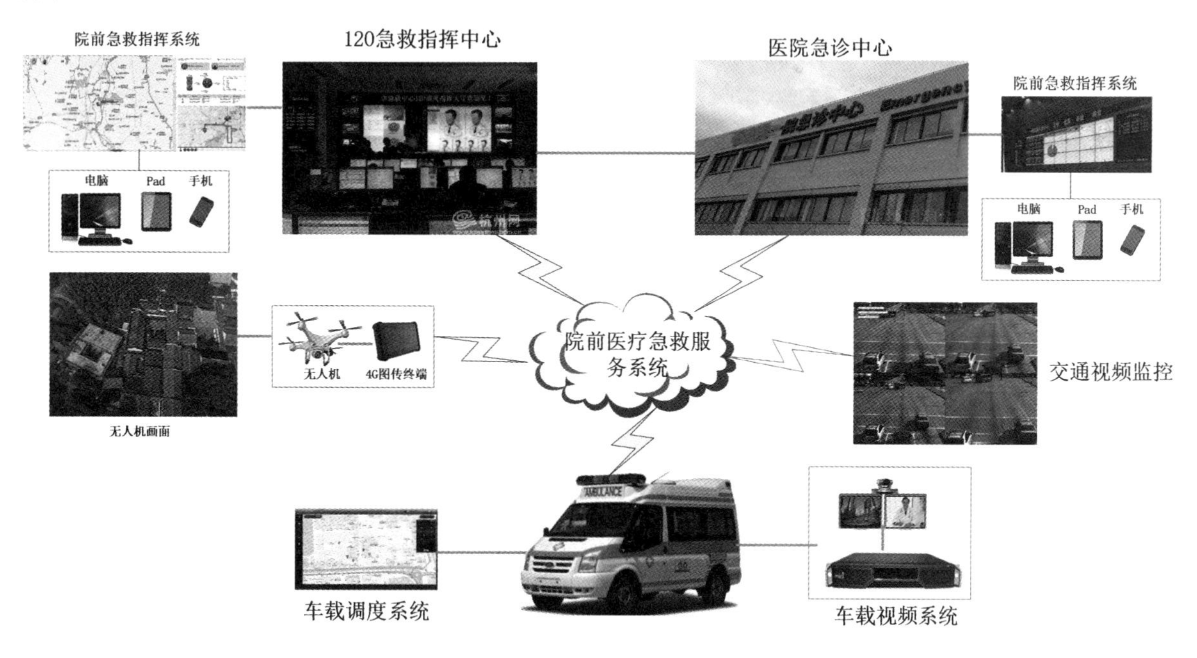

图 7-2-41 院前医疗急救组网图

三、主要技术特点

视频融合信息平台将医院视频系统与医疗业务和数据整合，系统主要特点为：

（1）全功能覆盖：系统每一个终端都可以实现所有顶层设计的视频业务功能。包含手术示教、ICU 探视、智慧病房、视频会议 / 会诊、信息发布、视频监控等多种功能；

（2）全高清视频：基于 V2V 视联网的高品质视频传输技术，可以为客户提供全高清视频服务效果，为手术示教等医疗专业应用提供医疗级视频服务品质，如图 7-2-42 所示；

（3）全资源共享：视频融合信息平台的所有子系统间均可实现资源共享。并支持对接接入其他视音频及数据资源；

（4）结构性安全：视频融合信息平台基于 V2V 视联网技术，具有结构性安全，可全面杜绝病毒、木马、黑客攻击、恶意篡改、盗播、插播等隐患。

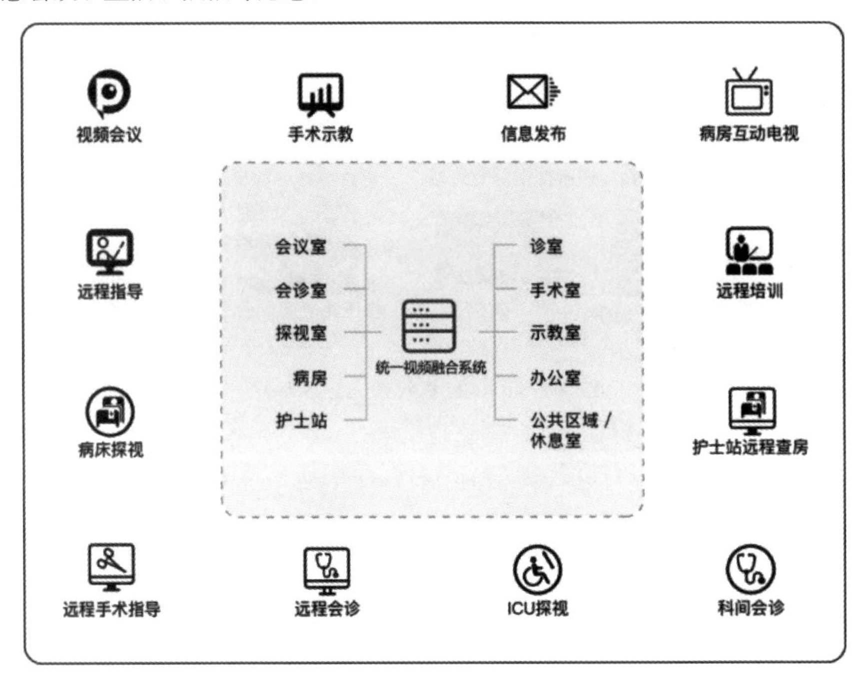

图 7-2-42 视频融合信息平台视频资源功能集成

平台采用目前先进的实时高清视频交换 V2V 视联网技术，可以在一个网络平台上将任何所需的视频服务，如视频会议 / 通信、数字电视、VOD 点播、信息发布、自办频道、应急指挥与调度、智能化视频监控及分析、远程培训、现场直播、视频邮件个性录制（PVR）等数十种视频、语音、图片、文字、通信、数据等服务全部整合在一个系统平台，通过电视或电脑实现高品质视频播放，实现了四个“统一”。

（1）统一了通信和媒体：实现了通信和媒体在技术和业务上的完美整合统一。

（2）统一了所有视频业务：实现了对电视直播、视频点播、视频监控、可视电话、视频会议、智能化信息发布、媒资管理等多种视频业务的统一管理和调度。

（3）统一了硬 / 软件平台：所有的功能和业务，在一套系统、一个网络、一个终端（含软终端）上全部实现，解决了传统方案对各个分系统集成的高成本、技术复杂、系统不稳定等问题。

（4）统一了管理：所有的业务功能、用户注册、权限管理、带宽分配等都在一个系统内完成，减少了系统维护的困难和成本。

第九节　医院综合安防系统

安全防范系统是医院智能化系统的重要内容和基本构成，随着信息技术进步以及医院管理和服务的需要，医院安全技术防范系统的规划和建设也需要与时俱进，提出更高、更完善的解决办法。

医院综合安防系统主要由以下几大智能化技术应用系统构成：

（1）医院数字化网络视频监控系统；

（2）医院数字化入侵实时报警系统；

（3）出入口控制管理系统（门禁一卡通系统、停车场管理系统、车库与车位引导管理系统、彩色可视对讲系统）；

（4）医院电子巡更管理系统；

（5）婴儿防盗报警管理系统（也可归属在医疗专项系统）；

（6）数字无线对讲基站系统；

（7）AR 可视化实景安防及医院运维融合平台；

（8）火灾与消防报警系统、防爆安检系统等。

本节重点介绍前七个系统在医院工程项目应用设计中的技术概要。

一、医院数字化网络视频监控系统

目前，传统的模拟视频监控系统已经退出大部分市场，数字化视频监控成为主流。数字化网络视频监控系统由前端数字化摄像机、网络交换传输、数字存储、平台控制与大屏显示、流媒体转发与移动应用5大部分组成。其核心理念是前端采集数字化，传输网络化，存储数字化，控制掌上化。随着技术进步和发展，人脸识别、人像识别、猎鹰技术等人工智能技术在安防监控领域得到越来越多的使用，基于视频监控系统的环境侦测、人员流量统计、人员分布地图，基于 GIS 或 VR 的应用融合也越来越普遍。

（一）系统原理

构建数字化网络视频监控系统的前提基础是要有一套专用的 TCP/IP 以太网，然后是前端的布点和设备选型，最后是管理平台与客户端应用功能的规划。医院智能化专网将前端按 TCP/IP 标准协议格式编码压缩的音视频、报警信号等视频码流数据包（IP 摄像机）经网络传输和交换，最终送达视频服务器与存储服务器，通过流媒体软件管理平台实现全院视频资源的完整管理、存储、转发与应用。其原理与结构如图 7-2-43 所示。

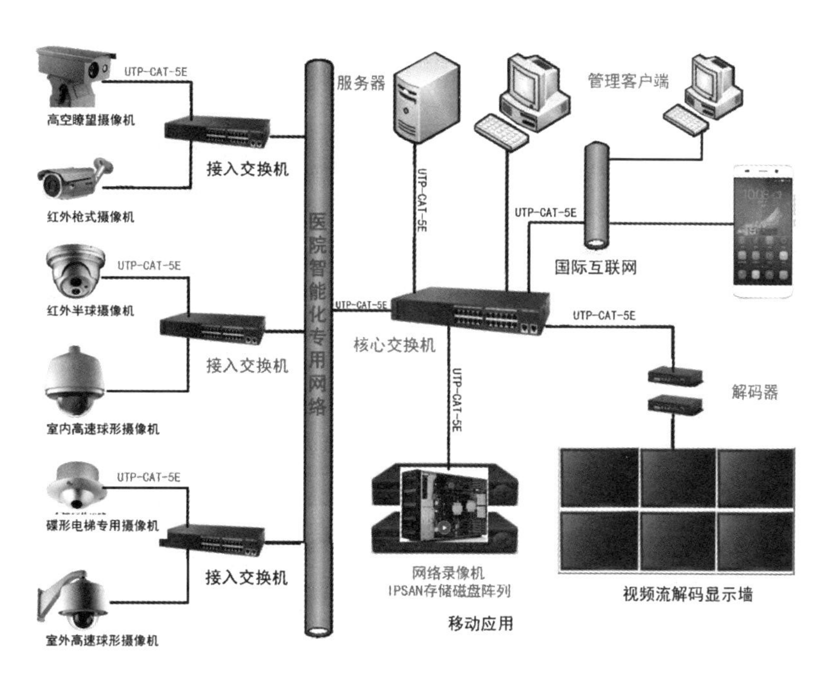

图 7-2-43 数字化网络视频监控系统原理图

（二）系统构成与功能

1. 系统前端设备

系统前端部分主要是指对前端图像、声音、报警信号的采集、编码与控制相关的设备。涉及各种不同应用的摄像机、镜头、云台、编码器、支架立杆、防护罩、拾音器、扬声器和电源等设备，目前常用的 IP 摄像机大多是将音视频采集、压缩编码、网络传输与控制等功能技术高度集成的一体化设备。图 7-2-41 中的高空瞭望摄像机、红外枪式摄像机、红外半球摄像机、室内高速球形摄像机、碟形电梯专用摄像机、室外高速球形摄像机等多种款式都是医院数字化网络视频监控系统建设中常用的类型。实际应用中，IP 摄像机品质的优劣从总体上决定整套系统的品质，部分产品选型建议如下。

（1）高速球形摄像机的选用，最好是顶装式的，其有效视野为 360 度，若选用壁装式，最好靠角安装，视野能达到 270° 左右为宜。

（2）云台分为水平旋转云台和水平 + 垂直旋转的全方位云台，其核心指标为：视域角度、每秒角速度和预制点位数，水平转速研究室 200 度左右的才称之为高速云台，常规应用多选择集成一体化球形机，上述指标依然适用。防护罩分为室内型和室外型 2 类，室外的又可分为：带雨刷器和带电加热型，可防雨、除霜。

（3）在室外布点选型方面，选用枪式固定摄像机，既合理又经济。

（4）医院周界可采用室外快球摄像机和红外摄像机，全天候记录视频信息；大门出入口及其他与外界相通的出入口，可选用高清室外快球及枪式摄像机，快球带红外功能，全天候清楚地辨别出入人员的面部特征，并实现快速定位及追踪目标；枪机带强光抑制，清晰记录进出机动车牌号。

（5）室外停车场占地面积广，在夜间具有环境光线，但光线不是很理想的场合，可采用低照度摄像机，以获得良好的图像效果；地下停车场灯光差、死角多，是案件多发区，选用红外枪机对整个地下室进行监视，设计不留死角。

（6）大楼门诊大厅，采用多台摄像机同时监控的方式，安装多台摄像机指向不同的方位，并结合高清室内半球，可实现在一个监控点同一时间内对不同方位的实时监控（即“X+1”方式组建），加大监控范围。同时，对于门口或电梯入口点位，可进行智能化分析，如人脸抓拍、人流量统计等。

（7）医院挂号收费大厅及各层的收费均是现金流动较大的场合，记录交易情景对于医院的日后查证以及平时的安全管理有着重要意义，同时在监控点位的布置上可以尽可能增加连续监控的画面，针对现金流动形成专门的监控通道，以保证对现金的重点监视，也可选用彩色高清摄像机与挂号收费柜台一一对应；所有收费工位处的监控视频清晰，以能识别台上台下 20 元纸币的效果为原则来选用适宜的摄像机和镜头设备。

（8）电梯轿厢内安装的摄像机，可选用广角镜头摄像机、专用摄像机。摄像机应设置在厢门的左上方或右上方，并且能有效监视厢内人员的面部特征，电梯楼层显示应叠加在视频图像上，图像应清晰无干扰。自动扶梯口的监控图像应能清晰显示上下人员的面部特征。

（9）要满足医院美观和隐蔽的要求，室内公共区域如过道及电梯厅采用彩色半球吸顶安装；要满足没有灯光环境下监控的需要，如楼道等区域，摄像机要求具备红外夜视功能。

（10）医患纠纷调解室可采用高清网络摄像机，并在每个调解室设置拾音设备，能对医疗纠纷处理时进行同步音视频记录，并进行录像保存，方便调阅。

（11）院区应部署鹰眼摄像机，满足全院区和周边道路的监控，也便于部署视频云盘和追踪功能等。

（12）系统前端设备宜采用至少 200 万像素以上的 1080P+720P 双码流数字高清摄像机，720P 码流用于网络浏览传输，1080P 码流用于高清存储与本地回放。在一个规则区域内设计多个监控点时，应严格按照视频互锁 / 多锁的原则进行设计和安装，以保障设备自身的防盗问题。

（13）系统前端设备在医院建筑群的布点区域主要有：院区公共区域主要通道、出入口、地下室、电梯轿厢、行政办公场所、实验室、教学区、宿舍区、医疗流程关键通道、分诊、候诊区域、护理单元、财务、收费结账区域、药品存管发区域、急救区、手术区、ICU 区、贵重物品区、危化放射品区等区域内人员必经通道，以及锅炉间、空调间、高低压配电间、发电机房、后勤设备有人值机区或无人机房、空压、负压设备区、二次泵房间、消防水泵间、汇流排间、氧气钢瓶间、医用固废间、污水处理机组和排放口、屋顶空调机组区、水箱间、垃圾房辅房等与后勤安全生产要素密切相关的重点区域。

2. 传输网络与设备

医院数字化网络视频监控系统的传输网络包括有线、光纤和无线（WiFi）技术组网等多种应用形式。

网络视频监控系统所用的交换机有其专项指标性要求，基于现行高清动态双码流的带宽在 6 ～ 8M 左右，前端选用百兆级 POE 交换机是最经济实用的，多为 8 口、12 口、16 口的，24 口的用之较少，核心交换机可根据前端选型来匹配选择。

在网络架构上主流方式是按二层星型网络架构（即核心层与接入层），这类架构的时延最小。三层网络架构的优势在于良好地解决服务器响应阻塞的问题。构建全院智能化专用网络的要点是，在确保视频的视频码流传输时延不大于 350ms 这一最基本要求的基础上，同时兼顾好对医院其他相关智能化应用系统的业务支撑。

3. 视频存储服务设备

视频存储从管理模式上分为本地集中式存储和网络分布式存储管理模式。从存储应用技术层面讲，目前主流技术模式有 IP-SAN 和 NVR 视频存储方案，均属于第三代网络存储技术。

视频云存储是集中式存储的一种新型组织方式，是虚拟化技术和云技术发展的产物。云存储系统一般采用全冗余设计，统一命名空间，易于共享及统一集中管理。医疗机构采用云存储，可以在自有机房构建，也可以借助电信等第三方机房资源构建。

存储容量的大小和硬件投入与现行法规政策要求密切相关，目前，公安主管部门对三级综合性医院视频存储时间的要求为 1 个月，重点部位不少于 3 个月，对各类医患沟通室音视频存储时间的要求为不少于 1 年，在根据整个监控系统布点总数：N，估算满足：M 个月存储时间的硬盘总容量：R 时。目前大量应用的是由国际电联制定的：H.264、H.265、MJPEG 视频编码格式，最新版 H.265 是对 H.264 压缩编码技术的优化，减少了存储空间。按 H.264 编码码率来估算：720P 视频图像（100 万像素级）经编码压缩后其码流带宽约 2 ～ 3M，1080P（200 万像素级）视频图像经编码压缩后其码流带宽约 4 ～ 5M，考虑到目前变流量新技术的应用，在双码流传输技术方案中，可以按平均带宽来估算。简单估算方式为：百路视频高清单码流每月的存储空间约需要 80T，百路视频高清双码流每月的存储空间约需要 160T。

在医院的视频监控系统应用中，还要特别注意以下行业性专业需求：

（1）在医疗纠纷调解办工作区域，应独立建设专项业务应用的数字视频监控系统（涉及法证），带拾音功能、独立存储和应用管理，不能纳入全院监控系统平台；

（2）医院作为当前反恐重点单位，对院区主出入口、门诊、急诊、住院等建筑区主入口都要求配置高清人脸识别摄像机，接入公安部门图像中心平台；

（3）在管理应用客户端配置方面，对医院保卫、财务、护理、院感、设备、药剂、总务、采购处、调解办、门诊办等至少 15 个业务管理部门或区域，应考虑配置管理客户端设备。

4. 视频监控管理平台与大屏显示

大屏显示即视频回放展示，是图像系统的最后环节，对图像质量有很大的影响。目前常用的方式有：LED 拼接屏、液晶显示器拼接屏（LCD）、等离子显示屏（PDP），效果如图 7-2-44 所示。

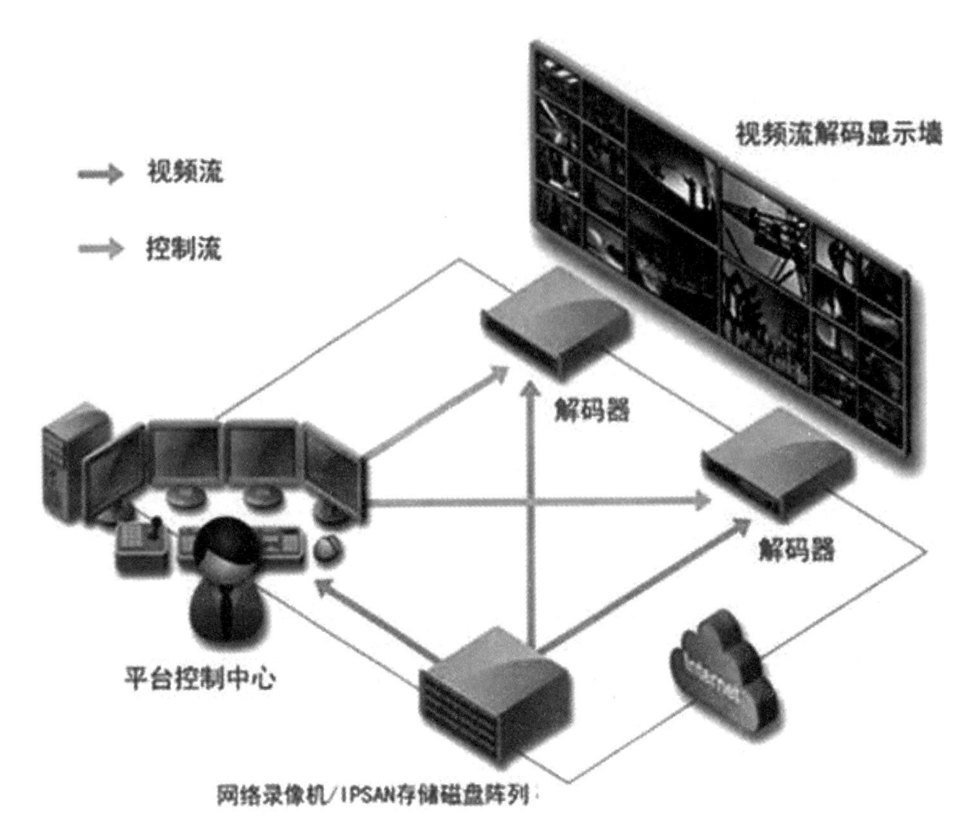

图 7-2-44 视频监控管理平台与大屏显示

机房中心的屏幕墙并非越大越好，一般按院区内一类安全管理区域要素点的 20% 纳入实时监视的配置原则按 9 画面计算为宜。

视频监控管理平台是全院数字视频监控系统的控制与管理中心，负责对视频资源、存储资源、客户端和用户以及分布式布局的各 NVR、各分系统服务器的统一管理和资源调配，同时还具备对突发事件的应急预案联动管理功能。授权用户可通过平台进行视频预览、回放甚至下载。主要功能如下：

（1）单画面或多画面显示实时视频调阅、预览展示功能；

（2）按区域、模拟事件编制预案以及应急管理功能；

（3）回放、常规回放、事件回放、分段回放、标签回放功能；

（4）支持特征抓拍、字符叠加、数字矩阵、视频加密、远程控制与对讲、流量统计、移动应用等功能；

（5）支持人脸抓拍检测、区域出入侦测、越界报警、区域徘徊、人员聚集、场景变更、虚焦检测、异常音频检测等功能。

人脸识别、人像识别、猎鹰技术等人工智能技术和基于视频监控系统的环境侦测、人员流量统计、人员分布地图、基于 GIS 或 VR 的应用融合逐步在安防系统建设中被采用。

（三）系统设计与选型

大中型医院系统设计可以采用“分区化、数字化、网络化、集中化”的整体架构。系统设计可“总体规划、分步实施”，在资金有限的情况下，可把基本架构、基础设施、关键应用做好，比如前端摄像机可先布线，安装关键位置摄像机，其余安装摄像机外罩起到威慑作用，资金许可时再逐步添加。

医院安防监控系统与其他行业相比对影像采集和输出的要求特别高，对环境温度、光源特性、影像色彩还原、影像细节分辨率等的要求都高于其他行业，同时，往往还需要结合语音系统，远程实现协同工作。近年来温湿度监控、人脸识别、三维地图融合等功能逐步融入安防监控系统中，报警功能越来越完善，安防管理平台的安防设施综合集成管理和智能化程度越来越提高，在设计时应优化选型。

在应用设计上应注意：视频资源应使用分级权限管理，并建立有效的信息安全机制。各级各类人员应根据各自权限和医院管理要求，灵活调看相应的视频监控资源。例如护士站电脑应能实时监看病区出入口和病区过道视频，视教室可以调看手术示教信息，门诊办主任应能调看门诊大厅和主要服务窗口视频等。数字视频监控系统的设计，不仅要考虑前端摄像机设备，更要重视监控平台的选择，功能强大、兼容性好、智能化程度高的监控平台是至关重要的。购买第三方服务的模式将越来越普遍。例如租用电信的网络、存储资源，由电信在医院建设视频监控系统由医院购买服务的方式将改变以往的建设、运营、维护方式，也将改变视频资源的安全管理方式，应引起重视。基于移动技术，在手机端的应用也将越加丰富。医院安防监控系统设计还需要注意防雷问题，包括电源防雷、视频信号防雷、控制信号防雷和接地等内容。

二、医院数字化入侵实时报警系统

实时报警系统是利用传感器技术和电子信息技术监测并识别非法进入设防区域（包括一键式紧急人为求助报警）的行为，由接警中心实时处理报警信息并发出报警、联动报警的实时在线网络电子系统。在医院安全技术防范体系建设中，实时报警系统主要有两方面大应用：

（1）对医院内的财务室、收费窗口、药房及危化物品库、毒麻品库、贵重器械物品和放射源存放库、病历档案库室、一般性物资仓库等夜间无人值守区域内设置红外线探测、移位探测、微波探测、辐射源探测等监测装置和现场独立设撤防装置，以及对夜间不允许通行的有规律作息区域设置人体探测装置，接入全院的实时报警系统统一管理；

（2）对医院内开放式医护工作区、窗口区域，如门诊、急诊诊室和特殊诊室、急诊抢救室、残卫、导医服务台、纠纷调解办、重点办公室等有人身危害隐患，紧急情况下需及时寻求帮助的工况区域安装手动式求助报警装置和电脑热键融合报警装置，接入全院的实时报警系统统一管理。

（一）基本原理与构成

入侵报警系统通常由监测特征要素的探测器和紧急求助报警装置、传输设备与网络、接警制管理设备和显示记录设备 4 大部分组成。

前端设备主要是探测器，利用各种传感器探测、发现探测对象的特征，或者用适当的方法把探测对象与环境或其他对象的差别表现出来，并把安全的状态作为基准，判断探测结果是否超出了这个基准状态。

入侵报警系统的传输一般采用有线传输模式，或者采用数字网络。

处理 / 控制 / 管理设备是主要包括报警控制主机、控制键盘及主机接口等。当有危险情况出现时（接收到探测器或紧急报警装置送出的报警信号），即可启动报警控制器的报警装置发出声音、光亮等报警信号，并显示报警部位。

（二）主要功能

医院配置的入侵报警系统应该实现的基本功能包括：（1）探测功能；（2）显示功能；（3）控制功能；（4）记录和查询；（5）自检和巡检；（6）故障监控；（7）一键式求助报警按钮功能等。

一键式求助报警装置一般布置在工位隐蔽又便于伸手能触碰处，选用有线连接式的、按下自锁的求助按钮，在医院窗口环境区，不建议采用脚踩式的和电池供电无线方式的设备。

（三）设计与部署要点

医院入侵报警系统应符合下述以下要求：

（1）医院周界的围墙、栅栏、河道以及容易攀爬的屋顶等应安装周界报警系统，报警系统设防应全面、无盲区和死角，具备防拆、防破坏报警功能，并应 24h 设防；

（2）周界入侵探测器在安装时应充分考虑地形环境、气候、绿化对有效探测距离的影响，实际使用距离不超过产品额定探测距离的 70%；

（3）财务室、现金结算处、血库、药品库房、毒麻及精神类药品存放地、实验室、检验科存放致病微生物、放射性物品的场所、病案室、病理档案室、重要设备仪器存放处、计算机网络管理中心、配电站（间）等应安装室内入侵探测器；各处安装的入侵报警系统宜分区域或独立布、撤防；安装入侵探测器的部位宜安装声光报警器，报警声音不小于 80dB（A），报警持续时间不小于 5min；

（4）门卫室、挂号处、收费处、院领导办公室、医务科、现金结算处、财务室、医患纠纷接待室、收费处、各护士站、各急诊诊室、急诊抢救室等建议加装紧急求救报警按钮；在有关人员遇到紧急情况或突发事件时，要能做到通过紧急求救报警按钮向安保中心发出救助，并联动对应监视画面，使之显示在监视墙的主监视器上；紧急报警装置应安装在隐蔽、便于操作的部位，并应设置为不可撤防模式，有防误触发措施；紧急报警装置被触发后应能立即发出紧急报警信号并自锁，复位应采用人工操作方式。应急报警按钮也可采用基于桌面电脑热键或 USB 接入按钮的一键式应急报警按钮；

（5）系统应能独立运行，并应能与出入口控制、视频安防监控等系统联动；

（6）需要安装周界报警系统的，安防控制中心（室）应配置与报警同步的终端图形显示装置，应能准确地识别报警区域，并有声光提示；

（7）安防控制中心（室）的报警主机应能接收入侵探测器和紧急报警装置发送的报警、布防、撤防及故障信号；报警时应有声光提示；应具有记录、存储、显示有关报警、布防、撤防、故障、自检及其地址、日期、时间、报警类型等各种信息的功能；报警响应时间应不大于 2s；

（8）系统布防、撤防、报警、故障等信息的存储时间应不少于 30d，并能输出打印。

三、出入口控制管理系统

（一）概述

出入口主要是指建筑区域的进出大门和建筑内部业务通道门，以电子识别技术实现对人员、车辆在此区域进出的流动进行合理监管与控制。一般在公共场所和非公共场所交界处、病区进出通道、病区治疗室、重要场所进出通道等地的门体外侧，安装门磁开关、电磁锁及读卡器、对讲机、指纹机等门禁识别控制装置，对出入者进行身份识别，按不同的权限允许或限制人员的进出，保障医院的人员安全、医疗秩序和设备安全。

门禁管理系统属于医院一卡通系统的一个子应用系统，系统共用一张智能卡，应与一卡通系统统筹设计，兼容停车管理、考勤管理、售饭系统、图书档案借阅和其他消费管理功能，涉及患者管理与员工管理两个领域。门禁识别卡主要使用非接触式 RFID 卡，也可以与手机 NFC 功能整合应用于医院的门禁一卡通系统。随着技术的进步和装备性价比的提升，目前在停车场通道管理方面，非接触式 RFID 卡的应用已在减少，取而代之的是车牌高清视频识别技术，只是识别技术的不同，本质上它还是属于出入口控制系统的门禁概念范畴。

（二）基本原理与构成

出入口控制系统是利用自定义符识别或／和模式识别技术对出入口目标进行识别并控制出入口执行机构启闭的网络型成套电子电器装置。

出入口（门禁）控制系统一般由识读部分、传输部分、管理控制部分、执行部分组成。

1. 识读部分

识读部分是出入口（门禁）控制系统的前端设备，负责实现对出入目标的个性化探测任务。有条码卡、磁条卡、威根卡（Wiegand Card）、接触式IC卡、无源感应卡、有源感应卡、读卡器、生物特征识读等设备，目前常用的主要是感应卡或生物特征识别（如指纹、虹膜等）、远距离有源RFID、手机蓝牙APP等方式，医院可以用根据自身的建设条件选择合适的识别方式。目前，在医院还是以非接触式RFID卡作为员工卡、门禁卡、消费卡、就餐卡、病员卡、订餐卡、淋浴卡、停车卡、借阅卡的应用更为经济、适用。

感应卡是目前主流的身份识别密匙，需和读卡器配合使用，卡片与读卡器之间的数据采用射频方式传递，感应卡优点是在识读过程中不需接触读卡器。

生物特征识别常用的有指纹识别、掌形识别、虹膜识别、人脸识别等设备。生物特征识别的优点是身份识别具有唯一性。根据医院需防止交叉感染的特点及行业发展趋势，目前重点场合采用人脸识别技术开始呈上升趋势。

远距离有源电子标签，一般在50cm ~ 30m可调，在RFID物联网应用中根据场合配置不同距离的电子标签，不建议采用无源UHF电子标签，以免干扰医疗仪器的正常使用。

二维码技术具备远程授权和手机端应用的优势，可以用于医院病房大楼的出入口和病区门禁管理，由于其成本大大低于人脸识别，目前处于和人脸识别技术交互融合使用的状态。在医院选用二维码门禁产品时，需选择动态二维码（职工）和静态二维码（访客）结合的产品。

2. 管理 / 控制部分

出入口管理 / 控制部分是出入口控制系统的核心，用来接收识读设备发送来的进出人员的信息，同已设置存储的信息相比对，判断后发出控制信息，开启或拒绝开启出入执行机构。

根据出入口控制的形式可分为单门控制器形式和多门控制器形式。根据通信方式可分为总线型和网络型。医院出入口控制系统可根据医院安全防范管理的需求，配置成单门一体型、多门控制型、联网型几种模式。

需要控制的区域只有1个出入口时，可采用单门型（门禁）控制系统。需要控制的区域有多个出入口时，可采用多门型控制系统。

单门控制型门禁为控制和读卡一体机，分为网络和总线型。图7-2-45为常见的单门控制器系统总线型联网结构图。

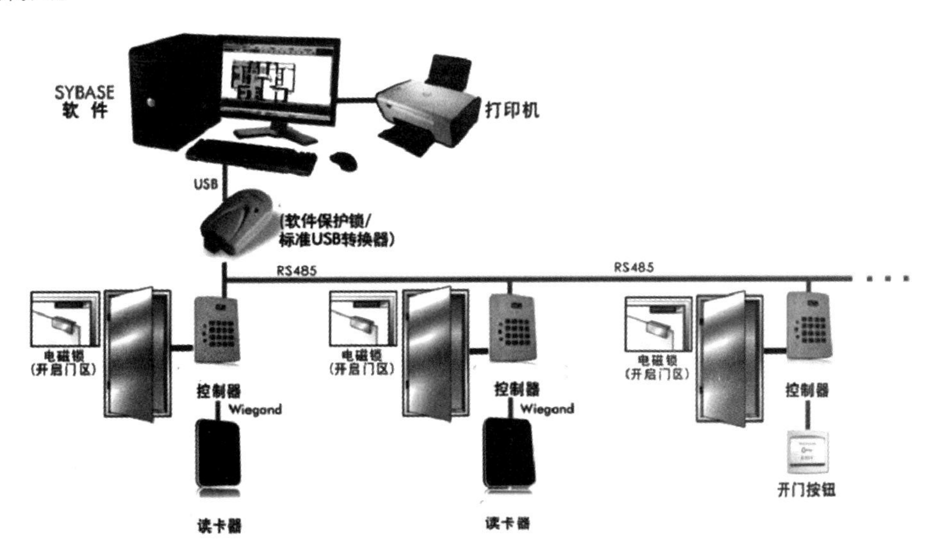

图7-2-45 单门控制器系统总线型联网结构图

多门控制器是一个控制器，可以连接多个读卡器，可以控制多门（2/4/8/16/32门）。常见分类有总线型或网络型，多门出入口控制系统总线型联网结构图可参见图7-2-46。

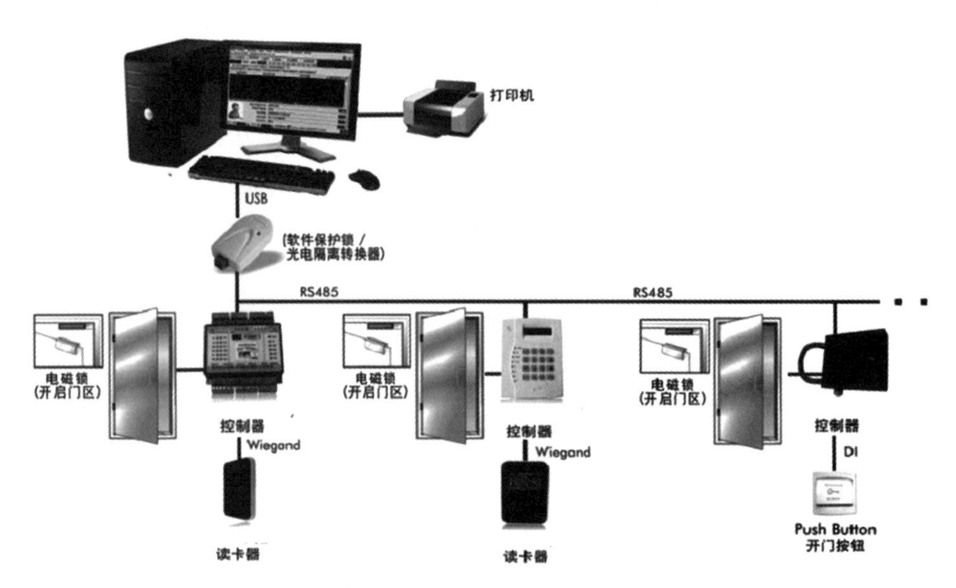

图 7-2-46 多门出入口控制系统总线型联网结构图

3. 执行部分

出入口控制执行部分分为闭锁设备、阻挡设备及出入准许指示装置设备三种表现形式。执行机构一般有多种设备，参见图 7-2-47。

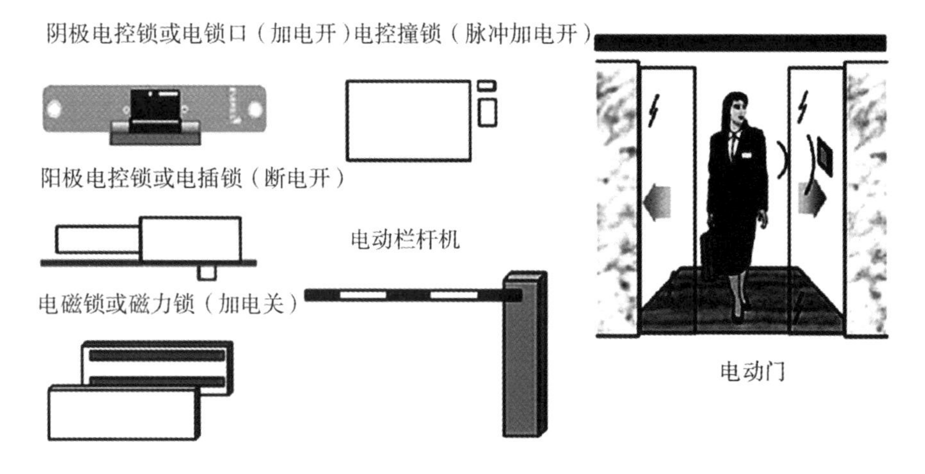

图 7-2-47 出入口执行机构示意图

4. 网络通信

随着医院网络建设的全面化和普及化，门禁设备也逐渐从原来的总线型向网络型快速过渡。如医院有下级分院时，可采用两级网络的出入口控制管理系统，参见图 7-2-48。

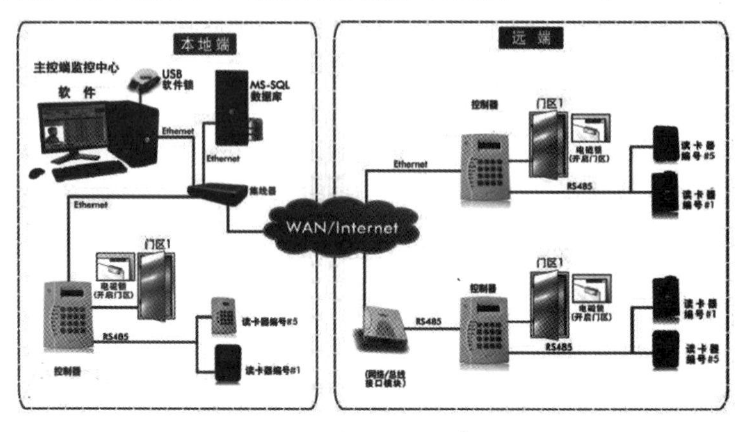

图 7-2-48 两级网络出入口控制管理系统示意图

网络构架有两种形式，医院可以根据实际需要选用。

第一，网络端送至每个控制器的 RJ45 网络口，该形式通信速度快，但 IP 和网络资源占用较大，网络构架成本增加，设备成本高。

第二，一定数量的控制器以总线形式送至机房，通过总线 TCP/IP 转换器接入网络，该形式通信速度略慢，但 IP 和网络资源占用较少，一般一个楼层设置 1 ~ 2 个 IP 地址，网络构架和设备成本均低。

（三）主要功能

主要功能包括发卡授权管理、权限管理、设备管理、实时监控、统计分析等，还有刷卡加密码开门、逻辑开门（双重卡）、动态电子地图等。

实时监控是系统管理人员可以通过客户端实时查看每个门人员的进出情况、每个门区的状态（包括门的开关、各种非正常状态报警等），也可以在紧急状态远程打开或关闭所有的门区。

刷卡加密码开门是指在药房、实验室等重要房间的读卡器（需采用带键盘的读卡器）可设置为刷卡加密码方式，确保内部安全，禁止无关人员随意出入，以提高整个受控区域的安全及管理级别。

逻辑开门（双重卡）是指某些重要管理通道需同一个门二人同时刷卡才能打开电控门锁。如药库、重要实验室等，只有两人同时读卡才能开门。

另外门禁功能还包括胁迫码、防尾随、反潜回、双门互锁、强制关门和群控开门、异常报警。

门禁还可以建立图像比对功能。系统可以在刷卡时自动弹出持卡人的照片信息，供管理员进行比对。系统运行具备在线、离线和灾害 3 种模式，分别对应于正常工作、通信网络故障和灾害三种状况。

在火警等紧急情况下，工作站根据消防信号或管理员命令自动进入灾害模式。此模式下，工作站向指定区域或所有门禁设备发出开门指令，便于消防疏散和紧急救灾。也可通过紧急联动按钮，对指定区域或所有门禁进行断电释放。通道门禁采用预警式磁力锁，同时设置紧急玻破开关。

（四）选型策略

1. 电子锁设备的选型

电锁是医院门禁系统常用的终端执行机构，该部分选型正确可以提高各类安全等级。

（1）根据大门形式选择合适的锁具，尽量使用电磁锁，采用地弹簧的门应选用合格的地弹簧产品。

（2）电磁锁要选用功耗小、动作电流小、发热少的产品，且没有剩磁，单门电磁锁拉力一般不低于 250kg，工作电流不大于 500mA/12V 或 250mA/24V，重型金属门采用 500kg 以上的电磁锁具，特殊场合可以采用能在门逾时未关时报警的锁种。

（3）玻璃门选用阳极锁时，要选特殊光电控制超低温及超低功效设计锁，防止通过磁阻隔来开启电锁，可让门禁自动化更安全。

（4）在医院门禁系统设计与应用中，很重要的一点是电锁必须选用电磁型的磁力锁，确保在失电时自动开锁，而且每个区域控制设备均需要加装消防强切联动控制模块，接入火灾消防报警控制信号，实现区域内发生火灾时，门锁能自动开启。

2. 主机设备的选型

（1）支持 TCP/IP 网络通信，可支持长度为 20 位的卡号识别和存储，可存储 10 万笔合法卡，30 万笔刷卡记录。

（2）支持多门互锁功能、反潜回功能、多重卡开门功能、首卡开门功能、超级卡和超级密码开门、在线升级功能、中心远程开门功能。

（3）具读卡器防拆报警功能、门未关妥报警功能、门被外力开起报警功能、开门等待超时报警功能、胁迫卡和胁迫码报警功能、黑名单报警、非法卡超次刷卡报警功能。

（4）同时支持 RS485 接口和韦根接口读卡器的接入，RS485 接口采用双接口设计，支持环路断点故障检测和冗余功能；韦根格式支持 W26、W34、W37 等多种格式，无缝兼容第三方韦根接口读卡器。

（5）支持普通卡、残疾人卡、黑名单、巡更卡、来宾卡、胁迫卡、超级卡等多种卡片类型。

（6）具有备用电池设计、看门狗设计、防拆功能；主机断电后数据可以永久保存。

3. 识读卡和读卡器的选型

参看本书《医院智能卡应用系统》章节。

4. 人脸识别装置选型

（1）人脸识别装置：10000 人库的识别准确率为 99%，误识别率＜ 0.01%。

（2）人脸识别的形式：采用动态识别 + 活体检测，有条件的医院采用双目活体检测技术。

（3）人脸门禁控制器的脱机容量要大于 1 万人。

（4）设备 24h 连续运行不死机。

（5）具有 WIEGAND 输出接口。

（6）识别时间小于 500ms，识别距离 0.3 ~ 2m，通道不低于 2m。

（五）停车场车牌识别和车位引导系统的技术要点与要求

传统停车场存在进出场效率低、IC 卡丢失率和坏损率高、找车难、找车位难、管理难度大、管理成本高等诸多现实问题，全新的车牌和车位视频识别管理技术可实现免发卡、收卡过程，注册与非注册车辆均可快速通过，进出通道口设置高清抓拍摄像机，半秒识牌，快速放行，停车库按并排每 2/3/6 车位设 1 台多车位识别摄像机，以视频识别技术实现对空车位和满车位的状态数据管理与信号灯引导，提供便捷停车、快速寻车的服务与管理。

通过自助缴费（APP/ 微信公众号、自助缴费机自助缴费）系统还可实现出入口的无人管理。这一技术是先进的，但在目前医院人满为患的状态下还无法适用，因此，依然建议采用有人管理模式构建医院院区主出入口的停车场系统。

1. 系统原理架构与组成

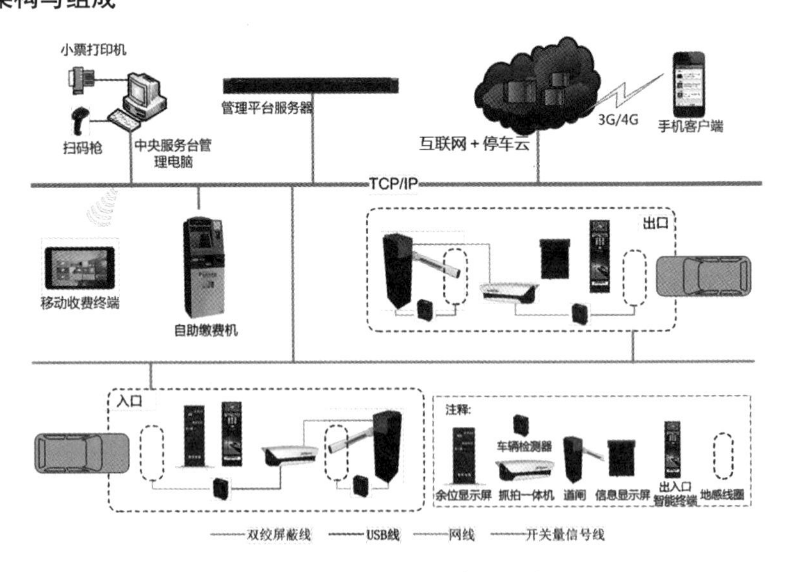

图 7-2-49 系统原理与架构组成

系统原理与架构组成如图 7-2-49 所示，系统中主体采用 TCP/IP 的组网结构，经医院智能化专网组网，各部件均为模块化设计，系统的安装调试与重构都非常便捷。考虑到医院职工车辆多、病员车辆一位难求的现状，在车位规划上一定要考虑员工停车和商业停车分区设置，在进出通道上也应给职工专设员工出入通道或潮汐通道，这样才能分而不乱，维护院内通行秩序。一套通道口道闸管理系统由：车牌识别相机、道闸、出入口智能终端、车辆检测器、地感线圈、信息显示屏、余位显示屏、移动收费终端、管理平台服务器、管理电脑、小票打印机、自助缴费机、扫码枪、互联网 + 停车公有云、手机客户端等组件构成。

（1）车牌识别相机：实现视频监控、车辆图片抓拍、车牌识别等前端数据采集功能。

（2）道闸：从物理上阻拦车辆，控制车辆进出。

（3）出入口智能终端：无牌车实现扫二维码进出场，扫码时将微信号上传至管理平台记录作为缴费凭证，还可与中央服务台实现可视对讲。

（4）车辆检测器：接收地感线圈反馈信号，检测有无车辆，并反馈输出检测信息，实现车辆触发抓拍及防砸功能。

（5）触发地感线圈：感应车辆，反馈信号给车辆检测器，车辆检测器输出触发信号，触发车牌识别相机抓拍识别车牌，实现一车一图、开闸等功能。

（6）防砸地感线圈：感应车辆，反馈信号给车辆检测器，车辆检测器输出防砸信号，实现道闸防砸功能。

（7）信息显示屏：发布及语音播报收费金额、显示欢迎词以及车辆进出场等信息。

（8）余位显示屏：显示发布停车场内空余车位数量。

（9）自助缴费机：适用于不希望使用手机支付的车主完成自助缴费。

（10）移动收费终端：适用于出入口应急，管理人员进行移动收费。

（11）管理平台：实现系统设备统一管理控制，以及提供业务应用服务。

（12）互联网 + 停车云：用于提供手机移动支付服务。

（13）手机客户端：用于车主手机自助缴费。

2. 车位引导及寻车管理系统

车位引导系统是在每两个、三个车位正前上方安装一台视频智能车位检测器或在左右三车位的正中间前上方安装一台视频智能车位检测器，同时检测两、三、六个车位的状态及车位所停车辆的信息。视频智能车位检测器集智能识别检测与显示功能为一体，检测器可迅速识别出车辆的车牌号，车位指示灯显示红色时，表示车位检测器所覆盖范围内无空车位，显示绿色时，表示车位检测器所覆盖范围内有空车位。车位引导屏从管理平台获取关联区域相关车位检测器检测信息实时更新区域余位信息，实现车位引导。

反向寻车系统在停车场内的各个重点人行出入口部署反向寻车机，车主通过车牌号、车位号、停车时间段、无牌车查找自己的车辆，系统会基于地图模式为车主实时规划出寻找爱车的最优路线。车主也可以通过手机 APP 或微信公众号，在手机端实现室内停车场一键寻车、实时导航。

四、医院电子巡更管理系统

电子巡更管理系统是一种对巡逻人员巡更工作进行科学化、规范化管理的全新技术手段，是治安管理中人防与技防的一种有效整合。

巡更系统由信息手持机、信息钮、信息变送器、巡更管理工作站、巡更管理软件组成。

系统能预先设计巡查路线图和巡视时间段，这些路线能按设定的时间表自动启动或人工启动，被启动的巡更路线能人工暂停或终止；系统能实施巡视考核，对保安人员在巡更中发现的违反顺序、不按时巡查的现象进行监督（报警）、纪录；监控主机通过巡更软件可对系统进行各种参数设置和数据处理，如巡查线路和巡视时间段的更改。

巡更系统包括在线式与离线式。常用的为离线式。在线式分为有线式与无线式，有线式即采用刷读门禁形式等，无线式采用读写过程在线方式。

系统软件功能主要包括巡更系统信息管理，如巡更人员管理、巡更设备管理、巡更点管理、巡更路线管理、各类事件信息查询。

结合电子地图，可实时掌控人员巡更情况，实现与出入口控制、监控系统联动等。

五、婴儿防盗报警管理系统

该系统主要应用在医院新生儿病区及产房这一封闭区域婴儿安全的管理，采用 RFID 无线射频识别和多点定位技术，当然，也可选用基于医院内网无线系统基站共享室内 WIFI 分布系统，支持无线物联网传感器技术的最新产品应用方案，实现母婴配对、婴儿定位、区域管控功能，具有婴儿丢失、婴儿错抱、腕带破损、非法出域等实时报警功能和视频监控、门禁阻止功能，同时，该系统还对区内周边环境、通道和门窗等整合应用了防盗报警、视频监控、门禁和可视对讲功能。

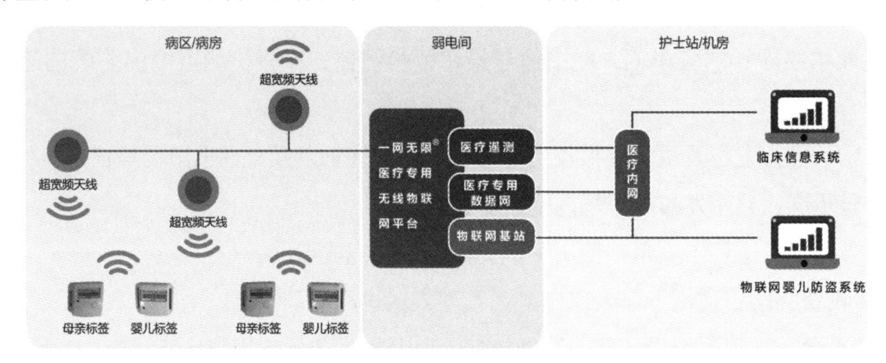

图 7-2-50 系统工作原理图

系统工作原理如图 7-2-50 所示。系统由电子腕带、读卡器和出入口监视控制器 3 部分组成。

电子腕带是一个小巧的射频发射装置，具有可靠的防破坏特性，从戴上标签的瞬间开始，电子腕带就不断地自动发射出信号，以便系统随时进行监控。

读卡器是婴儿防盗系统的接收设备，可以接收一定范围内婴儿电子腕带发出的信号，实现对每个腕带当前状态、当前位置的实时监控。无论何种原因导致读卡器不能正常工作，系统都会发出警报。

出口监视器是婴儿防盗系统中专门用来监视、控制出口区域的设备，通常安装在受控区域（例如妇产科病区）主出口附近。一旦携带婴儿电子腕带的婴儿进入某个出口监视器的控制区域，系统立即报警。

六、 数字无线对讲基站系统

无线对讲基站系统是为保障医疗急救、医院管理工作中需多人参与的相关事务达成协同与配合、沟通与协作的基础保障设施，是综合性医院建设中不可或缺的一部分，目前，大多采用“模拟 + 数字混合复用模式”的无线对讲手持机，采用信道共享（语音 + 数据）的 XPT 集群方式，以多基站、微蜂窝覆盖模式构建一套独立的数字无线对讲系统。

该系统建设的覆盖区域将严格限定在院内的地下室、各建筑屋顶、楼与楼间公共走廊通道、电梯及其候梯厅、建筑外场制高点、后勤设备机房。严禁在病房、病区内走廊、医技、影像、检查和门急诊候诊、行政办公楼内走廊等区域布设信号覆盖。

系统应支持模拟和数字混合工作模式，具有自动切换功能，主站工作频率应严格限制在当地无线电管理局准许的民用频段范围。

依据《电磁辐射防护规定》，本系统的电磁辐射的限值应控制在规定范围内，建议尽可能采用隔层布设天线的措施方案。

该系统应提供至少满足物业、保安、后勤、医疗等 5 个部门应用的频道分组管理功能。同时，应选用具有窄带语音编解码技术、超强数字纠错能力的低功耗型手持对讲设备，待机时长至少在16~20h左右。

主要功能应包括：单呼功能、组呼功能、群呼功能、对讲机遥关/遥开功能、遥控监听功能、呼叫提示功和紧急报警功能等。

七、安防综合管理平台及医院AR可视化实景运控平台

（一）安全防范综合管理（平台）系统

安防防范综合管理平台可以概括地理解成综合安保集成应用系统，即在同一个平台内实现对不同子系统的集中管理与控制，综合安防集成管理系统实现的主要功能是针对各个子系统的分布式部署与集中式管理有机结合，实时采集和检测各子系统的报警信息与运行状态，并就相关的信息与状态进行综合分析，调动相应的子系统实现事件的系统间联动，完成各个子系统与综合系统之间的资源共享、信息交换以及警情的联动处理功能，并根据所应用行业的不同，形成一套行之有效的，具备一定行业背景的综合性信息融合智能型管理平台。

1. 主要特点

安防工程包含视频监控系统、防盗报警系统、门禁管理系统、智能停车场管理系统、巡更系统，共5个系统。各系统之间相互独立，在系统发生报警时，各系统无法实现联动，因此，需要建设一套综合安防管理平台将各系统接入，实现数据共享，实现智能安防管理。具有以下特点。

集成化：集成化是指多个子系统的无缝集成，即监控系统、报警系统、门禁系统、巡更、消防控制、车辆出入管理系统的高度整合，充分发挥科技力量，提高管理水平。

数字化：实现各系统的数字化管理与控制。如视频监控技术，利用高效视频编解码压缩技术（如MPEG-4、H.264、H.265等），可以在已有的各类数字传输网络上以非常低的带宽占用实现远距离图像传输，而且可通过与计算机技术的结合，实现灵活、丰富、广泛的多媒体应用，对图像的观看可以利用计算机、监视器等各种手段，并最终实现系统的高清视频监控。

智能化：平台以网络化传输、数字化处理为基础，以各类功能与应用的整合与集成为核心，实现单纯的图像监控向报警联动、智能手机、流媒体、图像识别以及移动侦测等应用领域的广泛拓展与延伸。

整体化：除了应用功能外，包含了全面的运维、资产管理与GIS融合等功能。

2. 主要构成

综合安防管理平台的系统架构基本都是分层设计，典型的架构如图7-2-51所示。

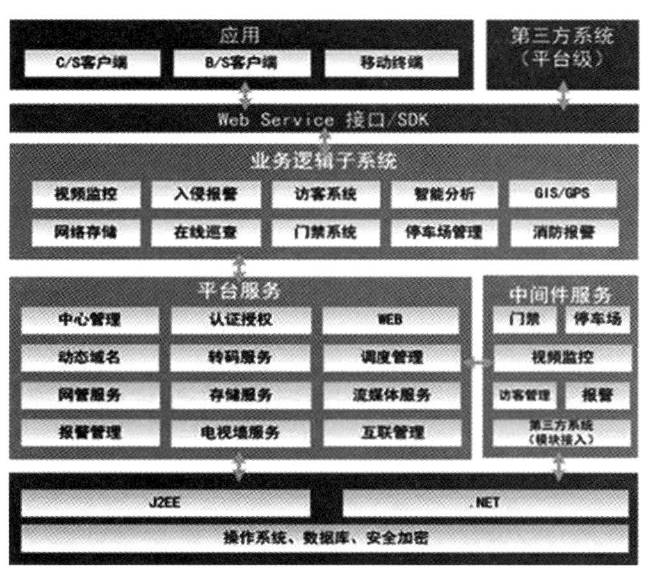

图7-2-51 综合安防管理平台架构图

3. 主要功能

医院安全防范综合管理（平台）系统提供统一管理功能，实现统一注册、统一身份管理，实现安防系统的集成管理，应实现以下基本功能。

（1）可扩充式的系统软件集成。

医院安全防范综合管理（平台）系统应可方便地选择入侵报警系统、婴儿防盗系统、电子巡查系统、考勤系统、出入口控制系统、视频安防监控系统、停车场管理系统、消防报警、监控等各种软件模块，从而在一个软件上集成所有的安防系统进行安全监控和管理，也可以作为某一个系统的专用软件。可在一台或多台计算机上进行全部操作，可语音或文字报告安全事件的发生，能引起操作、管理人员的注意，提高管理效率。

（2）电子地图、显示板监控界面。

提供综合地图展示功能，用户可根据实际业务区域添加辖区地图，可利用分区图实现地图、平面图、示意图、楼层平面图的图形显示，并设置各点位门禁、视频、报警防区等信息。通过客户端即可对区域内门禁、报警状态，进行图形化展示、查看，通过选取对应点位，完成该点位的监控视频预览、远程开关门操作、报警主机撤布防操作。

（3）专项系统控制。

可实现入侵报警、视频监控、门禁等的专项功能管理。

（4）系统联动。

可连接摄像头、灯光、应急设备、电控门等各种电器设备，实现监控、消防、门禁等的系统智能联动。

（5）智能视频分析应用。

安防平台的智能分析视频监控功能融合了视频分析、图像处理、模式识别以及人工智能等技术，实现监控场景的高度防护。具有周界防范和物品监控的功能，引用在医疗单位周围或者内部，可以实现入侵监测报警、物品看守、物品遗留监测等，实时报警。该系统中，用户可以根据自身监控系统的需要，进行区域设置，百万数据可以做到秒级检索，具体系统功能如下。

①入侵检测。

入侵检测有两种，区域入侵检测和绊线入侵检测。在摄像头监控的视野范围内，用户可以任意设置警戒区域和警戒线，当有运动物体（人或车）进入警戒区域，在警戒区域内移动，或跨越设置的警戒线，则触发报警，监控画面提示报警信息：目标闯入区域或目标跨越警戒线，提醒监控人员注意有可疑目标入侵。适用于医疗单位周界、财务室、设备间等场所的安防系统。

②遗留物品检测。

医疗单位的大厅、候诊室等场所是患者及家属遗留财物案情多发的场所，通过智能分析功能可以检测出物品遗留。在摄像头监控场景内，如果发现某物品（包等）被放置或遗忘时，超过允许停留的时间限制，将自动触发报警，遗留的物品被线框框出来，且提示：有遗留物，提醒监控人员注意，用户可以设置物品允许停留的时间。

③人员徘徊监测。

医疗单位经常发生财物被盗事件，如自行车被盗，系统可以通过智能行为分析功能检测出人员徘徊的情况并报警，提前预防财物被盗事件的发生。

④主从跟踪。

医疗单位的开阔区域适用主从式跟踪，配置一台固定枪机与一台球机，枪机监控全景，球机跟拍区域内的运动物体，获取目标细节特征，既可以掌控全局，又能抓到细节信息。

⑤视频质量诊断功能。

医疗单位的前端点位较多，由于人为或自然损坏导致前端摄像机出现各种异常情况，出现问题之后维护人员不可能实时发现，方案设计通过系统的视频质量诊断功能做视频质量定时巡检，一旦发现视频模糊、图像偏色、对比度低、条纹干扰、亮度异常、视频丢失等问题马上上报并报警。

⑥人脸侦测功能。

人脸侦测可以实现对人脸进行自动捕获、跟踪、抓拍，实现对人脸抓拍摄像机采集的图像进行人脸建模、比对识别和人脸检索等功能。

（6）智能运维。

智能运维管理系统是基于 SOA 思想开发的全新平台系统，一般包含：业务集成子系统、网管子系统、工作流子系统、报表子系统、视频诊断子系统。

4. 技术要求

安防综合管理系统应具有平台化思路、面向 SOA 的思路，实现统一注册、统一索引、统一通信、统一门户、统一数据利用与管理。通过统一的通信平台和管理软件将监控中心设备与各子系统设备联网，实现由监控中心对各子系统的自动化管理与监控。安全防范管理系统的故障应不影响各子系统的运行；某一子系统的故障应不影响其他子系统的运行。应留有多个数据输入、输出接口，应能连接各子系统的主机，应能连接上位管理计算机，以实现更大规模的系统集成。

（二）AR 可视化实景运控平台

有条件的医院可以建立 AR 实景运控平台，平台以 3D 虚拟化技术和医院地理信息为基础，构建医疗用房的室内结构、物联网设备的逐级可视。对于医院需要重点展示或说明的内容、建筑重点管线及工作原理、医院能耗、水电气、空调、电梯、能耗、安防、消防数据以可视化及统计图表的形式综合展示；并可远程操控或应急处理子系统；从而构建医院建筑信息的可查、可管、可控的一体化的可视平台，同时融合医院各类诊疗信息，和各科室的建筑位置结合展示和集中性数据汇总，管理支撑部门可以通过这些数据来实时调整医院的运行策略及形成联动策略。

平台为医院安全管理提供图形化及音视频结合功能，展现各类监控点位信息、一键紧急报警图形化接收、图上案情管理等方式来提升管理水平和提高处理突发事件的能力。

第十节　中央空调节能管控系统

中央空调节能管控系统通过相应的控制管理设备和软件，基于模糊计算和知识规则库，实现中央空调智能优化运行。管控系统综合各项控制要求，实现整个中央空调系统功能的智能化管理，包括系统联动、系统群控，并随时根据负荷变化自动、及时并有预见性地调节系统的运行工况，实现中央空调系统的运行收益及管理收益。高智能化的中央空调节能管控系统，能够克服传统楼宇控制系统在中央空调系统的运行管理中存在的诸多缺陷，实现真正意义上的具有较高性价比的智能化管理。

一、系统基本原理及组成

中央空调节能管控系统的控制对象主要为冷热源系统，包括中央空调主机、冷冻水泵、冷却水泵、蓄冷放冷水泵、水源循环泵、热交换器、补水泵、冷却塔、新风机组等设备。其主要目的是实现中央空调机房内冷热源设备的配电、智能化控制和运行节能管理，实现运行费用降低 20% 以上。

中央空调节能管控系统是基于模糊控制理论的智能化管理，模糊控制是以模糊集合论、模糊语言变量及模糊逻辑推理为基础的计算机智能控制。

中央空调节能管控系统全面采集影响中央空调系统运行的各种变量，传送至系统控制柜，系统控制柜依据模糊推理规则及系统经验数据，推算出系统该时刻所需要的冷量及系统的优化运行参数，并利用变频技术，自动控制水泵转速，以调节空调水系统的循环流量，保证中央空调主机处于最高转换效率，保证中央空调系统在各种负荷条件下均处于最佳工作状态，从而实现综合优化节能。

二、系统主要功能

中央空调节能管控系统的最终目标是实现空调系统总能效最大化，即在满足相同末端空调要求的条件下，整个中央空调系统所用的功耗最小，而不只是片面地看某一个设备环节的节能。经过模糊优化使整个系统在满足末端负荷的情况下系统综合 COP 值（制冷效比）最高。

为实现中央空调冷热源系统设备的高效节能、自动化控制、智能化管理运行，需要应用专门的节能优化算法模块，通过有效的能量优化算法及控制方式，达到较高的节能效果，降低冷冻站冷量生产的能耗成本和风系统工作成本，提高系统长期运行的经济性。具体要求实现以下功能。

（一）冷冻水系统—模糊预期算法

采用模糊预测算法，根据空调末端负荷的变化，动态实时预测计算所需的制冷量以及各路冷冻水供回水温度、温差、压差和流量的最佳值，并以此调节各变频器输出频率，控制冷冻水泵的转速，改变其流量，使冷冻水系统的供回水温度、温差、压差和流量运行在最佳值。完成系统的精确控制，在保证中央空调服务质量的前提下实现高效节能。

（二）冷却水系统—系统模糊优化

对中央空调冷却水及冷却塔风量的调节采用模糊优化的控制方法，当环境温度、空调末端负荷发生变化时，控制单元在动态预测控制冷媒循环的前提下，依据所采集的空调系统实时数据及系统的历史运行数据，计算出冷却水进、出口温度，并与实际温度进行比较，动态调节冷却水的流量和冷却塔风量，使系统转换效率逼近不同负荷状态下的最佳值，保证中央空调系统在各种负荷条件下，均处于最佳工作状态。

（三）机组群控

控制系统能根据实际的运行情况和负荷变化，智能化选择中央空调主机运行台数，实现系统最佳运行组合，确保中央空调系统的高效率运行；同时，用户可以根据中央空调使用习惯，人为制定机组启停计划，满足用户的控制需求。

（四）泵组优选

控制系统能够实时计算当前负荷所需的冷冻水流量，并推算出在满足该流量及压力条件下所需运行的水泵台数、具体泵组及其工作频率，使该状态下泵组具有最高的负荷运载效率。

（五）动态水力平衡控制

控制系统提供基于能量平衡的水力动态调节功能，实现空调管网系统的水力动态检测和自动调节，确保各支路的能量平衡和制冷效果平衡，同时降低冷冻水运载能耗。

系统能够通过对空调系统的水力分配施以干预，使每个空调环路均能够获得所需的冷冻水流量，实现中央空调管网的水力动态检测和自动调节，以实现对空调系统水力平衡的有效控制，确保各支路的能量分配均衡和良好的制冷效果。

（六）风系统优化控制

基于传感器信息的分析处理，实现风系统各部分的智能优化控制。

（七）中心控制管理

包括控制系统运行监控与参数设置、设备关联控制、能耗曲线显示、设备故障报警与保护和计量等。

三、系统实施技术要点

中央空调节能管控系统的重点目标在于从耗能高比例占比的源头着手，其目标和控制模式与楼宇自控系统有着较大差距。在节能方面，较楼宇自控系统更有优势。在设计中首先应选择成熟稳定可靠的产品，其次需要明确控制范围，是否包括风系统和水系统，还是仅限于水系统。采用中央空调节能管控系统在BA系统设计与配置、空调设备的选型时均应做相应的调整，并向BA系统开放接口。

第十一节　智能照明控制系统

在现代建筑中制冷、采暖和照明的电力消耗是整个大楼能源消耗的重要部分，其中照明占整体比例约20%~25%。国家标准《绿色医院建筑评价标准》正式实施后，照明节能已成为各医院建筑设计中需要解决的一个问题。智能照明系统能够通过合理的管理，根据不同日期、不同时间按照各个功能区域的运行情况预先进行光照度的设置，实现了系统集中控制、自动化控制，并最大限度地利用自然光源，达到所要求的亮度，有效节约能源消耗，目前已越来越多地被应用到医院建筑中。

一、系统基本原理和系统组成

一般智能照明控制系统都是数字式照明管理系统，它由系统单元、输入单元和输出单元3部分组成。除电源设备外，每一单元设置唯一的单元地址，并用软件设定其功能，如图7-2-52所示。

系统单元用于提供工作电源、源系统时钟及各种系统的接口，为系统提供弱电电源和信号载波，维持系统正常工作。包括系统电源、各种接口（PC、以太网、电话等）和网桥。

输入单元用于将外部控制信号变换成网络上传输的信号；通过对周围环境的亮度的检测，调整光源的亮度，使周围环境保持适宜的照度，以有效利用自然光，节约电能。

输出单元智能控制系统的输出单元是用于接受来自网络传输的信号，控制相应回路的输出以实现实时控制。

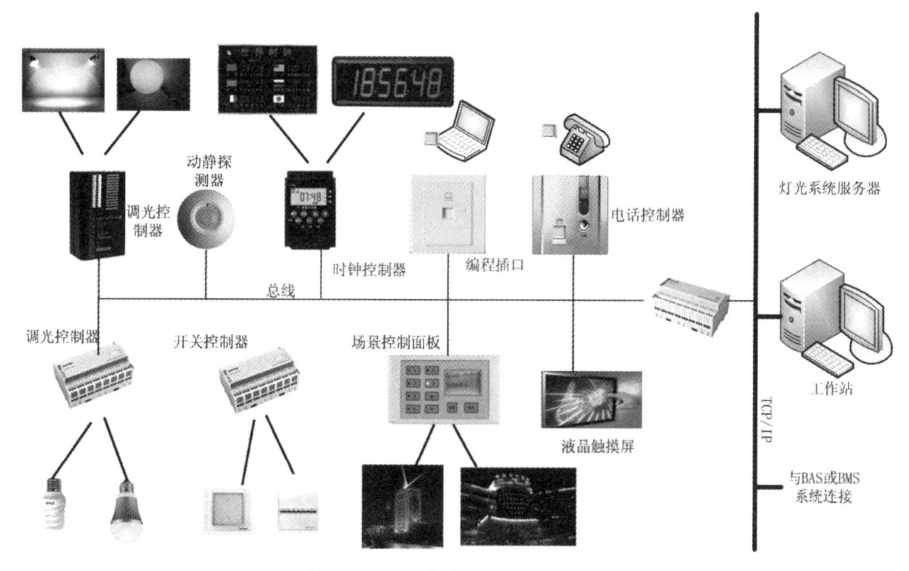

图7-2-52 智能灯光管理系统

二、主要功能和典型应用

智能照明系统在医院各区域应用场景如下。

（一）医院门诊大堂

医院门诊大堂作为医院的主要对外窗口，合理的灯光控制场景，不仅可以起到节能减排的作用，还能让病者有良好的就医环境，让医院工作人员有舒适的工作环境。

（二）候诊大厅

候诊大厅内灯光多采用暖色光源，这样能有效放松病人的心情，缓解病人的压力。可设计多种调光场景，可在一天的不同时段随意切换。

（三）住院部护士站

护士站的灯光应在每个楼层中最醒目，这样更加方便人员寻找。白天，室内照度充足，护士站只需开启四周暗藏灯，既美化护士站周围环境，又方便人员寻找；傍晚，室内照度逐渐降低，护士站的灯光逐渐变亮，以补充室内照度；夜晚，室外照度较差，人员走动较为频繁，此时护士站的灯光为最亮，方便人员问询；深夜，为不影响病人休息，可关闭护士站大部分照明回路，只开启暗藏灯。

（四）住院部

住院部是病人治疗和养病的地方，应该为病人提供舒适、安静的环境。白天，可结合照度传感器，根据室内外照度，对病房内的灯光进行控制；夜晚，大部分病人入睡，可关闭所有的照明回路，仅开启每个病床下的夜灯。

（五）医院餐厅

餐厅采用多种可调光光源，通过智能调光始终保持最柔和最优雅的灯光环境。可分别预设多种灯光场景，也可由工作人员进行手动编程，能方便地选择或修改灯光场景。

（六）会议室

会议室是医院的一个重要组成部分，会议室灯光采用场景模式控制，共设有多条回路实现入席场景、投影场景、休息场景、散会场景的变换，方便用户使用、节约能源，同时体现照明控制的智能化。

（七）地下停车场

停车场的照明应根据车流量的大小来开启不同回路的照明，可选择全开、半开等开灯模式，而在平时，可选择只点亮开放区域的回路，而关闭其他区域，这些操作都可以通过控制中心电脑、智能时钟或现场控制面板进行切换，在深夜可选择只开启引导通道部分的照明，同时在能源的消耗上也更加合理。

（八）走廊、楼梯

楼梯、走廊的照明时最能体现智能照明的节能特点，应采用红外感应器控制，人来时灯开（渐亮效果），人走灯延时关闭（渐暗效果）。

（九）应急照明

所有的应急照明均采用智能照明系统控制，平常正常使用，应急情况下强制打开所有应急照明，同时还可设置对常规照明回路的强制开启或关闭。可以通过中央监控计算机监控整个应急照明回路的工作状态，并进行记录和统计，还可结合应急照明检测系统进行日常检测和维护。对整个应急照明系统提供就地控制、中央监控、BA 系统联动和消防系统联动等几种控制方式。

（十）室外景观照明

室外景观照明在灯光控制方面，最主要的是在时间上的智能化管理，在系统中配有天文时钟，可将一年的不同日期、不同时间段的开灯模式编排好，然后可自动调用不同的开灯模式，日落时，只开启 1/3 的照明，一段时间间隔后，平日里可只开启 2/3，而在节假日可全开，在凌晨时分可只开启引导性照明等，这些开灯模式均可存储在天文时钟内，同时也可通过控制面板或电脑随时随地切换。

其次，在管理上的便捷主要体现为管理人员可在监控室直接管理室外大面积的灯光，如任意回路开启、任意场景的切换等而无须走到室外配电间去开启或关闭某些回路。

三、智能照明控制实施技术和安装工程要点

智能照明控制系统是属于建筑机电设备管理的内容，同样属于建筑智能化系统的范围内，因此，在智能照明控制系统设计时，应在医院建筑智能化的整体设计上给予统一规划，尽可能使其整合在楼宇自动化系统中，实现共平台的管理和统一的维护。相关标准与规范包括《建筑照明设计标准》《智能建筑设计标准》《民用建筑电气设计规范》和《绿色医院建筑评价标准》等。

智能照明控制系统实施时，本着经济实用的原则，确定智能照明控制系统所控制的范围与内容，并与受控制对象明确接口配合的条件。智能照明控制系统在安装时，根据系统功能要求，规划输入单元、输出单元以及相关系统设备的物理地址，设备安装前做好设备地址写入，并对设备进行标识。在管线敷设时，做到总线通信电缆和强电电源电缆分开敷设，距离不小于 40cm，并且控制箱和控制室所有设备外壳机箱均应接地。传感器安装位置符合设计要求和实际使用要求，安装方向正确。照明配电箱出厂前需要与强电工种深入配合，完成控制模块的安装或预留，实现强电配电箱的整合，这样不仅经济、美观，而且也方便工程施工。配电箱安装结束后进行接线，并对所有控制回路进行核对，确保线路正确无误。

第十二节　楼宇自控系统

楼宇自控系统（Building Automation System，简称 BAS）是智能建筑的主要组成部分之一。智能建筑通过楼宇自控系统实现建筑物（群）内设备与建筑环境的全面监控与管理，为建筑的使用者营造一个舒适、安全、经济、高效、便捷的工作生活和环境，并通过优化设备运行与管理，降低运营费用。楼宇自控系统是将建筑物或建筑群内的变配电、照明、电梯、通风空调、供热、给排水、车库管理等众多分散设备的运行、安全状况、能源使用状况及节能管理实行集中监视、管理和分散控制的建筑物管理与控制系统。

楼宇自控系统具有综合优化控制、在线故障诊断、全局信息管理和总体运行状态协调等高层次的集中管理和分散控制功能，它将信息、控制、管理、决策有机地融合在一起，并正向设备智能化、平台融合化、操作网络、集成开放化等方向发展，随着基于开放分布式物联网中间件技术平台开发的楼宇自控系统，将多源异构数据进行融合，为大数据分析和深度应用提供平台支撑。

一、系统基本原理及其组成

（一）楼宇自控系统原理

楼宇自控系统采用的是基于现代控制理论的集散型计算机控制系统，也称分布式控制系统（Distributed control systems 简称 DCS）。它的特征是“集中管理分散控制”，即用分布在现场被控设备处的微型计算机控制装置（DDC）完成被控设备的实时检测和控制任务，克服了计算机集中控制带来的危险性高度集中的不足和常规仪表控制功能单一的局限性。安装于中央控制室的中央管理计算机具有 CRT 显示、打印输出、丰富的软件管理和很强的数字通信功能，能完成集中操作、显示、报警、打印与优化控制等任务，避免了常规仪表控制分散后人机联系困难、无法统一管理的缺点，保证设备在最佳状态下运行。

其中，两层网络构架适用于大多数楼宇控制系统，上层网络与现场控制总线两层网络满足不同的设备通信需求。两层网络之间通过通信控制器连接。

（二）楼宇自控系统控制内容

楼宇自控系统控制内容一般包括：冷热源系统；HVAC 系统；送排风系统；给排水系统；变配电系统；照明系统；电梯监控系统；洁净手术室系统；其他相关系统等子系统。根据我国标准规定，BAS 一般是指设备运行管理与监控系统，一般来讲 BAS 由中央控制室、现场部分（现场传感器、执行器、现场控制器）和传输通信（通信线）3 大部分组成（如图 7-2-53 所示）。

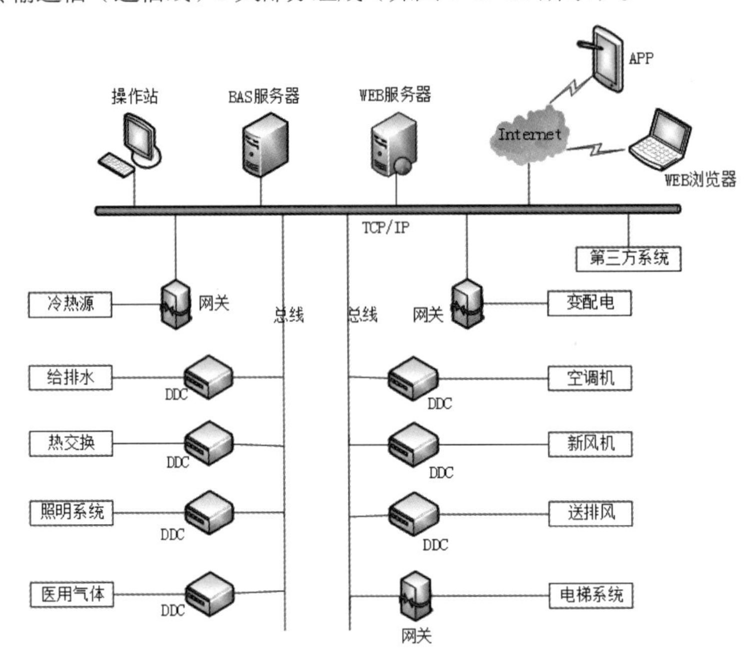

图 7-2-53 楼宇自控系统图

（三）楼宇自控系统组成

楼控系统主要包括中央管理工作站、传感器及执行调节机构、分站控制器、数据传输线路和楼宇自控各功能子系统。

二、系统主要功能和典型应用

楼宇自控系统控制和管理主要包括：冷 / 热源机组、空调机组、新风机组、给排水系统、电力系统、照明系统和电梯等机电设备系统等内容。

（一）中央管理主要功能

（1）自动监视并控制各种机电设备的起 / 停显示或打印当前运转状态，以便于管理人员对设备进行操作并监视设备运行情况，以提高整体管理水平。

（2）自动检测、显示、打印各种机电设备的运行参数及其变化趋势或历史数据。

（3）根据外界条件、环境因素、负载变化情况自动调节各种设备，使之始终运行于最佳状态。

（4）监测室内温湿度、CO_2 浓度、污染物浓度等环境参数，并自动调节环境参数满足手术室、药房、实验室不同科室，以及烧伤、甲亢患者等不同病房的环境需求。

（5）监测并及时处理各种意外、突发事件。

（6）实现对大楼内各种机电设备的统一管理、协调控制。

（7）设备管理：包括设备档案、设备运行报表和设备维修管理等。

（二）分项控制部分主要功能

1. 冷 / 热源机组

（1）冷冻站控制系统。

①冷负荷需求计算：根据冷冻水供、回水温度和供水流量测量值，自动计算建筑空调实际所需冷负荷量。

②冷水机组台数控制：根据建筑所需冷负荷及压差旁通调节阀开度，自动调整冷水机组运行台数，达到最佳节能目的。

③冷水机组联锁控制：

启动顺序：冷却塔蝶阀、冷却风机、冷却水蝶阀开启，开冷却水泵，冷冻水泵阀开启，开冷冻水泵、冷水机组。

停止顺序：停冷水机组，关冷冻水泵、冷冻水蝶阀、冷却水泵、冷却水蝶阀、冷却塔风机、冷却塔蝶阀。

④冷冻水压差控制：根据冷冻水供回水压差，自动调节旁通调节阀，维持供水压差恒定。

⑤冷却水温度控制：根据冷却水温度，自动控制冷却塔风机的启停台数。

⑥机组保护控制：机组启动后，水流开关检测水流状态，如故障则自动停机；机组运行时如发生故障，备用机组自动投入运行。

⑦机组定时启停控制：根据事先安排的工作及节假日作息时间表，定时启停机组；自动统计机组各水泵、风机的累计工作时间，提示定时维修。

⑧机组运行参数：监测系统内各监测点的温度、压力和流量等参数，自动显示、定时打印及故障报警等，主机内部参数通过集成协议读取功能。

⑨水箱补水控制：自动控制进水电磁阀的开启和闭合，使膨胀水箱水位维持在允许范围内，水位超限进行故障报警。

⑩群控控制：根据冷冻水供回水温度与流量，计算出空调系统的实际负荷，将计算结果与当时冷水机组投运台数下的总供冷量作比较，若理论总供冷量与空调系统的实际负荷大于一台冷水机组的供冷量时，则发出停止一台冷水机组运行的提示，管理人员确认后停止该机组的运行。冷水机组停止运行后，则其相应的冷却塔、冷冻水泵和冷却水泵停止运行。

（2）换热站控制系统。

①二次水温自动调节：自动调节热交换器一次热水 / 蒸汽阀的开度，保证二次出水温度为设定值。

②自动联锁：当循环泵停止运行时，热水 / 蒸汽阀应迅速关闭。

③机组保护控制：水泵启动后，水流开关检测水流状态，与水泵的反馈点信息进行印证并进行自动联锁。

④设备定时启停控制：根据事先安排的工作及节假日作息时间表，定时启停设备；自动统计设备运行的工作时间，提示定时维修。

⑤参数检测及报警：自动监测系统内各监测点的温度、压力、流量等参数，自动显示、定时打印及越限报警等。

2. 空调机组

（1）送风温度自动控制：冬季自动调节热水阀开度，保证回风温度为设定值；夏季自动调节冷水阀开度，保证回风温度为设定值。

（2）初、中效滤网压差监测：空调机组在使用过程中，过滤网易产生积尘和杂质，积到一定的量后，引起过滤网的压差增大（网前，网后压力差）即 Δ_P 上升，当 Δ_P 上升到达设定值时，就报警。提醒工作人员去维护或者更换过滤网。

（3）机组定时启停控制：根据事先安排的工作及节假日作息时间表，定时启停机组；自动统计机组运行的工作时间，提示定时维修。

（4）联锁保护控制：

① 联锁：风机停止后，新风阀、回风阀、冷 / 热水电动调节阀、电动蒸汽调节阀自动关闭。

② 保护：风机启动后，新风风阀和回风风阀开启至相应开度，监测风机其前后压差过低时故障报警，并联锁停机；

③ 防冻保护：盘管处温度过低时，低温防冻开关给出信号，并联锁停机。

3. 新风机组

（1）送风温度自动控制：冬季自动调节热水阀开度，保证送风温度为设定值，夏季自动调节冷水阀开度，保证送风温度为设定值。

（2）送风湿度自动控制：对于有加湿控制的，自动调节加湿阀开度，保证送风湿度为设定值。

（3）过滤网堵塞报警：空气过滤器两端压差超过其设定值时，提示清扫。

（4）机组定时启停控制：根据事先安排的工作及节假日作息时间表，定时启停机组；根据自动统计机组运行的工作时间，提示定时维修。

（5）联锁保护控制：

①联锁：风机停止后，新风阀、冷 / 热水电动调节阀、电动蒸汽调节阀自动关闭；

②保护：风机启动后，其前后压差过低时故障报警，并联锁停机；

③防冻保护：盘管处温度过低时，低温防冻开关给出信号，并联锁停机。

4. 送、排风系统

（1）设备定时启停控制：根据事先安排的工作及节假日作息时间表，定时启停设备；根据自动统计设备运行的工作时间，提示定时维修。

（2）实时监控污染区的通风系统，包括各设备的状态、故障报警等。

（3）在普通 X 光室、CT 室、电子加速机室、核磁共振室、信息中心、计算机房设置单独的排风设施，并统一进行监控。

5. 给排水系统

（1）生活给水系统。

①水箱水位自动控制：生活水箱水位低于启泵水位时，自动启动生活泵；生活水箱水位高于启泵水位时，自动停止生活泵；根据工艺要求，确定水泵运行台数及控制策略。

②设备定时启停控制：自动统计设备运行的工作时间，提示定时维修；根据每台泵运行时间，自动确定运行与备用泵。

③参数检测及报警：生活水箱 / 水池水位低于报警水位时，自动报警；生活水箱 / 水池水位高于溢流水位时，自动报警。

（2）生活排水系统。

①水坑水位自动控制：水坑 / 水池水位高于启泵水位时，自动启动排水泵；水坑 / 水池水位低于启泵水位时，自动停止排水泵；水坑 / 水池水位高于报警水位时启动备用水泵。

②设备定时启停控制：自动统计设备运行的工作时间，提示定时维修；根据每台泵运行时间，自动确定运行与备用泵；不定时的启动泵进行排污排臭。

③参数检测及报警：水坑 / 水池水位高于报警水位时自动报警。

6. 变配电系统

中央监控系统对变配电系统实施监视而不作任何控制，一切控制操作均留给现场有关控制器或操作人员执行，因此，变配电监控系统可以通过通信接口的方式采集变压器和高、低压配电柜的运行参数等信息。

7. 电梯及扶梯控制系统

系统监测及报警：自动检测电梯运行状态、上下行状态、故障及紧急状态报警。

8. 灯光监控

实现医院公共区域，如走道、各厅、大堂、路灯、景观灯等的监测与远程控制或基于光通量传感器的自动控制。

9. 手术室净化空调机组监控

净化空调机组接口通信，可以实时为系统的温度状态、设备运行状态等其他接口通讯可提供监控参数。

10. 洁净手术室系统

可以实现手术部压差梯度、冷热源、温湿度、新风量和自净时间的智能化控制。

11. 医用气体监测系统

对压缩空气系统、负压吸引系统、氧气系统监测的液位、压力、温度、流量进行监测，数据异常时系统可以进行多种形式的报警。

三、系统实施技术和安装工程要点

（一）楼宇自控系统设计要点

（1）明确楼宇控制的设计范围，相关标准与规范包括《智能建筑设计标准》《民用建筑电气设计规范》《安全防范工程技术规范》《高层民用建筑防火设计规范》《建筑给水排水设计规范》《公共建筑节能设计标准》《采暖通风与空调调节设计规范》等。

（2）明确哪些属于只监不控的，哪些是属于远程监测与控制的，哪些是基于传感器的智能控制的，因为基于传感技术的智能控制造价相对较高。

（3）如果使用空调节能管理系统的，部分可能与楼宇自控系统重叠，需要调整。

（4）楼宇自控中空调除了一般需要的舒适性控制之外，还需要兼具有疾病预防和治疗功能，因此对温度、湿度、洁净度和新风量会采取专门的控制策略，实现针对医院专业控制解决方案，主要体现在：室内的空气流动方向；最大程度地消除空气中的异味、微生物、病毒、细菌、有害化学物等。

（5）应根据医院的不同类别、不同等级设计相应的控制功能及控制方式。

（6）对传染科负压、手术室正压、病房微正压的控制应采取相应监测装置和控制策略。

（7）应考虑节能设计。

（8）系统、污水处理系统等各子系统集成到系统中，需在前期明确各子系统需提供标准的集成接口协议。

（二）安装工程技术要点

在楼宇自控系统安装过程中，需根据现场安装设备的技术要求进行安装，具体相关关键点如下。

（1）风量传感器的安装，要求安装风量传感器时，需注意风量传感器的安装要求，即要求安装前后直管段满足测量精度要求。

（2）房间温湿度传感器安装时需注意，特别在传染病房中，如果有房间传感器时，需注意负压情况对传感器测量的影响。

（3）阀门的安装需注意水流方向和安装方向。

（4）布线，信号与电源单独分开，同时模拟量信号采用屏蔽线。

（5）DDC 控制柜的电源要求 UPS 供电，保证电源质量。

（6）DDC 控制柜要求单独接地，不得与其他系统共地。

（7）通信距离远的地方，应尽可能采用光纤方式，使通信更可靠。

第十三节　能效监管系统

针对医院建筑的能耗构成复杂、能源形式多样、能耗下降困难等现状，需要设置能效监管系统。该系统是指对医院建筑的能源种类进行能耗统计、能源审计、能效公示、定额管理的信息化系统，不仅能提高医院建筑能源的利用率，还能够帮助医院实现用能实时监测、制度化和指标化的能效监管和用能指导。

一、系统基本原理及系统组成

（一）系统原理

能效监管系统采用先进的采样监测技术、有线通信、无线通信技术和计算机软硬件技术等，采用集散式结构，模块化设计，以空调冷热能量、水、电、气等能源介质为监测对象，将每个智能终端包括数字式电能表、数字式水表、数字燃气表、冷热量计等的数据通过通信线连到对应的网关设备，并通过通信协议转化，实现末端仪表与数据中心之间通信，对用能进行实时采集、计量、统计分析和集中调度管理，实现对能源的全方位监控和管理。

（二）系统的组成

能效监管系统由能源数据采集设备、数据网关、数据传输网络、能耗监管数据中心组成。其架构图如图 7-2-54 所示。

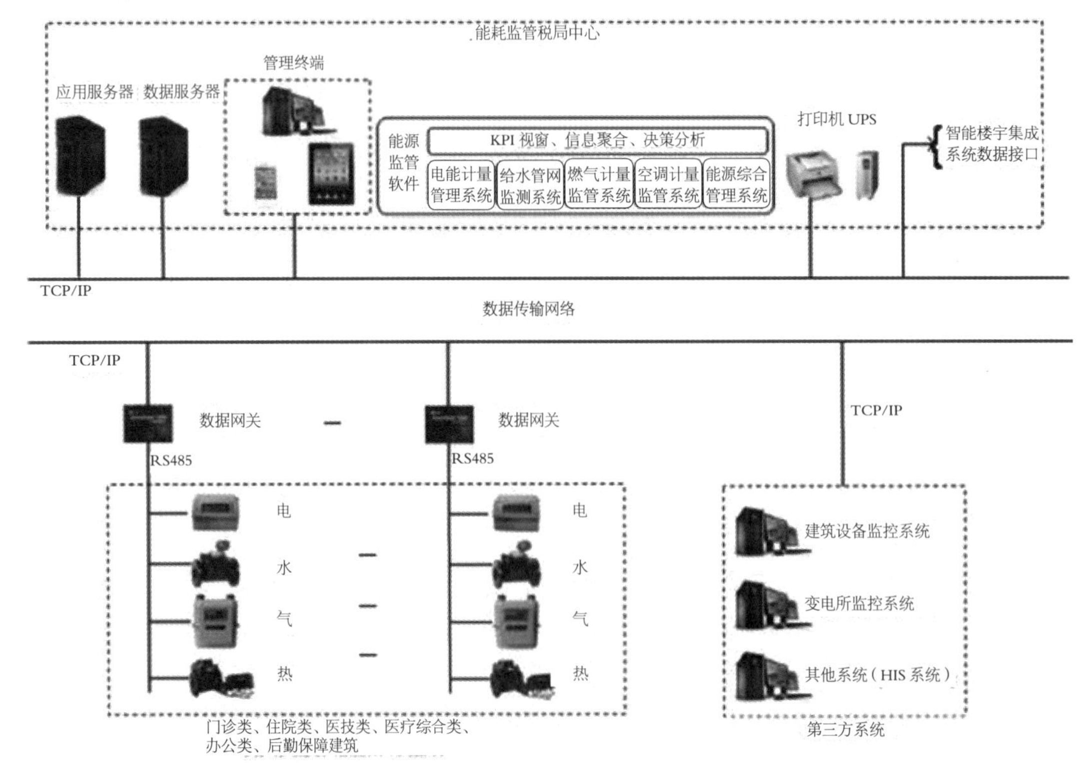

图 7-2-54　能效监管架构图

二、系统主要功能和典型应用

能效监管系统的计量设备所采的能耗数据，通过总线制接口或采用 TCP / IP 通信协议或无线通信技术自动并实时上传给能耗监管数据中心。实现数据采集、存储和传输，并对表具和终端设备的运行工况准确实时监控，用能情况的统计和分析、核算、远程控制，为管理单位提供准确、完整的用户信息数据。

系统一般包括：基本设置功能、能源消耗统计、能源消耗分析、能耗报警、设备信息与维护管理、能耗上传和能耗考核等功能。

（一）基本功能设置

系统设置：设置系统菜单、能耗类别、能耗数据编码等信息。

权限设置：管理系统操作人员账户、操作系统权限。

建筑基本信息：管理医院各分类建筑的基本信息，如建筑的用途、建筑面积、使用人数等。

（二）能源消耗统计

日、月、季、年度电、水、气、空调消耗量的统计报表，各护理单元按部门的水、电、空调和气的计量统计，甚至是热水使用的计量统计。

门诊、医技或后勤服务等可以按建筑分区域划部门的，可以进行电、空调、气体和水消耗量的分时段和不同单价的计量统计。同时，统计每个科室、各病区用能，为科室节能考核提供数据支撑。

医院各单体楼，以及整个医院的电、空调、气体和水的计量统计，核算整个医院某阶段的消耗。根据原国家卫生计生委发布的建设要求，按插座照明用电、空调用电、动力用电、特殊区域用电 4 大分项进行能源拆分和能耗对比，分析各个分项的用能特点；用水分项按照锅炉、空调水、生活水等的用途分项进行计量；燃气分项按照锅炉、生活热水等分项进行计量。

纵向、横向比较各建筑以及单位建筑面积之间能耗或能耗消耗结构，以数据表、柱形图、折线图的形式显示。

（三）能源消耗分析

各级管理者可根据医院的规定，分级查看相关能耗数据、分析模型、能耗分析图表。

可多纬度（时间、区域、建筑类型、分类及分项能耗等）查询所需数据，对不同的建筑类型、区域等用能情况进行月对比和同期对比分析，找出某时段及某区域的用能高峰，深度挖掘节能潜力的需求点。

能耗分析可提供报表、图形文件导出、导入等功能，并提供打印机存盘等功能。

从不同能源类型、不同建筑物、不同区域、不同分户的角度去分析能耗去向和比例，能直观展示医院电、水、气、蒸汽、空调等能源消耗量情况以及占比情况。结合医院情况制定合理化能耗指标，并对能源的使用情况进行实时分析对比，及时发现存在问题，分析建筑用能现状，预测能耗发展趋势。

分析各分类能耗在每个分项系统的能耗及比例，方便科室管理人员随时随地掌握本科室的水、电、冷、热等能耗及费用信息，为医院主管部门提供全面、准确、可视化的各类能耗指标分析报表，让科室能效监管更加便捷。从医院不同层面的能源消耗的计量统计和分析数据可以为医院的管理决策提供依据，运用大数据分析技术为医院的管理层的科学决策提供支持。

（四）能耗报警

实时监测某区域的用能情况，根据预设的能耗报警条件对用能超限区域进行报警，提醒对报警区域及时干预，减少能源浪费。

设置在能耗发生报警以后，如报警事件发生后，系统能够产生报警提示，自动弹出报警画面或触发必要的操作，同时报警信息可通过 E-mail、手机短信、APP、公众号等方式通知相关人员。

对发生的报警进行统计分析，深度挖掘报警发生的根源。

（五）设备信息与维护管理

（1）对医院设备进行编码并张贴二维码，建立设备资料档案，如厂商、生产日期、技术参数、保修期等在设施管理阶段的参数，为运维平台提供设备基础数据来源。

（2）制订维护计划，根据设备生产厂家的保养要求，制定维护计划，设备维修人员按计划要求，定期进行设备巡检。可按设备设施名称查询该设备及设备的大修情况。

（3）在巡检的过程中，系统支持手持移动端（智能手机）的应用。在巡检中，手持终端可按要求对巡检设备拍照并上传，开展现场维护，在线填写维护记录，并拍照记录本次设备巡检。

（4）可查询该医院建筑所有设备设施的运行状态和运行评价，可通过手持设备扫描该设备的二维码，可获得该设备的相关信息。

（5）汇总统计采集数据，结合医疗服务量，使用各类能效分析技术，提供设备的能效分析情况。

（6）对重点设备能耗进行实时监测，对其能效指标进行评价。

（六）能源消耗上报

根据国家和各省市相关文件要求，应按照电量、水耗量、燃气量、集中供热耗热量、集中供冷耗冷量、其他能源应用量等 6 类能耗数据进行上报，其中，电量按照插座照明用电、空调用电、动力用电、特殊用电分项上报能源消耗。

（七）能耗考核

根据能耗统计分析，进行能耗排名，并结合医院科室业务量密度排名，予以奖励和惩处，结合这些情况指引工作人员找到节能潜力最大的部门或科室。能耗考核为能耗管理工作提供专业的分析和对标功能，提升了能耗管理工作的技术水平。

（八）典型应用

能效监管系统不仅能体现医院后勤部门对能耗监管的工作内容，也能体现后勤部门的管理能力。其核心主要包括：统一监测标准、实时在线监测、能耗数据传输、深入报表核算、强化主题分析、及时预警提示和能源账单。

1. 统一监测标准

统一能源编码：为保证能耗数据可进行计算机或人工识别和处理，保证数据得到有效的管理和高效率的查询服务，实现数据组织、存储及交换的一致性，数据处理子系统严格遵循统一能耗数据编码规则处理、存储采集的医院能耗数据。

统一设备接入：将设备虚拟化，改变以设备为中心的监测模式。

统一服务接入：制定各类信息技术服务的接入标准，包括 OPC、WEB2.0、可定制报表技术、SVG 技术、服务代理技术，以及短信、邮件、消息、视频等。

信息安全标准：智能传感设备与智能数据网关、智能数据网关与服务器、服务器与用户、用户身份认证、用户行为管理的多重信息安全标准。

2. 实时在线监测

监测对象：监测对象包括电、水、气、空调等，系统要解决能源的采集技术问题。

监测的多维度：从能源的多维度进行数据采集，包括用能分类、用能分项、区域、费用等。系统将监测各个科室、病区的能耗情况，包括分时、分区、分项用电情况，气体、蒸汽使用情况，空调、冷热水消耗量，没有相关监测点和监测设备的，需要设计点位，加装监测设备。系统将建立针对各分类设施 / 设备的有关监测数据、指标数据、能耗数据、效果数据的数据库，用于对设施 / 设备的工作状态参数进行存储记录，以供分析设施 / 设备的工作效率，评估生产效果、提供运维建议等。

监测数据的准确性、实时性和可追溯性：监测过程中系统对数据的真实性进行自动分析和甄别，支持实时决策，将能源基础数据与共享数据、决策数据匹配起来，并能够与数据来源和历史记录相结合，进行数据追溯管理。

传感网络要求：通过汇聚节点获取信息并转换，支持断点续传，支持向多个数据中心并发数据，系统可灵活设置数据的采集频率。

3. 能耗数据传输

计量装置与数据网关之间采用符合通信协议标准的物理连接。数据网关使用基于 TCP/IP 的网络，并根据指定的数据包格式要求及设置的传输方式，将采集处理后的能耗数据以及时间、网关标识等附加信息打包向数据中转站传输，并在传输前对数据包中的数据部分进行加密处理，同时支持向多个数据服务器发送数据。

数据网关和数据中心的应用层数据包中均应包含对应的建筑编码和网关编码，使用 XML 格式，以文本形式远传。

4. 深入报表核算

能耗统计报表：对医院能耗的使用情况分类统计、分项统计、折标统计、能源使用量统计，统计时段可选择日报、月报、季报和年报，帮助管理人员快速、准确掌握各纬度能耗信息所需的统计报表。

分区域的统计分析报表：对医院后勤的管理者来说，分区域的能源结构、能源成本、节能量等能源分析报表是客观反应能源利用情况，帮助管理者做出明智决策的依据。

5. 强化主题分析

能源种类分析主题：提供区域的单项用能量及同比环比信息，清晰展示区域用能情况，同时通过对用能部门按分时、分项、分区、设备等组合分析，明确定位导致能源波动的根源。

区域分析主题：提供能源结构分析、能源使用趋势分析、节能量趋势分析、区域排名，帮助各级管理人员明晰节能量指标底线，找到改善的切入点，从而制定针对性的区域节能管控措施。

6. 及时预警提示

系统设立能耗预警控制线，通过实时跟踪监测用能情况并与用能计划量和节能指标量进行对比，以短信、邮件、消息等互动方式提供服务，实施节能预警调控。

7. 能源账单

按照类型、日期、用量、单价、金额等维度单独或者组合显示账单，为不同科室、病区提供账单数据。

三、系统实施技术与安装工程要点

能效监管系统采用网络化结构，将各计量终端以总线形式或者网络形式连接起来，对智能终端采集的数据进行统一处理。采用的相关标准与规范包括：《公共建筑节能设计标准》《民用建筑供暖通风与空气调节设计规范》《工业建筑供暖通风与空气调节设计规范》《绿色医院建筑评价标准》《民用建筑节能管理规定》《医院建筑能耗监管系统建设技术导则（试行）》《集中供热系统热计量技术规程》《城镇住宅计量供热技术指南》《国家机关办公建筑和大型公共建筑能耗监测系统分项能耗数据采集技术导则》《国家机关办公建筑和大型公共建筑能耗监测系统分项能耗数据传输技术导则》《国家机关办公建筑和大型公共建筑能耗监测系统建设、验收与运行管理规范》《国家机关办公建筑和大型公共建筑能耗监测系统楼宇分项计量设计安装技术导则》等。以下是实施过程中需注意的技术要点和安装工程要点。

（1）485 通信线全部采用屏蔽双绞线，推荐型号（RVVSP2×1.0）。每条网络通信线的长度不得大于 1200m；

（2）当量时间计量信号线通信线采用普通信号，推荐型号（RVV2×0.3）。每条信号线的长度不得大于120m；

（3）M-BUS 通信线全部采用普通双绞线，推荐型号（RVV2×1.0）。每条网络通信线的长度不得大于2000m；

（4）电源线全部采用3芯软护套线，推荐型号RVV3×1.0，若供电距离过长（大于500m）需考虑增加线径；

（5）信号线/通信线与电力线平行敷设时，净距离不小于10cm；

（6）通信线缆在冷/热源机房的部分使用不锈钢套管屏蔽，地面部分尽量走桥架；

（7）信号线路沿发热体表面上敷设时，与发热体表面的距离应符合设计规定；

（8）信号线不得与其他线缆穿在同一根管内；

（9）导线在管内不应有接头和扭结，不应受到外力的挤压和损伤，接头应设在接线盒（箱）内，并留一定余量；

（10）配线工程施工后，必须及时使用号码管对信号线房号进行准确的标识，并且填写《信号管线房号记录表》；

（11）采集器/抄表仪安装在弱电机房，下沿距地面的高度宜为1.5～2m，就近接220v电源；

（12）在正常情况下不带电但有可能接触到危险电压的裸露金属部件，均应做保护接地；

（13）网络线屏蔽层的接地应在集中器所在位置接地；同一线路的屏蔽层应具有可靠的电气连续性；

（14）能量表的流量计统一安装在供水或统一回水管路，一对温度传感器分别安装在进水和回水路，温度传感器线为一完整线线缆，产品出厂前经过电脑配对，不得自行剪切和重接。

第十四节　楼宇机电集成管控平台

构建医院楼宇机电集成管控平台，将不同系统的、不同性质的机电设备集中，实现管理的统一、绿色和高效，并运用现代信息技术与医院信息集成平台进行融合，推进智慧医院的建设。

医院楼宇机电集成管控平台把若干个独立、相互关联的系统集成到一个统一的、协调运行的系统中，实现建筑物内整体性的信息交互和信息共享，系统集成的对象包括了楼宇集成管理系统（BMS）、能效监管系统（EMS）、办公自动化系统（OAS）、通信自动化系统（CAS）、安防管理系统、医用气体监控系统等，是智能集成的最高层次。集成平台将各子系统的信息集成到相互关联的系统平台上，对整个医院后勤实行综合统一管理。

一、平台技术架构

医院楼宇机电集成管控平台是以当今先进的网络技术、计算机技术、通信技术、控制技术、BIM技术和数据处理技术等多项技术为基础的，以医院后勤经营管理模式为手段的，以实现安全、稳定、高效和集约式管理为目的的综合集成管理平台。将楼宇自控系统、能效监管系统、办公自动化系统、综合通信系统、医院信息化系统、洁净手术室监控系统、机房动环监控系统、有机地结合起来，通过系统的内部集成和相互间的系统集成，实现信息、资源共享，达到高效、经济的目标，提高系统运行效率和综合服务水平。

以无锡锐泰节能系统科学有限公司的医院建筑设备管理集成平台为例，平台实现了医院的楼宇自控系统、能效监管系统和消防系统等系统之间的信息集成和数据共享，并充分考虑平台后期的扩容性和通用性，利用物联网技术支撑平台技术实现了医院后勤的控制域与信息域之间的互通互联，支持与第三方应用系统的数据交互，促进医院建筑设备运行和建筑节能管理的信息化、科学化、精细化，并支持 IT 基础资源的虚拟化。平台的系统架构如图 7-2-55 所示。

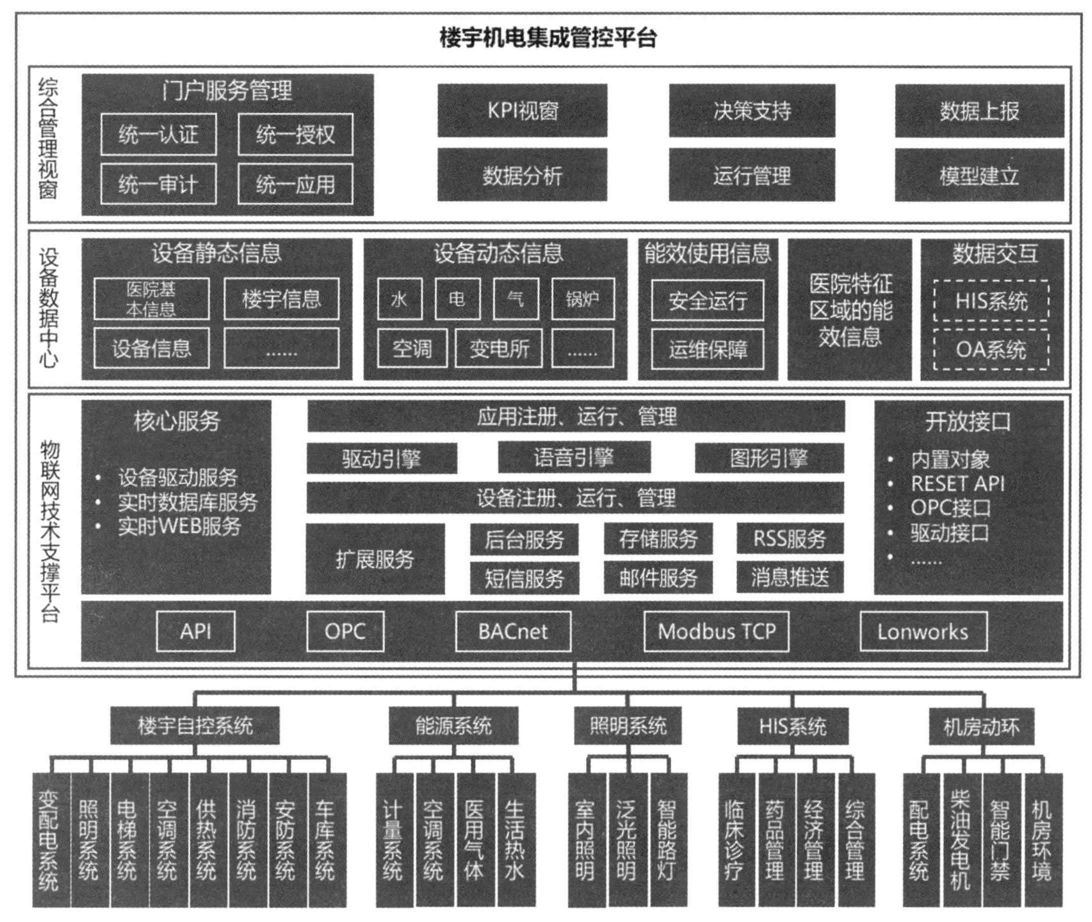

图 7-2-55 医院楼宇机电集成管控平台架构图

二、平台主要组成

楼宇机电集成管控平台核心组成部分包括物联网技术支撑平台、设备运行数据中心和综合管理视窗三个部分。

物联网技术支撑平台解决了楼宇自控系统、能效监管系统和楼宇机电集成管控平台的数据共享和联动关系。通过标准的开放接口技术 OPC（OLE for Process Control）、BACNet、Lonworks、Modbus TCP、SmartLink 技术等方式将这些在硬件上独立、在管理上关系紧密的建筑用能设备集成在一起，实现数据共享和联动关系，一方面对控制域的各系统进行整合，实现统一的管理和调度；另一方面是向信息域集成的必要接口，将控制域的设施管理提交给信息域使之形成运营管理的链路。

设备运行数据中心和综合管理视窗建立在 IT 信息平台上，是往来业务、内部管理的运营命脉。系统的作用是传递和管理决策信息，它同时处理着多种异构数据，为医院的运营管理实现充分的信息资源共享，并通过 WEB 驱动应用集成。设备运行数据中心是将医院建筑设施静态信息、设施动态信息、能效使用信息和医院特征区域的能效信息进行统一的信息集成。综合管理视窗则更加注重通过数据交互对医院运营管理系统的数据进行传递和进行分析。

从医院的性质、用途出发，决定信息域集成的目标不仅仅是在某个层次上进行的集成，还需要在一体化集成的基础上，将不同的信息资源和业务时间互相紧密地衔接起来，实现在异构子系统之间跨越各个应用系统边界的数据共享平台。

三、平台主要功能

通过构建统一的楼宇机电集成管控平台，将空调系统、锅炉系统、照明系统、电梯系统、生活水系统、集水井系统、医用气体系统、空压系统、负压吸引系统、配电系统等统一管控，将运行点位、报警点位、计量点位进行高度集成，打通各个数据通道，实现信息化数据的共享，并可与 GIS、BIM 等融合。通过各个系统的联动机制，最大限度地发挥各系统的业务职能，合理有效地利用各系统资源，实现医院楼宇机电管理的标准化、信息化、智能化，促进医院加速构建智慧医院的目标。

楼宇机电集成管控平台主要包括以下功能。

（一）全局事件集成管理

系统对各集成子系统进行综合考虑和优化设计，通过对各子系统的一体化集中处理，可以有效地对医院后勤各类事件进行全局管理，将医院的空间、能源、物流环境通过信息流与人联系起来，实现一体化服务，提高系统管理的效率。全面利用医院内各子系统运行的实时和历史信息数据，并对其进行大数据分析和处理，在信息优化的基础上实现跨子系统的全局化事件的集成管理，充分实现信息资源的共享，方便决策部门进行合理的组织，并进行调度、协同、指挥，使决策方案和措施付诸实施。

（二）跨系统的联动控制

系统实现了医院后勤各专业子系统之间的互操作、快速响应与联动控制。通过联动设置，可使系统在某些突发事件发生时自动、快捷、准确地完成一系列相关事件的操作处理，提高了对突发事件进行快速响应的能力，使管理人员迅速做出决策，以减少某些事故带来的危害和损失。跨系统联动控制在医院能效监管方面也得到越来越多的体现，譬如灯光、空调、电梯等耗能大户，通过系统的自动联动控制可实现定时开启、关闭，或某类事件产生时的开启、关闭，甚至更细致精确地控制。

（三）三维可视化在线监控

能够实现基于 BIM 的可视化操作，使建筑设备管理者更加形象、直观、清晰地了解建筑设备形态、空间位置、基本信息、运行情况等相关信息，实现快速的数据查询和数据统计，能够及时、便捷、高效地进行运行维护。

（四）实时报警处理

系统中的各种报警事件必须快速、显式地将报警信息通知值班人员和管理人员。系统能够按三级告警机制提供丰富的声光报警、电话报警、短信报警、E-mail 报警、手机 APP 报警、公众号提醒等多种实时报警信息，还可根据数据来源进行准确报警定位。系统根据不同的管理权限和日常经验，可设置各类报警屏蔽和处理。系统对所有报警信息自动记录，方便管理者查阅和佐证。

（五）多用户操作管理面界

随着管理水平的提高，对医院后勤的管理不只限于在中控室或电脑机房进行，出现不同的管理者要求对不同的子系统或设备的运行信息进行管理的需求。系统可很好地支持多用户操作管理界面，只要是在医院局域网络环境下的授权用户就可以操作相应的管理对象。这一特点突破了传统的智能集成管理系统只限于在中控室或中央机房进行管理的缺陷，极大地方便了多用户管理的应用环境。

（六）辅助分析

系统提供了实时曲线和历史曲线对系统 / 设备数据进行图形化辅助分析，同时，可以对曲线进行放大与缩小显示；如果需要可以打印历史曲线。

（七）专家知识库智能预判

利用机器学习和数据挖掘技术获取智能化系统知识规则，并在此基础上形成基于规则推理和案例推理的智能诊断，实现主要设备的监测预警、故障预判、状态评价、风险评估、辅助决策及深度数据挖掘等功能。

（八）灵活报表输出

系统内嵌强大报表系统，不仅能满足基本、常用的日报表、周报表、月报表还支持用户自由订制图形化（如饼图、直方图、折线图等）、个性化报表，还可与通用报表软件实现报表的导入导出。

（九）开放性系统集成

系统支持多种通信接口和协议，集成了 RS232、RS422、RS485 串行协议、TCP / IP 网络协议；OPC、SmartLink、API 等多种通信协议和通信方式，BACnet、SmartLink 等控制协议，覆盖了目前市场上大多数厂家产品的通信及协议接口，而且已完成了与业界众多知名厂家的产品的集成连接测试。由于系统采用合理的软件结构，使系统具有良好的可扩充性，对于新厂商的设备，只要针对其通信协议和数据格式进行编程，即可集成到平台上来。

系统采用三层结构和模块设计，是一个开放性的集成管理系统，具有良好的向上向下集成能力和可扩展性。对于医院内的任何子系统，只要用户或设备厂商提供其产品的通信接口，就可将其集成到平台上，同时还方便实现与用户第三方应用系统如 OA、HIS 等的集成，进行信息共享。

四、楼宇机电集成管控平台数据应用

（一）数据的存储

平台各类数据及数据仓库数据以压缩文件形式永久保存，数据存储系统采用读写分离架构，且针对数据可做每日增量备份、每周差异备份，每月完全备份以确保数据安全。

（二）数据集成

楼宇机电集成管控平台采用通用数据库软件以兼容医院信息集成平台，并通过与 HIS 系统、OA 系统等进行信息交互，形成医院大数据的积累。

（三）BIM 数据运用

以 BIM 模型为载体，关联机电设备资产、资料信息，围绕运维阶段的管理需要，对接入平台设备的监测点进行空间定位，实现机电设备的在线监测；将设备日常保养、巡检、维修等数据与 BIM 相关联，通过三维可视化加载设备的历史维修及保养数据，辅助解决设备更换、维修等业务。

（四）大数据分析

平台将大量机电设备的静态信息、动态信息和能耗信息等数据进行统计分析和挖掘，实现对设备合理有效的管理。经过后台数据分析、数据上报，形成报表，对机电设备管理、维修保养等建立相应的数据库，为科学决策和运行管理提供技术数据。结合各类运行数据，生成具有医院特点的相关指标，实现医院设施运行、与业务运营关系、科室绩效考核等数据深入分析。

第十五节　智能卡系统

医院智能卡应用系统是医院智能化系统的重要组成部分，一般涵盖医院门禁、停车、水控、消费、就餐、电控、诊疗、会议签到、巡更等的应用。特别在医院消费过程中，只需刷下智能卡就可以完成收款过程，快速而又避免了现金交换的不安全因素。

随着居民健康卡、市民卡、车辆电子标识等国家统一配发的身份识别凭证的普及，，加上互联网技术的发展，手机门禁及银行聚合支付应用开始融入医院的各类支付领域，当前的医院智能卡应用领域已经延伸了多种非卡类虚拟识别载体的融合应用，医院的智能卡应用将迈向一个新台阶。结合“互联网 + 医院”的发展，医院智能卡应用也会更加丰富；而人脸识别及其他生物识别的多模态应用趋势也是目前现代化医院建设中要重点关注的内容。

一、医院智能卡相关技术

智能卡是电子标签的一种，医院智能卡一般是指无源的低频和高频电子标签，个别场合也会使用超高频的电子标签、微波有源电子标签和接触式 IC 卡。

（一）无线射频技术

无线射频识别技术（RFID）是一种非接触的自动识别技术，基本原理是通过利用射频信号和空间耦合传输特性来进行数据通信，以达到对被识别物品的自动识别和数据交换的目的。

RFID 系统可按载波频率分为 4 类：低频 LF、高频 HF、超高频 UHF、微波 MV。

按电子标签供电形式可以分为无源系统、有源系统和半有源系统三种。

医院智能卡应用一般在高频段和超高频端的无源标签及微波有源标签使用较多。近年来，由于低频端标签的安全性问题，低频的智能卡应用逐渐被安全保密性高的高频电子标签所取代。

（二）人脸识别技术

人脸识别属于生物识别的一个重要组成部分，在医院的应用不断多元化。按照识别方式和处理机制的不同，人脸识别技术可分为两个大类：终端识别和后端识别。

后端识别技术通常采用摄像机完成，这种形式下，由于摄像机只负责图像的采集，识别通常在后端服务器完成，所以设备必须保持在线，且识别处理速度受服务器性能影响较大、通信速度受整体网络环境影响较大，系统的抗压性较差。此外，采用后端识别技术通常不部署前端的人像显示设备，人机交互体验较差。

终端识别技术通常通过高性能的人脸识别终端完成，一般采用高分辨率摄像头、高性能参数处理器和固态硬盘，并使用活体检测技术和 LED 显示屏进行交互。这种模式下，设备本身具备处理机制，所以在断网时也能完成识别。同时由于其多点识别处理的机制，运算压力分布在多台设备，服务器端只进行应用软件的运作，系统压力较小、体验感强。

在医院建设规划中，后端识别技术用于安防监控，在门禁等一卡通领域多采用终端识别。这样既有利于应用集成，也可以减少信息管理部门的负担。表 7-2-5 为两种识别机制区别对比。

表 7-2-5 终端识别和前端识别技术区别对比表

	后端识别	终端识别
网络条件	需要实时联网，识别结果（速度）受网络条件影响	人脸识别在本地即可实现，识别结果完全不受网络影响
人机交互	没有人机交互，识别是否成功或者误识别只能在后台查看	人脸识别终端采用高分辨率显示屏，直观显示识别结果，科技体验感高
活体防伪	不支持活体检测，用照片、视频或仿真头套也可以成功识别，存在安全隐患	采用双目活体检测摄像机，支持防照片、视频、仿真头套攻击，达到金融级安全
补光灯	不支持，仅靠外界光源，在晚上光线不足的情况下会影响识别效果	设备自带补光灯，晚上光线不足时也不影响识别效果
扩展性	仅支持开关量输出控制门锁，存在安全隐患	支持韦根接口、开关量接口、RS232 接口等
运行模式	不支持脱机	支持脱机、联网，适合门禁、通道等原一卡通应用场合

（三）医院智能卡应用的构成

医院智能卡应用从设备上区分主要由感知层、网络层、应用层和协同层组成。医院智能卡应用架构如图 7–2–56 所示。

感知层分识别介质层和读写层，识别介质层就是智能卡及其他的虚拟识别介质（手机 NFC、蓝牙 APP、人脸、瞳孔、二维码、APP、视觉识别等）。读写层为智能卡识别处理设备。

协同层为智能卡业务和其他相关部门或业务之间相互物理联动及信息融合，一般为顶层数据的资源共享、智能卡数据的延伸及各部门业务数据的联动处理等，一般会通过协同层来汇聚散布在其他如后勤、教育、物流、病区、手术室、消毒供应等相关专业应用中的各类场景。

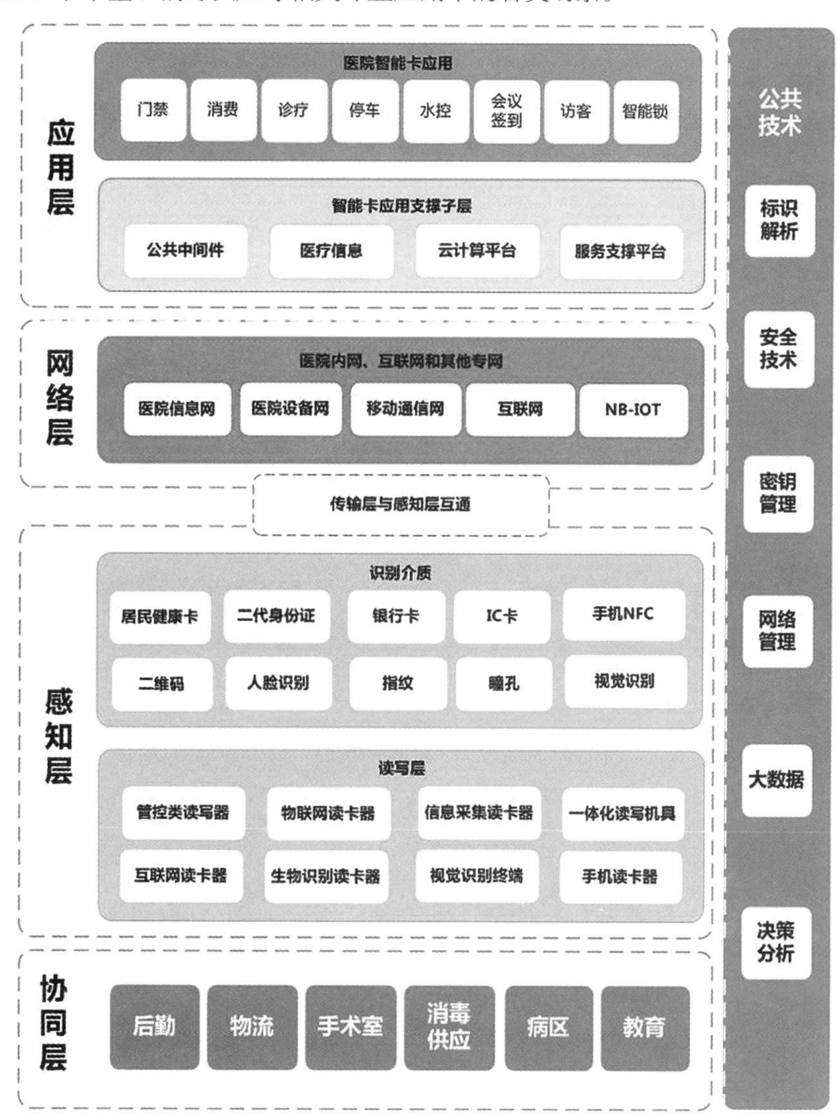

图 7–2–56 医院智能卡应用架构

二、智能卡主要应用

智能卡应用一般采用“一个平台 +N 个子系统”的形式，顶层信息的集成和应用的自主管理是医院智能卡系统的核心思想。医院的智能卡应用不仅仅用于职工，更要向患者层面渗透，才能够体现智能卡系统的服务理念，而且二者之间是集成的关系，不是独立分离的现状。

（一）医院多模态物联网融合集成平台

由于医院智能卡应用系统众多，需要建设医院多模态物联网融合集成平台。随着物联网和互联网应用的渗入，该平台已经不是一个简单的卡平台，而是一个集智能卡、视频识别、二维码识别、O2O 账户为一体的物联网识别前端平台，并综合处理相关应用科室的业务协同和自助管理，优化医院医疗服务和医疗管理流程，配合手机 APP，把人事、教育、护理、后勤、保卫、信息部门的人员信息、审批信息、账户信息、报表信息、权限信息形成协同数据流，利用电子标签、视频 AI 技术进行打通和融合，将原来分裂的应用及数据整合成各科室集成化的应用，并通过医院内网及互联网，把管理和服务集中于掌上，全面提升医院管理与的医疗服务水平。

医院多模态物联网融合集成平台管理的核心数据是“医疗信息 + 人 + 账户 + 物”，通过智能卡等物联网识别技术对接各类子项应用。通过平台实现医院相关人和物及账户的统一注册、统一索引、统一门户、统一交互、统一数据管理与利用。

医院多模态物联网融合集成平台向上对接医院 HIS 或 OA 系统，进行员工和病员信息的同步管理。每个人员可以发行一张或多张卡（可以同时兼容银行卡、身份证、城市卡），以及包括人脸、指纹等生物识别信息，在集成平台一次性绑定门禁、消费和停车、水控等系统相关的身份及账户信息。信息统一认证注册后，各系统的权限在各个子系统（门禁、停车、消费、水控等）的管理部门根据管理需求自行设置，既集中统一，又灵活管理。

该平台是全院的电子标签和人脸、指纹数据的管理入口和集成平台，其优点是减轻各部门发卡管理的压力，信息统一同步，满足不同医院一人多卡一账户或一人一卡一账户的特殊需求，并且具备兼容物联网应用系统的扩展接口，降低了医院诸多接口的成本。

医疗信息平台与医院多模态物联网融合集成平台对接示意图，如图 7-2-57 所示。

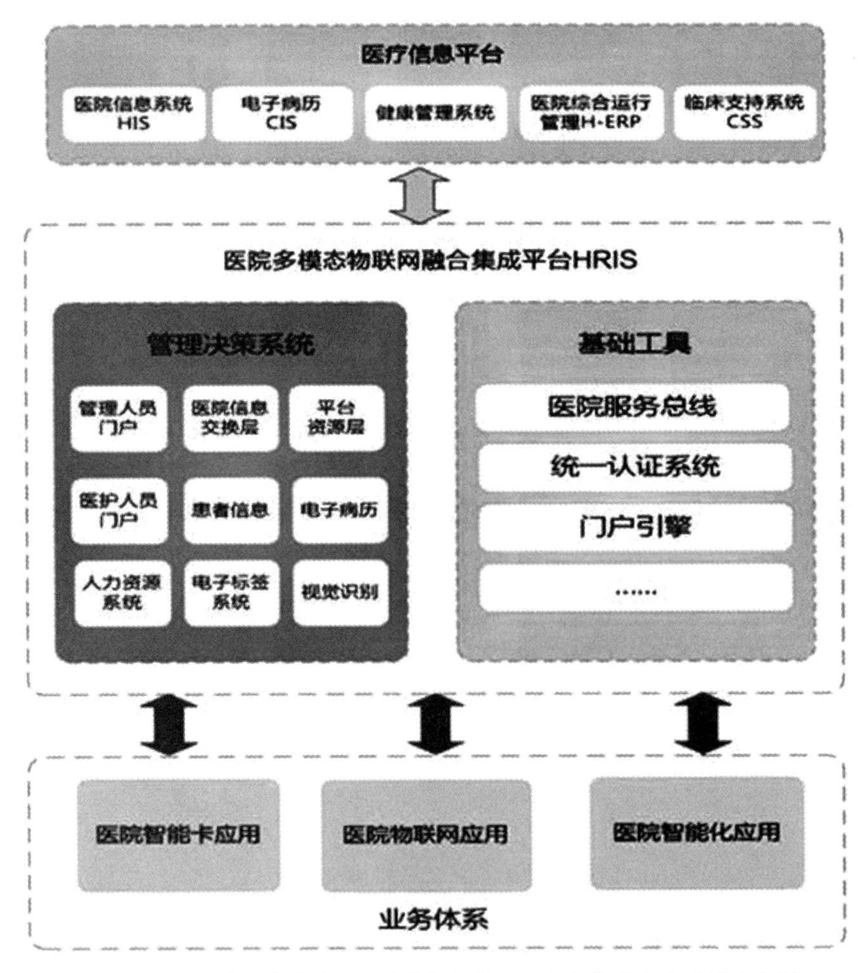

图 7-2-57 医疗信息平台与医院多模态物联网融合集成平台对接示意图

（二）智能卡应用

1. 医院智能卡主要应用

医院智能卡能够应用于诸多场景，医疗智能卡应用系统如图 7-2-58 所示。

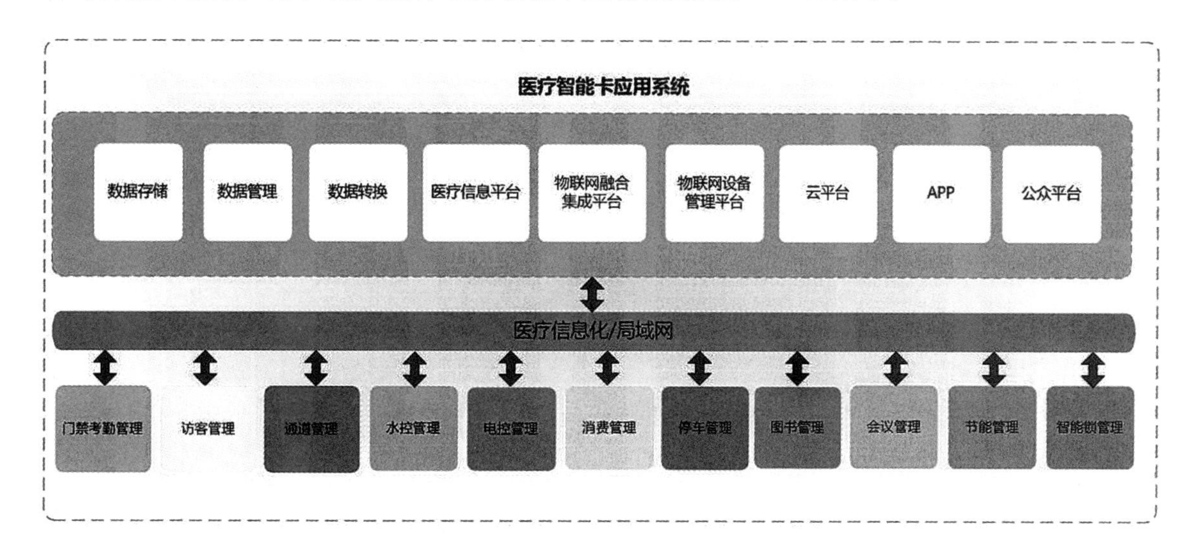

图 7-2-58 医疗智能卡应用系统示意图

（1）门禁考勤管理：基于智能卡刷卡系统或者生物识别等方式，实现医院员工门禁考勤管理，护士站治疗室、手术室、机器人物流通道等特殊空间，可以实现中远距离识别进门的管理。

（2）访客管理：基于动态二维码实现医院病区、住院大楼、行政楼的访客授权管理。

（3）通道管理：主要是指结合门禁及访客管理系统，配合采用通道闸或自动开门机设备，实现院区及大楼重要和特殊出入场合的管控，如病房大楼、电梯、残疾人通道等的使用管控。

（4）水控管理：基于智能卡对病房或宿舍的科学节约用水进行管理。

（5）电控管理：基于智能卡对宿舍的节约用电进行管理。

（6）消费管理：消费管理为医院非医疗消费，包括医院食堂消费、营养餐消费、内部超市消费、集体宿舍用水消费、用电消费以及员工福利发放管理等。

（7）停车管理：主要包括医院停车准入、停车支付、停车引导等。

（8）图书管理：基于智能卡和电子标签对医院阅览室的借还书及书籍、书架、防盗管理系统。

（9）会议管理：通过安装在会议室门口的带显示功能的读卡器和可视化电子标签，显示本次会议主题和与会者刷卡签到。签到管理也可用于培训管理。

（10）节能管理：通过出入口管理和签到技术、联动灯光等用电设备进行节能管控。

（11）智能锁管理：通过智能卡、APP 对特殊应用进行智能锁的管理，如宿舍门、办公室等。

（12）医疗流程行为管理：主要包括物联网医疗双向冷链管理系统、物联网新生儿监护系统、物联网无线体温侦测系统、物联网医疗贵重资产及设备管理、物联网药品管理系统、物联网血液管理及追溯系统、医疗废弃物监管、手术器械电子标签管理系统、特殊人员的定位及识别管理。涉及员工、病患与物品的过程配对与追溯。

2. 智能卡与手机互联网应用

“互联网+”时代，移动端应用不断丰富。手机互联网应用可将“智能卡”延伸到“院内生活服务及管理”的方方面面，构建新的智慧医疗服务模式。为院内职工提供智能停车、移动点餐、充值缴费等服务的同时，也可以让员工随时随地查看院内通知公告信息、会议安排信息，及时把握医院动态。基于互联网应用的智能卡，解决了当下传统“一卡通”普遍存在无法解决的问题。

3. 人脸识别的应用

将人脸识别技术和医院应用的业务特色相结合，能够避免在人员管控上的单一散乱，形成一套以人脸数据库为基础的智慧医院管理体系。

医院人脸识别应用体系涉及医院病房大楼、行政大楼的访客管理、病区门禁管理、医院智慧食堂消费管理和医院会议教育签到系统、实验室排班识别系统、人员考勤系统，旨在应用该人工智能技术来解放医护人员及患者的双手，减少医院应用交叉感染，提高医院安全的管理水准，同时也为人脸识别进入医疗服务领域做好基础性的数据支撑。

在服务和管理体系方面，以医院人脸融合集成平台为基础，建立全院职工人脸数据库，形成统一注册、统一认证、统一索引的一脸通平台，又不断扩展以“一人一脸一账户”走遍全院的管理服务生态体系。

（三）典型应用

智能卡在医院应用十分广泛，无锡市人民医院、无锡市中医医院、苏州市立医院等医院应用了智能卡融合管理系统，显著提高了医院后勤管理的效率，降低了医院的管理成本，如后勤精细化管理提高了对食堂职工的考核标准和绩效指标，同时提高了食堂成本管理的科学化水平。

医院采用了某品牌的智能卡系统，实现了以下功能。

1. 医院消费管理系统

医疗物联网消费精细化管理系统是通过物联网电子标签的应用，结合自助技术、冷链检测技术、数据分析技术，形成后勤决策支持系统，并延伸到医院内各类消费场合，构建一个科学化的医院消费精细化的管理平台，同时消费系统与医疗信息平台（HIS）对接，员工人事和员工消费同步关联。患者的病史、饮食医嘱等电子健康档案无缝融入病人营养餐消费的环节，形成健康营养用餐管理，结合智能卡 APP 可以做到在手机端进行自助点餐、自助充值、自助支付查询等一系列掌上服务功能。系统架构如图 7-2-59 所示。

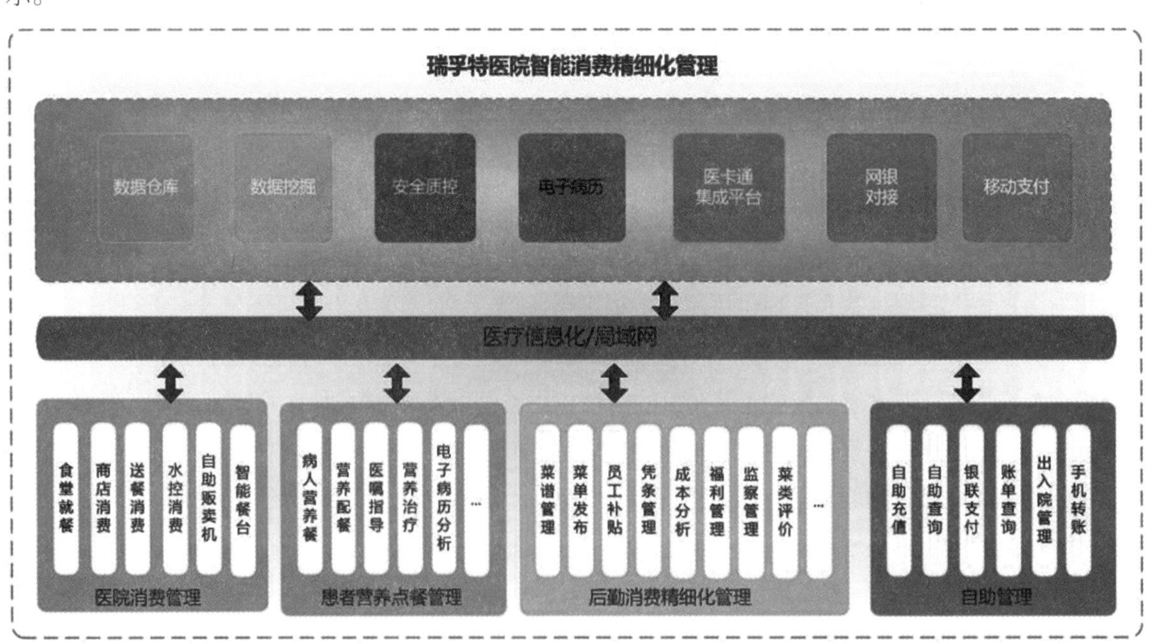

图 7-2-59 医院食堂智能卡管理系统架构

（1）医院智慧食堂管理系统。

医院食堂管理系统包括：食堂窗口点餐、员工送餐管理、病人营养餐管理、消费精细化管理、后勤消费决策支持。

①食堂窗口点餐。

采用食堂专用嵌入式的触摸式双屏 POS 机，采用 IC 卡识别，可以结合城市卡、NFC 手机等应用。窗口 POS 点餐系统后台界面与就餐管理设备如图 7-2-60 和图 7-2-61 所示。

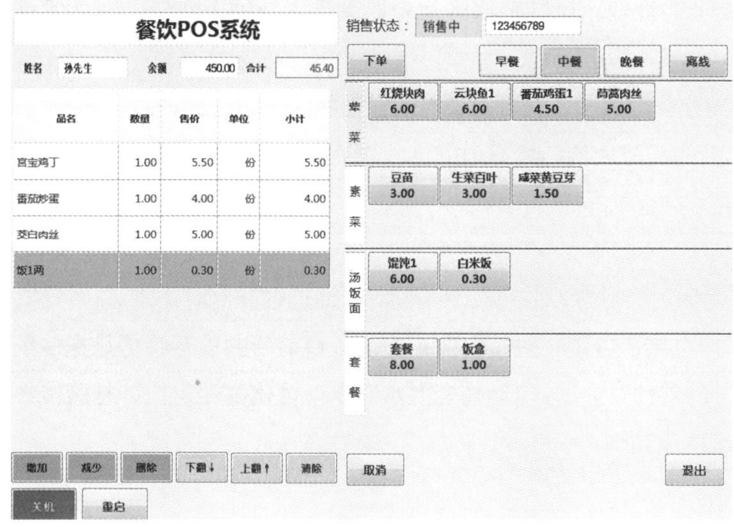

图 7-2-60 窗口 POS 点餐系统后台界面

图 7-2-61 员工食堂提供就餐管理的设备

②智慧餐盘点餐。

智慧餐盘系统是一套基于 RFID 技术和人脸识别技术的快速结算消费系统，如图 7-2-62 所示。系统通过在餐具底部植入 RFID 标签，RFID 标签上含有对应菜品信息，通过人脸识别设备可快速结账，同时对菜品进行统计管理，为食堂采购提供数据支撑。

图 7-2-62 智慧餐盘和刷脸消费设备

③员工送餐管理。

食堂工作人员通过带标签读写功能的手持机或 PAD，进行病房或科室送餐刷卡支付的移动送餐消费管理，无须现金交易，保证卫生安全。

（2）患者营养订餐系统。

医院营养点餐是为患者设立的点餐管理系统，智能卡平台整合营养餐管理系统，对住院患者的医嘱数据进行采集和统一管理，点餐人员为病人点餐时，系统会根据病人的二维码或 RFID 腕带信息和电子病历捆绑分析结合后，为病人提供合理的膳食，达到营养治疗的效果。

同时，在点餐过程中可以考虑 PDA 点餐机带扫描电子标签或刷智能卡、打印小票等功能，可以避免纠纷。

2. 医院访客系统

基于物联网的医院访客管理系统，把动态二维码技术、人脸识别技术和物联网 NB-IOT 技术相结合，保留兼容智能卡的应用，同时融入医院大规模的医疗信息系统中，通过和手机结合，解决了医院访客场景中每天不断变化的大量访客，采用手机和自助授权 2 种系统，以覆盖各种访客人群，对医院病区、病房大楼、行政楼等实现高效、安全的管理，也减轻病区及安保管理人员的工作量，降低管理成本。

采用自助授权的形式，医院就无须保安和管理人员，患者家属可以在住院登记后自助进行访客授权，获取临访二维码或人脸登记，即便，要求高的病房大楼访客通道的进入也完全可以利用服务台工作人员的简单操作完成。

3. 医院水控系统

医院智能节水管理系统主要应用于医院病房、宿舍、浴室及卫生间等，通过智能卡对用水进行管控，系统和智能卡融合集成平台进行人员和账户对接，可统一对院内账户充值，目前新的设计趋势是把传统的电磁阀安装形式升级为混水龙头和电动控制合二为一，电动陶瓷混水阀以一体化高端定位，打破传统控制阀的原理。图 7-2-63 为医院水控系统的架构图。

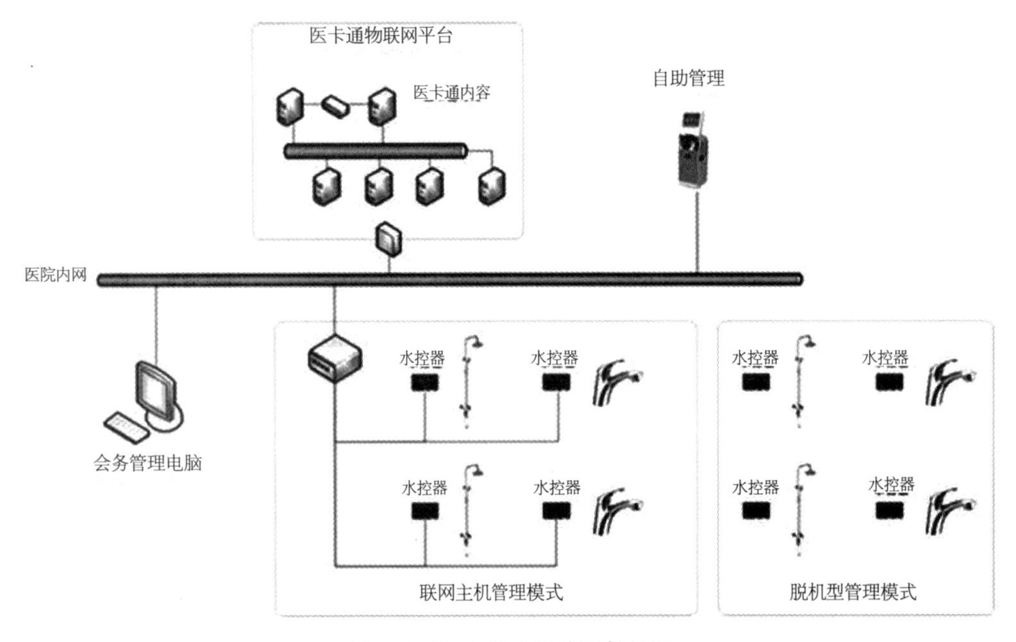

图 7-2-63 医院水控系统架构图

4. 其他应用

其他应用包括：医院图书管理系统、会议签到系统、用电管理系统、门禁管理系统、停车管理系统、巡更管理、通道管理等。

三、智能卡系统设计与选型

随着物联网和“互联网 +”应用的推进，医院的智能卡应用更多地追求系统应用集成和医院管理的全生态。

智能卡应用中的五个重点关注点：识别介质、读写设备、管理系统、业务协同、应用生态链。

（一）设计策略

智能化系统需要重视顶层设计，留有弹性，满足未来信息化快速发展的需要。应优先考虑建立医院智能卡或物联网业务融合集成平台，再专业选择各子系统。智能卡的应用系统应与医院 HIS、OA 形成接口与互动。

传统的智能卡将会逐步被手机 NFC 和手机二维码、人脸的应用所取代，智能卡及终端识别设备的选型设计既要考虑标准的统一，又要考虑虚实结合的多技术兼容和 O2O 需求。

（二）选型策略

1. 智能卡的选型

目前医院常见的智能卡一般选择 ISO14443A 标准的 M1 或 CPU 卡，其中，CPU 卡具有更高的安全保密性，也可以选择 ISO1443B 标准的二代身份证和银行卡、交通卡、市民卡等城市卡作为使用介质，个别远距离应用场合也会使用 2.4G 的有源 RFID 电子标签。

2. 识别设备

识别设备的作用是读取智能卡和人脸信息，把该信息通过网络传输到应用系统，某些场合还会通过读写设备，写入信息到智能卡，如消费金额等。

卡片阅读器分为只读和读写 2 种，读写型设备一般会通过和智能卡的密钥绑定的应用做密钥配对和消费金额或其他信息的写入，此类设备在脱机消费和脱机门禁系统中应用居多。

随着物联网和“互联网 +”的应用泛化，应兼容医疗 RFID 应用的读取和手机蓝牙 APP 功能。如果采用的读卡器是多网合一的物联网读卡器，还要具备医疗电磁兼容的检测。

3. 多网合一医疗物联网读卡器

该读卡器集合高低频卡片、市民卡、身份证、手机 NFC、银行闪付等全兼容，具备 2.4G 有源及 900MHZ 无源 RFID 识别功能，非接触式感应按钮。

关于人脸识别设备的选择：考虑到人像识别的安全性，识别设备需使用工业级防伪摄像头和 200 万及以上像素，采用 WINDOWS 的嵌入式终端，并在至少 3 万人容量的前提下不高于 1s 的快速识别速度，支持包括壁装、台式和落地式安装，设备具备人像显示屏幕用于识别后的直观显示，不推荐使用安防摄像机进行人脸识别。

第十六节　数字化手术部系统

手术部是实施手术抢救和治疗的重要场所，数字化手术部建设的总体目标不再是以往智能化工程中“手术示教系统”的范畴，而是实现手术部的完整信息化建设。

完整数字化手术部的建设需要包含数字化示教手术室、手术麻醉临床信息系统、手术护理信息系统、手术协同平台（手术排班公告、手术进程公告、病理科协同、血库协同、谈话间协同、病区协同）、手术行为管理系统（手术准入管理、自动收发衣管理、智能更衣柜管理等）、手术资源管理（人员管理、设备管理、高值易耗品管理、毒麻药管理、器械包管理等）、围术期管理决策平台、围术期临床数据中心 CDR。其中包含信息化系统，也包括智能化工程的内容。

国内手术部临床信息化企业麦迪斯顿等基于医疗信息化领域长期临床实践和技术积累，成功研发出自主的数字化手术部系统，该系统以设备集成为基础，以信息整合为核心，通过整合医院信息系统，建立了数字化平台；特别是通过研究床旁设备的通信协议与集成技术，开发出独有的广谱设备采集控制平台，该平台能支持监护设备、视频设备、环境温控等多种床旁设备，且基于国际标准 HL7 提供统一开放的输出接口，彻底解决了手术室设备集成与互联的难题。高度集成的整体数字化手术部融合手术视频示教系统、手术麻醉、手术护理等临床信息系统、手术室运行管理系统、手术物流管理系统、手术环境管理系统、手术相关服务系统为一体，高度集成，是技术的创新，也是未来的发展趋势。

数字化手术部可以提前规划、设计，建设符合自己医院要求的手术部，为病人提供更好的医疗服务，为医生提供更方便的操作和准确的医疗信息，在治疗中科学安排每项治疗。与传统手术室相比，数字化手术室可以降低准备时间，节省术中时间，整合前期投资（如 EMR、PACS、内窥镜以及 DSA 等各类医疗设备），及时存储和灵活调用手术信息，检查检验信息，便于医护人员实时获取、查询并记录患者的相关信息，对手术室的人、财、物进行统一调度和管理，实现科室管理、教学培训、手术直播、远程会诊及数据库建立等。通过系统的建设，手术室不再是信息孤岛，而是医疗、教学、科研等领域的信息共享平台，为医院带来更高的经济效益，同时也从根本上提高了医院的综合治疗实力。

一、基本原理与构成

（一）数字化对象

图 7-2-64 数字化对象

数字化手术部建设是手术过程的完成记录，记录的数据包括患者信息、患者手术基础信息、手术视音频记录、麻醉记录、手术过程协同工作记录，因此，数字化手术部建设的数字化对象自然是这些数据的来源，数据来源分两类，一类是采集数据，一类是工作流程数据。数字化手术部的数字化对象如图 7-2-64 所示。

工作流程数据主要包括麻醉医生的术前诱导、术中麻醉、术后复苏、术后镇痛、术后随访，包括手术医生的手术过程，包括手术护士的手术护理，包括整个手术室的医护患协同工作。从工作流数字化的角度讲，数字化的目的是流程再造、流程优化。

采集数据来源主要是两类，一为患者监护与检测设备数据，包括监护仪、麻醉机、输注泵、体外循环机、镇痛泵、电子尿量计、血气分析仪、凝血检测仪、血栓弹力仪；另一类是视音频记录设备，包括内窥镜、显微镜、关节镜、术野摄像机、全景摄像机、手术机器人、MR、DSA、无线耳麦、音箱话筒等。其他有关灯光、环境温湿度等信息，在具备接口或接入方式的情况下，也可接入到数字化手术部平台。概言之，手术室数字化的对象即是流程数据与设备数据。

（二）系统的软件构成

数字化手术部展现的功能与价值是服务于手术相关人员以及医院管理者的。部分系统如图 7-2-65 所示。

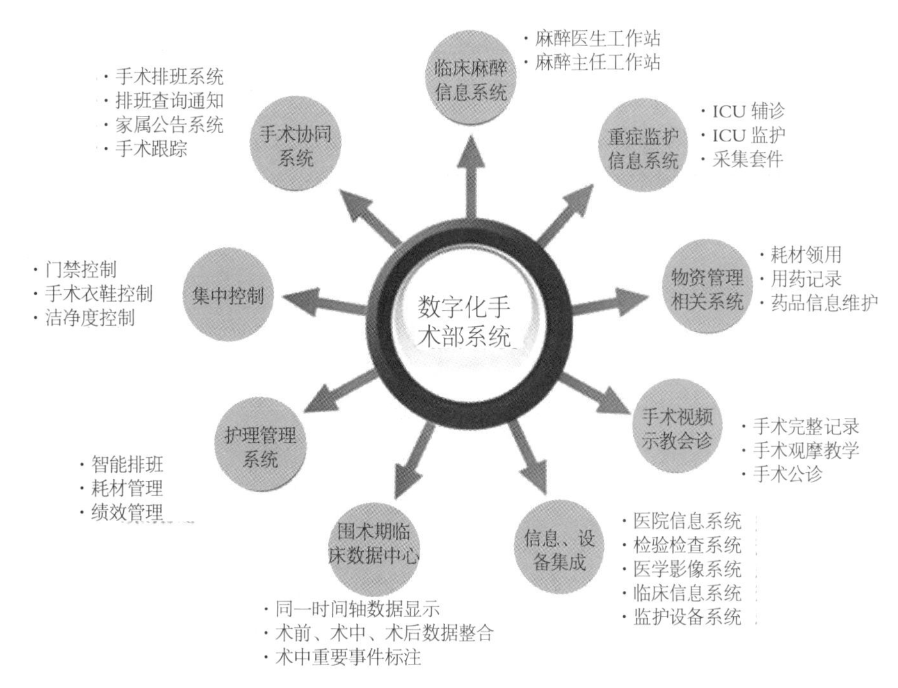

图 7-2-65 某医院品牌数字化手术部系统构成

（三）系统的硬件构成

本文结合麦迪斯顿医疗科技有限公司开放式手术室系统的结构（图 7-2-66），侧重于介绍数字化手术部系统的硬件配置。

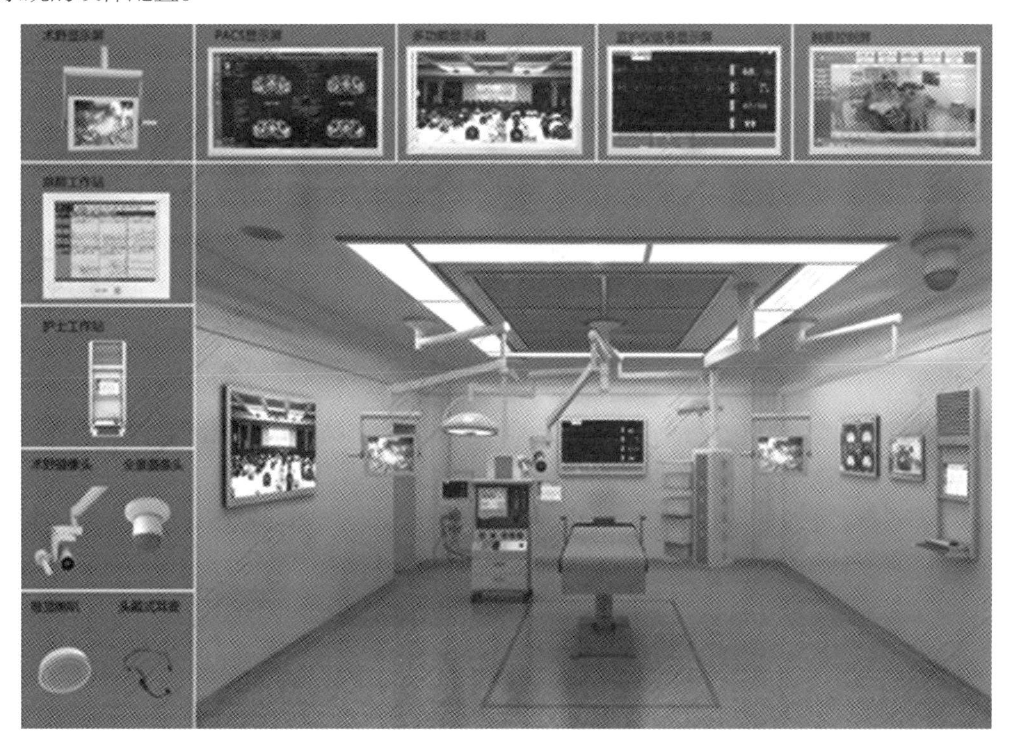

图 7-2-66 开放手术间硬件结构示意图

手术间无影灯吊臂上安装 1 台术野摄像机，用来拍摄病人手术部位术野视频；在手术床的两边安装单显示器吊臂系统，在吊臂上各安装 1 台专业 26 英寸医用显示器用来显示术野视频；手术室角落内吊顶安装 1 个全景摄像机，观察手术室内人员的整体活动；手术间墙壁上安装 1 台 26 英寸医用彩色触摸控制屏，以完成术中所有信号的控制与切换；在墙壁安装 1 台 42 英寸 PACS 影像专用显示屏，以调取患者 PACS 影像信息；在手术床一侧墙面上安装 1 台 48 英寸多功能专业显示屏或液晶电视，以显示术中远程场景、电子病历等各种信号；在手术床或床尾安装1台48英寸多功能专业显示屏或液晶电视，专门用于显示监护仪信号。扩音音箱采用吸顶的安装方式，美观大方，医生佩戴耳麦式无线话筒实现语音的互动；手术室内预留嵌入式信息设备机柜（需要净化公司配合），以存放数字化手术室相关设备。所有音视频信号经视音频编码器编码后数字化，直接在网络上传播，网络可达的任何地方，都可以实现手术直播。同时，系统建立了直播以及录播回放的完整鉴权体制，可以保护医生的学术隐私和患者的个人隐私。

二、主要功能

完善的数字化手术部的功能包括以下几个部分，如图7-2-67所示。

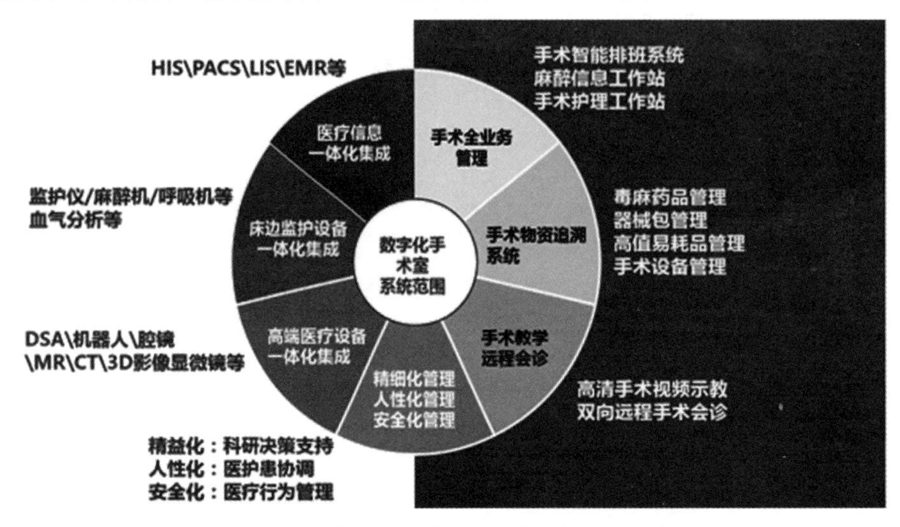

图7-2-67 某公司品牌数字化手术部功能示意图

（一）数字化手术室

独立的应用服务器处理系统间的集成问题，将不同既往和未来系统集成到一致的工作平台，无缝互连其他业务系统，提供必要的系统外联接口和丰富的设备接口，适应业务变化和流程动态调整的需要。

1. 手术过程的完整信息智能化整合与记录

在手术室内整合医院HIS、LIS、PACS、EMR等系统，使手术室内能够方便快捷地获取手术过程中所需的各种信息，可以方便地通过手术室内的液晶显示器查看放射科的病人影像和病人的检查检验报告。在手术室内可以将不同视频源（包括高清内窥镜影像、全景摄像机影像、术野摄像机影像、显微镜影像、C臂X光机影像、监护仪、麻醉参数、术中超声图像、PACS影像、达芬奇机器人等）传送到本手术室内的任一显示终端和手术观摩终端。手术医生和护士可以通过手术室内的各块显示屏实时获取到手术相关信息，便于医护麻合作。

支持自适应各种视频信号，系统自动完成各种高清和标清信号的转换和匹配。融合文本信息（病人基本信息，从HIS、LIS、CIS现有信息系统中读取）、图形信息（主要指生理体征及手术参数，从监护仪、麻醉机、呼吸机等设备中自动采集）、图像信息（主要指医学影像，包括MRI、CT、超声、内窥镜等医疗设备中输出的信号）和视频（主要指手术视频、场景视频、交互视频等）为手术参与者及观摩者提供安全、有效、清晰、完整的手术信息。并完成动静态手术视频，影像及资料的记录，采集、存储和管理功能。

可以进行一屏多画面手术直播，支持多种分屏模式，可以自定义分屏方式。支持画中画显示，支持大小调节，分屏显示和主副画面切换。支持Video Mix视频混合技术，可将1路高清视频流与1路标清流混合成1路单独的高清视频流。可任意指定其中一路视频信号为大画面，与其他路视频同时展示，大小视频之间可方便快捷地进行切换，亦可选择其中一路视频全屏显示；如可以在一个屏上同时显示术野视频（或腔镜视频）、全景视频、监护仪、患者信息等。支持系统程序的自动远程更新，支持手术过程的拍照功能。

2. 患者围手术期临床数据中心

系统支持以同一时间轴多画面的方式同时记录手术过程的各类影像和数据，采用多路信号混合录制的方式，方便进行管理。能够对围手术期内患者的病历信息进行管理，病历类型包括：病程、检查、检验、医嘱、手术信息（手术基本信息、麻醉信息、生命体征、手术录像）等。

对手术过程（录像、生命体征、手术事件）进行回顾时，支持在同一时间轴下同步播放手术多路视频影像、生命体征及术中事件，用户可以更加全面地了解手术过程，使之用于教学科研等活动时更具有实用价值。在同一时间轴下进行同步播放时，用户可以拖动时间按钮，显示任意一个时间点上的手术录像及患者生命体征等数据，真正做到对手术过程中每一时刻的完美重现。在时间轴上对术中发生的重要事件进行标注提示，用户在回看手术过程时，可对某一手术事件前后的手术过程进行重点回放关注。

3. 手术室内外通信

医院网络可达，有电脑的地方（如主任办公室、院长办公室）都可以进行手术直播，不需要另行专门采购视频解码硬件。可实现手术室与主任办公室之间的信息传送；手术过程中可以随时查看患者的基本信息、检查检验报告等。

4. 教学科研与学术交流

对所有图像和影像与手术的影像记录进行集中管理。将数字动态视频和静态影像档案通过网络集成并连接到其他区域的远程医疗、会诊、监控和远程会议设备。支持手术记录资料多种检索，可完整再现任何时间点的手术视频资料，使学术交流、教学培训更加真实、生动。对病人手术过程全面的数字化记录，提供了医生对病例研究的实况数据。

（二）手术麻醉临床信息数字化

手术麻醉临床信息数字化包括病区手术预约申请接收、预览打印手术通知单、术前访视、病情评估与准备、麻醉知情同意书生成、术前诱导室信息管理、手术过程及麻醉记录、手术病案登记归档护理、麻醉专业评分、提供信息系统集成平台、手术过程及麻醉记录、术后分析总结、随访、手术室费用管理系统、提供多种统计报表、科室人员排班、工作量统计、提供高值易耗品管理功能等。

手术麻醉临床信息数字化能够提供设备数据采集平台，自动采集监护仪、麻醉机等床边监护设备中的多种生命体征参数，记录麻醉手术期间所有体征趋势；支持在线和离线数据保存模式，支持对血流动力学数据参数的采集，并对其数据进行演算及保存；提供生命体征报警功能，并可配置报警上下限阈值；支持专业的体外循环医疗设备的数据采集与输出，专业的体外循环信息展示，对体外循环提供最全面专业的信息资料展现方式，可以通过数据列表和曲线等形式灵活地全面展现体外循环过程及信息；完整记录体外循环过程中手术麻醉情况，形成体外循环记录单。

具有麻醉临床专家咨询和决策模块，提供远程监控以及中央监控功能，能够对手术进程动态监控、支持多间实时动态显示趋势图。

（三）手术护理系统

手术护士术前需要进行手术排班，准备消毒器械包和手术用耗材；术中、术后需要实施手术护理工作，并完成手术护理记录、手术收费记录。同时，手术医生、麻醉医生、手术护士需要共同进行手术核查。因此，数字化手术室建设应当可提供给手术护士的信息工具是手术护理记录系统、手术排班系统、患者识别与手术核查系统，乃至包括血制品核对系统等。

（四）手术室行为管理

自动收发衣系统采用无线射频识别技术（RFID 技术），解决手术室医生身份识别、手术衣管理、手术室拖鞋管理与医生更衣柜管理结合门禁系统的问题。系统借助医护人员工作卡、手术衣标签、手术室拖鞋标签、门禁、读写器对医生、手术衣、拖鞋等进行综合管理，根据不同环节的控制，来规范手术室医生工作流程与规范。

（五）手术协同与科室管理

在数字化手术部系统平台上，流程优化再造，包括手术的申请排班、手术麻醉管理、手术护理记录、科室事务管理、药品器械管理、远程示教观摩会诊、手术安排公告、手术状态公告、手术进程公告等，使各科室紧密协同。

三、选型策略

国外厂商在手术医疗领域的积累推出了一体化手术室产品，如 Storz、Stryker 和 Olympus 等一体化手术室公司，主要功能是手术室灯床塔及环境的控制以及腔镜视频示教。可在洁净区控制灯、床、塔、腔镜等医疗设备，主要集成腔镜、术野、全景摄像机等，通过墙上的触摸屏和无菌区内的触摸屏监视器控制手术室的一整套设备，一般采用有线遥控或声控方式。一般来说，国内很少有医院实际使用这个一体化控制功能来控制设备，因为一体化手术室系统的造价昂贵，且易形成信息孤岛。

近年来，国内数字化手术室发展迅速，将所有关于患者的信息进行系统集成，使手术医生、麻醉医生、手术护士获得全面的患者信息、更多的影像支持、精确的手术导航、通畅的外界信息交流，为整个手术提供更加准确、更加安全、更加高效的工作环境，也为手术观摩、手术示教、远程教学及远程会诊提供了可靠的通道。

国内数字化手术部解决方案提供商主要来自临床信息化专业公司，其中以苏州某医疗科技股份有限公司为行业领跑者，重点突出“手术临床数据中心”的手术共享操作平台，手术室高端医疗设备（DSA、达芬奇、腔镜、术中 MR、显微镜等）的集成、患者医疗信息系统的共享（HIS、PACS、LIS、EMR 和麻醉等）及手术音视频及业务流程的综合性管理。 可在医院任一会议室、示教室、专家、主任及领导办公室等任何场所远程手术指导或接受教育培训真正变成现实，数字化手术部建设必将成为我国医院手术室建设的大趋势。

四、技术要点

（一）数字化手术部关键技术

手术室数字化涉及的技术领域主要有数字信号接入、模拟信号接入、信息系统接入、网络通信、网络嗅探、视音频编解码、视频压缩、数据存储、非线性编辑等。其中涉及部分主要的关键技术主要包括医疗临床数据中心构建、智能辅助决策技术、手术室全信息流的处理技术、三维手术视频技术、多系列监护设备接入技术、视音频编解码技术、手术数据超媒体存储技术、双流技术、虚拟现实技术等。

手术室的全信息流处理是以时间为轴同步完整记录手术过程，包括手术医生的动作、麻醉操作、患者病情变化，将手术术野视频、达芬奇机器人、监护仪腔镜等医疗设备视频、全景视频、麻醉临床系统操作、远程场景音视频等动态信息以及手术产生的麻醉记录、麻醉总结、手术护理记录等静态信息展现给手术观摩者，并保存在创新的单一的超媒体格式文件。为手术教学、观摩、会诊提供覆盖完整手术过程、基于全面信息记录的超媒体信息载体。

（二）数字化手术部规划建设

数字化手术部不仅是医院智能化工程的重要组成部分，也是医院临床信息系统建设的重要内容。数字化手术部是一项复杂、庞大的系统工程，应融入医院信息化规划统一部署，分步实施。因此，在整个建设过程中，应注意以下几点。

1. 合理功能规划定位

以往在手术室智能化工程中，往往停留在基于视频会议系统的手术示教系统，从本文应该可以了解到手术部数字化发展的现实和未来。诸多应该现有项目预算与现有业务需求尚不能完整配置数字化手术部的所有功能，但应按此思路规划，预留线缆、点位、机柜等信息基础设施，以便未来建设和发展。手术室建设模式意味着不太可能进行二次布线等工作，预留十分重要。

2. 产品合理选型

目前的数字化手术室产品良莠不齐，性价比差异巨大，诸多产品仅仅停留在实现数字化手术室的部分功能，如单个手术间手术示教、单个手术间灯床塔管理、手术间调看临床资料、单个手术间远程会诊等，往往都是信息孤岛，与真正意义上的手术部全过程、全数据智能化管理相去甚远。所以应选择具备全面进行数字化手术室规划建设能力的知名厂商来帮助医院规划和建设，避免重复投资或投资浪费。选购国外数字化手术室产品时尤其应该考虑信息集成、维保、接口等问题，所以应该慎重。

3. 分步有序推进工作

按照“总体规划，分步实施”的原则，医院临床信息系统将按下列步骤分步实施。

鉴于数字化手术室项目工程建设比较复杂，涉及手术净化、医疗设备、医疗信息及临床医学等多个领域，而手术室又处于特殊的洁净环境，因此，数字化手术室建设必须从净化工程设计和医疗设备采购两个环节进行整体设计，具体阶段要求如下。

（1）净化工程设计阶段：为保证手术室既美观又符合洁净度的要求、保证数字化手术室中设备后安装摆放比较合理，需要在净化工程设计阶段设计 CAD 图纸。如手术室墙面的空间预留、设备机柜嵌入式摆放等硬件环境预留等位置。

（2）净化工程强弱电设计阶段：强电弱电点位需符合手术室设备使用和数字化要求，保证信息系统能顺利接入医疗网，涉及位置主要有：手术室大门门禁、换鞋区、更衣室、各类库房、手术室吊塔、手术室墙面、吊臂吊塔等。数字化手术室中的所有点位，应该在净化强弱电设计阶段进行规划设计。

（3）医用设备采购阶段：医院所采购麻醉机、监护仪、呼吸机、血气分析仪等床边设备需具备数据输出接口，方便临床信息系统采集数据。医院采购的吊臂吊塔需符合数字化手术室术野摄像机及术野显示屏的称重安装及配备。为保证手术室内的移动类高端医疗设备能最为简洁地接入系统，医院采购的吊塔上需具备数字化手术室音视频相关的接口预留（如光纤接口、高清视频接口）。

（4）数字化手术室工程施工阶段：因为数字化手术室系统含有大量的硬件安装工程，考虑到手术室的洁净度管理，首先完成医院内部网络基本框架搭建，添置中心机房相关设备。其次针对手术室区域开始从外到内的分区域施工安装，包括摆放自动收发衣机及衣鞋柜等固定设备，实现手术室人员、手术衣、一次鞋、衣鞋柜的整体管理；完成手术室内硬件设备的安装，如各类医用屏、手术护理工作站等，并将手术所需要的和手术过程中产生的大量数据集中展现在手术室；手术示教室规划等。

（5）信息系统建设阶段：注重在手术室临床信息系统和医院其他信息系统的整合。结合医院信息基础设施环境而形成分布式、模块化、实时性的数字化手术室平台。建设内容包括医疗信息系统（HIS、PACS、LIS、EMR）的接口、手术麻醉临床信息系统，手术护理临床信息系统、重症监护临床信息系统。系统的建设完成可在一定的范围内提高麻醉医生、护士的规范化、科学化、信息化操作，减少工作量，实现各类数据的信息化记录与统计，完善各科室的日常管理手段，为医院各类科室的科学管理提供详细的依据和素材，并为临床科学研究提供大量临的床依据。

第十七节　医用对讲呼叫系统

医用对讲系统是解决病人遇事呼叫护士医生，以及医护人员在处理现场向护士站求助情形而设立的系统，是住院病房的标准配置内容。

早期的病房呼叫系统，只能呼叫，不能对讲，很有局限性。随着国内医院智能化水平的不断发展，出现了可以呼叫对讲的病房呼叫系统，按联网方式可分为多线制、两线制、无线方式、基于互联网络的有线或无线传输方式。基于互联网的有线结合无线传输方式是全新推出的一种形式，预计未来有较好的发展空间，预留“智慧病房”的丰富的想象空间。国内知名的医用对讲呼叫品牌包括鑫德亮、亚华、南格、来邦等。

一、基本原理

医用对讲系统原理参见图 7-2-68 所示。

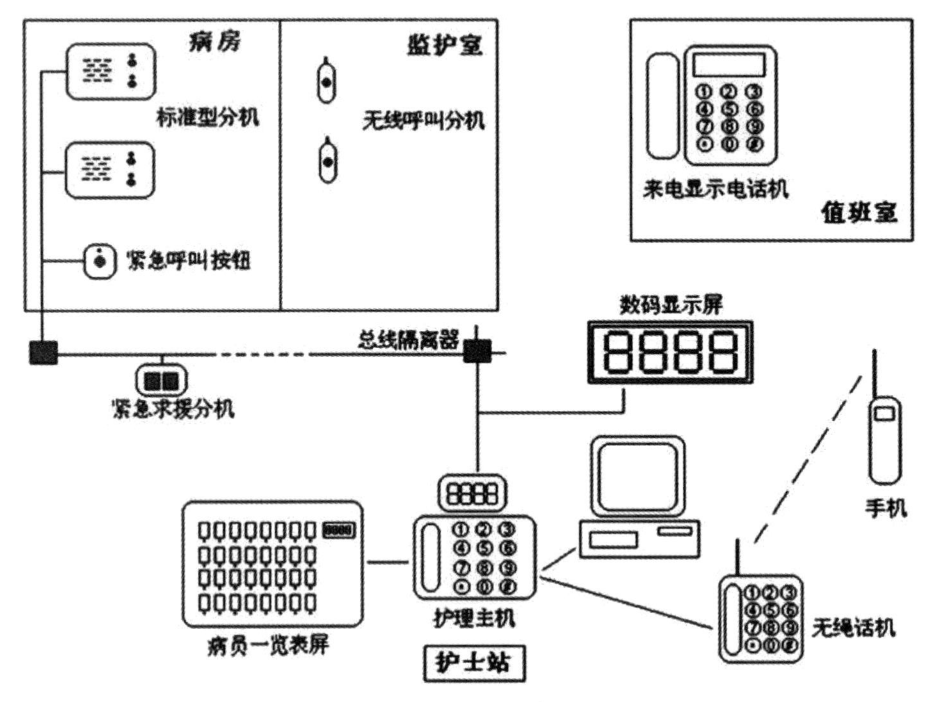

图 7-2-68　医用对讲系统基本型原理图

新一代医用对讲系统在通信方式和功能上发生了很大的变化，其最大的原理突破在于需要与 HIS 系统连接，利用原有设备终端的成熟部署思路，将传统医用对讲系统单一的呼叫对讲板块，扩展到了信息同步、终端发布、呼叫定位转移、数据统计应用等多个板块。部分品牌产品进一步拓展了智慧病房的概念，应用“无线 + 双总线”双系统架构来搭建系统平台，采用国际先进成熟定制的安卓系统硬件平台来制作智能医护对讲信息床头终端，门口分机则采用定制的安卓平板电脑硬件平台，并采用无线网络 WIFI 来进行医护信息的双向传送。网络传输的优势在于可以进行大数据量的高速可靠传送，可以借助这一强大的优势扩展出大量数据、图像处理的应用，呼叫对讲则采用经过多年实践证明的总线方案来实现，保证了医护对讲需要的高可靠性。该产品采用强大的安卓平台的优点在于：可以采用网络 WIFI 的形式作为数据的传输，提供了高速大信息量的传输；和有线局域网相对比，极大地节省了线材和人工成本、并节省缩短了施工周期。采用安卓平台具有较好的界面操作体验度；在安卓平台和安卓手机或安卓平台电脑的基础上还可以进行设备功能的无限扩展。该系统硬件自带有蓝牙的通信模块，可以和病人身上的可穿戴设备进行链接，可以实时连续监测、记录病人的生命体征，如血糖、血压、心率、心电图、体温变化等诸多应用，可以对有关数据信息上传到系统服务器加以记录并存储。

二、系统构成

传统医用对讲系统方案架构较为简单，护士站设护士站主机 1 台，各病床床头设床头分机一门（带呼叫开关线），各卫生间设卫生间分机一门，走廊设显示屏 1 ~ 2 台，门口可使用门灯，另外主机可外扩各类无线设备。最主流的组网方式是两线制组网。

新型的信息化医护管理通信系统方案的基本架构如图 7-2-69 所示，以某产品为例包括信息交互管理主机、IP 网络医护主机、床头分机（带呼叫开关线）、门口分机、卫生间分机、走廊显示屏、输液报警器、无线发射主机、移动手持机等。护士工作站另设计网络多媒体控制器 1 台或品牌台式电脑 1 台（可自备），液晶电视 1 台（可自备），机房设服务器 1 台。

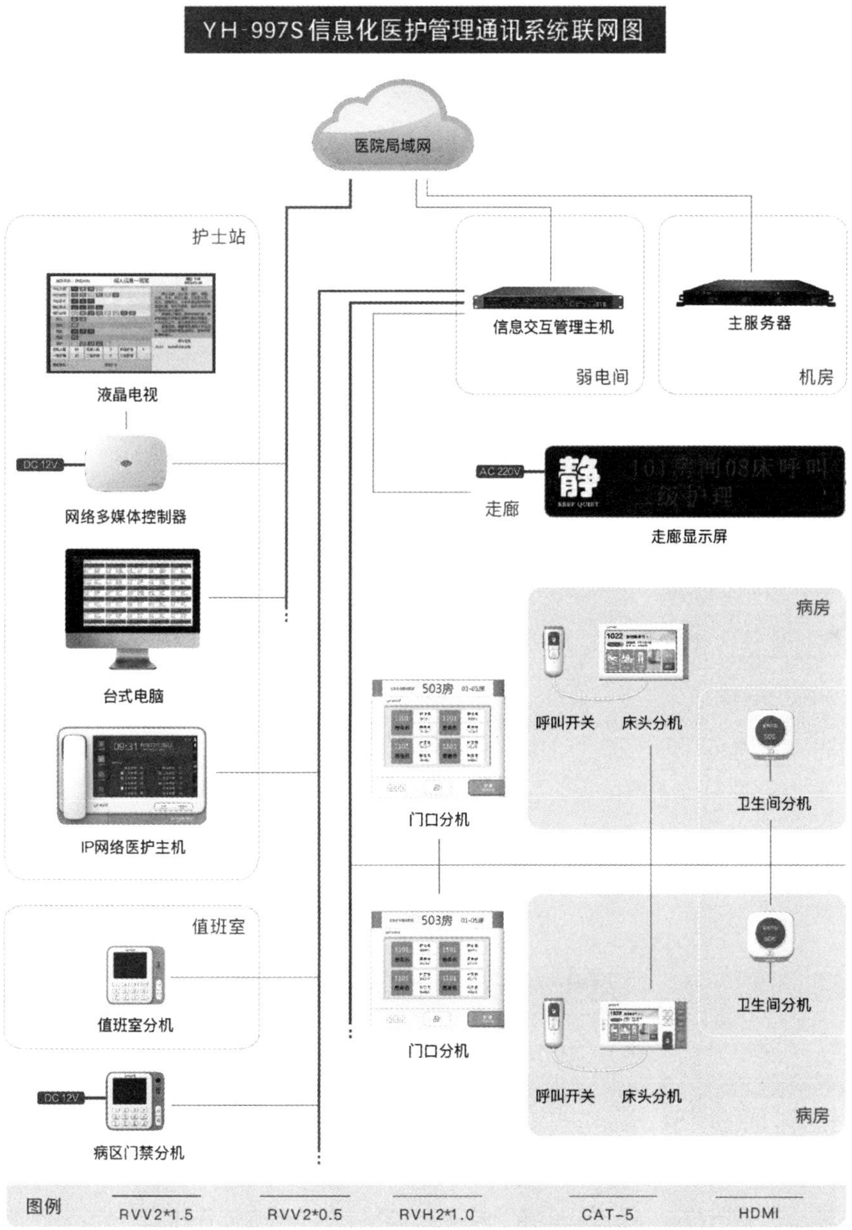

图 7-2-69 信息化医用对讲系统架构

三、主要功能

传统医用对讲功能较为简单，体现在无中断的双工对讲、床位 / 房间号以及护理级别等各种信息在各空间内的及时准确提示与显示、高级别对低级别呼叫的打断、正常宣教广播与通知的支持与满足、音乐音量和语音等各种系统设置的灵活调整等。

信息化医护管理通信系统，围绕呼叫核心功能，进行了深度的提升与扩展，其功能分为更丰富的呼叫对讲、护理标识、呼叫定位与转移、信息发布、数据统计、决策支持、个性定制以及系统自检等。

其中信息发布功能包括以下几个方面。

（1）系统与 HIS 接口连接，获取患者在院数据，并自动发布到电子化一览表、床头卡、护理标识、病房门牌等显示终端，并自动更新。

（2）护士无须誊抄与递送纸质一览表卡片、床头卡片、病房门牌和住院费用清单，既减轻了护士工作量，提高了工作效率，又减少了人工环节，降低了错误出现概率。

（3）护士站电子病员一览表：显示姓名、性别、年龄、病情、责任医生等信息。

（4）护士站电子白板：显示患者入院、出院、手术、计量、导管、要事留言等病区管理信息。

（5）床头分机液晶屏：显示入院时间、住院号、医保、饮食、过敏史、费用账单、用药明细、医生简介、入院须知等信息与护理级别、过敏、压疮、坠床、跌倒等护理标识颜色。

（6）病房门口机液晶屏：自动同步并显示房间内的床号、患者姓名，对应责任医生、责任护士的姓名和照片以及入院须知等。

（7）走廊显示屏：显示当前时间、友情提示、简短警示语等。

四、技术应用要点

医用对讲系统根据《智能建筑设计标准》的要求，需要在以下区域配置医用对讲系统。

（1）病区各护理单元护士站与病人床头间、以及病房内卫生间应配置求助呼叫设备。

（2）手术区护士站与各手术室之间。

（3）护士站与各导管室之间。

（4）重症监护病房（ICU、心血管监护病房（CCU）护士站与各病床之间。

（5）妇产科护士站与各分娩室间。

（6）集中输液室各输液位与护士站之间。

除病区、ICU、输液室呼叫对讲外，其他的对讲系统需求与注意事项相对比较常规。

系统的呼叫信号反馈时间不得出现明显延迟，不应超过 0.5s。卫生间分机应具备可靠的防水性能。

信息化的医用对讲系统，需要注意 HIS 对接与数据获取速率这一主要性能。病区内数据应尽可能保证每 10~30min 更新一次。

第十八节　分诊排队系统

分诊排队系统具有一级、二级分诊排队模式及信息发布功能，在候诊区进行首次分诊或自助签到，在诊室门口进行第二次分诊，使候诊现场井然有序，改善患者的就诊体验。

一、基本原理及系统组成

分诊排队叫号系统基于 B/S 和 C/S 相结合的系统架构，通过与医院 HIS 系统无缝对接，提取挂号患者信息，进行分诊管理，并按照医院制定的规则进行合理排序，由医生客户端发起叫号，叫号信息自动上屏，语音播报同时响起，提醒患者前去就诊。

该系统通常由接口程序、服务器型地址盒、分诊排队对讲主机软件、语音箱、医生对讲叫号器（包括硬件叫号器和软件叫号器）、一级分诊屏（候诊区综合显示屏，常规大小 42 ~ 65 寸）、二级分诊屏（诊室液晶一体机，常规 15.6 ~ 22 寸）、自助签到机及喇叭等组成，系统图如图 7-2-70 所示。

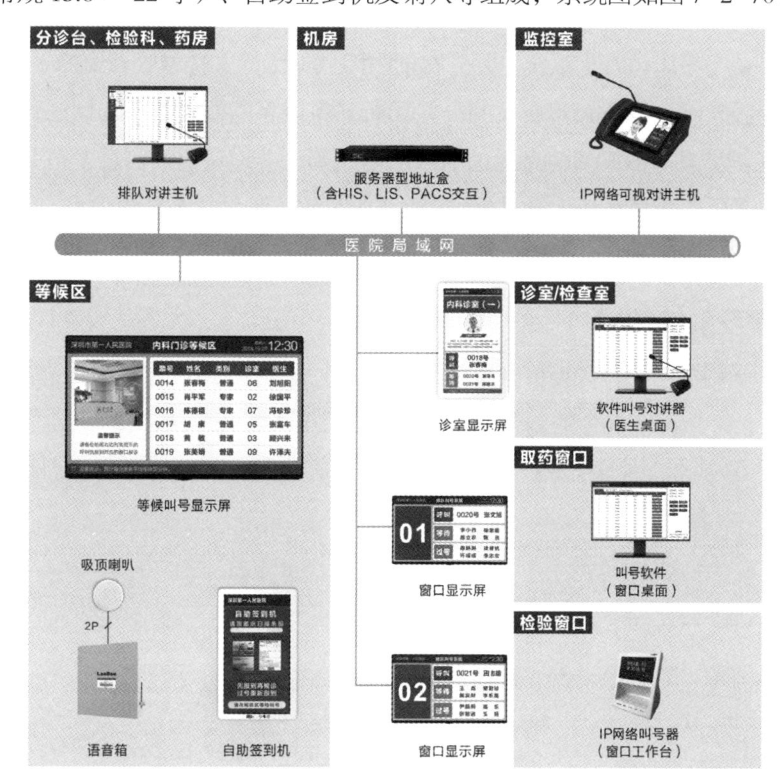

图 7-2-70 分诊排队叫号系统

二、系统主要功能

分诊排队叫号系统的最主要的作用是排队管理和排队叫号，通过显示屏显示和声音提示，通知候诊患者按序到医生处就诊、窗口取药或者相关医技科室接受检查，排队叫号系统是医院就医流程中导医的一个非常重要的环节。

三、技术选型策略

（一）软件选型策略

软件应支持以下功能：与 HIS 做接口，全面支持分诊排队全业务流程，并具有优先安排特殊病人就诊、与语音同步的大屏幕文字显示、智能化分类排队、智能调节同类诊室的工作负载、完整的统计分析等功能，并支持手机 APP 与微信服务平台。

（二）选型策略

主要是显示屏选型。针对不同的场景，可以选用不同的呼叫显示屏。如候诊区域可选择大屏幕液晶电视机，既可以显示排队队列信息，又可以显示医院的多媒体宣传内容；诊边显示屏、医院诊室走道、往往空间较小，在诊室门口部署的二级显示屏，采用 17 ~ 22 英寸网络液晶门牌机较为合适；药房取药等候区域可以采用大屏幕液晶电视机或大屏幕 LED 屏显示。网络双屏一体机可放置在医院大厅，用于显示医院地图、诊区图、宣教信息。该产品设计精致美观简约。42 英寸双屏一体机，42 英寸屏幕分别横竖显示，上部可以播放视频画面，下部采用静态画面为主。该产品可以用在候诊区，缓解候诊患者情绪，为患者提供良好的等候空间。

第十九节　公共信息发布与多媒体查询系统

公共信息发布系统与多媒体查询系统主要分布于医院门诊大厅、挂号收费窗口、药房窗口、候诊区、住院大楼、走廊过道及电梯厅等人流量密集的公共场所，系统将需要发布和查询的音视频文件、图片和文档、天气预报、时钟信息等多媒体信息通过局域网传输到终端设备上。信息发布系统和多媒体查询系统与HIS、LIS、PACS等医院信息系统无缝对接，它能够在医院实时地发布挂号信息、就诊情况、候诊队列、健康宣教等，也支持查询科室信息、医生信息、患者费用信息、地图导航信息、药品信息和政策法规等。

一、基本原理及系统组成

信息发布系统基于局域网进行数据传输及系统管理，主要由服务端、编辑端、播放端三层架构组成，采用BS的管理模式，BS及CS混合的内容分发模式，实现广域网、局域网的整合控制，多级架构，合理地利用网络带宽分配资源。系统播放终端提供分体式、落地式、壁挂式等多种机器，支持高清文件编解码功能，如图7-2-71所示。

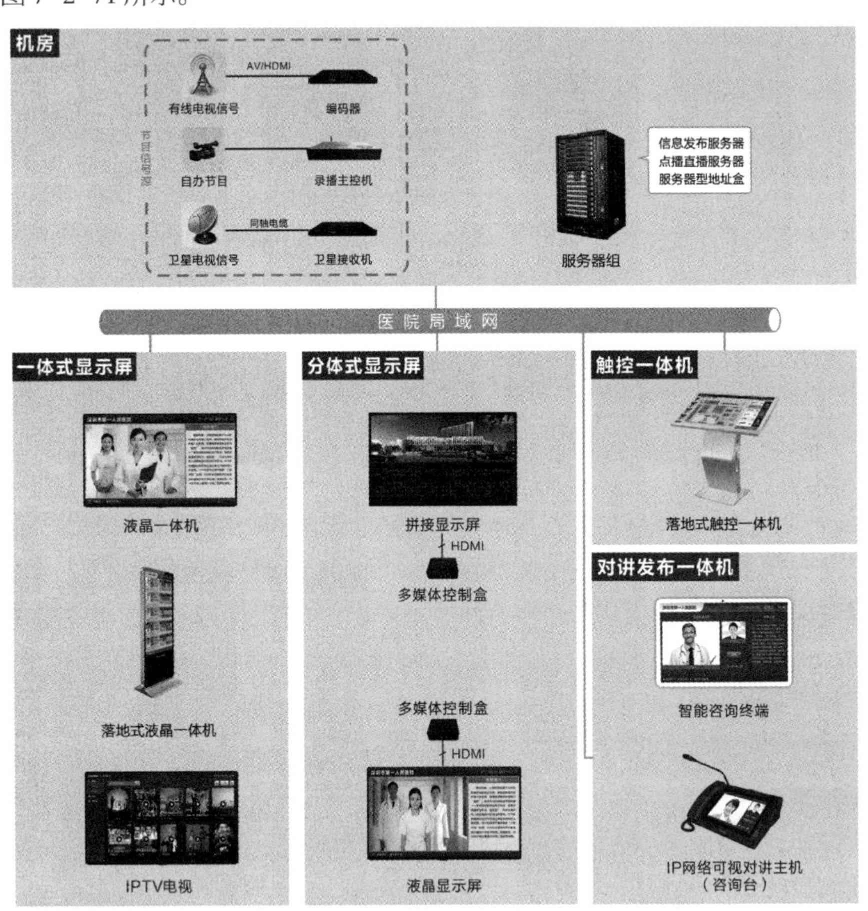

图7-2-71　公共信息发布与多媒体查询系统

二、系统主要功能

1. 多级架构、权限划分

设备终端可按照医院行政架构或区域分布划分多个级别的分组，将用户与若干设备分组绑定，限制其管理范围，且不同角色在系统中发挥不同的权力，使得整个系统能够有条不紊地运行。

2. 编辑预览

所有发布内容都可通过管理后台在线编辑，单一屏幕上可划区域展示不同类型的素材，如音视频、文档、电视直播、天气预报等，过程中可直接在线播放预览，以方便调整贴近预期效果。

3. 任务安排

用户可以指定设备、指定时间播放，在后台形成节目日程安排，所有屏体按照日程安排自动下载更新节目，使不同的屏体在不同时段按计划展现不同的内容。

4. 发布审核

对于已经提交的发布任务，具有审核权限的用户有权对其发布内容进行审核，只有审核通过后的内容才能在终端中播放。

5. 统一控制

系统中终端设备众多，可以在管理后台实现统一的管理，如设置定时开关机任务、音量调节、批量升级等。

6. 信息查询

系统还可以接受医院信息系统中的各类数据，为来院人员提供自助查询服务，如药品价格信息、专家医生排班等，以及其他便民服务，如院内地图导航、人体自助导诊等。

7. 人工咨询

来院人员可通过系统中的智能咨询终端呼叫到服务台，寻求人工服务帮助。

三、技术要点

1. 系统对接

医院信息发布及查询系统大部分显示和查询内容需与医院信息系统（HIS、LIS、PACS）同步，实时显示和更新数据信息，因此要求该系统能无缝对接医院信息系统。

2. 不同位置的安装使用

由于医院的特殊性，既需要满足多样化信息发布和信息查询，又需要照顾到患者或家属观察和使用时的便利性、可操作性、实用性等需要，实现整体播放及多样化的信息查询效果。因此，在硬件设备选择、点位设计、安装位置及网络布线方式等方面必须满足其多样化的需求。

3. 综合平台统一管理

医院信息发布系统及多媒体查询系统规模较大、点位分布不均、播放内容不一、查询内容多样化等，且各管理部门较分散，需要完善的技术手段实现统一管理。

4. 发布和查询内容需准确

由于医院信息发布和信息查询面向社会公众，要求准确可靠，因此，该系统无论从软件架构、网络结构到硬件设备，都必须优先考虑安全性；其播出和查询的内容信息必须保证正确、准确、可靠、合法，不会因为操作人员的失误或者黑客非法攻击而导致发布和查询错误的或者非法的信息。

5. 线路预埋和设备选型

医院信息发布系统及信息查询系统均为网络架构，需在综合布线时对信号线及电源线进行预埋，常见方式主要为预留信息口和强电盒子，设备链接到接入层交换机时需考虑网络设备带宽；设备选型多以安装位置和实用性考虑为主，如电梯口常见信息发布设备主要为 22/32 英寸 LCD，而药房及挂号窗口等主要考虑 43/49 英寸 LCD 或双基色 LED 点阵，双基色 LED 显示屏主要用于显示文本内容，门诊大厅通常为全真彩大屏。

第二十节　医院智能化系统管理与维护

一、项目管理

智能化系统的管理有其专业性，智能化系统工程涉及20余个子系统，按专业大致可以分为通信网络、安防系统、多媒体发布、楼宇自控、医疗专用、机房工程、信息化软件等几大部分，这几个部分的专业差别都非常大，如果要深入管理，则应设置不同的专业工程师分工负责；如果是一般的工程安装管理，则设置专业工程师即可。

对较小规模的改扩建项目，智能化系统工程没有核心机房，子系统以扩建为主，则有专人负责即可；对于较大规模的医院工程项目，特别是新建工程或迁建工程，复杂程度也是一般小规模医院工程无法比拟的，则应分专业派设管理工程师进行管理，这样才可以管理到位。

有的较大规模医院智能化系统工程，可能是分标段建设的，多家单位实施。对于规模不大的工程，有时虽然是一家单位总包，但也常常存在劳务分包，委托调试的现象。因此，其工程的技术管理难度相当大，加之与其他相关专业的众多接口，与各专业工程的协调配合就显得至关重要。

按照ISO 9001的工程质量规范要求，智能化系统工程管理包括很多方面，其中较为突出的是施工管理、技术管理和质量管理，需要建立文件报告制度，一切以书面方式进行记录、修改、协调等。

（一）现场施工管理

工程施工是一种综合性很强的管理工作，关键在于它的协调和组织作用，也包含其他专业的管理内容，其主要内容如下。

1. 施工的进度管理

医院智能化工程施工进度是伴随着土建进度的，通常是在土建总包工程进度计划的大前提下，智能化系统排一个自身的施工进度表，并画出网络进度横道图，以此直观地显示各个工作节点，以方便检查和管理。

智能化工程施工进度表是建立在施工顺序的基础上，其施工顺序主要包括以下几个阶段，即材料准备、人员进场、管线施工、设备订货、设备报验、设备安装、子系统调试、试运行、培训和竣工验收。

围绕着施工进度计划来组织施工人员，设备材料供应，以及协调与土建工程、强电安装、装修工程等相关专业的配合。任何一环的问题都可能响着其他工序的施工，最终影响整个工程的施工进度。因此，工程进度管理是工程管理的核心，以每周例会的方式来检查各专业工序的进展情况是最常用的做法，通报进展，提出要求，安排计划是会议的主要内容。当然奖惩措施也是必不可少的。

2. 工种接口界面的协调管理

工种接口界面的协调管理包含相关系统的技术接口制定，子系统和工种施工界面的协调配合两部分的内容。

由于智能化系统集成性和整体性决定了各子系统间必然存在接口配合，这在设计交底时已经明确，施工过程一定要注意提前协调，最好是以书面方式确认，并多方保存。智能化系统与相关工种间的接口也可做类似处理，其中，最常见的楼宇自控系统与受控方的接口配合常常因为配合不到位，使若干功能无法实现。

子系统和工种间施工界面多表现为交互双方已各自完成，但系统不能正常使用，原因是其中一段工作未完成或是已完成但没有协调好，无法使用；如弱电设备已安装到位，强电配电已完成，但由于位置不正确而用不了等。

在智能化系统工程施工内部，以及机电安装和装修工程的施工内容界面上的划分和协调工作，将直接影响工程的进行以及功能的实现。一般通过各子系统设计方协调；工程负责人开调度会的方式来进行约定，并以做纪要的方式来管理。

3. 施工的组织管理

施工组织管理是根据施工进度计划，来适时地管理工程人员、技术人员、安装工人和调试工程师的人数，安排这些人员进场的时间，避免造成不必要的劳动力浪费和增加人工成本。

施工进度计划受多种因素影响，进度计划横道图上的任何一家施工单位没有跟上计划，都可能影响其他单位的进度和人员安排。适时调整和准备备用人员是施工组织很重要的一方面，因自身或非自身原因而造成的突击赶工期在智能化工程中很常见。

4. 施工现场安全的管理

安全重于泰山，严格贯彻、落实和执行《中华人民共和国建筑法》《中华人民共和国环境保护法》《中华人民共和国劳动法》《建设工程安全生产管理条例》等法律、法规，及《建筑施工安全检查条例》的相关规定和各项措施。

智能化系统工程施工现场安全多与强电、高空安装有关，以及与在工地现场复杂的环境有关，做好安全措施和防护，规范施工是经常需要强调的，现时设置安全员深入现场检查和纠正违章是管理的有效办法。

（二）工程技术管理

1. 技术标准和规范管理

智能化系统工程要在执行设计方案、到货检验和安装等环节上不折不扣，对照技术文件、有关的标准和规范，使整个智能化系统工程用到的设备材料、安装方式等都处于受控状态。

2. 安装工艺管理

智能化系统工程是一个技术性、工艺性都很强的工作，要做好整个工程的技术管理，主要要抓住各个施工阶段安装设备的技术备件和安装工艺的技术要求。现场工程技术人员要严格把关，凡是遇到与规范和设计文件不相符的情况或施工过程中做了现场修改的内容，都要记录在案，为最后系统的整体调试和开通，建立技术管理档案和数据。

3. 技术资料文档管理

智能化系统工程的技术资料文档是工程各阶段实施的依据，也是工程实施过程的真实记录。

技术资料文档主要包括各智能化子系统的施工图纸、设计说明；设备材料的产品说明书、合格证、设备材料报验单；工程过程中各阶段的隐蔽工程验收资料；施工过程中的会议纪要，技术变更联系单和工程变更联系单；子系统的检测报告、第三方检测报告；各子系统的调试大纲、系统试运行报告、培训计划书、培训签字记录；整个智能化系统工程的竣工图纸。

技术资料文档都要求按规定进行系统的收集和保存，资料管理是工作管理的重要内容之一，这也是工程竣工时提供竣工资料的依据。为了能够及时向工程管理人员提供完整、正确的上述技术文档，应该建立技术文件收发、复制、修改、审批归案、保管、借用和保密等一系列的规章制度，实施科学有效的管理。

（三）智能化系统工程的质量管理

建筑智能化系统工程质量管理是一项非常重要的内容，具体包括：施工图质量管理、设备材料的质量管理、安装工艺的规范管理和系统的检验与测试管理四个部分。

1. 施工图质量管理

（1）施工图的规范化和制图的质量标准。

（2）施工图的图纸深度要求。

2. 设备材料的质量管理

（1）设备材料的进场报验与多方签字。

（2）设备材料的领用记录检查。

（3）安装完成后的设备抽查与复核。

3. 安装工艺的规范管理

（1）管线施工的规范与质量检查、监督。

（2）穿线施工的质量检查和监督。

（3）现场设备或前端设备安装质量检查和监督。

4. 系统的检验与测试

（1）智能化子系统的自检记录检查。

（2）系统的第三方检测记录与报告检查。

（3）系统验收的步骤和方法。

（4）系统验收和质量标准。

（5）系统操作与运行管理的规范要求。

（6）系统的保养、维修的规范和要求。

（7）年检的记录和系统运行总结等。

执行 ISO 9001 系统工程质量体系，贯穿在智能化系统的整个工程实施过程之中，切实做好质量控制、质量检验和质量评定。

质量管理体系除了施工单位内部建立之外，还需要专业的智能化监理的质量监督管理和业主方的参与和协调。

二、系统维护

完成医院智能化系统工程建设后，应该做好智能化系统的运行和维护，这是摆在许多新建、迁建或改扩建医院面前的工作。系统正确维护，可防止在使用过程中发生不应有的损坏，充分发挥智能化设备设施的潜力和使用效益，延长其使用寿命。

（一）维护方案编制

智能化系统维护具有专业性，需结合智能化单位系统管理的经验，制定维护方案。一般采用医院自我维护与第三方服务相结合的方式。

1. 维护内容

（1）由工程技术维保部门专业技术主管介入，熟悉设备性能及隐蔽线路走向，确保熟悉该系统的操作及维护。

（2）为系统中所有的器件、配件建立详细技术档案，包括型号、规格、技术参数、工作条件、生产厂家、就近售后服务部等。

（3）采取日常巡视及定期保养相结合的管理方式，确保设施设备安全运行。

（4）建立运行与维护档案。

2. 维护措施

（1）建立设施设备台账及技术档案。

（2）建立智能化系统的年度维护保养计划，做好日常巡视与定期保养。

（3）建立一支高素质的设备运行及维护队伍。

（二）工程商售后服务

智能化系统工程竣工后的质保期售后服务通常由工程商或厂家提供，一般是由工程商牵头进行。售后服务除了是对系统和设备的保障，同时也是智能化系统前期培训的延伸，尤其对系统维护管理员来说，利用1 ~ 3年的质保期间，对系统的一些疑问和系统故障的处理措施等，可以再次向工程商（含厂家）进行咨询或在实践中学习。

售后服务体系一般在合同签订时或是在竣工验收前确定，工程商一般有售后服务承诺，医院可以根据需要，在竣工前就细节再行与工程商协商，确定最终的售后服务体系。售后服务体系应尽可能周全，并有详细的规定，具体应包括以下几部分。

1. 质保期的售后服务措施

工程商（含 厂家）的质保期售后服务是智能化新系统初期运行和检验设备质量的一项保证措施，通常质保期为1 ~ 2年，这在合同签订时已经约定。一般是从竣工验收后的第二天开始计算时间。在质保期结束前，应对系统进行一次全面检查，质保期满后，应约定是否继续提供系统有偿维保服务。

2. 故障响应时间约定

售后服务应实行X小时响应，并在尽可能短的时间内给出处理策略。保修期内，系统故障应先行电话等远程指导解决，如果不行，应在约定时间内派工程师来现场处理；产品因质量问题出现故障，应在约定时间内修复或调换，关键设备应考虑使用备品；尽可能减少因设备故障带来的损失，确保系统正常运行。

3. 设备硬件和软件的维护服务

（1）硬件。系统质保期内对系统进行免费维修保养，同时按照要求安排定期维修保养。对所有系统设备进行定期维修及检查，根据用户需要对系统进行调整；协助检查各类设备的操作程序，对各项系统操作时可能发生的事故，制定相应的预防、应变和保护措施；维修保养说明应包括全部设备所需求的运行、维修保养和操作说明等。

设备的维护不仅是故障后的修复，还应考虑关键设备的定期维护与保养，及时发现问题，避免造成损失。

（2）软件。软件系统的调试和维护。有针对性地对软件进行一定的版本内升级和适度的二次开发，保证使用软件不落后，为用户提供高质量的系统服务。

应用软件服务是指针对客户的独特情况和特殊要求提供的服务，其中包括：软件适当的调整、备份与恢复服务、业务恢复服务、技术研究、应用开发与培训。

（三）智能化系统培训

智能化系统的培训是智能化系统建设中的一个重要环节，在正式接手系统进行操作和维护之前，必须经过规范的对应培训。

做好智能化系统的培训，应考虑以下几个方面。

1. 培训计划

智能化系统的培训计划应包括培训对象、培训目标、培训时间、培训内容、培训老师、培训地点等相关内容，形成完善的培训计划。

培训对象之一是系统操作人员，即主要是为确保各岗位操作人员规范使用系统而进行的培训。

培训对象之二是系统维护工程师，根据需要也可分为高级或初级、软件或硬件工程师，即主要是对系统运行的维护和保养的技术性培训。

培训时间包括培训时长和开始时间。培训时长通常开列不同内容课程时长，详细的时间表；培训开始时间，包括集中授课的时间和现场操作培训的时间。

为系统维护考虑，最好的方法是院方在工程开始时即派工程师跟踪学习，不仅熟悉系统管线安装情况，而且可以从底层了解系统的组成和原理；还可以参与系统调试，到竣工验收时，也完成了整个系统的学习。

2. 操作手册

对操作人员的培训除了演示外，还应建立书面的系统操作使用手册，供操作人员对照学习与练习；因为对系统管理人员的培训相对复杂，因此，编制各子系统的维护手册也是文档管理的重要方面。

对一些进口设备的使用手册等随机资料，工程商也需要对必要的资料进行翻译，尽可能方便院方的使用和维护。

（四）系统操作管理规章制度

为保证智能化系统的正常运行，必须制定严格、周密、具体、全面的规章制度，医院方可以在智能化设计方、工程商的协助下，制定各岗位的操作、维护和保养规章制度，以及其他相关管理制度。

规章制度的建立旨在规范智能化系统的可靠、稳定运行的人为因素和环境因素，除了将操作使用规程制度化，还要从预防的角度出发，制定一些系统操作维护以外的结合单位管理的人文措施。

规章制度除了制定规范使用操作流程和维护操作流程，还应制定相关预防性的保养制度，如制定日查、月检、季维护、年度大修式的维护制度和方法，将非计划性的维护维修变为有计划性的维护维修。

突发事件应急措施或称为应急预案，是目前各级政府大力提倡的一项事情，医院作为一个社会公共卫生保障单位应急保障措施具有特殊意义。智能化系统应从系统故障、停电、灾难等几个方面制定应急预案。

除以上谈到的制度外，还应考虑完善的管理制度有：值班制度、值班人员工作行为准则、保密制度等。

（五）医院后勤等部门对系统的接管

建设一套完整的医院智能化应用系统不容易，但是，要管好它更不容易，传统的后勤班组在这方面的人才和知识技术基本上是零，施工队伍一撤离，各部门就急着谈后续维保、维保合同签订后，维保单位说换什么就换什么，还不能随意更换维保单位，否则，系统资料缺失而无法维修或是成本代价很高，建议院方直接更换系统，这一过程是很多新建医院走过的老路，这些告诉我们一个事实，就是医院智能化系统的维护与管理必须等同于日常水电维修，必须建立和保有一支自己的队伍和骨干力量，否则，不但事倍功半，而且这些系统的实际应用功能基本上是闲置，或是无法发挥应有的功效。

这项工作必须从竣工验收后的接管开始，要将专业施工方的培训工作与院方的接收接管工作有机统一起来，首先是技术资料的交接，要按下面引领的思路来接收，才是真正意义上的交接。

（1）按每个系统建立其技术管理的设备运维档案，包括系统功能概述和核心参数、主要构成、原理框图、主要设备图片、运维要点等，如图 7-2-72 所示。实现弱电系统管理精细化管理，便于查阅和实现全生命周期的运维。在项目培训与交接过程中以此为模板，要求施工方按此完整提供，对项目施工管理过程也可以灵活应用、精细管控。

（2）在各系统首页和子页都完善和交接后，后勤管理人员要在此基础上，继续建立每个系统的维护首页和子页，就像病案病历一样，可以让整个系统在其全寿命周期内，完整记录其每一个维修、调整和变化。

（3）扎实细致的接管工作就是开了一个好头，在模仿学习这一管理方法的同时，适当引进一批相近专业的大专及以上有一定理论基础的人才参与到这一过程中，假以时日，一支懂技术、会管理的专业队伍就建立起来了。

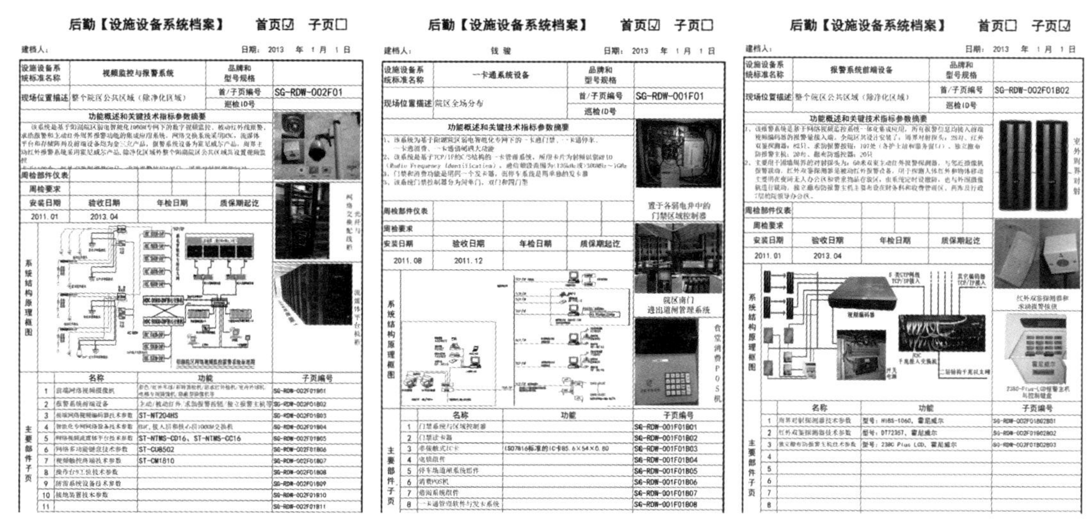

后勤【设施设备系统档案】 首页☑ 子页☐

建档人： 日期：2013 年 1 月 1 日

设施设备系统标准名称	视频监控与报警系统	品牌和型号规格	
现场位置描述	整个院区公共区域（除净化区域）	首/子页编号	SG-RDW-002F01
		巡检ID号	

功能概述和关键技术指标参数摘要

该系统是基于院区弱电智能化1000M专网下的数字视频监控、被动红外线报警、求助报警和主动红外周界报警功能的集成应用系统。网络交换系统采用H3C，流媒体平台和存储阵列及前端设备均为[illegible]产品，报警系统设备为霍尼威尔产品，周界主动红外报警系统采用霍尼威尔产品。除净化区域外整个院区公共区域均设置视频监控

周检部件仪表			
周检要求			
安装日期	验收日期	年检日期	质保期起讫
2011.01	2013.04		

系统结构原理概图

网络交换配线柜 光纤与

流媒体平台机柜

主要部件子页

	名称	功能	子页编号
1	前端网络视频摄像机	彩色/红外半球/[illegible]	SG-RDW-002F01B01
2	报警系统前端设备	主动/被动红外/求助报警按钮/独立报警主机等	SG-RDW-002F01B02
3	前端网络视频编码器技术参数	ST-NT204HS	SG-RDW-002F01B03
4	智能化专网网络设备技术参数	[illegible]1000M交换机	SG-RDW-002F01B04
5	网络视频流媒体平台技术参数	ST-NTMS-CD16、ST-NTMS-CC16	SG-RDW-002F01B05
6	网络多功能键盘技术参数	ST-CU8502	SG-RDW-002F01B06
7	视频输控终端技术参数	ST-CM1810	SG-RDW-002F01B07
8	操作台/工作站技术参数		SG-RDW-002F01B08
9	防雷系统设备技术参数		SG-RDW-002F01B09
10	线缆布置技术参数		SG-RDW-002F01B10
11			SG-RDW-002F01B11

后勤【设施设备系统档案】 首页☑ 子页☐

建档人：钱骏 日期：2013 年 1 月 1 日

设施设备系统标准名称	一卡通系统设备	品牌和型号规格	
现场位置描述	院区全场分布	首/子页编号	SG-RDW-001F01
		巡检ID号	

功能概述和关键技术指标参数摘要

1、该系统为基于院区弱电智能化专网下的一卡通门禁、一卡通停车、一卡通消费、一卡通借阅四大功能
2、该系统是基于TCP/IP的C/S结构的一卡管理系统，所用卡片为射频识别RFID（Radio Frequency Identification），通信频段范围为(135kHz或)300MHz～1GHz
3、门禁和消费功能是用同一个发卡器，而停车系统是用单独的发卡器
4、该系统门禁控制器分为单门、双门和四门型

置于各弱电井中的门禁区域控制器

院区南门进出道闸管理系统

食堂消费POS机

周检部件仪表			
周检要求			
安装日期	验收日期	年检日期	质保期起讫
2011.08	2011.12		

系统结构原理概图

主要部件子页

	名称	功能	子页编号
1	门禁系统与区域控制器		SG-RDW-001F01B01
2	门禁读卡器		SG-RDW-001F01B02
3	非接触式IC卡	ISO7816标准的IC卡85.6×54×0.80	SG-RDW-001F01B03
4	电锁部件		SG-RDW-001F01B04
5	停车场道闸系统部件		SG-RDW-001F01B05
6	消费POS机		SG-RDW-001F01B06
7	借阅系统部件		SG-RDW-001F01B07
8	一卡通管理软件与发卡系统		SG-RDW-001F01B08

后勤【设施设备系统档案】 首页☐ 子页☑

建档人： 日期：2013 年 1 月 1 日

设施设备系统标准名称	报警系统前端设备	品牌和型号规格	
现场位置描述	整个院区公共区域（除净化区域）	首/子页编号	SG-RDW-002F01B02
		巡检ID号	

功能概述和关键技术指标参数摘要

1、该报警系统是基于网络视频监控系统一体化集成应用，所有报警信号均接入前端视频编码器的报警量接入端。全院区共设计安装了：周界对射探头：28对、红外双鉴探测器：85只、求助报警按钮：107处（各护士站和服务窗口）、独立撤布防报警主机：20台、撤布防遥控器：20只
2、主要用于围墙周界的对射探头为：60米双束主动红外报警探测器，与邻近摄像机报警联动。红外双鉴探测器是被动红外报警设备，用于探测人体红外和物体移动，主要用在夜间无人办公区和贵重物品存放区，由系统定时设撤防，也与外围摄像机进行联动。独立撤布防报警主机主要布设在财务科和收费管理区，药库及行政7层的院领导办公区。

室外周界对射

红外双鉴探测器和求助报警按钮

2380-Plus-LCD报警主机与控制键盘

周检部件仪表			
周检要求			
安装日期	验收日期	年检日期	质保期起讫
2011.01	2013.04		

系统结构原理概图

主要部件子页

	名称	功能	子页编号
1	周界对射探测器技术参数	型号：HIBS-1060、霍尼威尔	SG-RDW-002F01B02B01
2	红外双鉴探测器技术参数	型号：DT7235T、霍尼威尔	SG-RDW-002F01B02B02
3	独立撤布防报警主机技术参数	型号：2380 Plus LCD、霍尼威尔	SG-RDW-002F01B02B03
4			
5			
6			
7			
8			

图 7-2-72 后勤运维设施档案示例

参考文献

[1]《中国医院建设指南》编撰委员会 . 中国医院建设指南 [M] . 北京：中国质检出版社、中国标准出版社，2015.

[2] 沈崇德 . 医院智能化建设 [M] . 北京：电子工业出版社，2017.

[3] 陈敏，周彬，肖兴政 . 现代卫生信息技术与应用 [M] . 北京：人民卫生出版社，2015.

[4] 陆伟良，沈崇德，许作民，等 . 实用医院智能化系统工程 [M] . 南京：东南大学出版社，2009.

[5] 杨叔颖 . 服务器虚拟化技术在数字化医院中的应用 [J] . 医学信息学杂志， 2015（02）.

[6] 丁锐 . 中小医院数据中心服务器群逻辑架构解决方案 [J] . 中国数字医学， 2015（10）.

[7] 李洁，许祖闪 . 服务器配置方式对医院信息系统业务连续性影响分析 [J] . 中国管理信息化，2014（5）.

[8] 胡桃 .EIB 智能照明控制系统的设计要点 [J] . 智能建筑，2011（11）：47-48.

[9] 赵婉祯，路程，郭晓岩 . 医疗建筑智能照明设计控制方案分析 [J] . 智能建筑电气技术，2012（4）：20-23.

[10] 谭西平 . 医用气体系统规划建设与运行管理指南 [M] . 北京：中国质检出版社、中国标准出版社，2015.

[11] 沈崇德 . 医院安防系统设计要点 [J] . 中国医院建筑与设备，2011（02）：18-22.

[12] 赵奇侠 . 医院交通组织停车设施规划与建设指南 [M] . 北京：研究出版社，2018.

[13] 孙炜一 . 物联网与智能建筑 [J] . 智能建筑，2014（12）.

第三章

医院信息化建设

王韬

王　韬　首都医科大学附属北京天坛医院信息中心主任

第一节　医院信息化建设规划设计

一、医院信息化建设概述

医院的信息化建设是指以实现医院科学管理、高效运营、优质服务为目标，运用信息和通信技术，依据医院所属各部门需求设计个性化的信息收集、存储、处理、提取、交换和共享能力，满足所有授权用户的功能需求。

医院信息化建设始终伴随着医疗服务流科改造和重建的发展过程，同时也为降低医疗服务运行成本，提高医疗服务的工作效率发挥了积极的作用。

信息化建设是医院管理的重要工具和手段，精细化管理方式是医院管理发展的方向，两者相辅相成，互为促进，共同发展。在数据引领未来的大数据时代，信息化建设地位日益突出，成为医院发展的必经之路。

医院的信息化建设起源于美国在 20 世纪 50 年代，至今已经经历了四个不同的阶段。

第一阶段：以收费系统为主的医院信息系统建设。

第二阶段：初级临床信息系统建设。

第三阶段：高级临床系统建设与推广，包括 PACS 系统、LIS 系统、EMR 系统及临床路径（CP）。

第四阶段：以电子病历为核心的健康档案（EHR）建设，同时美国政府提出建立国家健康信息网络（NHIN），实现医疗机构之间信息共享。

我国在 20 世纪 70 年代开始了计算机在医院业务中的应用，1973 年医科院肿瘤医院成立计算机室，开展了全国肿瘤疾病死因调查数据统计处理工作；

1986 年原卫生部成立计算机领导小组，将医院信息化建设工作提升到政府主管部门；1993 年原卫生部医院管理研究所开始组织实施国家“八五”重点攻关项目《医院综合信息系统研究》；1995 年原总后组织研发“军字一号工程”；2002 年原卫生部发布《医院信息系统基本功能规范》；2003 年原卫生部颁布《全国卫生信息化发展规划纲要（2003—2010）》；2007 年原卫生部公布了首批 20 家数字化试点示范医院，期望通过示范医院发挥带动作用，将现代化科学管理模式引入医院管理体系，推进全国医院信息化发展；

2016 年，中共中央国务院出台了《“健康中国 2030”规划纲要》，提出要建设健康信息化服务体系，包括完善人口健康信息服务体系建设，推进健康医疗大数据应用。同年国务院办公厅发布了《关于促进和规范健康医疗大数据应用发展的指导意见》，为今后我国医院信息化发展指明了建设方向。为促进规范全国医院信息化建设，明确医院信息化建设的基本内容和建设要求，2018 后 4 月国家卫生健康委员会发布了《全国医院信息化建设标准与规范（试行）》，着眼未来 5 ~ 10 年全国医院信息化应用发展要求，规范了不同级别医院信息化建设的主要内容和要求。

二、医院信息化建设的目标与任务

医院信息化建设的目标是围绕医院整体的战略目标而形成的，最终目的是实现数字化医院和智能化医院。

医院信息化建设的任务是建立能够满足临床、管理业务需求的信息化服务支撑系统，尤其是对医院精细化管理的支撑。

建设任务为目标服务，要实现对临床业务精细化管理目标，就需要通过一系列具体任务去落实，包括闭环管理等一系列优化医疗工作流程的系统开发与实施。改进医院管理模式是医院信息化建设的重点，也是实现医院精细化管理的前提条件。

三、医院信息化顶层设计

医院信息化建设的顶层设计是运用系统工程论的方法，从医院战略发展角度，从上向下对医院信息化建设进行整体梳理，制定医院信息化建设的整体技术框架。

信息化顶层设计对应信息化发展规划，规划是战略层面，具有总体目标和阶段性目标，实现这些战略目标需要技术方案，需要技术框架进行支撑。

信息系统的技术架构不能随便建，很多医院因为缺乏经验，基本是临床和业务部门需要什么，就开发对应的系统，缺乏整体统筹考虑，也没有顶层设计，因此，医院信息系统的整体架构极其混乱，信息不能共享，系统不能互通，各个系统均是自己的数据字典，科室编码、医生编码、患者编码、药品编码、卫材编码各不相同，医院信息化建设最后产生的数据也无法相互对照和呼应。

目前，国家卫生健康委员会推行的医院信息平台和互联互通测评，就是指导医院对原有的系统进行梳理，从顶层设计的角度重新理清医院信息系统的整体架构。

但是医院信息系统的顶层设计也是困难的，医院信息化建设是一把手工程，没有院领导的主动引领，信息化就没有全局的高度；没有医院的战略目标，信息化建设发展规划也无从制定。

数据及数据架构是顶层设计的核心。医院信息系统越来越多，业务流程也越来越复杂，但是数据的需求是不变的。患者服务需要数据、临床诊疗需要数据、科研需要数据、运营管理需要数据，数据是信息系统为业务系统服务的基础。数据是流动的，是按照业务流程进行有序的流动。因此，抓住数据和数据流这个核心，顶层设计就有了纲和目，就能纲举目张。

国家卫健委推行的集成平台和互联互通测评，提供了一个很好的数据梳理思路，通过医院互联互通的集成平台，实现统一的患者主索引（EMPI），再建立全院各系统的统一标准字典库，如科室、医生护士、药品、检查化验项目等，以及符合国际标准的数据交换格式，就可以实现全院各系统数据的互联互通，最后通过集成平台抽取数据形成临床数据中心（CDR）。

四、数据库及数据字典设计

数据库指的是以一定方式储存在一起、能为多个用户共享、具有尽可能小的冗余度、与应用程序彼此独立的数据集合。Excel表格也可以看作一种最简单的数据库，或者说，数据库是很多Excel表格的组合，当然，数据库中的数据需要相互关联的，不仅数据库中的每一张表格内的数据需要有逻辑关系，表格之间也需要有相互关联，才能实现数据的跨表利用。

数据库管理系统（DBMS）是为管理数据库而设计的电脑软件系统，一般具有存储、截取、安全保障、备份等基础功能。

数据库按照数据的管理方式分为关系型数据库和非关系型数据库。常见的关系型数据库有Microsoft SQL Server和Oracle数据库，关系型数据库内的数据是按照数据属性放在各自的表格内。非关系型数据库有Mongo DB和Cach é 数据库，非关系型数据库内数据是按照主题将各个不同数据属性的数据存放在一起。

数据字典是指对数据的数据项、数据结构、数据流、数据存储、处理逻辑等进行定义和描述，其目的是对数据流程图中的各个元素做出详细的说明。简而言之，数据字典是描述数据的信息集合，是对系统中使用的所有数据元素的定义的集合。

数据字典是信息标准化的基础，信息系统中的数据尽量需要调用数据字典，而尽可能少的使用自由文本录入。这样数据库中数据才能有一致性和标准性，在科研病历中数据的一致性和标准性非常重要，因为即使病例数量再多，如果每个病例的数据缺乏一致性将无法用于今后的分析与利用，这样的数据就是垃圾。因此，数据字典应该尽量覆盖病例资料的各个方面，不能有遗漏和缺失，如何确保数据字典没有遗漏和缺失也是一件困难的事情，这需要对信息系统涉及的业务流程进行梳理和数据建模。

数据字典包括国家标准数据字典、行业标准数据字典、地方标准数据字典和用户数据字典。为确保数据规范，信息分类编码应符合我国法律、法规、规章及有关规定，对已有的国标、行业标准及部标的数据字典，应采用相应的有关标准，不得自定义。使用允许用户扩充的标准，应严格按照该标准的编码原则扩充。在标准出台后应立即改用标准编码，如果技术限制导致已经使用的系统不能更换字典，必须建立自定义字典与标准编码字典的对照表，并开发相应的检索和数据转换程序。

数据字典的设计首先必须进行数据建模。

数据建模指的是对现实世界各类数据的抽象组织，确定数据库需管辖的范围、数据的组织形式等直至转化成现实的数据库。

具体地说，数据建模就是基于业务流程分析，形成对应的数据流程，并且需要描述清楚，流程中各个数据之间的相互关系。它是一种用于定义和分析数据的要求和其需要的相应支持的信息系统的过程。

五、数据流程设计与业务流程优化

数据流程设计是基于业务流程分析的基础，从中抽取出对应的数据流，并且绘出数据流程图，业务流程图与数据流程图的一个对应关系，业务流程是基础，数据流程是结果。但是，具体在进行数据流程设计时，应该注意一个重要的问题，就是流程优化。信息化建设不是一个简单地将手工流程电子化的过程，其中涉及业务流程的改进与优化，因此，一定要在数据流程设计之前，与业务部门进行沟通与协商，先期设计好新的业务流程，这样数据流程才是合理的。

第二节　信息化组织机构与管理制度建设

一、信息化组织机构建设

医院信息化建设应坚持“一把手”负责的原则，由医院院长负责医院信息化建设工作，并由医院决策层相关领导、医院信息化领域的知名专家，以及医院其他相关部门负责人为主要成员组成医院信息化工作领导小组（或委员会）（以下简称领导小组）。主要涉及的负责人有院长、主管副院长、信息中心主任，以及人事、医务、护理、科研、教育、财务、器材（设备）等相关职能部门的负责人。

二、信息化管理制度

医院信息化工作的制度建设是医院信息系统基础设施安全运行与有效管理的重要保障。医院应对规章制度的实施情况及效果进行定期检查，并根据检查结果及时调整。

信息化管理制度大概包括 17 个方面的内容：

（1）计算机机房安全管理；

（2）安全责任管理；

（3）网络安全漏洞检测和系统升级；

（4）系统安全风险管理和应急处置；

（5）操作权限管理；

（6）用户管理；

（7）重要设备、介质管理；

（8）信息发布审查、登记、保存、清除和备份；

（9）信息群发服务管理；

（10）信息系统建设、测评、备案；

（11）文档管理；

（12）沟通和合作；

（13）人员管理；

（14）安全意识教育和培训；

（15）医院信息系统监控中心管理制度；

（16）产品采购和使用；

（17）产品外包服务。

三、信息中心岗位设置

医院应根据上级主管部门对信息中心的定编指标，并结合实际情况，确定相应的人员编制和岗位设置，可根据实际情况定期调整。

（1）数据库（安全）管理人员。

（2）网络（安全）管理人员。

（3）系统（安全）管理人员。

（4）安全审计人员。

（5）安全保密管理员。

（6）机房管理人员。

（7）应用系统操作人员。

（8）资产管理人员。

（9）信息安全管理主管。

（10）程序员。

（11）现场技术支持人员。

（12）服务台。

（13）数据分析师。

（14）系统建设项目调研与实施人员。

（15）技术培训人员。

第三节　医院信息系统及功能简介

一、门急诊建卡系统

患者在就诊前必须办理就诊卡，就诊卡是患者就诊全过程的唯一身份识别。办卡的同时医院信息系统生成唯一 ID 来标识此患者。医保患者首次就诊的，需要将医保卡和就诊卡进行关联，关联之后的就诊卡和医保卡均可用于挂号、候诊、结算、预约、各项检查、取检验报告、取药、查询等。

二、门急诊挂号及预约系统

门急诊挂号及预约系统是协助门急诊完成挂号和预约挂号的信息系统。

在医院门诊医疗服务过程中，挂号是诊疗流程的起始环节，挂号窗口设置是否合理、挂号方式是否多样化，直接影响着患者在门诊大厅滞留时间的长短，是影响医院就诊环境和患者满意度的重要因素。

目前我国院内挂号由银医通、诊后预约、挂号预约平台、移动终端挂号四种方式构成。

三、门诊导医叫号系统

门诊排队叫号系统成为改善传统排队中拥挤无序问题的有效手段。

门诊排队叫号系统由挂号及叫号部分、显示及播音部分、接口部分、传输部分、支持部分、后台处理部分等组成。

四、门诊医生工作站及电子病历系统

门诊医生工作站是协助门诊医生完成日常医疗工作的计算机应用程序。其主要任务是处理门诊记录、诊断、处方、检查、检验、治疗处置、手术和卫生材料等信息。

门诊医生工作站以电子病历为中心，为医生提供高效的电子病历和电子处方管理平台，并为以后的病历统计分析提供有效的手段，对提高医院管理和医生的医疗水平起到了重大的作用；为患者建立起连续系统的就医资料，提高对患者的诊疗与服务水平。在实施门诊医生工作站系统后，医生可以方便地获取患者既往的就诊记录、既往病史、用药记录、检查检验报告、当前病情发展情况、各种检验检查结果等，通过计算机下达处方和各种检验检查申请，记录患者病情及发展变化情况，如果在诊断时遇到疑难杂症，利用计算机进行辅助分析；同时方便地获取相关医疗知识，查阅各种疾病的诊疗常规、药物信息、检验信息等医学数据。

五、门诊收费系统

门诊收费为门诊就医流程的关键环节，其目标是准确、方便、快捷地完成门诊患者的划价及缴费。门诊收费系统实现了从单机收费系统到联网收费系统的转变。联网收费系统是国内目前中、大型医院普遍采用的一种类型。该系统功能相对单一，通过读取医保卡或者就诊卡等，提取患者 ID 并读取医嘱获取该患者的收费项目并进行划价，患者通过现金或者刷卡完成支付，部分医院将收费系统与医保系统联网，实现了医保患者的实时报销，患者只需支付自费部分。

部分省市的医院支持微信、支付宝等日趋流行的支付方式，用户直接通过微信或者支付宝缴纳自费部分，医保记账部分则由系统自动扣除，医保缴纳部分明细也将第一时间通过微信或者支付宝推送给用户，医院以上新支付方式的开展对现有的支付方式形成了有效补充。

六、检查预约系统

为了解决挂号难、排队长的问题，探索门诊全预约服务模式，通过诊间预约复诊或者各项检查。医生问诊后选择相应的复诊或者检验检查日期，完成就诊后打印一张检查预约明细单给患者，检查预约明细单上清楚列出患者复诊时间或者需检查的项目及预约的日期，并在备注栏列出注意事项。

七、门诊抽血管理系统

依据门诊医生工作站开立的检验申请单，生成采血管条形码，对门诊采血进行流程化管理。具体包括护士人工核对、选管、贴标、送检和分拣等步骤。近年来智能化采血已经成为主流，该系统革新了原来患者拥挤排队，使采血工作变得更加简化、高效、准确。

智能采血管理系统由排队叫号、试管自动贴标、试管输送和试管分拣四个子系统组成。

八、门诊发药管理系统

依据医生工作站开立的处方，给患者发药的系统。

患者持医嘱单缴费后，再去药房发药处交医嘱单，然后到取药窗口进行排队取药。患者从支付到拿到药品需要经历三次排队过程，低效的排队取药过程是造成“三长一短”的重要原因。近年来，不少医院在进行积极尝试，通过流程优化和信息化手段来缩短排队时间，如在收费过程中同时完成取药报到，药房此时开始配药，患者在缴费手续完成后直接到指定窗口排队取药。虽然会由于小部分患者缴费后未取药造成少量的配药冗余，但很大程度上会缩短大部分患者的等候时间。

九、门诊手术管理系统

依据门诊医生工作站开立的手术医嘱，进行门诊手术的信息化管理。

实现对门诊手术申请、预约、审核、手术记录、医技病理等诊疗数据填充完整病历的全流程闭环数字化管理模式。

十、急诊留观医生工作站

对急诊留观病人进行医嘱处理的系统，包括开立长期与临时医嘱，各种检查与化验申请单，留观病程记录等。与住院医生工作站功能接近，具有长期医嘱功能，而且需要支持留观病程记录。而急诊流水医生工作站与门诊一致，只有临时医嘱，也没有病程记录。

十一、急诊输液管理系统

这是用于急诊护士对需要输液病人进行管理的系统，需要对接医生的医嘱，生成每个病人的输液单以及对应的条形码，护士在执行前和完成后均需要扫描患者腕带和输液单上的条形码进行核对。

十二、急诊护士工作站

急诊护士工作站包括三种模式：急诊分诊护士站、急诊治疗护士站、急诊留观护士站。

急诊分诊护士站主要用于新患者的分诊和患者基本信息的录入和发卡。

急诊治疗护士站主要用于急诊输液病人的管理，功能见急诊输液管理系统。

急诊留观护士站类似于住院护士工作站，主要对留观病人进行管理，主要功能有：急诊手环打印；用药核对；治疗单及输液单打印；抽血条形码打印；查询医生开立医嘱、病历、诊断；病历打印；急诊护理记录；生命体征录入；不良事件上报等。

十三、体检信息系统

体检管理信息系统，是通过软件实现提取相关检测仪器数据，将体检检查结果登记到计算机系统中，通过软件系统进行数据分析统计与评判，以及建立体检相关的体检档案，从而实现体检流程的信息化，提高工作效率，减少手动结果录入的一些常犯错误。将体检过程中发生的信息，如管理信息、体检信息、服务信息等，利用网络和数字化技术进行采集、传输与处理，用信息系统对健康状态进行数字化描述，综合评价健康指标，并制定服务方案的活动过程。支持这个活动过程的技术体系称为“体检管理信息系统”。

十四、检验信息系统

LIS 即检验 / 实验室信息系统，它是医院信息管理的重要组成部分之一。LIS 系统逐步采用了智能辅助功能来处理大信息量的检验工作。LIS 系统不仅是自动接收检验数据，打印检验报告，系统保存检验信息的工具，而且可根据实验室的需要实现智能辅助功能。随着 IT 的不断发展，人工智能在 LIS 系统中的应用也越来越广泛。

1. LIS 系统组成

临床检验系统（LIS）是协助检验科完成日常检验工作的计算机应用程序。其主要任务是协助检验师对检验申请单及标本进行预处理，检验数据的自动采集或直接录入，检验数据处理、检验报告的审核，检验报告的查询、打印等。系统应包括检验仪器、检验项目维护等功能。实验室信息系统可减轻检验人员的工作强度，提高工作效率，并使检验信息存储和管理更加简捷、完善。

系统由系统维护、主任查询、标本处理中心、生化系统、微生物子系统、血液病实验室子系统、试剂管理等模块组成。

2. LIS 系统功能

（1）充分采用条形码技术，为检验科室建立开放式的网络数据库平台。

（2）实现与各类检验仪器接口数据的通信功能，完成检验日常工作、信息发布、与其他科室及外单位的信息交流。

（3）与全院管理信息系统互联，实现全院信息的高度共享。

（4）实现检验报告无纸化传递，真正做到杜绝漏单、缺项，提高工作效率。

（5）实现检验科办公管理科学化、规范化。

（6）强力支持医院科研及教学工作。

十五、医学影像系统

医学影像系统是处理各种医学影像信息的采集、存储、报告、输出、管理、查询的计算机应用程序。PACS 全称为影像存档与通信系统。PACS 系统是随着数字成像技术、计算机技术和网络技术的进步而迅速发展起来的，旨在全面解决医学图像的获取、显示、存储、传送和管理的综合系统，是医院信息管理系统的重要组成部分之一。

PACS 是应用于医院的数字医疗设备，如 CT、MR（核磁共振）、US（超声成像）、X 光机、DSA（数字减影）、CR（计算机成像）等设备所产生的数字化医学图像信息的采集、存储、管理、诊断、信息处理的综合应用系统。

PACS 在医院影像科室中迅速普及开来，如同计算机与互联网日益深入地影响人们的日常生活，PACS 也在改变着影像科室的运作方式，一种高效率、无胶片化影像系统和云影像系统正在悄然兴起。在这些变化中，PACS 的主要作用有三个：连接不同的影像设备；存储与管理图像；图像的调用与后处理。不同的 PACS 系统在组织与结构上可以有很大的差别，但都必须具备这三种类型的功能。

十六、电生理信息系统

电生理系统能够实现对各种心电、电生理设备（如心电图机、心电采集盒、动态心电、动态血压、运动心电、耳声、肌电、脑电、胎监、肺功能等）的信息采集、存储、管理，同时提供人性化的报告编辑系统。通过与医院的 HIS 系统融合后，可以接受临床的电子申请单，临床医生工作站可以调阅心电图报告。改变了传统心电图检查流程，有效地提高了心电图室的工作效率和管理水平，为构建具有完整的患者诊疗信息的电子病历奠定了良好的基础。

十七、病理信息系统

病理信息系统（PIS）是病理科用于对病理标本和报告进行流程管理的信息系统。由登记、取材、切片、诊断、浏览、归档等工作站构成病理科业务工作流程，是实现病理检查申请、病理标本登记、取材信息管理、切片信息登记、病理诊断、图文报告、特检信息管理、归档管理、科室管理等功能的专业级应用系统，系统能够自动进行缴费判断、门诊和住院患者来源、手术及非手术判断，同时也能够支持电子申请单等无纸化流程，方便检查的同时，更能够实现对整个病理检查的质量控制。

十八、住院登记系统

住院登记系统用于患者办理入院的管理，是医院财务管理系统的重要组成部分。主要功能包括患者基本信息录入，住院押金管理，住院伙食押金管理，出院结算等。

十九、病区管理信息系统

病区管理信息系统是护士长对病区管理的信息系统。主要功能包括：护士排班，床位维护，换床管理，患者入科，患者出科等。部分医院，还包含了对药品基数管理，卫生耗材管理，后勤物资的管理以及病区固定资产的管理。

二十、住院医师工作站及电子病历

住院医生工作站是协助医生完成病房日常医疗工作的计算机应用程序。其主要任务是处理诊断、处方、检查、检验、治疗处置、手术、护理、卫生材料以及会诊、转科、出院等信息。

住院医生的医疗工作是全院工作的中心环节，与医院其他科室有着广泛的联系，住院医生工作质量的高低直接决定着医院发展的快慢，同时也是全院医疗质量的关键所在。因此，以住院医生临床业务为主的住院电子病历系统，也必然是医院信息管理系统中的核心部分。

通过将病人完整的、全方位的就诊信息进行综合呈现，构建“以病人为中心、以临床为核心、以医嘱为主线”的信息模型来支撑为患者服务的就诊流程，并通过提供各种主动式的诊疗信息集成服务，实现业务集成化、协同化、过程化、智能化管理，从而改进医疗质量，提高工作效率。

（1）患者管理模块：①病历管理；②患者列表；③消息列表；④患者详细信息。

（2）诊疗管理模块：①医嘱管理；②检查管理；③检验管理；④手术管理；⑤用血管理；⑥会诊管理；⑦病案首页；⑧临床路径应用；⑨病历文书。

（3）病历概览模块：①集成视图；②就诊导航；③患者索引。

（4）辅助业务模块：①模板管理；②各类查询统计管理；③登录管理；④其他管理；⑤字典控件管理；⑥系统升级管理；⑦系统后台管理。

住院医生工作站系统，通常会通过患者列表的形式展示患者基本信息和住院的状态信息，主要包括患者编号、姓名、性别、年龄、住院日期、在院天数、住院科室、住院病区、住院床位、主诊医生、医保类型、患者病情、护理级别等内容。

住院电子病历系统则需要管理病人从第一天入院到出院所有过程的医疗文书，包括入院志、首程、查房记录、知情同意书、会诊记录、出院病案首页等医疗文书。

二十一、临床路径信息系统

临床路径（CP）是指针对某一疾病建立一套标准化治疗模式与治疗程序，是一个有关临床治疗的综合模式，以循证医学证据和指南为指导来促进治疗组织和疾病管理的方法，最终起到规范医疗行为，减少变异，降低成本，提高质量的作用。

智能化的临床路径系统以流程指导、循证医学为理念，与医院原HIS系统、电子病历系统、护理系统，以及其他检查、影像、病理等系统进行数据交互，在医生诊疗过程中提供诊疗帮助。系统涵盖了患者自入院起的诊断、治疗、护理，以及回访统计与质量监控的全流程管理，最大限度地加大了资源整合力度，提高了医疗质量。系统按路径执行，并自动确认已完成的诊疗活动，在路径执行过程中发生变化时，系统提出问题库概念对临床路径的变异提供循证支持，从而变异更加灵活、可控，使所有路径变异成为临床路径执行的树状路径支点，均按变异流程来处理，不需要退出路径。

二十二、合理用药信息系统

合理用药是指患者收到的药物适合其临床需求，其剂量满足其个体需求，持续适当时间，且成本最低。

合理用药信息系统主要功能：为保证患者用药安全、有效、合理，系统应对医院临床用药进行全过程监督。

为临床医生提供药品使用说明、配伍禁忌、抗菌药品使用限制等功能；为临床药师提供抗菌药品审核、处方点评等功能。加强高危药品管理、控制抗菌药物的过度使用；规范药物使用管理机制，推进临床合理用药，提高处方书写的规范性，提高药物临床使用的适宜性。通过计算机技术实现医嘱自动审查和医药信息在线查询，及时发现潜在的不合理用药问题，预防药物不良事件的发生。系统要实时审查药物相互作用、注射液配伍、药物过敏史、老年人用药、儿童用药、妊娠期妇女用药、哺乳期妇女用药、超剂量给药、给药途径、同种同类同成分的药品开立。针对抗菌药物，规范抗菌药物临床应用行为，提高抗菌药物临床应用水平，促进临床合理应用抗菌药物；通过系统规避不规范处方、用药不适宜处方、超常处方。

合理用药信息系统需要与医院的其他信息系统高度融合，支持与其他系统共同完成临床药物使用的动态监控。合理用药信息系统要具有面向未来的良好伸缩性能，既能满足当前的需求，又能适应未来医院业务拓展、药品种类增加等情况。

二十三、护理工作站

护理工作站系统是提升医院管理水平的业务系统，医疗治疗过程的落实大部分是由护士来完成的。根据业务类型，护士工作站可分为门诊护士工作站和住院护士工作站。门诊护士工作站的功能主要为分诊和排班，门诊护士工作站逐渐被叫号系统所代替，这里不再做详细介绍。

住院护士工作站的功能主要是医嘱执行核对、护理医嘱录入、护理文书的管理等。随着移动技术的发展，护士工作站更多的操作迁移到移动护理系统中，移动护理系统更体现了对执行时间节点的管理，为闭环管理提供了便利。另外，特殊护理岗位也有着特殊的信息系统做支持，如重症监护信息系统。

住院护士站的主要管理针对患者的入出转、患者在院的就诊过程的管理，包括处方医嘱、检验医嘱、检查医嘱、输血医嘱、治疗医嘱等的转抄、执行等业务，同时对于护理处置、护理费用等进行后台划价，护士工作量统计等功能，为护士的工作带来了极大的便利。护士站系统是医院护理工作的主要业务管理系统，与周边多个系统有信息的交互，如 EMR、LIS、PACS、输血系统等都有信息交互，应该提供相应的集成平台交互接口。

（1）入出转管理。

（2）医嘱管理。

（3）出院带药医嘱。

（4）检查医嘱管理。

（5）检验医嘱管理。

（6）输血管理。

（7）处置护理及其他医嘱管理。

（8）护理记录。

（9）住院收费管理。

（10）医嘱执行单。

（11）摆药结果查询。

（12）病人信息查询。

移动护理系统是住院护士工作站的延伸，以护士工作站为基础平台，以移动设备 PDA 为载体，依托无线网络实现护理工作的床边服务，由于 PDA 屏幕较小，因此界面设计需要方便快捷，而且需要有数据传输的异步校验机制，确保在部分网络信号不好的病房也能稳定工作。移动护理系统简化了护士的工作流程并缩短了工作时间，大大提高了医护人员工作效率和数据信息的准确性与实时性。比如通过对医嘱执行进行实时跟踪，在患者床边记录体征信息，简化护理过程操作，提高护理效率。通过移动条形码扫描识别患者身份，在给患者输液、服药前对患者身份进行识别，完全杜绝医嘱执行中“给错药，输错液”等医疗失误的发生，从而有效避免医疗事故。

二十四、数字化手术室管理系统

数字化手术室是通过将先进的智能化、信息化等技术运用到洁净手术室，使得外科医生能够更好地获得大量与患者相关的重要信息，以及及时满足医院的医疗培训教学工作，同时便于操作，提高医疗效率。

与传统“封闭式”手术室相比，数字化手术室实现了信息的开放与流通。数字化手术室的技术核心是临床信息的一体化集成和内外通信，将手术所需要和手术过程中产生的大量数据集中展现在手术室，并且可以通过网络传送至数据中心，集中存储。术前检查的各类医学影像、生化生理指标、电子病历及患者的生命体征参数均可通过手术室内的终端显示；并可根据医生需要，有选择或集中显示在手术视野范围内，使医生可以在手术室内实时、便捷地集中获取大量与患者有关的信息，便于医生操作，有利于实施更为精准的手术，从而大大提高手术的效率和成功率。

数字化手术室，通常按配置的医学装备可分为如下五种类型：

（1）一体化手术室；

（2）MRI 手术室；

（3）机器人手术室；

（4）杂交手术室；

（5）复合型手术室。

高度集成的整体数字化手术视频示教系统、手术麻醉、手术护理等临床信息系统、手术室运行管理系统、手术物流管理系统、手术环境管理系统、手术相关服务系统为一体融合部署，高度集成，是未来的发展趋势。

二十五、麻醉管理信息系统

麻醉管理信息系统是指专用于住院病人手术与麻醉的申请、审批、安排以及术后有关信息的记录和跟踪等功能的计算机应用程序。医院手术、麻醉的安排是一个复杂的过程，合理、有效、安全的手术、麻醉管理能有效保证医院手术的正常进行。

手术麻醉临床信息系统需覆盖从患者入院，经过术前、术中、术后，直至出院的全过程。

通过与相关医疗仪器的设备集成，与医院信息系统的信息整合，实现围术期患者信息的自动采集与共享，把医护人员从烦琐的病历书写中解放出来，集中精力关注患者的诊疗，将更多的时间用于分析、诊断。

手术麻醉临床信息系统面向医护人员，解决患者诊疗信息的电子化记录问题，提高工作效率；同时面向医院管理层，通过数据提取与分析起到辅助医院管理、规范医疗行为、改善医疗服务质量的作用。

二十六、重症监护信息系统

重症监护信息系统是医院信息化建设的重要组成部分，是现代急诊医学及危重病医学与计算机软件工程相结合的产物，它是以患者为中心，以医护为主体，为治疗、护理等业务提供信息处理支援的计算机信息系统。为了充分发挥ICU人力和设备的功能，实现重症监护技术的大突破，需要高效、可靠的开发方法来建立ICU信息系统。以往ICU / CCU的护士需要对患者的体征参数及所采取的护理措施进行手记笔描，形成各种护理记录单，这不仅造成护士的工作量很大，而且也很难保证数据的完整准确。因此，能够与监护设备连接，将护士从过去手工采集的烦琐工作中解脱出来，自动采集病人的各种体征信息，是重症监护临床信息系统的重要功能。

重症监护信息系统包含ICU病情记录单和护理记录单。

ICU病情记录单主要功能：

（1）病人基本信息的获取。

（2）生命体征的采集。系统支持通过采集设备自动采集床旁监护仪器中的数据展示到体征显示区；采集频率常规为每小时一次；包括体温、心率、呼吸、血压（收缩压、舒张压）、血氧饱和度等生命体征项目。

（3）疾病监测项目。系统支持按照模板配置录入疾病监测项目，包括呼吸机模式、神志、瞳孔大小及光反射、GCS评分、血气分析等项目。

（4）出入量的记录。

二十七、输血管理信息系统

输血管理信息系统是对医院的特殊资源——血液进行管理的计算机程序。包括血液的入库、储存、供应以及输血科（血库）等方面的管理。其主要目的是，为医院有关工作人员提供准确、方便的工作手段和环境，以便保质、保量的满足医院各部门对血液的需求，保证病人用血安全。

输血管理信息系统基本功能：

（1）入库管理；

（2）配血管理；

（3）发血管理；

（4）报废管理；

（5）自备血管理；

（6）有效期管理；

（7）费用管理；

（8）查询与统计。

二十八、住院药房管理信息系统

住院药房管理信息系统是协助医院住院药房进行药品发放管理的信息系统。

主要功能包括：

（1）可自动获取药品名称、规格、批号、价格、生产厂家、药品来源、药品剂型、属性、类别和住院患者等药品基本信息；

（2）具有分别按患者的临时医嘱和长期医嘱执行确认上账功能，并自动生成针剂、片剂、输液、毒麻和其他等类型的摆药单和统领单，同时追踪各药品的库存及患者的押金等，打印中草药处方单，并实现对特殊医嘱、隔日医嘱等的处理；

（3）提供科室、病房基数药管理与核算统计分析功能；

（4）提供查询和打印药品的出库明细功能；

（5）可自动生成药品进药计划申请单，并发往药库；

（6）提供对药库发到本药房的药品的出库单进行入库确认；

（7）提供本药房药品的调拨、盘点、报损、调换和退药功能；

（8）具有药房药品的日结、月结和年结算功能，并自动比较会计账及实物账的平衡关系；

（9）提供药品的有效期管理、可自动报警和统计过期药品的品种数和金额，并有库存量提示功能；

（10）对毒麻药品、精神药品的种类、贵重药品、院内制剂、进口药品、自费药等均有特定的判断识别处理；

（11）支持多个住院药房管理；

（12）支持药品批次管理。

二十九、供应室管理信息系统

供应室管理信息系统是利用信息技术对供应室的灭菌物的全流程进行追溯管理，将回收、清点、开始清洗、结束清洗、打包、开始灭菌、结束灭菌、发放、使用的九大环节进行动态监控管理。每个消毒包都有一个唯一条形码，随消毒包在全院供应链中循环流通，通过条形码追踪到每个包的历史数据和当前状态。

供应室管理信息系统最大的特点就是闭环管理。具体包括：

（1）实现对消毒供应中心器械回收、清洗消毒、打包、存储、发放、使用等多个环节的跟踪和管理，信息可追溯，实现了信息快速流转、数据共享，便于规范化管理；

（2）采用预约申领机制，让消毒供应中心和临床科室之间配合更顺畅，交互流程更具可追溯性，发放时显示申领数与回收数，提高了工作效率；

（3）针对回收包的异常处理、报损等流程让器械管控更方便快捷，数字、原因精确，方便；

（4）对消毒供应室的器械包消毒人员的管理，工作量统计等功能能充分调动人员工作积极性，全流程操作记录能提高工作人员责任心，使医院对工作人员的绩效考核更准确；

（5）消毒包消毒完成后的扫描确认核对、发放前确认核对和配送消毒包的接收确认、使用前的确认核对能降低医疗事故风险。

三十、婴儿防盗信息系统

利用物联网技术，对产科病房的新生儿进行实时定位追踪和报警，防止婴儿被外来人员偷走；同时婴儿脚环传感器可以和母亲的手环传感器进行配对，防止婴儿抱错。

其原理是通过在医院安全区域安装信号接收装置和安全与非安全区域安装出口监视器，在婴儿身上佩戴可发送 RF 射频信号且对人体无害的电子标签实现安全监护功能。信号接收装置能随时接收到婴儿电子标签所发出的 RF 信号，据此信号判断婴儿安全状态，实现对企图盗窃婴儿行为及时报警提示并追踪信号。通过新生婴儿佩戴传感器脚环，服务器可根据串口信息自动跟踪每一个婴儿的位置，腕带被切断或出现脱落异常，会及时报警并自动关闭出口大门。

三十一、血液透析管理信息系统

血透管理信息系统向透析患者提供了与门诊住院不同的治疗流程的专业化支持，并提供完善的治疗质量控制解决方案。系统结合血液透析中心实际工作流程，为血透中心提供全方位的信息化管理解决方案，使血透治疗系统化、自动化、资料管理信息化，提高科室的工作质量、服务水平和经济效率，为患者提供更优质的医疗服务。

血透管理信息系统的内容包括新患者登记、专病首页管理、治疗计划管理、患者透析就诊及血管通路治疗等各工作场景，优化工作流程，提高病历质量及减轻透析医护人员工作负担，协助科室管理者解决以往工作中不能或难以发现的问题，及时了解整个科室的运行情况，进行科学决策。

三十二、高压氧治疗信息系统

高压氧治疗信息系统的主要功能如下。

（1）实现高压氧治疗全过程的信息化管理：高压氧治疗的预约登记；治疗计划、方案、过程、不良反应、结果、评价等治疗文书书写；治疗医嘱和处方下达；知情同意书管理；治疗过程监控和管理；治疗数据统计和分析；病人管理；科室管理、氧舱的使用和安全管理；病人随访；质量控制；电子病历信息共享、系统维护等。

（2）医生可直接访问电子病历，查阅门诊和住院病人的基本信息、医嘱处方、病程记录、检查检验结果、影像资料、治疗处置记录等诊疗信息；病人的高压氧治疗信息进入电子病历，可供临床科室医生查阅，了解病人本次和既往的高压氧治疗效果等相关信息。

（3）提供高压氧治疗信息系统与医院 HIS 相关系统的互操作，包括医院 HIS 的门诊医生站、病区医生站、门诊收费系统、住院收费系统、药房系统、合理用药监控系统、医疗材料管理系统、设备管理系统等，实现高压氧治疗申请、预约、登记、计价收费、药品和材料设备使用、结果报告等操作的网络化。

（4）通过管理系统了解高压氧科的患者结构、治疗舱次、不良事件、特殊病例、设备档案等信息，方便管理部门对氧舱的安全运行进行了解和监督，为高压氧舱设备的管理、科室人员的管理提供依据。

三十三、远程会诊系统

远程会诊是指上级医院专家与基层医院患者的主管医生，通过远程技术手段共同探讨患者病情，进一步完善并制定更具针对性的诊疗方案。功能通过远程会诊软件平台，集成视频会议系统、手术示教系统、网络系统硬件平台的功能来实现。

远程会诊的基本功能包括：

（1）会诊预约；

（2）会诊管理；

（3）会诊服务。

三十四、住院收费管理系统

是用于住院病人费用管理的计算机应用程序，包括住院病人结算、费用录入、打印收费细目和发票、住院预交金管理、欠款管理等功能。住院收费管理系统的设计应能够及时准确地为患者和临床医护人员提供费用信息，及时准确地为患者办理出院手续，支持医院经济核算、提供信息共享和减轻工作人员的劳动强度。

住院收费管理系统基本功能：

（1）预交金管理；

（2）费用结算（中途结算、出院结算）；

（3）欠费管理；

（4）退费管理；

（5）住院财务管理（日报、月报、年报）；

（6）发票管理。

三十五、医保及新农合信息系统

医保及新农合信息系统是用于协助整个医院，按照国家医疗保险政策对医疗保险和新农合病人进行各种费用结算处理的计算机应用程序，其主要任务是完成医院信息系统与上级医保部门进行信息交换的功能，包括下载、上传、处理医保病人在医院中发生的各种与医疗保险有关的费用，并做到及时结算。

基本功能包括：

（1）下载内容及处理（药品目录、诊疗目录、服务设施目录、黑名单、医疗保险结算表、医疗保险拒付明细、对账单等）；

（2）上传内容及处理（门诊住院处方明细、诊疗项目明细、个人账户、支付退费明细等）；

（3）医疗保险病人费用处理（依据医保政策进行分割结算）；

（4）医疗保险接口维护（各种数据字典的维护与对照）。

三十六、医院感染管理信息系统

医院感染管理包含医院消毒卫生学监测、感染病例监测预警、抗菌药物合理应用分析等多个方面，需要统计和分析大量数据，手工处理既不全面，也不完整，而且效率低下，很难做到及时监控预警。尤其对感染病例监测预警，涉及因素非常复杂，人工分析很难达到预期效果，是目前医院感染管理的重点和难点。医院感染管理软件，正是为解决以上难题，整合 HIS、PACS、LIS、电子病历等系统数据，提供高效的数据统计分析和上报工具，具有院感预警、重点项目监测等功能。

主要功能包括：院感登记和审核；智能预警信息提示；患者医疗信息查询；目标性监测功能；院感质控；统计报表。

三十七、不良事件管理信息系统

医疗安全不良事件管理系统为医院内质量控制、患者安全关注、医疗安全不良事件方面的精细化管理提供了平台。通过这个平台，医院可以提高医疗质量相关事件的信息收集效率和质量，并及时地统计分析，管理部门可以快速整体掌控信息，为医院等级评审及 JCI 认证提供有力保障，为进一步改进提供详尽的数据支持。

主要功能包括：意外不良事件报告；投诉纠纷事件报告；院内感染事件报告；职业伤害事件报告；药品不良反应事件报告；输血反应事件报告；医疗器械不良事件报告。

三十八、医疗质量管理信息系统

医疗质量管理是全院性的医疗环节质控，包含医疗护理、药品、检验检查、医疗设备、电子病历等质量控制，涵盖了患者从入院到出院全部的医疗活动过程，将即时质控与终末质控、实时缺陷监控与动态纠偏反馈、科室质控与医生质控等有机地统一起来，及时合理地引导医生的医疗行为，促进医疗质量的持续改进。

医疗质量管理信息系统建设必须包含以下几个方面的内容：

（1）依据医疗质量评价标准，搭建进行质量监管的知识库；

（2）建立电子病历质量监控机制（时效性、完整性、逻辑性）；

（3）建立质量与安全的核心制度监控机制（首诊负责、三级医师查房、疑难病讨论、会诊、危重症抢救、手术分级、术前讨论、死亡病例讨论、查对、交接班、新技术准入、临床用血、医患沟通、分级护理等）；

（4）抗生素使用分级管理；

（5）院内感染管理；

（6）临床路径管理；

（7）单病种和DRGs分组管理；

（8）医疗质量评价指标；

（9）满意度管理。

三十九、单病种质量管理系统

单病种质量控制是国际公认的有效提高医疗质量的工具之一，运用精细化管理和信息化平台，实现单病种质量控制，对于提高医疗服务监管水平，保障病人安全具有重大意义。另外，医院单病种管理不仅能保证医疗质量，还能减少不必要的医疗资源消耗，因此成为当前卫生事业管理工作中热点之一。

单病种质量管理是以病种为管理单元，运用在诊断、治疗、转归方面具有共性和某些重要的具有统计学特性的医疗质量指标，主要是用数据进行质量管理评价。通过单病种控制，对疾病诊疗进行过程质量控制以及终末质控控制，提高医疗诊治技术，评价医师诊疗行为是否符合规范合理，进行持续改进。

四十、楼宇自动控制系统

楼宇自动控制系统是将建筑物或建筑群内的通风空调、变配电、电梯、照明、供热、给排水等众多分散设备的状态变化、运行参数、能源使用状况等进行集中监视、管理，同时又分散控制的建筑物管理与控制系统，主要包括楼宇自控系统、抄表计量管理系统和智能灯光控制管理系统。其关键技术是传感技术、接口控制技术及管理信息系统。

楼宇自动控制系统是智能建筑必不可少的基本组成部分，主要监控医院大楼的机电设备，可为医患人员提供安全、舒适、经济、高效、便捷的工作和生活环境，并通过优化设备运行与管理，降低运营费用。

楼宇自动控制系统监控的内容：冷热源系统；空调新风系统；送排风系统；给排水系统；变配电系统；照明系统；电梯及扶梯控制系统；能耗管理系统；综合管路系统；安保监控系统；巡更管理系统；通道（门禁）管理系统。

四十一、智能化病房系统

智能病房系统是病房中的各种医疗传感器和设备利用有线或无线网络连接，将所收集的数据实时传入系统中，并转化为信息传送到医护工作人员的移动医疗应用程序上，从而辅助医护工作者的日常工作。另外，智能病房系统还包含用于突发情况预警、跟踪定位和医疗决策的功能模块，以支持医护工作者的诊断和治疗。

智能病房的主要功能包括：

（1）病房环境控制（灯光与温度）；（2）病房智能呼叫系统；（3）健康宣教与患者知情；（4）患者病历查询；（5）患者当日治疗情况查询；（6）患者预约情况查询；（7）病房交费及费用查询；（8）可视对讲式病房家属探视系统；（9）点餐服务；（10）互联网娱乐；（11）自动药柜机管理；（12）人员定位追踪；（13）智能床位监测；（14）智能输液监测；（15）移动查房和移动护理。

四十二、固定资产管理系统

医院固定资产管理系统是实现以资产档案为中心的全过程标准化设备管理，通过建立资产档案，对资产购置计划、招标、合同、安装、验收、入库、变动、付款、使用、计量、维修、提取折旧、处置进行全程的记录和管理。

主要功能包括：

（1）主设备购增录入、编辑、查询功能；

（2）主设备增值情况录入、编辑、查询功能；

（3）附件购置录入、编辑、查询功能；

（4）设备出库单录入、编辑、查询功能；

（5）设备调配单录入、编辑、查询功能；

（6）设备增值与消减管理功能；

（7）附件耗用管理功能；

（8）库存盘亏处理功能；

（9）设备维修情况记录和维修费用管理功能；

（10）设备折旧管理。

四十三、药品配送及库存管理系统

药品管理是医院的一项重要工作，包括药品的采购、进货、销售及财务做账等，一道道程序和环节，中间的任何拖延与错误都会造成效率的降低，如依靠人工盘点仓库，不仅费力而且费时，还容易出错，在很大程度上影响着库存的管理效率。再如，在财务做账上，日常的业务往来会产生大量的财务数据，审计一次，往往需要财务人员长时间工作，效率十分低下；而依靠药品管理系统就可以很快地处理好这些工作，做到了准确化、快速化。随着系统的升级和技术的进步，药品管理系统中逐渐加入了批号管理、自动处方合理性审核、基于物联网技术的智能药柜、自动分包机等新功能，进一步提高了医院药品管理的效率。

（1）基本信息维护。药品字典库维护、常数维护、药理作用维护、供货公司维护、生产厂家维护、参数设置维护、人员控药属性维护、特限药品维护、药品多级单位维护、部门库存常数维护、药品全院限量维护。

（2）入出库管理。入库计划、采购计划、药品入库、药品出库、单据补打、供货商结存、供货商付款统计。

（3）在库管理：库存盘点，调价管理；药品的有效期管理、可统计过期药品的品种数和金额，并有库存量提示功能；支持药品批次管理；药品库存的月结功能，并能校对账目及库存的平衡关系。

（4）采购管理：自动生成采购计划及采购单，可以进行采购单审核。

（5）查询统计：可随时生成各种药品的入库明细、出库明细、盘点明细、调价明细、调拨明细、报损明细、退药明细，提供月结报表；可追踪各个药品的明细流水账，可随时查验任一品种的库存变化，入、出、存明细信息。

四十四、卫生材料管理系统

随着医院规模的不断扩大，先进设备的引进，新业务、新技术的不断开展，越来越多的医用消耗品走进了医疗服务系统。卫生材料关系着每个患者的治疗效果和医疗安全，同时也是整个医院成本和收入的重要组成部分，然而传统的人工管理模式已经无法适应庞大复杂的管理需求。卫生材料管理系统则解决了这个难题，对医用卫生材料的采购、入库、库存、使用全流程进行追踪管理，为卫生材料的使用效果和效益评价提供了分析的基础依据。

卫生材料管理系统主要功能：

（1）资质证件管理及预警；

（2）高值耗材管理；

（3）耐用品管理；

（4）消毒包管理；

（5）低值耗材管理；

（6）采购统计分析；

（7）账务管理；

（8）信息维护。

四十五、预算管理系统

预算管理系统是医院 HRP 系统的重要组成部分，旨在帮助医院建立、完善、优化预算管理体制，引入全面预算、责任中心、责任控制等管理理念、机制和方法，搭建管理控制、计划实施和业绩考核的平台，全面提升企业管理水平。预算管理系统可以针医院运用预算管理方法，进行内部管理与控制。不同类型、不同管理形式的医院应根据其实际情况和自身需求来确定预算管理系统的解决方案。

四十六、财务管理信息系统

财务管理信息系统是指利用现代信息技术和网络通信技术，对财务管理中的分析、预测、计划、控制、监督等各个环节进行全面管理的系统。

财务管理以总账系统为核心，包括总账、应收应付、现金管理、项目管理、工资管理和固定资产管理等，为医院的会计核算和财务管理工作提供了全面、详细的解决方案。

四十七、成本核算系统

医院成本核算是指医院将其业务活动中所发生的各种耗费按照核算对象进行归集和分配，计算出总成本和单位成本的过程。

医院成本核算系统按照成本对象分为科室成本核算系统、项目成本核算系统和病种核算系统。这三个核算系统中，科室成本核算系统是项目成本和病种成本核算系统的基础。

科室成本核算系统功能：

（1）各类字典基础信息维护功能；

（2）与其他系统数据交换功能；

（3）收入数据维护功能；

（4）成本数据维护功能；

（5）分摊管理；

（6）成本分析；

（7）科室成本报表。

四十八、运营管理信息系统

医院运营管理是对医院运营过程的计划、组织、实施和控制，是与医疗服务创造密切相关的各项核心资源管理工作的总称。简单地说，运营管理就是一套帮助医院实现人、财、物三项核心资源精益管理的一系列管理手段和方法集。

运营管理信息系统为医院构建起一整套以会计为核心、预算为主线、物流和成本为基础、绩效为杠杆的医院运营管理目标决策体系，实现医院运营管理中的“物流、资金流、信息流、控制流”的统一。帮助医院管理者建立综合运营管理平台，增强对人、财、物各项综合资源的计划、使用、协调、控制、评价和激励等方面的管理。它的使命是确保医院平稳、健康的经济运行、是医院管理领域内的 ERP 系统。

运营管理信息系统是一个综合平台，它采集财务会计、成本核算、预算管理、医疗管理、设备管理、人力资源、总务后勤等各方面系统的运行数据，实时进行监控和分析，及时报警，为医院领导的决策进行支撑。

四十九、绩效评价系统

绩效考核系统，就是管理组织和员工绩效的系统。绩效考核系统就如同为医院的各种管理系统搭建了一个管理平台，它是各种管理系统的纽带，透过它来验证各管理系统的运作效果。

科学、先进的绩效管理是当前医院精细化管理的主要手段之一，也是热点和难点。绩效评价系统需要支持平衡计分卡和综合评价法等多种绩效考评方法，根据考核要求，自定义绩效考评方法，以满足绩效管理的需要。

支持面向全院行政、后勤、医疗和医技的多方案设计，针对不同考核对象、岗位，设置不同的绩效考核方案，明确考核的内容、范围、权重等，建立完整的绩效考核体系。从考核对象上支持对全院、科室、干部的考核，方案以 KPI 指标的形式展现，支持目标参照法、比较法、区间法、加分法、扣分法等多种指标计算方法，满足不同考核模式的需要。

五十、办公自动化系统

办公自动化 (OA) 就是采用 Internet/Intranet 技术，基于工作流概念，使医院内部人员方便快捷地共享信息，高效协同工作；改变过去复杂、低效的手工办公方式，实现迅速、全方位的信息采集、处理，为医院管理和决策提供科学依据。医院实现办公自动化程度也是衡量其实现现代化管理的标准。办公自动化不仅兼顾个人办公效率提高，更重要的是可实现群体协同工作。凭借网络，这种交流与协调几乎可以在瞬间完成。

系统包括七大功能模块：信息中心（通知、公告、邮件）、今日日程、待办中心、审批查看、文档中心、通信录等、系统管理。

五十一、人力资源管理系统

人力资源管理系统就是利用信息技术协助人事部门管理医院的各类职工，主要功能包括：组织规划、招聘管理、人事在职离职档案、员工履历、劳动合同、薪酬管理、绩效考核、奖惩管理、保险、调动管理、培训管理、考勤管理、宿舍管理、员工自助、领导审批等。

目前人力资源管理系统主要的问题是员工的绩效评价，如何将临床业务系统的门诊量、出院人次、手术量以及论文数量和科研项目的成果，对职工进行全方位的综合评价。

五十二、科研项目管理系统

科研管理系统（科研项目管理暨绩效考核系统，SRM），是应用于各个科研院所及高校等研究机构进行科研项目管理、科研成果管理及绩效考核管理等全方位科研管理的一套信息化系统。

科研项目管理信息系统整体设计分为核心业务流程、基础数据库和系统服务三部分，主要涵盖以下功能：科研门户展示、项目基本信息管理、项目流程管理、人员权限管理、科研经费管理、科研计划进度管理、科研成果管理、科研工作查询统计、资产管理、评审专家资源库、消息推送中心、系统维护等。

五十三、临床教学管理

临床教学管理系统是医院教学活动的一个重要工具，临床教学管理系统主要由六个模块构成，分别是档案管理、流程计划、教务管理、考勤管理、资源管理、在线学习与考核。

档案管理内容涵盖学生档案、教师档案和教研室档案的管理。

流程计划包括：理论课进度表、见习教学计划和实习教学计划三部分组成。

教务管理包括：成绩管理、学位管理、考勤管理、教学评价。

医院教室作为一种公共资源，各教研室可以根据所需通过教室管理模块预订，从事各类教学活动和学术活动。

第四节　医院信息集成平台与数据中心

一、医院信息集成平台与数据中心概述

医院信息集成平台以患者电子病历的信息采集、存储和集中管理为基础，连接临床信息系统和管理信息系统的医疗信息共享和业务协作平台，是医院内不同业务系统之间实现统一集成、资源整合和高效运转的基础和载体。医院信息平台也是在区域范围支持实现以患者为中心的跨机构医疗信息共享和业务协同服务的重要环节。

数据中心有两种含义。一种是指机房的建设，一般包含服务器、存储设备、配套网络、冗余和备用电源、冗余数据通信连接、环境控制（例如空调、灭火器）和安全设备。另一种数据资源中心是指数据仓库，是决策支持系统和联机分析应用数据源的结构化数据环境，研究和解决从数据库中获取信息的问题。数据仓库的特征在于面向主题、集成性、稳定性和时变性。

二、集成平台建设模式

集成平台建设模式分为两种：一种是标准模式，另一种为简化模式。

集成平台建设模式与平台的业务范围密切相关。医院信息集成平台的业务范围主要涵盖四个方面。

（一）信息系统集成

医院信息平台最基本的功能业务是集成医院信息系统，实现医院信息系统之间的互联互通，确保各信息系统之间能够进行实时的、基于标准化的数据交换，提高数据复用度。

（二）公共服务集成

医院或者医疗信息系统都会使用到主数据，包括人员、科室、药品、服务项目及收费、医疗设备及器材等数据信息。此外，还有术语词典、系统用户权限、病人主索引等。

（三）医院数据集成

实现数据资源的有效整合和集成管理，构建数字资源中心、ODS 库、CDA 库、CDR 等。

（四）数据分析应用

数据分析应用就是基于数据集成的大数据分析、单病种分析、BI 商业智能挖掘等。

也有把信息平台分成应用集成、数据集成、门户集成和平台应用四个方面。信息平台标准模式是涵盖上述 4 个方面，比较全面。但是对医院的要求也是很高的，由于实现了数据集成，各原有系统的数据字典均要取消，改为统一使用平台的标准数据字典，这样数据的标准性是好了，但是平台数据交换的压力也大大增加了，尤其是患者主索引表，几乎所有的业务系统均需要频繁访问，现状几十个系统甚至上百个系统同时需要访问平台的同一张数据字典表，对平台的实时响应是一个巨大的考验。因此，有的医院平台服务器集群非常庞大，运行成本很高。

另外公共服务集成需要对原有系统进行梳理，提取出所有公共的服务，然后对原有系统进行改造，改为调用平台的公共服务。这样系统改造的工作量巨大，而且各业务系统与平台建立了紧耦合关系，一

旦平台出现故障，所有连接的业务系统会全面瘫痪。

简化模式是针对标准模式的改进版，各业务系统的数据字典与平台标准字典定期同步，各业务系统仍然使用自己的数据字典表，另外平台也不提供公共服务，这样平台的实时响应压力就小很多，而且业务系统与平台是一个松耦合关系，一旦平台故障也不会影响业务系统的运行。

三、信息集成平台与数据中心关系

集成平台的一个特点就是数据集成。要通过平台将接入平台的各业务系统的数据全部收集上来，建设统一、规范的医院数据中心，实现数据资源的标准化统一管理医院业务所产生的各类数据，并向院内各信息系统提供高可用、高性能的数据访问服务，建立关键数据访问控制与数据安全策略，根据医院业务与信息化建设的发展，灵活配置系统存储容量。

这里的医院数据包括临床诊疗数据、医院运营管理数据、临床实验及科研数据。这些数据各有侧重，也有重合的部分，在进行数据集成，并建设医院数据中心时，应根据不同的需求，对数据结构进行精密设计，确保面对不同的需求，这些数据在进行统计分析时能保证数据一致性、连贯性和可追溯性。

四、数据中心规划与设计

医院的数据中心是依托于集成平台而建立的，数据中心通过集成平台从临床业务系统中抽取数据形成一系列的数据仓库。数据中心是一个大概念，它是由一系列数据仓库构成。例如临床数据中心，包括患者临床数据仓库、患者服务数据仓库、医疗协同数据仓库、医疗质量数据仓库等。

医院数据中心的建设必须做好前期规划，例如设立多数数据仓库，数据仓库的主题的什么，分别给哪些用户使用。还有数据的规模有多大，需要配置什么样性能的服务器和存储容量，是实时抽取还是定时抽取，都应该预先做好规划与设计。

一般来说，医院的数据中心至少包括三个方面：临床数据中心、科研数据中心、运营管理数据中心。

五、数据中心与标准化

数据中心及数据仓库是通过集成平台从各业务信息系统抽取数据形成的，这个过程不是简单的抽取数据，而是一个 ETL 的过程，包括数据提取、转换和加载。

ETL 负责将分散的、异构数据源中的数据如关系数据、平面数据文件等抽取到临时中间层后进行清洗、转换、集成，最后加载到数据仓库或数据集市中，成为联机分析处理、数据挖掘的基础。

在数据的 ETL 过程中，很重要的一个环节就是数据的标准化，如果数据中心内的数据不标准，后面将无法进行分析和处理，这些庞大的数据就是一堆垃圾。ETL 在进行标准化处理时是依据集成平台的标准化数据字典，因此集成平台的标准化数据字典是制约数据中心标准化的关键因素。

六、数据仓库与数据集市

数据仓库是一个面向主题的、集成的、稳定的、包含历史数据的数据集合，它用于支持管理中的决策制定过程。

数据仓库是数据中心内的一个主题数据库，例如，临床数据中心内有很多数据仓库，它都有不同的用途和主题，如患者临床数据仓库、患者服务数据仓库、医疗协同数据仓库、医疗质量数据仓库。这些数据仓库中的数据都是从业务系统中按照不同的用途和主题抽取上来，形成的新数据库，例如，患者临床数据仓库就需要抽取门诊系统信息（处方、病历、检查、化验），住院系统信息（医嘱、病历、检查、化验、手术、基因组学），120 急救信息（转运病历），社区信息（健康档案、慢病、妇幼、中医、康复），家庭信息（生活方式、慢病监测、专病监测），环境信息（气候、污染、职业）等。

这就说明，数据仓库是一种信息技术，是将普通的操作型数据通过集成提取，进而提供分析型数据的一种信息技术。

数据仓库是一种管理技术，它可以将医院信息管理系统中的各个不同业务系统中的数据集成到一起，为管理决策者提供面向主题的数据分析，为基于数据分析的决策支持系统开辟一个新的途径。数据仓库是数据分析的基础，面向多个方面的分析主题：可以分析患者不同病种治疗所花的费用；分析患者在门诊过程中等候的时间，进行效率评估；分析某种疾病住院治疗的平均住院时间和费用；分析各种医疗仪器设备的使用效率；各种疾病的病例特征，等等。

数据集市是一种更小、更集中的数据仓库。简单地说，原始数据从数据仓库流入不同的部门以支持这些部门的定制化使用。这些部门级的数据库就称为数据集市。一个数据集市就是一个部门的数据集合。数据集市是为特定部门的决策支持而组织起来的一批数据和业务规则，习惯上称它们为“主题域”。不同部门有不同的“主题域”，因而也就有不同的数据集市。例如，财务处有自己的数据集市，医务处也有自己的数据集市，它们之间可能有关联，但相互不同且在本质上互相独立。

尽管数据集市与数据仓库在很多方面有类似之处，但它们之间却存在着区别。主要体现在：

（1）面向的对象不同。数据仓库面向的是整个医院，为整个医院提供所需的数据；数据集市则面向各个部门。

（2）数据粒度不一样。数据仓库中的数据粒度非常小；数据集市中的数据主要是概括级的数据。

数据集市的数据源主要来自数据仓库，它主要从数据仓库中提取部门所需要的数据以满足部门级的需要。数据集市的部分数据由其他数据源供给。

第五节　医院信息安全体系

一、医院信息安全体系概述

信息安全不是单纯依靠安全技术，同时也包括相应的管理措施，是一个完整的体系。

除了通过采取各种各样的安全技术措施来提高信息系统的稳定运行的能力，也需要制订业务持续性计划和灾难恢复计划，制定相应的安全策略、加强人员安全管理等。只有将信息安全的管理体系化、建立统一的信息安全管理体系、落实各项管理制度、制定合理的安全策略、采取有效的防范措施，才能切实保障卫生信息系统的安全、稳定、正常地运行。

二、医院信息安全体系规划

信息系统安全规划是一个涉及管理、法规和技术等多方面的综合工程。信息系统安全的总体目标是物理安全、网络安全、数据安全、信息内容安全、信息基础设备安全与公共信息安全的总和。

信息系统安全体系规划包括目标、范围、方法三个方面。

信息系统安全的最终目的是确保信息的保密性、完整性和可用性。信息系统主体包括医院、用户、社会和国家对于信息资源的控制。

信息系统安全规划的范围应该是多方面的，涉及技术安全、规范管理、组织结构。技术安全主要包括：防火墙、入侵检测、漏洞扫描、防病毒、VPN、访问控制、备份恢复等安全产品。信息系统安全规划的层次方法与步骤可以有不同，但是规划内容与层次应该相同。

均包括调研、风险评估、目标、任务、测评五个方面。

信息系统安全规划不是孤立的，第一，它是依托于医院信息化战略规划。第二，它是为医院的信息业务系统服务的。

信息系统安全规划需要围绕技术安全和管理安全两部分开展。

技术安全部分包括物理安全、网络安全、主机安全、应用安全、数据安全与备份恢复五个方面。

管理安全部分包括安全管理制度、安全管理机构、人员安全管理、系统建设管理、系统运行维护五个方面。

三、信息系统安全等级保护体系

信息安全等级保护，是对信息和信息载体按照重要性等级分级别进行保护的一种工作，信息安全等级保护工作包括定级、备案、安全建设和整改、信息安全等级测评、信息安全检查五个阶段。

信息系统的安全保护等级分为以下五级，一至五级等级逐级增高。

第一级，信息系统受到破坏后，会对公民、法人和其他组织的合法权益造成损害，但不损害国家安全、社会秩序和公共利益。第一级信息系统运营、使用单位应当依据国家有关管理规范和技术标准进行保护。

第二级，信息系统受到破坏后，会对公民、法人和其他组织的合法权益产生严重损害，或者对社会秩序和公共利益造成损害，但不损害国家安全。国家信息安全监管部门对该级信息系统安全等级保护工作进行指导。

第三级，信息系统受到破坏后，会对社会秩序和公共利益造成严重损害，或者对国家安全造成损害。国家信息安全监管部门对该级信息系统安全等级保护工作进行监督、检查。

第四级，信息系统受到破坏后，会对社会秩序和公共利益造成特别严重损害，或者对国家安全造成严重损害。国家信息安全监管部门对该级信息系统安全等级保护工作进行强制监督、检查。

第五级，信息系统受到破坏后，会对国家安全造成特别严重损害。国家信息安全监管部门对该级信息系统安全等级保护工作进行专门监督、检查。

《卫生行业信息安全等级保护工作的指导意见》的明确要求，全国三甲以上的医院核心业务系统在2015 年 12 月前均必须达到等保三级。

信息系统安全等级保护体系主要由四大类组成。

（1）信息系统安全等级保护的法律、法规和政策依据。

（2）信息系统安全等级保护标准体系。

（3）信息系统安全等级保护管理体系。

（4）信息系统安全等级保护技术体系。

四、医院信息安全管理体系建设

医院进行医院信息安全管理体系建设，要以《信息安全技术信息系统安全等级保护基本要求》（GB/T 22239—2008）为指导，结合本单位的具体情况，从安全管理制度、安全管理机构、人员安全管理、系统建设管理和系统运维管理五个方面建立信息安全管理体系。

（一）安全管理制度

根据安全管理制度的基本要求，制定各类管理规定、管理办法和暂行规定。从安全策略主文档中规定的各个安全方面所应遵守的原则方法和指导性策略，引出的具体管理规定、管理办法和实施办法，是具有可操作性，且必须得到有效推行和实施的制度；同时，制定严格的制度与发布流程、方式、范围等；定期对安全管理制度进行评审和修订，修订不足及进行改进。

（二）安全管理机构

根据基本要求设置安全管理机构的组织形式和运作方式，明确岗位职责；设置安全管理岗位，设立系统管理员、网络管理员、安全管理员等岗位，根据要求进行人员配备，配备专职安全员；建立授权与审批制度，建立内外部沟通合作渠道；定期进行全面安全检查，特别是系统日常运行、系统漏洞和数据备份等。

（三）人员安全管理

根据基本要求制定人员录用、离岗、考核、培训等几方面的规定，并严格执行；规定外部人员访问流程，并严格执行；规定第三方人员工作范围、工作内容、考核要求，并严格执行。

（四）系统建设管理

根据基本要求制定系统建设管理制度，包括系统定级、安全方案设计、产品采购和使用、自行软件开发、外包软件开发、工程实施、测试验收、系统交付、系统备案、等级评测、安全服务商选择等方面。从工程实施的前、中、后三个方面，从初始定级设计到验收评测完整的工程周期角度进行系统建设管理。

（五）系统运维管理

根据基本要求进行信息系统日常运行维护管理，利用管理制度及安全管理中心进行，环境管理、资产管理、介质管理、设备管理、监控管理和安全管理中心、网络安全管理、系统安全管理、恶意代码防范管理、密码管理、变更管理、备份与恢复管理、安全事件处置、应急预案管理等，使系统始终处于相应等级安全状态中。

五、医院信息安全技术体系建设

技术安全包括物理安全、网络安全、主机安全、应用安全、数据安全与备份恢复五个方面。

（1）物理安全：包括物理位置的选择、物理访问控制、防盗窃和防破坏、防雷击、防火、防水和防潮、防静电、温湿度控制、电力供应、电磁防护。

（2）网络安全包括结构安全、访问控制、安全审计、边界完整性检查、入侵防范、恶意代码防范、网络设备防护。

（3）主机安全包括身份鉴别、安全标记、访问控制、可信路径、安全审计、剩余信息保护、入侵防范、恶意代码防范、资源控制。

（4）应用安全包括身份鉴别、安全标记、访问控制、可信路径、安全审计、剩余信息保护、通信完整性、通信保密性、抗抵赖、软件容错、资源控制。

（5）数据安全、数据备份和恢复包括数据完整性、数据保密性、数据备份和恢复。

六、电子病历信息安全

以患者临床数据为核心的电子病历信息的采集、存储、传输、访问等环节均存在安全问题。目前重点讨论关注电子病历临床数据信息传输及维护问题；CA 及无纸化环境下的电子病历安全、患者电子病历信息隐私安全。

（一）电子病历临床数据信息传输及维护

患者数据来源于各个临床信息系统，组成电子病历临床信息，除信息系统间进行数据交互时应注意临床信息一致性、数据来源唯一外，医院职能部门也应从规章制度上定义好相关的规范，在出现问题时的处理要求、规范及通知机制，避免人为操作错误。

病历数据为医院敏感数据，电子病历信息数据不应随意对外拷贝或导出，医院内部合理查询或科研要求应备案，在安全、合理的情况下进行协助。如随意拷贝导出，会形成电子病历信息安全隐患。

（二）CA 及无纸化环境下的电子病历安全

CA 数字认证是由第三方机构 CA 中心签发的，以数字证书对电子病历信息进行加密认证的技术。

目前很多医院都已经完成或正在实施电子病历的CA数字认证。《电子签名法》的实施从法律上认可了数字签名的合法性，但这并不意味着电子病历的信息安全就毫无问题，通过已上线医院的实际使用情况，CA数字认证也存在着以下几个安全问题。

（1）CA数字证书的管理问题。

（2）电子病历修改后的留痕。

（3）CA数字认证后的应急机制。

（4）电子签名应用的管理。

（5）无纸化的电子病历信息安全。

（三）患者电子病历信息的隐私安全

电子病历信息对于患者同样是非常重要的资料，同时也会涉及患者自身的隐私，信息系统如果不注意关注患者隐私问题，就容易造成安全隐患。应从法律、技术、公共服务等角度对电子病历中的患者信息进行保护。

（1）通过防火墙、信息加密、访问控制等保护患者隐私。

（2）公共场所的患者隐私保护。

（3）敏感病历的处理。

七、数据库审计、防统方与网站安全

数据库安全风险包括：数据库的用户访问控制风险、授权用户合法权限的使用风险、内部操作的风险等。

只有建立完善的数据库安全审计机制，基于数据库操作的行为特征，对数据库运行中产生的海量、无序的数据进行处理、分析，监控并审计所有日常操作及数据库任务，对越权操作、违规操作等所有安全事件，进行实时监控并追溯和分析，实现用户责任追究。

数据库审计系统的工作机制主要通过网络抓包，通常采用旁路部署的方式。

将数据库审计设备直连到数据库服务器所连接的交换机上，并把数据库服务器所连接的接口或VLAN设置为镜像源，把数据库审计设备所连接的端口设置为镜像目的端口。这样配置后，所有通过该交换机访问数据库的数据流量都会被采集到数据库审计系统中，然后再进行数据分析。

数据库审计系统主要功能包括：静态审计、动态实时监控、审计报表等部分。

防统方是数据库审计的一项功能，主要是针对那些对数据库进行门急诊处方数量查询、对门急诊药品数量与金额查询等。防统方系统的主要难度是如何区分正常的查询与恶意的查询。经常采用电脑的IP地址、MAC地址、时间段、用户权限等几个方面与正常的查询进行区分，否则误报率太高，失去使用价值。

医院网站承担着“对外服务、公开信息”等重要职能，是医院服务于和谐社会的窗口，一旦受到黑客攻击，不仅影响医院的正常工作，降低系统的公信力，严重的情况下还会导致重要信息的泄露，危及医院形象。

对医院网站的攻击已经由网络层转向应用层。常见的八种攻击包括：

（1）网页木马：直接控制网站主机或者借此攻击访问者客户端；

（2）SQL注入漏洞：数据库信息窃取、篡改、删除；

（3）Cookie注入：数据库信息窃取、篡改、删除，控制服务器；

（4）跨站脚本漏洞：用户证书、网站信息、用户信息被盗；

（5）缓冲区溢出：攻陷和控制服务器；

（6）表单绕过漏洞：攻击者访问禁止访问的目录；

（7）文件上传漏洞：主页篡改、数据损坏和传播木马；

（8）文件攻击：服务器信息窃取、攻陷和控制服务器。

如果医院的 Web 应用系统存在上述安全隐患，若不及时修复有可能导致 Web 应用系统的后台数据库信息被篡改或盗窃，严重影响医院正常的业务运营。

建议部署 Web 应用防御设备，实现对 Web 应用系统面临的安全威胁进行 7×24h 实时监控，主动防御来自各个层面的恶意攻击，提升医院 Web 应用系统的可持续服务能力。通过 Web 应用防火墙的部署，可以解决医院面临的常见应用安全问题，如 SQL 注入攻击、跨站攻击（XSS 攻击，俗称钓鱼攻击）、恶意编码（网页木马）、缓冲区溢出、应用层 DDoS 攻击等，防止 Web 应用系统被攻击、被挂木马等严重影响形象的安全事件发生。

八、内外网隔离与信息共享

为了保证医疗业务网络的安全，防止泄密，绝大部分医院都对该网络与互联网实施了隔离措施，禁止该网络的终端访问互联网，因此，医疗业务网一般又称医院内网，而对能够访问互联网的办公局域网称为外网。

内外网隔离分为二种模式，物理隔离和逻辑隔离。

物理隔离是最彻底、最安全的方式。“物理隔离”是指内部网不得直接或间接地连接公共网。所有内网终端使用的所有路由器、交换机、集线器及网线等网络设备都不与外网的终端共用，令内外网之间没有任何连接的物理途径，两组不同网络设备分别独立使用。

与物理隔离相反，采用逻辑隔离方式的内网终端可以与外网终端共享同一套网络设备，只是在网络交换机上通过虚拟局域网（Virtual Local Area Network，VLAN）及访问控制策略将不同网络的用户进行隔离。依靠 VLAN 技术与访问控制策略实现的逻辑隔离方式，初期建设与后期维护成本低、控制策略可以更细致精确，但也存在网络设备被攻击可能导致的风险。

大数据时代的到来，带来了更多的信息共享、数据整合、数据挖掘的需求。各种数据分析与决策支持，都需要大量的内网业务数据做依据。无论是采用物理隔离还是逻辑隔离的用户，如今都面临这个局面。

只有同时抓好外网安全与内网安全，并建立安全的数据交换通道才是应对信息共享需求的完备方案。

为了解决内网与外网之间信息共享的需求，目前较成熟的网络隔离及数据传输产品是网闸。网闸的数据交换原理是摆渡机制，所以，只是在内网与外网之间把要传输的数据进行摆渡交换。这样可以保证在任意单位时间，内网与外网的终端之间没有任何能够通信的物理连接或逻辑连接，无法传输命令。内网与外网的终端之间不满足信息传输协议，也就不存在依据协议的数据包转发，只有数据文件的无协议摆渡。

第六节 医院信息系统运维管理

一、概述

信息系统运维是指信息系统的运行和维护，是运维部门结合业务特点并按照相关管理制度内容和流程，采用一定的技术、方法和手段，对信息系统、系统设备、运行环境及人员等进行综合管理。

当前的信息系统运维工作主要包括两个方面。

（1）硬件资源运维。主要包括主机、存储、网络、安全、机房基础环境源等，及时监控和解决各种硬件故障和运行问题，定期检查各硬件设备的运行和性能变化情况，及时解决如件容量不够、设备性能下降、网络带宽延迟等影响系统运行问题及各种潜在故障和隐患，保证硬件设备正常、稳定、可靠、高效地运行。

（2）软件资源运维。主要包括数据库、中间件、操作系统、应用系统等，及时监控和解决各种软件故障和运行问题，定期检查各系统软件的运行和性能变化情况，及时解决数据库空间不足、软件性能下降、系统出现漏洞等各种潜在故障和隐患，针对系统业务需求变化和业务流程的变更，及时升级、更新系统软件，保证软件系统的正常、稳定、可靠、高效运行，满足业务工作需要。

二、ITIL 运维标准

ITIL（Information Technology Infrastructure Library，信息技术基础架构库）是英国在 20 世纪 80 年代末制订的一套 IT 服务管理标准库。它把各个行业在 IT 管理方面的最佳实践归纳起来变成规范，旨在提高 IT 资源的利用率和服务质量。经过多年的完善，这套标准已经趋于成熟，演变为 ISO/IEC 20000，是 IT 运维领域的国际标准，主要适用于 IT 服务管理（ITSM）。ITIL 为 IT 服务管理实践提供了一个客观、严谨、可量化的标准和规范。

ITIL 框架包含六个模块，分别为服务管理（包括服务提供、服务支持）、ICT 基础架构管理、IT 服务管理规划、应用管理、业务管理和安全管理。

ITIL 运维管理包括：服务台、事件管理、问题管理、配置管理、变更管理、发布管理、服务级别管理、财务管理、知识管理、供应商管理等标准管理理念，值班管理、作业计划管理、考核管理、应急预案管理、培训管理等辅助管理办法。

三、医院信息系统运维规划

运维规划包括五个环节：运维的目标；需求调研；运维对象；运维内容；运维体系。

医院信息系统运维的目标是与医院的任务和工作特点密切相关的，医院业务要求信息系统 7×24h 安全稳定运行，而且由于门急诊服务量很大，要求系统响应速度很快，3s 以内。这就对医院信息系统运维提出了很高的要求，既快又稳，不能有故障，不能中断，这是很难实现的一个目标。

在制定信息系统运维规划之前，应该调查医院信息系统运行情况。医院信息系统运行情况包括服务器和存储设备、网络链路、系统软件、应用软件、安全设备等子系统运行状态。调查了解各子系统宕机时间间隔，产生故障的部件，造成的影响范围；目前信息系统运维工作情况（包括日常巡检情况，故障排除情况）；参照 ITTL/ISO 2000，调查了解在信息系统运维过程中事件管理、配置管理、变更管理、发布管理等应用情况；运维制度制定情况、组织机构设置情况、人员配置和工作情况。

信息系统运维的对象有服务器、存储设备、网络链路、网络设备、安全设备、系统软件、应用软件、机房环境等。

信息系统运维内容分为技术部分和管理部分。技术部分是针对信息系统软件和硬件的运维技术工作。管理部分是为保障做好技术工作而做的管理类工作。

技术部分的工作包括：机房环境状态监测与故障排除；服务器和存储设备运行状态监测和故障分析与排除；网络运行状态监测和故障分析与排除；安全设备运行状态监测和故障分析与排除；系统软件运行状态检查、参数优化；应用软件 BUG 排除、操作失误造成数据破坏的查找与纠正、程序调优等。

管理部分的工作包括：运维制度的制定与调整，运维机构的组建与调整，运维人员的管理，事件管理、配置管理、变更管理、发布管理、应急体系管理、文档管理等。

为了做好信息系统运维工作，要首先建立信息系统运维体系。包括：制度与流程、组织机构、运维人员等。

四、医院信息系统运维建设

依据运维规划，首先需要组建医院信息系统运维机构，包括：服务台、二线运维部、三线运维部、硬件维修部、网络部五个部分。

运维管理机构主要是以医院信息化发展和结合医院业务自身特点来制定运维方式、制度流程、运维范围，并管理和考核各项具体运维工作的机构。

医院信息系统运维工作记录，具体记录内容如下：

（1）对监控到的告警或错误事件，要进行预警、分析、跟踪。

（2）对影响到系统及数据备份正常运行或涉及需要其他变更，相关人员根据《变更管理规范》进行处理，并记录。

（3）依据运维人员岗位职责和工作记录对运维工作进行绩效考核。

（4）最终建立医院信息系统运维体系，并且需要按照 PDCA 的原则持续改进。

参考文献

[1] 王韬 . 医院信息化建设 [M] . 北京：电子工业出版社，2017.
[2] 陈金雄 . 迈向智能医疗 [M] . 北京：电子工业出版社，2014.

第四章

医院物联网建设

胡建中　孙虹　孙炜一　黄玉成　冯嵩　熊芳

李云　陈廷寅　陈智　胡强　路建新　艾金

欧海蕉　黄子晶　李潋　宁静静　王攀

胡建中 中南大学湘雅医院党委副书记
“移动医疗”教育部 – 中国移动联合实验室主任

孙　虹 中南大学医院管理研究所所长

孙炜一 江苏瑞孚特物联网有限公司董事长

黄玉成 中南大学湘雅医院信息网络中心主任

冯　嵩 中南大学湘雅医院网络信息中心副主任

熊　芳 中南大学湘雅医院网络信息中心副主任

李　云 中南大学湘雅医院网络信息中心工程师

陈廷寅 中南大学湘雅医院网络信息中心工程师

陈　智 中南大学湘雅医院网络信息中心工程师

胡　强 中南大学湘雅医院网络信息中心工程师

路建新 蓓安科仪（北京）技术有限公司董事长

艾　金 中南大学湘雅医院网络信息中心工程师

欧海蕉 中南大学湘雅医院网络信息中心工程师

黄子晶 中南大学湘雅医院网络信息中心工程师

李　潋 中南大学湘雅医院网络信息中心工程师

宁静静 中南大学湘雅医院网络信息中心工程师

王　攀 中南大学湘雅医院网络信息中心工程师

第一节 概述

一、物联网相关概念

物联网（The Internet of things）是新一代信息技术的重要组成部分。顾名思义，“物联网就是物物相连的互联网”。它包含两层意思：一是物联网的核心和基础仍然是互联网，是在互联网基础上的延伸和扩展，以实现对物品的智能化识别、定位、跟踪、监控和管理的一种网络；二是其用户端延伸和扩展到了任何物品与物品之间，基于互联网、传统电信网等信息承载体，通过射频识别（RFID）、红外感应器、全球定位系统、激光扫描器等信息传感设备，按约定的协议，把任何物品与互联网相连接，进行信息交换和通信，让所有能够被独立寻址的普通物理对象实现互联互通的网络，具有普通对象设备化、自治终端互联化和普适服务智能化三个重要特征进行信息交换和通信。

物联网是在互联网基础上的又一次飞跃，未来的网络不再是虚拟的世界，包括所有人和物在内的各种实体也将拥有自己独立的信息标签（即 RFID 电子标签），转化为可识别的信息后，在遍及全球的网络上传播，实现自动识别、信息互联与实时共享。在医疗领域，可将社区居民、患者、医务工作者，以及在就医过程中所涉及的药品、医疗耗材、仪器设施等各种信息接入网络，任何人在任何时间和任何地点，都能够通过任意网络，获取所需的信息与个性化服务。

二、物联网发展现状

目前，美国、欧盟、中国、日本和韩国等都在投入巨资深入研究探索物联网。我国工业和信息化部正会同有关部门在新一代信息技术方面开展研究，以形成支持新一代信息技术发展的政策措施。我国的《国家中长期科学与技术发展规划（2006—2020 年）》和“新一代宽带移动无线通信网”重大专项中均将传感器网络列入重点研究领域。

三、物联网发展面临的问题

目前，我国 RFID 产业在超高频领域与国际先进水平相比，还存在三个“瓶颈”。

第一，RFID 标签成本过高，限制了应用范围的扩大。目前，中国制作一个标签的成本较高，高额成本决定了这项技术目前只能应用在附加值相对较高的商品上，如汽车、高档酒、门票等方面，而在低价值商品上无法推广，大大限制了 RFID 应用范围。

第二，缺乏国家标准。目前在高频领域，我国主要沿用国际标准，但在关键的超高频领域，标准仍由国外组织控制着，我国如果照搬这个标准，未来将要支付大量的专利费用，这将大大增加中国企业的成本。因此，尽快制定出自己的超高频 RFID 标准迫在眉睫。

第三，行业人才匮乏。国外凭借几十年的发展，在 RFID 领域积累了大量人才，而我国 RFID 的发展仅有短短几年时间，技术创新人才相当匮乏，需要国家和企业加大人才的培养力度，为我国 RFID 产业的发展提供坚实的人才基础。

第二节 物联网技术框架及核心技术

一、物联网技术框架

物联网涉及感知、控制、网络通信、微电子、计算机、软件、嵌入式系统、微机电等技术领域，因此，物联网涵盖的关键技术也非常多。为了系统分析物联网技术体系，国家工业和信息化部在其发布的《物联网白皮书（2011 年）》中将物联网技术体系划分为感知关键技术、网络通信关键技术、应用关键技术、共性技术和支撑技术，并在《物联网白皮书（2011 年）》进行了修订，具体如图 7-4-1 所示。

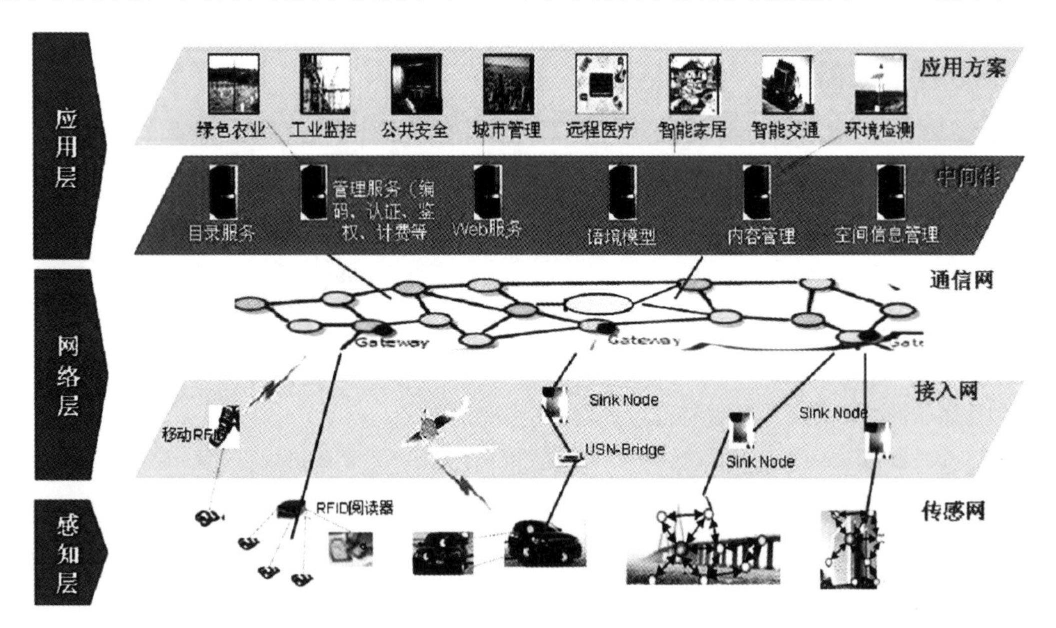

图 7-4-1 物联网组成及应用架构

感知层：由数据采集子层、短距离通信技术和协同信息处理子层组成。数据采集子层通过各种类型的传感器获取物理世界中发生的物理事件和数据信息，如各种物理量、标识、音视频多媒体数据。物联网的数据采集涉及传感器、RFID、多媒体信息采集、二维码和实时定位等技术。短距离通信技术和协同信息处理子层将采集到的数据在局部范围内进行协同处理，以提高信息的精度，降低信息冗余度，并通过具有自组织能力的短距离传感网接入广域承载网络。感知层中间件技术旨在解决感知层数据与多种应用平台间的兼容性问题，包括代码管理、服务管理、状态管理、设备管理、时间同步、定位等。

网络层：网络层将来自感知层的各类信息通过基础承载网络传输到应用层，包括移动通信网、互联网、卫星网、广电网、行业专网，及形成的融合网络等。根据应用需求，可作为透传的网络层，也可升级以满足未来不同内容传输的要求。经过 10 余年的快速发展，移动通信、互联网等技术已比较成熟，在物联网的早期阶段基本能够满足物联网中数据传输的需要。网络层主要关注来自感知层的、经过初步处理的数据经由各类网络的传输问题。这涉及智能路由器，不同网络传输协议的互通、自组织通信等多种网络技术。

应用层：应用层主要包括服务支撑层和应用子集层。物联网的核心功能是对信息资源进行采集、开发和利用。服务支撑层的主要功能是根据底层采集的数据，形成与业务需求相适应、实时更新的动态数据资源库。物联网涉及面广，包含多种业务需求、运营模式、技术体制、信息需求、产品形态均不同的应用系统，因此统一、系统的业务体系结构，才能够满足物联网全面实时感知、多目标业务、异构技术体制融合等需求。各业务应用领域可以对业务类型进行细分，包括绿色农业、工业监控、公共安全、城市管理、远程医疗、智能家居、智能交通和环境监测等各类不同的业务服务，根据业务需求不同，对业务、服务、数据资源、共性支撑、网络和感知层的各项技术进行裁剪，形成不同的解决方案；该部分可以承担一部分呈现和人机交互功能。应用层将为各类业务提供统一的信息资源支撑，通过建立、实时更新可重复使用的信息资源库和应用服务资源库，随需组合各类业务服务根据用户的需求，提升物联网应用系统对业务的适应能力。该层能够提升对应用系统资源的重用度，为快速构建新的物联网应用奠定基础，满足在物联网环境中复杂多变的网络资源应用需求和服务。

二、物联网核心技术

从广义层面，根据国家工业和信息化部《工业物联网白皮书（2017 年），技术体系主要分为感知控制技术、网络通信技术、信息处理技术和安全管理技术。

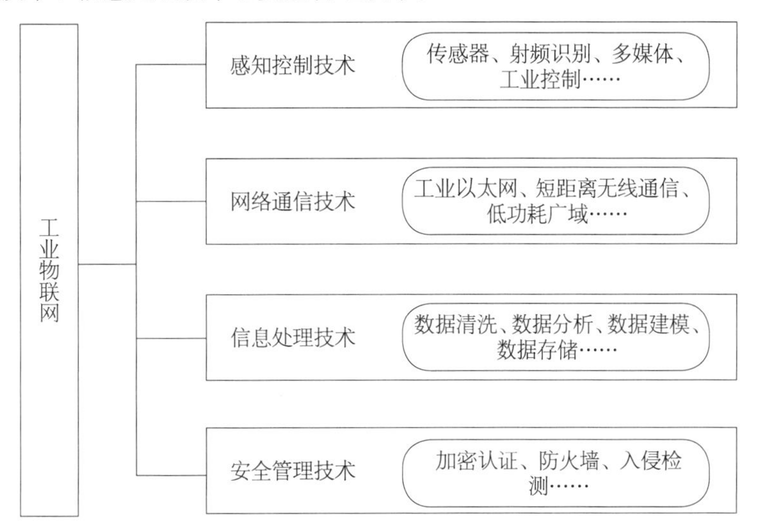

图 7-4-2 工业物联网技术体系

其中，感知控制技术主要包括传感器、射频识别、多媒体、工业控制等，是物联网部署实施的核心；网络通信技术主要包括工业以太网、短距离无线通信技术、低功耗广域网等，是物联网互联互通的基础；信息处理技术主要包括数据清洗、数据分析、数据建模和数据存储等，为物联网应用提供支撑；安全管理技术包括加密认证、防火墙、入侵检测等是物联网部署的安全关键。

从通用物联网体系结构而言，物联网关键技术不仅涵盖感知层、网络层、应用层等总体架构层面技术，也包含了标识解析、安全隐私、网络管理、数据存储挖掘、云计算等公共技术，以及嵌入式技术、微机电、软件和算法、电源和储能新材料等关键支撑技术。

本书以通用物联网体系结构（如图 7-4-3 所示）对关键技术进行相关介绍。

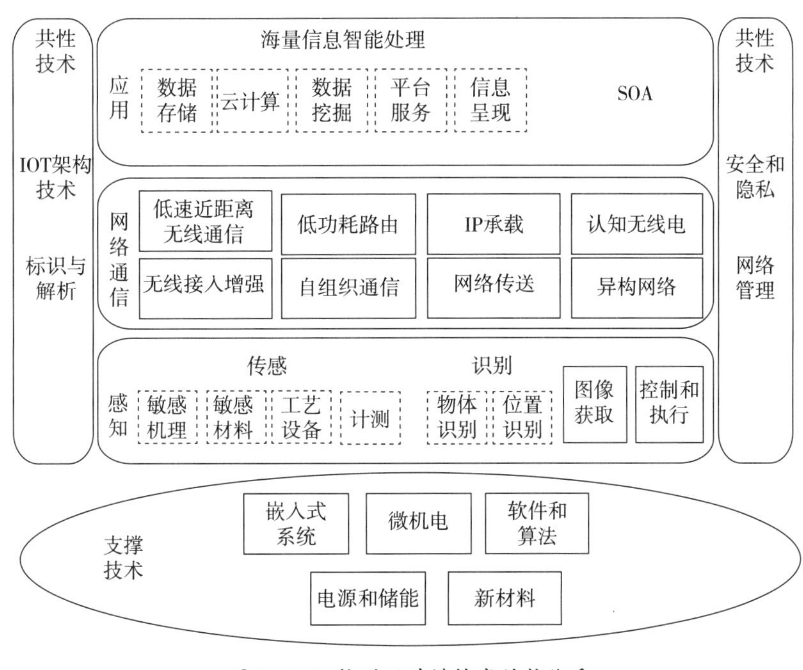

图 7-4-3 物联网关键技术结构体系

（一）感知层技术

感知层技术体现物联网全面感知的核心能力。实现方式体现为RFID标签和读写器、M2M终端和传感器、传感器网络和网关、摄像头和监控、GPS/北斗等定位授时、智能家居网关等，是物联网中包括关键技术、标准化方面、产业化方面急待突破的部分。关键在于具备更精确、更全面的感知能力，并解决低功耗、小型化、低成本的问题。

感知层的核心技术包括射频技术、新兴传感技术、无线网络组网技术、现场总线控制技术（FCS）等，涉及的核心产品包括传感器、电子标签、传感器节点、无线路由器、无线网关等。感知层关键技术突出集中在：传感器技术、物品标示技术（RFID技术、二维码技术等）、短距离无线传输技术（Zigbee技术、蓝牙技术、UWB超宽带技术、Z-Wave等）。图7-4-4是传感器网络结构。

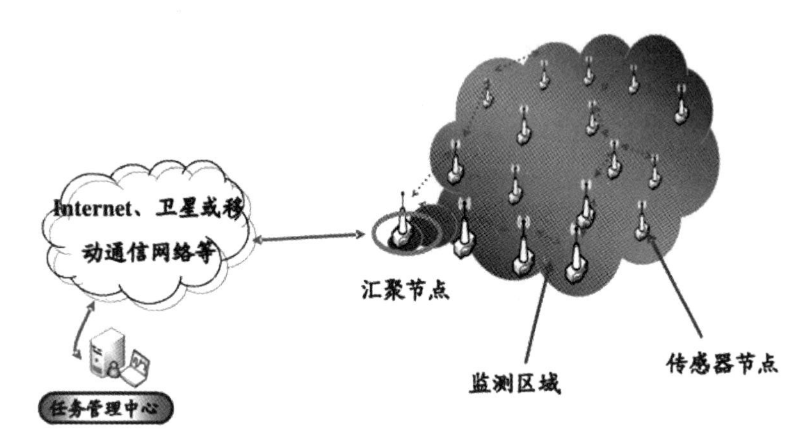

图7-4-4 传感器网络结构示意图

传感器网络在医疗领域也有一些成功实例。SSIM(Smart Sensorsand Integrated Microsystems) 项目中，100个微型传感器被植入病人的眼中，从而帮助盲人获得了一定程度的视觉。

借助于各种医疗传感器网络，人们可以享受到更方便更舒适的医疗服务，比如远程健康监测等。

远程健康监测：通过在老年人身上佩戴一些血压、脉搏、体温等微型无线传感器，并通过住宅内的传感器网关，医生可以从医院里远程了解这些老年人的健康状况。通过这种方法，还可以对一些冠心病、脑溢血等高危病人进行24小时健康监测，而不妨碍病人的日常起居和生活质量。

病变器官观察：通过在人体器官中植入一些微型传感器，随时观测器官的生理状态，可以发现器官的功能恶化，及时采取治疗措施从而挽救病人生命。但是推广这种想法前，还需要突破许多技术瓶颈，这些医疗传感器必须非常安全，工作能源要从人体自动获取，系统稳定、基本不需维修。

（二）网络层技术

广泛覆盖的移动通信网络是实现物联网的基础设施，是物联网三层中标准化程度最高、产业化能力最强、最成熟的部分。网络层相关的主要层次体现为无线/有线的各种类型的接入形式、统一IP协议上的大宽带可靠网络、业务统一管理部署和运营支撑平台等。网络层技术主要突破方向在于扩展规模，以实现无处不在、提升业务可扩展的管理运营能力、简化结构，上下层面的融合，从而结合应用特征进行优化和改进，形成协同感知的网络。

物联网通信是将感知获得的大量信息进行交换和共享，将物理世界产生的数据接入公用电信网。通信是物联网的主要功能，构成了物与物、物与人互联的基础，如果没有通信的保障，物联网设备就无法接入虚拟的数字世界，数字世界也就无法与物理世界融合。物联网通信几乎包含了现在所有的通信技术，形成了大规模的信息化网络。在物联网中，接入网技术是物联网通信的关键技术，既采用无线接入技术，也采用有线接入技术，其中最能体现物联网特征的是无线接入技术。将接入网连接在一起的网络是核心网，接入网和核心网共同构成了物联网通信的体系架构。

（三）应用层技术

应用层技术主要作用为信息技术与行业专业技术结合，集中体现在广泛智能化应用解决方案。其主要应用方向以标识和解析技术、信息和隐私安全技术、云计算技术、大数据技术、情景感知技术、人工智能技术、软件和算法以及中间件技术等为依托，拓展到社会各行各业领域，例如智能家居、智能交通、智能电力、智能医疗、智能通信等。现阶段主要技术突破方向将进一步深入融合信息技术与行业应用，进一步体现社会化共享和安全保障，进一步调整应用整体架构等。

第三节　物联网在医院的应用

一、医疗物联网在医院的应用意义

医疗物联网是指以智能的物联网和通信技术连接居民、患者、医护人员、药品以及各种医疗设备和设施，支持医疗数据的自动识别、定位、采集、跟踪、管理、共享，从而实现对人的智能化医疗和对物的智能化管理。医院物联网的应用，从广义而言，包含了现有医院信息化的所有领域，涉及广域网、局域网、无线网、传感网、4G/5G 网络等。物联网与互联网结合形成一个巨大网络，实现人与人、物与物、人与物的连接与互通，方便识别、管理与控制，将其应用于数据采集、安全管理、过程控制、任务管理、过程跟踪、决策分析等医院管理的各个环节。

物联网技术在医院的广泛应用，将显著提高医院的信息化与智能化水平，有利于提高工作效率，创新服务模式，提升服务水平，保障医疗安全，提高医院资源配置与运营能力，降低管理成本，提升医院管理精细化水平，有利于充分、合理利用医疗资源，缓解“看病难”现象，满足人民群众日益增长的医疗服务需求，逐步解决医疗资源发展不平衡、不充分的矛盾。医疗物联网在医院应用的意义，主要有以下几点：

实现远程医疗和自助医疗，有利于缓解医疗资源紧缺的压力。全新的诊疗模式可以把目前大多数医院以治疗为主的诊疗方式转为预防、治疗和康复相结合的模式，降低医疗资源使用，减轻医护人员工作量，提高医院的运作效率。物联网的使用使医疗服务可以跨越时间、空间的障碍，可以缓解发达地区看病难、住院难的问题，对缓解不发达地区医疗资源稀缺也起到了一定作用。

加强医疗过程监管，保障医疗安全，提升医疗服务现代化水平。利用物联网技术，通过现有的通信网络，可以把不同地区的病人数据传输到各种医疗机构。利用无线传感器技术，可以从医疗设备收集患者的心律、血压、呼吸、血氧、心电图、行动模式等各种数据，监测患者体征并对异常指标进行预警，及时检测患者病情，随时调整用药或提醒入院进一步检查，提供安全可靠、人性化、个性化的医疗服务。

建成物联网体系，促进医疗机构的医疗信息共享，降低患者就医成本，使医疗资源有效利用。将信息管理平台与物联网技术结合，促进检查、检验结果的互信互认，调取患者在各级医疗卫生机构的相关数据，构建患者全生命周期医疗健康数据索引，减少患者重复检查、数据存储等负担，有效降低就医成本。

优化医院业务流程，提高医院工作效率和质量，改善就医体验，缓解医患矛盾，提升医院形象。以患者为中心的医疗服务模式的建立，要求医院信息系统为一线医护人员提供快捷、方便的信息服务，以达到方便病人，明白就医，缩短就诊流程，减少病人来回奔波，缓解医患关系，有效控制医疗差错和事故。

人与物相关联，实现医院管理的实时化、数字化、移动化和智能化。为医院决策及时提供实时、真实、可靠的数据；有效提高医院人、财、物和资金的管理质量和效率，从而提升医院的管理水平，达到充分调动员工积极性，合理分配资源，优化业务流程，改革和完善医院组织结构、运营机制和管理体制；通过精细化运营管理，降低服务成本，保障医院长久持续发展。

二、医疗物联网在医院的应用领域

物联网、移动互联网、云计算、大数据为代表的数字化技术与传统医疗的结合，其核心作用表现为对医疗服务流程的有效重塑，特别是在时间、空间和医疗资源、信息资源整合方面的扩展，将使传统医疗服务突破时间、空间和资源的限制，创造出全新的医疗服务模式，从而给患者带来更好的就医体验、更好的医疗质量和更合理的医疗费用支出。

医院物联网的应用主要分为两个大的方向：智能化和信息化。智能化建设的目的是满足医疗现代化、建筑智能化、病房家庭化等，其核心是建筑智能化。信息化建设的目的是提高医院运行效率、降低成本、加强医院运营管理、提高服务质量，推动医疗资料整合与共享、提升医院服务能力和服务可及性，具体来说物联网在医院的应用主要包括以下方面。

（一）基于物联网的智能化临床业务

1. 移动医护

“移动医疗”是信息技术与无线技术、终端设备（包括固定和移动）及无线网络无缝衔接，为使用者实时提供医疗相关服务与资源。

移动医生站：医生可以在患者床旁完成实时查阅患者电子健康档案信息，下达医嘱等工作，减轻医生查房负担，提高查房效率；实时下达医嘱，为患者争取宝贵的时间，有效提高患者的满意度和临床诊疗安全；结合用药提示和药品禁忌提示，为医生制定治疗方案提供帮助。移动护士站：将现有护士工作站延伸到床旁，借助传感器设备和网络，优化患者信息采集流程，自动完成各项生命体征数据的采集和记录；实现医嘱闭环管理，准确记录执行人和执行时间。推动护理管理由定性管理向定量管理转变，由目标管理向过程管理转变，提升护理工作质量和效率。

延伸健康服务和教育。通过在每间病房安装病房信息服务终端，护士可在病房信息服务终端实现对患者的输液监控、健康教育、执行治疗 / 护理项目等；患者通过病房信息服务终端可以查询费用信息、营养点餐、获得医疗服务提示（如手术前提醒、检查 / 检验提醒、健康提示）。系统总体结构和功能图如图 7-4-5、图 7-4-6 所示。

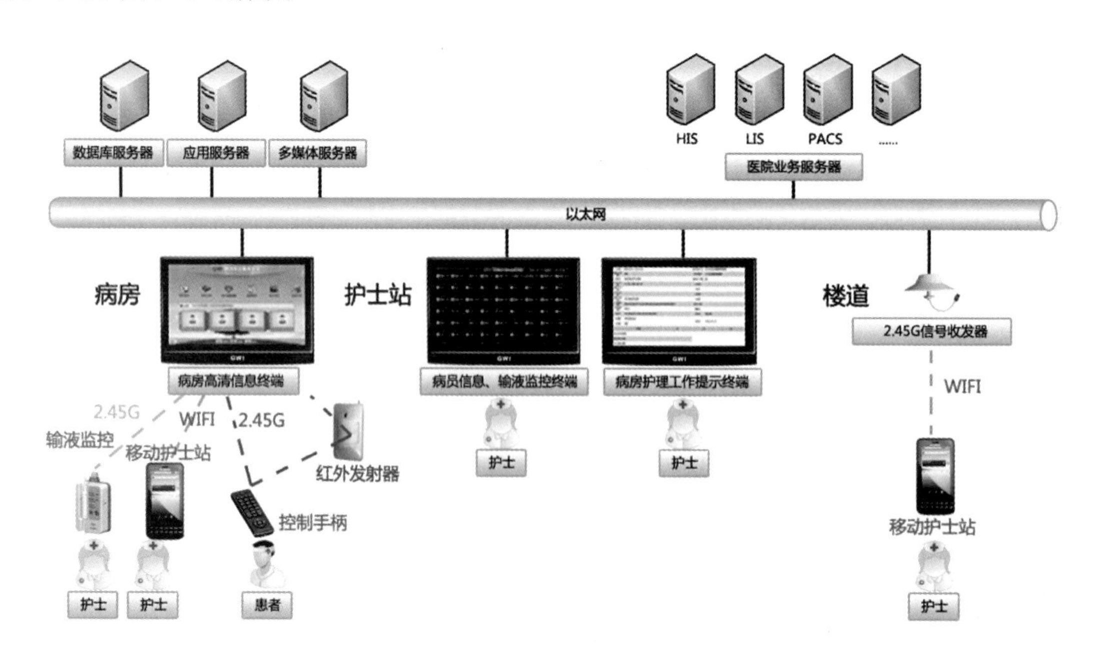

图 7-4-5 系统总体结构

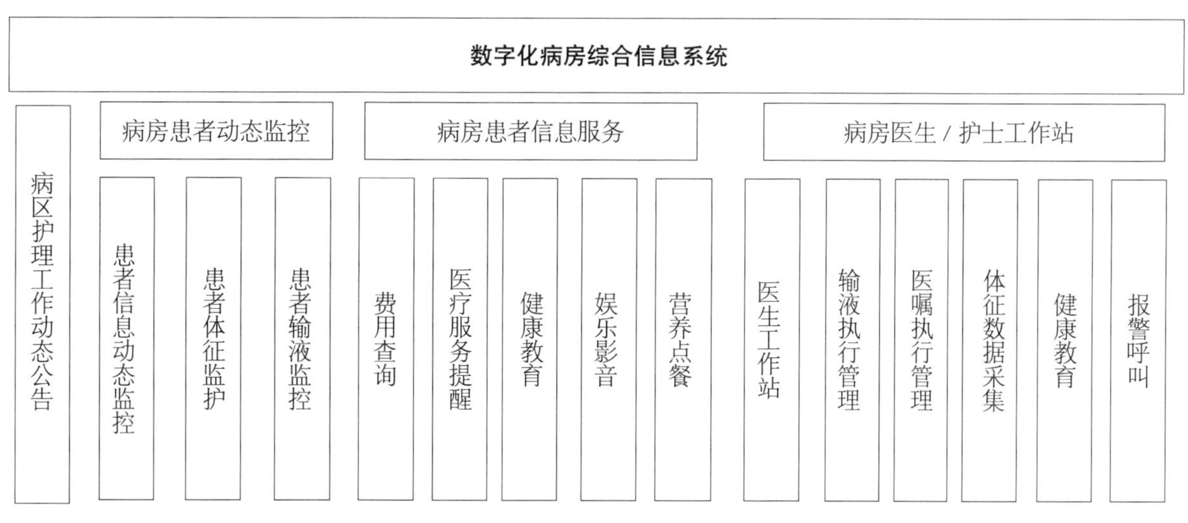

图 7-4-6 系统功能图

2. 输液监控

当前静脉输液的监控方式是病人和陪护人员目测监控，当液位到达警戒位置，通过床头呼叫系统呼叫护士来换瓶或拔针，存在一定安全隐患，且护士的巡视又增加了其工作量，如图 7-4-7 所示。

利用红外传感终端数据采集、无线通信技术，实现对静脉输液滴速及输液进度监控，以集中监控屏的方式，在护士站提供可视化的输液集中监控，遇到输液意外停止和输液完成，输液监控仪可以锁住输液滴管，并提醒护士处理，从而有效地防范输液风险，提升患者安全；减轻护士的工作量；提升护理服务质量和患者医疗服务满意度，维护患者输液安全。

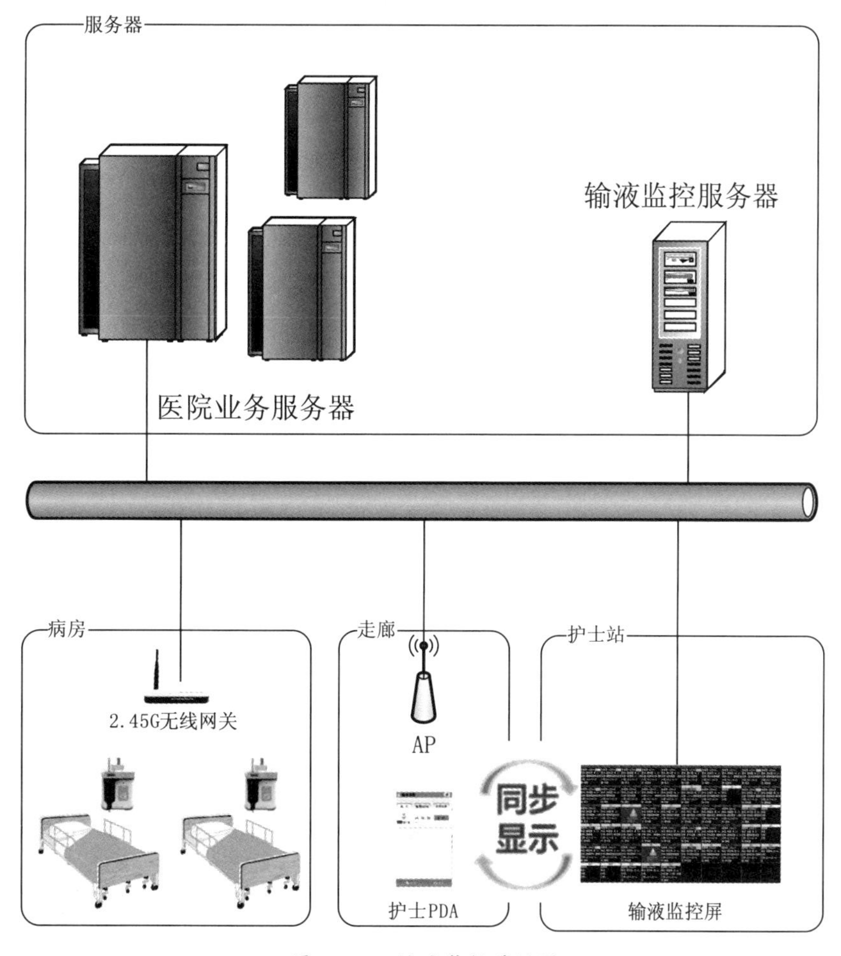

图 7-4-7 输液监护系统图

3. 病患实时动态监护

医疗监护是对人体生理和病理状态的检测和监视，能够实时、连续、长时间地采集和监测患者的重要生命特征参数，实时传送给医生辅助诊疗。在危重病人的监护、伤病人员的抢救、慢性病患者和老年患者的监护以及运动员身体活动的检测方面发挥着重要的作用。

目前，医院监护系统大多使用固定的医疗监护设备，通过传感器采集人体生理参数，通过线缆将数据传输到监护中心。为了使需要长时间连续测量生理参数的患者(如慢性病人或者老年患者等)能够在随意运动的状态下接受监护，基于物联网的无线移动监护技术将被广泛用于外科手术设备、加护病房、医院疗养和家庭护理中，结合无线网、条码 RFID、物联网、移动计算、数据融合等技术，通过电子医疗和 RFID 物联网技术能够使大量的医疗监护的工作实施物联网化，如测量病人体温、脉搏、呼吸、心电、无创血压、血氧饱和度等生理信息的监护仪器，测量患者体征信息的运动平板设备，用于手术室患者信息监控的监护仪、麻醉机、呼吸机等设备。实现病患监护工作时间上无间断，空间上无线化，提升医疗诊图疗流程的服务效率和服务质量，全面改变和解决现代化数字医疗模式、智能医疗及健康管理、医院信息系统等问题和困难，提升医疗资源共享度，降低公众医疗成本。

医疗监护网络建设基于无线传感网络的病房监护系统，主要由各病房内部具有相应数据采集功能的无线传感器节点、以病房为单位的若干个具有路由功能的无线节点和院内中心网络协调器组成。该系统具有极大的灵活性及扩展性，通过将系统接入 Internet 网络，可构建更大的医院间医疗监护网络，以实现医疗资源共享。

4. 门诊急救管理

在伤员较多、无法取得家属联系、危重病患等特殊情况下，借助 RFID 技术的可靠、高效的信息储存和检验方法，快速实现病人身份确认，确定其姓名、年龄、血型、紧急联系电话、既往病史、家属等有关详细资料，完成入院登记手续，为急救病患争取了治疗的宝贵时间。

5. 医嘱执行与药品分发

通过移动手持终端扫描患者腕带二维码信息、瓶签及其他条码信息实现医嘱校对，确保及时、准确的执行。

通过注册登记药品与条形码信息并将药品贴上对应的条形码。在将药品分发或者给患者用药时用手持机扫描药品的条形码，再扫描患者腕式标签信息，比对校验确认信息无误后，将药品分发给患者或者执行。

6. 母婴配对及婴幼儿防盗

利用物联网及 RFID 技术有效实现新生儿和产妇的明确标识和关联、避免新生儿被误抱、偷抱、避免标识被调换或遗失。

基于物联网 RFID 射频识别技术，在婴儿身上佩戴可以发射出无线射频信号且对人体无害的智能电子标签。日常护理过程中（洗澡、喂奶、打针、早产儿特别护理等）通过手持式 RFID 读写器，分别读取母亲与新生儿所佩戴的 RFID 母婴识别带中的信息，确认双方的身份匹配，防止新生儿被抱错。婴儿出院前，在监护病房的出口布置固定式 RFID 读写器，仅当母婴手环互为匹配门禁显示绿色通行标志，否则显示红色禁行标志，便于保安对于新生儿出院的监控。通过手环记录和确认值班医生对产妇与新生儿每日所完成的例行巡检，避免漏检，规范产房的日常管理。减少手写数据和口头交接，透过 RFID，不但可以大幅降低护理人员文书工作，同时可快速记录最精确的病历数据，有效提升整体医疗质量。

7. 行为分析

随着互联网、移动互联网、各类传感器及物联网的覆盖范围和应用的不断扩大，感知人类生活情景和方式、计算人类社会的情感逐渐成为可能。伴随着机器学习、数据挖掘、模式识别、社会网络分析、大数据分析等技术手段的进步，根据感知的数据提取精细化的个体行为信息和多层次多角度的群体行为信息逐渐成为现实。比如在精神病院，将 RFID 技术和 GPS 定位技术结合，可以记录患者的运动轨迹，结合患者病史与诊断分析这些数据，可以更加有效地给患者展开针对性的治疗。老年患者摔跤是最大的生命威胁，借助三维传感器监视并计算传感器维度的变化，能够在患者摔倒时及时采取措施，挽救患者生命。手术室的术前术后洗手有严格要求，借助室内精确定位与RFID技术，可以监测医生行为是否合规，防止人为疏忽带来的感染。

（二）基于物联网的智慧患者服务

1. 院内智能导诊

物联网在医院的介入，通过各类节点或无线传感器，将院内各科室、各类医疗设备互联，可实现精准的院内医疗资源定位和导航。医生开完各类医疗服务项目申请后，患者可借助移动设备、自助设备或导诊机器人，迅速获取基于医生开具的项目生成的智能导引单，并结合医院各科室当前病人数量、预计排队时间、物理位置等因素，自动生成时间最少、效率最高的个性化就诊路线图，并对每一个节点的注意事项给出友好提醒，同时基于院内导航系统，方便患者快速到达目标科室，节省病人时间，提高就医体验。系统根据院内各科室的实时人流量情况进行及时合理的分流，缓解排队现象，最大程度地减少所有患者的无效就诊时间。

2. 数字化病房患者服务系统

通过在病房部署信息交互终端，为患者提供费用查询、营养点餐、医务提示、健康宣教、娱乐点播、医院介绍、电视收看等多种服务，以及医患互动的沟通平台和服务平台，减少医患矛盾。医院可以自行控制患者的收视时间，在为患者提供服务的同时，也可很好地兼顾好患者的休息时间；加强在院患者的健康宣教，提高患者的康复速度，如图 7-4-8 所示。

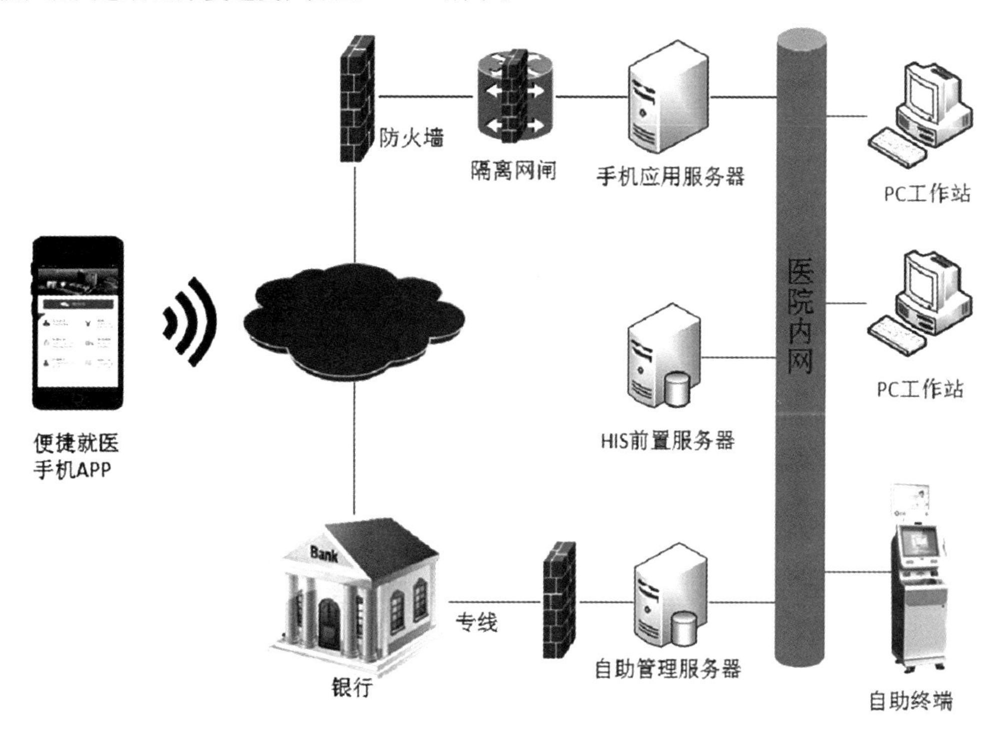

图 7-4-8 便捷就医网络连接图

（三）基于物联网的医院智慧运营管理

1. 考勤管理模块

主要用于医院对考勤工作进行统一的管理，包括人事考勤和后勤人员考勤。系统对固定节假日、考勤部门、考勤人员、考勤规则等要素进行统筹规划，员工只需要在到达和离开医院办公大楼的时候进行刷卡操作，系统自动分辨员工的正常、迟到、早退、缺席等情况。通过系统登记员工的请假、外勤、加班等情况，并生成报表以供人事部门进行评定工作。系统还可以针对特殊部门（如保卫处）设定复杂的“多时段”“三班倒”等考勤规则，如图 7-4-9 所示。

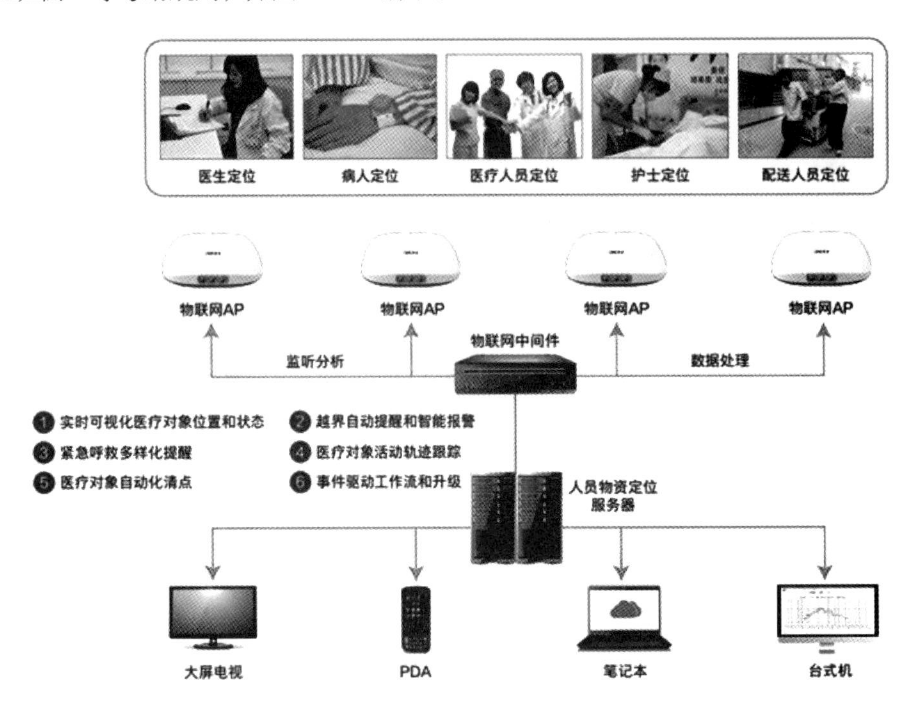

图 7-4-9 院内人员定位示意图

2. 巡更管理系统

保安人员按照预先规划的巡更路线进行巡逻，在指定的时间内到达下一个巡更点并刷卡，通过 CDMA 或者 GPRS 等数据传输方式实时回传，这也是当前新型电子巡更的最大优势。传感终端设备的应用也对巡视人员提出了更高的要求。为了实现系统能够具有更高的联动性，巡更管理系统已经实现了与门禁系统、弱电间动环监控系统相结合。监控中心根据巡更记录的信息对巡更人员进行考勤管理并实现相应监控设备的数据搜集和校对。

3. 医疗资产及医疗设备管理

在医疗资产和设备上安装防拆卸寻址标签可对医疗资产和设备进行资产管理、定位、防盗等管理。如急需该资产和设备时，只要在后台管理处输入寻找的标签号码，标签上的红灯开始闪烁，并在电子地图上显示出该资产所处的位置，方便迅速找到该资产和设备，如图 7-4-10 所示。

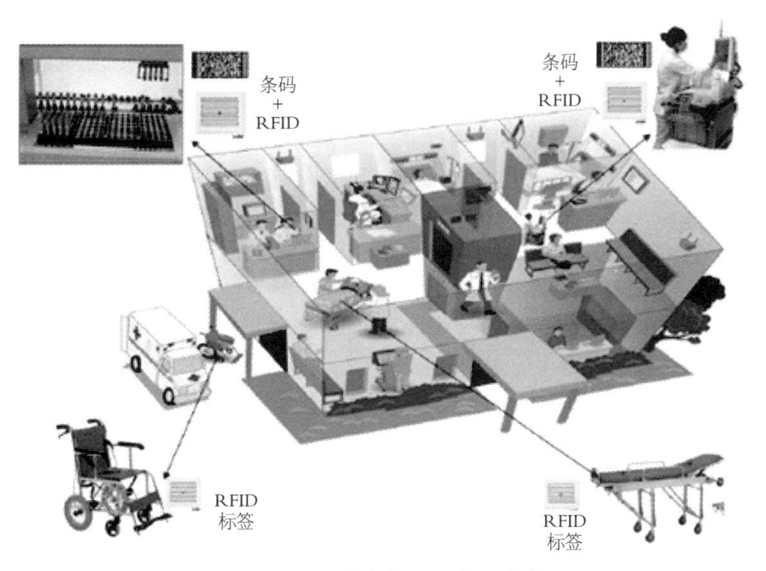

图 7-4-10 医疗资产及医疗设备管理

4. 特殊药品管理

对温度敏感的药品制剂存放的冷柜和恒温库等可使用温度传感器对内部温度进行 24 小时不间断监控，防止因温度变化未及时察觉带来不必要的损失和风险，如图 7-4-11 所示。

温度标签将温度变化信号传递给读写器，读写器将信号传递给后台操作系统，当出现温度超出可承受范围时发出声光报警，并明确提示详细报警冷柜或恒温库位置、存放物品等信息。

图 7-4-11 特殊药品管理

5. 血液管理

联合各采血站，利用 RFID 技术，建立一个能确保合理采血、安全用血和科学管血的基于物联网的血液管理系统。在采血后，每袋血贴上 RFID 标签，用来唯一标识血液，并通过 RFID 编码来查询血液的详细信息。工作人员将每袋血通过配有天线的读写器，经过中间件的处理，读取 RFID 标签内包含的编码，然后采集到的血液信息被存入到数据库中，同时系统将 RFID 编码与血库地址注册到本地服务器中，并将本地服务器和 RFID 编码注册，每个血库的数据库都要记录来源血库的地址和出库血库的地址。采用 RFID 技术进行血液管理，献血者登记、体检、抽血后，在每一袋合格的血液上都贴上 RFID 标签，血液跟踪开始，无论这袋血是在血库的库房，还是被其他血库调入、调出，还是被医院使用都始终跟随着唯一的标识 RFID 标签，如图 7-4-12 所示。

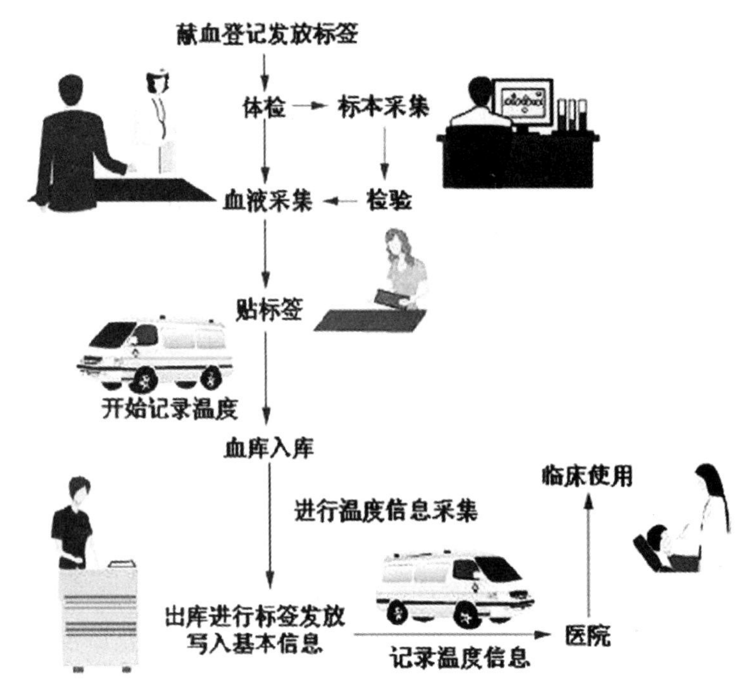

图 7-4-12 血液管理流程

6. 医疗废弃物监管

医疗垃圾属于危险废弃品，含有大量有害病原体、有毒有害的化学污染物及放射性污染物等有害物质，具有极大的危险性。卫生部颁布的《医疗废物管理条例》明确规定，医疗垃圾必须封闭储存、定点存放、专人运输，医疗垃圾必须进行焚烧处理，以确保杀菌和避免环境污染，不允许以任何形式回收和再利用。

基于 RFID 射频识别技术、卫星定位等技术，可以实现医疗废弃物的全程跟踪及管理，实现医疗废物运输管理及实时定位监控功能，如图 7-4-13 所示。

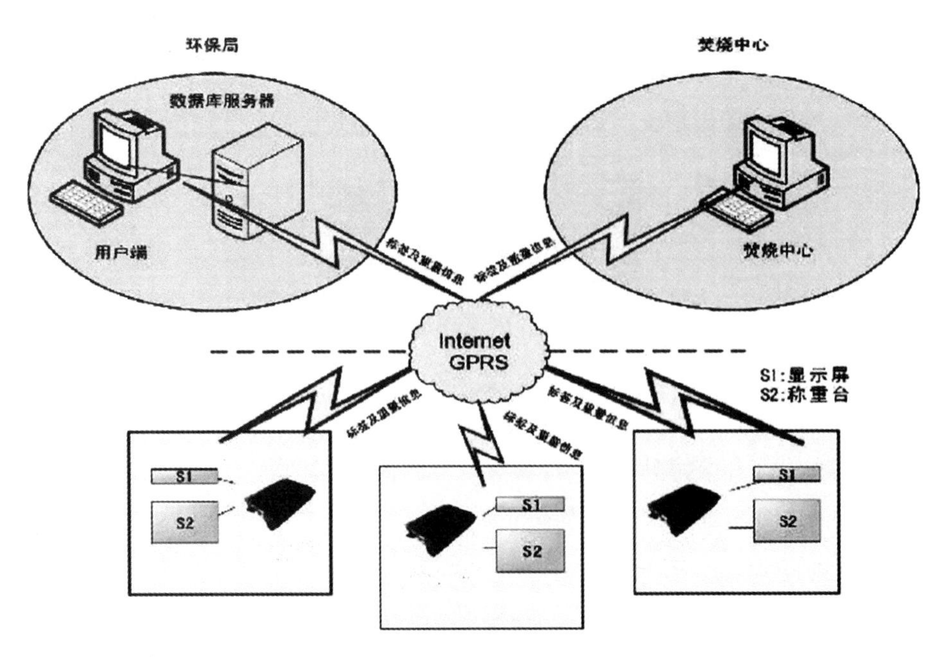

图 7-4-13 医疗废物管理网络架构图

7. 消毒物品管理

手术室供应室的日常工作的质量管理是院内感染的一个重要方面，卫生部颁布的《医院消毒供应管理规范》中对消毒物品质量提出了新的要求，消毒手术器械包具有可追溯管理性，能知道手术器械包当前的位置和状态。

基于物联网技术的管理可以使得手术器械消毒过程得到有效的监控，通过先进的 RFID 技术简化工作操作步骤，强化、规范手术室供应室流程管理，使得整个流程中的工作具有可追溯性，一旦出现感染事故发生，可快速追踪流程信息以及确定相关人员的责任，有效降低由于手术器械造成的感染医疗事故，同时还能利用信息化系统提高手术室供应室日常工作效率，从而从整体上提高医院的服务质量，如图 7-4-14 所示。

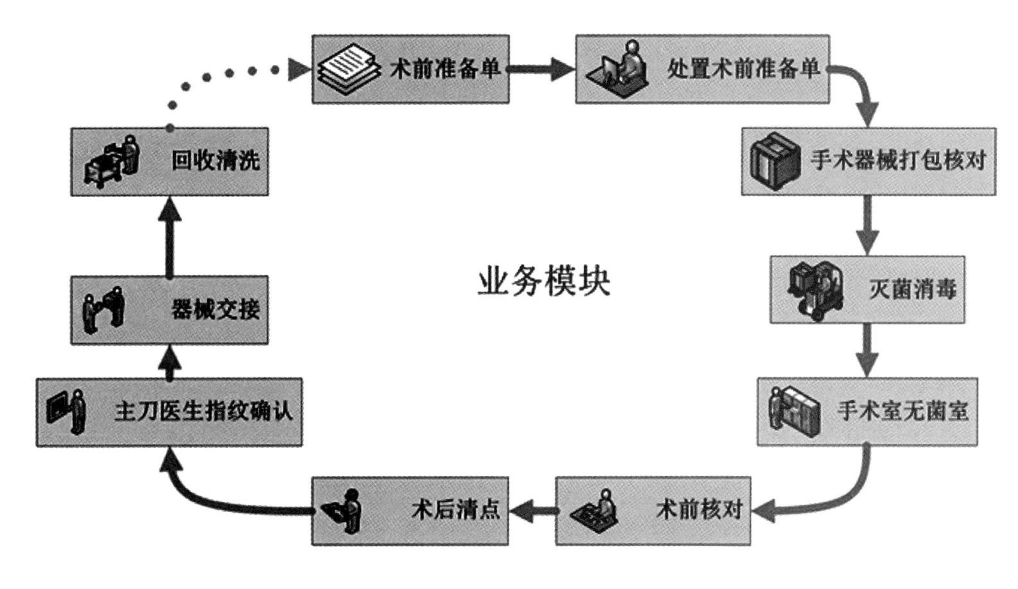

图 7-4-14 消毒供应业务流程图

8. 冷链管理

实现药品从仓储、运输、末端全程冷链管理，便于药厂、药批企业、医院随时控制药品仓储、运输、末端的消息查询，使用 RFID 全程主动记录药品温度变迁状况，并实现不开箱读取温度数据。无论是一个产品还是多个产品，无论是同一地点还是多个地点，RFID 都会将记录实时精确的上传至体系的数据核心，通过 RFID 技术与冷藏箱的结合实现多批次小批量低温冷藏药品单品级别实时温度管理，实现全程冷链管理。

在医院冷库里，血制品及相关对储存温度有要求的药品对环境的温度和湿度要求极高，基于 RFID 的冷链管理系统通过在冰柜中放置温度、湿度传感器，连通无线网络监控储存环境温湿度，一旦温湿度超过既定标准就联动报警系统，通知相关人员及时采取保护措施。还有液氮或氧气瓶这类对保存环境的温度很敏感，一旦超过限度则会引起爆炸，为防止意外，这类物资亦可通过冷库管理的方式进行监控，结合无线定位技术，可以迅速定位液氮瓶、氧气瓶的位置。

（四）基于物联网的医院智能建筑

物联网技术的创新发展对智能建筑的推动作用尤为明显。随着智慧城市建设的发展，建筑群的信息化要求越来越高，智能建筑也由单体的建筑走向群体化、智能化、数字化，而物联网对智能建筑的影响几乎无所不在，设备通过传感器、互联网技术等连接大部分子系统。基于物联网技术，医院通过建设智能建筑，能够实现门禁控制管理系统、考勤管理系统、停车场管理系统、消防报警、照明管理等系统。

基于物联网的医院智能化建筑，加强了对人、财、物的有序及有效监管，提高了资源共享和利用率，同时避免了诸多人为干预因素，提高了办公效率和楼宇安全。基于物联网的智能建筑将过去分散孤立的系统及相关设备集成到一起，成为统一的整体，实现人性化智能管理。基于物联网的医院智能建筑大致包括以下方面。

1. 环境监测

当前人们越来越重视环境质量，环境质量的好坏直接影响着人们的身心健康。采用物联网技术，通过分布在建筑中的光照、温度、湿度、噪声、风量等各类环境监测传感器，将建筑室内的环境参数信息进行实时传输，让相关管理人员可以实时掌握建筑室内的环境质量状况。同时，通过联动空调系统，对环境质量干预并改善。

2. 消防监控

利用RFID、红外、光谱分析等智能传感技术，实现医院各个区域消防监控的数字化采集、数字化传输；智能化处理告警，系统在第一时间精准处理告警事故，没有等待延滞；基于可视界面管理，并与消防分局、119消防中心网络互连互通，实现数据、资源共享。

3. 设备监控

智能建筑中包含空调、照明、给排水等多个子系统，采用物联网技术，通过传感器、控制器等设备，可以实时掌握建筑设备中各个子系统的运行情况，此外，通过监控系统中的控制程序，还能实现系统的自动优化运行，一旦出现系统故障，可以及时上报相关信息。

4. 节能管理

节能已经成为衡量智能建筑的一个重要指标。采用物联网技术，通过建筑中的智能能耗计量仪表，可以对其用电、用水、用气、供暖等消耗进行分项采集、统计和分析，并且可根据数据的挖掘分析建立用能模型，结合工作安排智能调控能源分配，为建筑的节能改造提供支持。

5. 安防管理与智能报警

智能建筑中的安防管理主要有出入口控制、视频监控、电子巡更等。其中，家庭安防尤为重要，在必要位置布防红外线感应器、门磁、玻璃碎裂传感器、感烟探测器及燃气泄漏传感器等，可以有效保障建筑与人员安全，一旦发生意外，安防系统将自动发出报警信号，向管理部门传递信息。

6. 门禁管理模块

员工卡可以是持卡人的电子门匙，用于开启各通道门禁，应用于主要通道、重要办公室、隔离病房和隔离区域、限制进入的检测室、内有贵重设备的实验室和机房、药房、招待所、设备间和仓库等。通过在卡上或门禁控制器上存储持卡人进出各通道门的权限和有效时段信息，可以实现严密而灵活的通道管理，有效而礼貌地防止非授权人员的进出。管理人员可以根据各通道门的安全级别自由地设置持卡人（或访客）进出各门的权限、有效时段以及刷卡认证、密码认证、卡+密码等多种开门方式。通过下载门禁控制器记录的进出记录，可以作为进出统计或事故核查的依据。

7. 手术监控

对手术室的环境包括温度、湿度进行智能的调节与管理；通过RFID射频识别技术，结合传感网与医疗业务系统中手术的计划安排，自动实现包括病人的身份检查、手术部位的检查与确认、手术所需医疗器械仪器和药品是否及时到位等术前检查；术中及时监控病人各项生命体征的情况，实现实时的监控与预警；术后检查对医疗器械和耗材的监控。

8. 智慧停车场

充分运用了物联网识别技术，通过在停车场出入口布置百万级高清的智能车牌识别摄像机抓拍车牌并快速识别车辆信息、免取卡无须停车便能进入停车场。车辆进入停车场内，通过车位引导系统实时显示停车位，并图文引导。借助反向寻车功能，只需在停车场内的查询机或者二维码扫描等方式来“反向寻车”，输入车牌号码，反向寻车系统就会快速提供停车位的信息和电子地图显示。同时，通过医院停车场自助缴费机、手机移动支付、二维码支付、停车场人工缴费都可以来完成收费。通过联通 APP、云停车平台与本地物联网，即可通过 APP 迅速找到停车位，也可在云停车平台了解医院哪里有停车场和空余的车位，充分利用物联网的优势，车位共享，更好地达到互联、互通。

9. 院内导航与人员定位

基于物联网技术的人员定位管理系统，是移动互联网和 RFID 技术在医疗行业的典型应用。实现了对医院各类人群的精细化和智能化管理，精确的 RoomLevel 级和 BedLevel 级定位服务、自定义事件机制及多样化提醒方式，更加切合医院实际应用场景，物联网产生的感知信息在丰富医疗信息数据的同时也为医护人员的日常工作带来极大的便利。通过加强对特殊患者位置及动态的监管，能够真正做到“以患者管理为中心”。常见定位人员包含：医生、护士、病患、新生儿以及发送人员等其他医务工作者。

（五）基于院外人群健康监控的医疗物联网应用

1. 社区医疗及移动健康监护

移动健康监护系统，是建立在预防、诊断、治疗、康复、关注等多位一体的基础上，实现了诊断、治疗与保健的三位一体闭环跟踪，便于个人、医生对病人健康状况的实时动态掌握，及时做出相应的指导和处置。

移动健康守护系统采用远程健康管理，能实现远程监护、紧急求助、专人护理等个性化“家庭医生”职能，提前对身体状况进行知晓。通过事前介入，便携终端对比标准自动判别，实现了病人、监护人、医院的有效互动和实时跟踪，降低患者就诊风险。

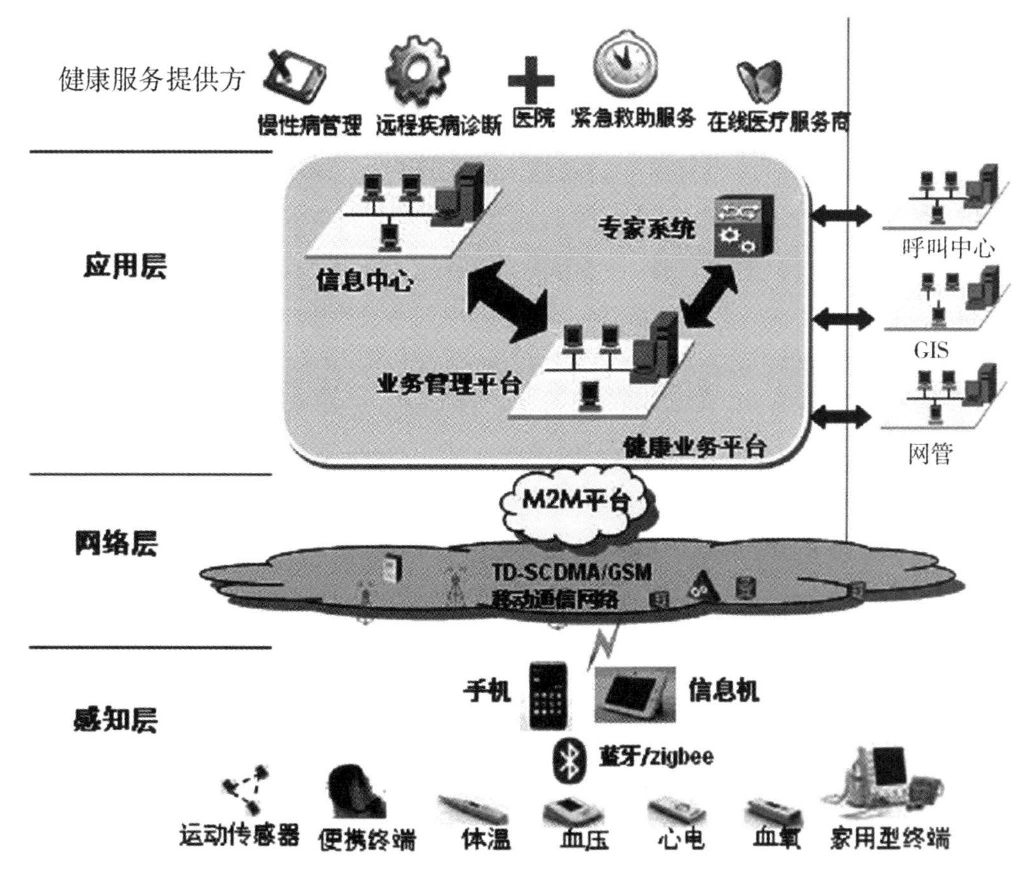

图 7-4-15 移动健康监护系统结构图

移动健康监护系统充分与健康传感技术融合，进行高效、可靠、安全的健康信息采集和传递，充分发挥无线技术的优势，以手机或信息机充当传感器网关，以蓝牙、Zigbee、Wi-Fi、4G 等方式接入网关，可实现对远程患者的血压、血氧、血糖、心电、体温、体重的测量，并可充当运动传感器，实现了前端（病人）、中端（运营商）、后端（医院 / 社区）多位一体的服务模式。支撑慢病管理、健康指导、紧急救助等多种健康服务的开展。

2. 慢病管理

慢性非传染性疾病，简称慢病，是影响人类健康发展的重要因素。借助物联网及可穿戴设备，慢病患者在家即可与家庭医生、社区医生甚至大型医疗结构的医生紧密联系起来，医生可在线实时了解患者状态，指导患者疾病治疗和康复工作。患者通过佩戴诸如生理参数监护仪、电子血糖仪等智能医疗设备或可穿戴设备，将患者血压、体温、脉搏、心率、呼吸以及血氧饱和度等指标数据，发送给慢病管理物联网云平台。该平台具备远程健康咨询、采集病人信息采集、异常信息预警及应急处理、分级转诊等健康服务功能。

3. 运动健康管理

通过穿戴式健康监测设备采集用户的健康数据，通过有线或无线网络将这些数据传递到远端的健康服务平台，由平台上的健康服务团队根据数据指标，为远端用户提供保健、预防、监测、呼救于一体的远程医疗与健康管理服务体系。

4. 智慧养老

智慧养老是指利用先进的 IT 技术手段，结合广泛的物联网终端，开发面向居家老人、社区、机构的物联网系统平台，提供实时、快捷、高效、物联化、智能化的养老服务。借助“养老”和“健康”综合服务平台，将医疗服务、运营商、服务商、个人、家庭连接起来，满足老年人多样化、多层次的需求。借助智能化平台，众多优质的养老服务资源被整合到了一起，平台将这些资源和老年人进行有效对接，从而满足老人的不同服务需求。

基于传感器的“智慧养老”将围绕老人的生活起居、安全保障、保健康复、医疗卫生、娱乐休闲、交流关爱等各方面支持老年人的生活服务和管理，对涉老信息自动监测、预警甚至主动处置，使这些技术服务于老年人的自主式、个性化智能交互。例如通过智能床垫，可以感知老人的健康情况，甚至连大小便都能感知到；老人的任何信息可以通过手机 App 及时送达子女手中，手中的遥控器能够控制电灯、空调、电视和窗帘等开关，方便生活。紧急呼叫报警器与物联网服务平台连接，一旦平台接收到老人的呼叫，第一时间安排人员提供救助。

5. 院前急救

应用物联网技术，现场救护人员首先将通过全套的无线生命体征信息采集设备对患者的生命体征信息进行检测并采集，同时现场还有监控摄像对现场情况进行实时监控；成功采集的现场数据情况将通过蓝牙传到特制的医用平板电脑上，并通过 4G/ 卫星通信技术将数据远程转发给中心医院的医疗信息云平台；中心医院的医生足不出户就能够通过各种终端访问医院的急救信息系统，查看和了解患者的病情，并及时指导，实施救治，真正实现“运筹帷幄之中、决胜千里之外”。

院前急救系统通过车载传感器、4G 网络、卫星等可以实现对急救车辆的实时跟踪和精准定位，一方面可以清楚地掌握急救车辆和医院之间的距离和路况信息，另一方面根据实时路况信息指挥救护车辆避开拥挤街道，使车辆能够以最快的速度到达急救中心，节省宝贵的时间。

三、医疗物联网在医疗领域的应用现状

（一）物联网在国内医疗领域的应用现状

我国政府十分关注物联网技术在医疗领域的应用。2008 年，国家出台了《卫生系统十一五 IC 卡应用发展规划》，提出加强医疗行业与银行等相关部门、行业的联合，推进医疗领域的“一卡通”产品应用，扩大 IC 卡的医疗服务范围，建立 RFID 医疗卫生监督与追溯体系，推进医疗信息系统建设，加快推进 IC 卡与 RFID 电子标签的应用试点与推广工作。2009 年 5 月 23 日，卫生部首次召开了卫生领域 RFID 应用大会，围绕医疗器械设备管理，药品、血液、卫生材料等领域的 RFID 应用展开了广泛的交流讨论。在《卫生信息化发展纲要》中，IC 卡和 RFID 技术被列入卫生部信息化建设总体方案。目前，相关部门正在加快制定 IC 卡医疗信息标准、格式标准、容量标准，积极推进 IC 卡的区域化应用，开展异地就医刷卡结算，实现医疗信息区域共享，等等。

我国在医疗健康行业的物联网应用主要体现在医疗服务、医药产品管理、输液管理、医疗器械管理、血液和医疗废弃物管理、远程医疗与远程教育、楼宇智能管理和后勤管理等方面。

1. 医疗服务

它主要用于病人身份确认、人员定位、财务核算、一卡通就诊卡、生命体征采集等。

将 RFID 智能标签置于“医疗保健卡”的卡片上，标签记载就诊患者自身完整的就诊记录。任何医生或者其他医护人员都能够即时读取、存储关键的病历信息。这样，可促使个人无论在哪里都能够得到良好的照顾与精确的诊断。有行业数据显示，中国在 RFID 领域的地位不断上升，有望成为世界第三大市场。对于 RFID 技术在医疗服务领域的应用，中国政府对技术的发展前景和迫切性及必要性也十分关注。2008 年，国家提出了加强医疗和银行等相关行业的联合，推进医疗领域的一卡通产品应用，扩大 IC 卡的医疗服务范围，加快推进 IC 卡和 RFID 技术的应用试点和推广等工作。2009 年 4 月，国务院颁布了关于深化医药卫生体制改革的意见，同时提出了要加大卫生系统信息化建设发展力度，特别是 RFID 技术的应用。同年 5 月，卫生部再次提出要加强 IC 卡和 RFID 技术在医疗保健、公共卫生和药品管理、防伪等应用，加快制定 IC 卡医疗信息标准，积极推进 IC 卡的区域化应用，实现医疗信息区域共享等。中南大学湘雅医院、湘雅二医院等大型三甲医院已应用健康一卡通及自助服务设备进行了门诊就诊流程优化，患者能在自助服务设备上完成从挂号、充值、缴费、打印各种报告、医保结算等功能，大大减少了患者门诊排队等候时间。中国远程心电监测网络体系“厦门市远程心电监测分中心”于 2010 年 1 月 17 日成立，患者可随时随地监测自己的心电图。

2011 年 3 月，由国家“千人计划”专家高强团队研发的“扁鹊飞救”远程急救系统正式在广州军区广州总医院胸痛中心投入使用，建成中国首个胸痛急救物联网。该系统通过深度耦合急救物联网，能够在急救发生时实现多方联动快速响应，提高救治的综合效率。以广州军区广州总医院胸痛中心为核心的胸痛物联网，协同广州市 120 急救指挥中心，目前已经发展了 30 多家县医院、社区医疗机构。预计在未来，整个网络将覆盖超过 100 家基层医院。2015 年 12 月，为推动“智慧养老”，乌镇镇政府与中国科学院物联网研究中心、椿熙堂老年服务中心签署合作协议，联手打造乌镇智慧养老综合服务平台。中国科学院物联网研发的智慧养老设备，在乌镇试水。

2. 医药产品管理

它主要用于药品供应链管理、药品防伪和输液管理等。2007 年两会期间，代表、委员们提出了采用 RFID 技术打击包括药品在内的假冒伪劣产品的议案。上海某制药厂对电子标签在制药过程中的应用进行了初探，并取得了较好效果，该公司结合其 ERP 系统，在生产过程实时数据采集系统上，采用以 RFID 标签作为索引的方式，对所有无法进行实时采集和监控的药品原材料、中间品、半成品和成品的

属性进行生产全过程的自动监控，解决了许多因条形码局限性而不便应用在洁净车间和易受潮、易磨损，需暗设、数据需修改等特殊应用的问题。

3. 医疗器械管理

它主要用于手术器械管理、病人植入材料管理和消毒包的管理。上海中卡集团采用 RFID 技术和数据库技术、通信信息技术，对手术器械包的回收、清洗、分类包装、消毒、发放等环节进行记录，并对器械包的存放、使用进行实时监管。上海市在全国率先颁布规定，要求必须建立植入性医疗器械全程可追溯的管理制度，上市的植入性医疗器械应当具备产品可追溯的唯一标识。中航芯控开发的 RFID 消毒供应室管理系统在 301 医院的应用也取得良好成效。上海感信公司开发的"Infecon 医院消毒供应管理系统"在湘雅医院的应用中实现了手术包和器械从清洗消毒、配包、分发、使用、回收的全流程闭环管理，并通过条形码实现消毒包和手术包的全流程追踪管理。

4. 血液和医疗废物管理

RFID 技术能够为每袋血液提供唯一的身份，并存入相应的信息。这些信息与后台数据库互联，使血液无论是在采血点，调动点血库，还是使用点医院，都能受到 RFID 系统的全程监控和跟踪。北京市公共卫生信息中心表示北京市血液信息管理系统正在建设，各地区的血站和医院将通过统一的信息共享与管理平台进行即时的沟通和交流，医院可通过网络提交预定血浆订单，保证患者用血安全。对于医疗废物的处置，国务院于 2003 年批复实施《全国危险废物和医疗废物处置设施建设规划》，全国拟投资 68.9 亿元，在 300 个地级市建设医疗废物集中处置设施。医疗废物处置在传统垃圾处理模式基础上，通过 RFID 传感设备（标签、定位器）的应用，实现对收集、运送、存放、处理等环节的智能识别和全程把控。

5. 远程医疗与远程教育

浙江省利用先进的流媒体技术和远程通信技术，通过创建新型远程医疗服务模式，目前已经联网多家省市县医院和社区服务中心，共开展了 12536 多例远程专家会诊，1518 例院后管理和慢性病跟踪治疗，280 余次基于临床案例的远程教学和查房，5 次远程手术直播、远程护理培训和国际合作交流。

6. 物流机器人在医院的应用

物流机器人是最新一代自主移动机器人（Autonomous MobileRobot），也是在无人驾驶技术取得突破性进展后，在 AGV（Automated Guided Vehicle，自动导引车）的基础上的一次人工智能技术的革命，也是为了区别于 AGV 的一个全新称呼。物流机器人与 AGV 最大的区别是移动导引不再依赖于程序事先设定的路径进行运动，而是根据环境的实时变化，自动实时地产生最优化的路径进行自主运动，自主完成避障和输送。世界第一个医院物流机器人是"机器人之父"恩格尔伯格创建的 TRC 公司的"护士助手"机器人。该物流机器人不需要有线制导，也不需要事先作计划，它随时可以完成以下各项任务：运送医疗器材和设备、为病人送饭、送病历、报表及信件、运送药品、运送试验样品及试验结果，在医院内部送邮件及包裹。医院物流机器人的发展和推广，与无线通信、定位导航、激光雷达、视觉雷达等无人驾驶技术飞速发展息息相关。近几年，高度智能化的物流机器人出现，能够在复杂的医院环境中实现高效的自动避障，通过无线通信的系统接入医院的物资管理系统，实现多任务、多目的地的物品传输，深受医院的欢迎。

目前各种物流系统在医院内部使用，如气动物流传输系统、轨道小车传输系统和箱式物流传输系统，其智能化程度越来越高，效率和运载量也大幅提升。但是由于这些系统需要在新建医院初就进行设计，导致已经启用的医院或即将建成的医院难以安装上述的物流系统。而机器人物流系统的出现，很好地解决了避障、运载能力的问题，弥补了该缺陷，因此近些年在国外得到快速发展，目前已经超过 500 家医院启用了机器人物流系统，而且增长的速度超过 30%。在我国，部分大型三级甲等医院已开始装配物流机器人系统，比如在阜外心血管病医院和各个分院均在手术室使用了物流机器人解决消毒包的运输，而且在华中阜外心血管病医院还装配了6台送药机器人，可满足30个临床科室的药品和大输液的配送，一天多达600箱的运送。

（二）物联网在国外医疗领域的应用现状

全球主要发达国家十分关注物联网技术在医疗健康领域的信息化建设。2004年2月，美国FDA采取大量实际行动促进RFID的实施与推广，通过立法加强RFID技术在药物运输、销售、防伪、追踪体系的应用。2004年，日本信息通信产业的主管机关总务省(MIC)提出2006—2010年间IT发展任务“u-Japan战略”。该战略的目的之一就是希望通过信息技术的高度有效应用，促进医疗系统的改革，解决高龄少子化社会的医疗福利等问题。2006年，韩国确立了“u-Korea战略”，其中提到要建立无所不在的智能型社会，让民众在医疗领域可以随时随地享有智慧服务。2008年底，IBM进一步提出了“智慧的医疗”概念，设想把物联网技术充分应用到医疗领域中，实现医疗的信息互联、共享协作、临床创新、诊断科学以及公共卫生预防等，并认为物联网技术在整合的医疗平台、电子健康档案系统都将有广泛的应用。

2005年，欧盟委员会在eEurope计划上提出旨在创建无所不在的网络社会的i2010计划；2006年明确强调欧洲已经进入一个新能源时代。2009年10月，欧盟委员会以政策文件的形式对外发布了物联网战略，提出要让欧洲在基于互联网的智能基础设施发展上领先全球，除了通过ICT研发计划投资4亿欧元，启动90多个研发项目提高网络智能化水平外，于2011年至2013年间每年新增2亿欧元进一步加强研发力度，同时拿出3亿欧元专款，支持物联网相关短期项目建设，其中也包括医疗项目。

医疗物联网领域在电信运营商眼中的位置正变得越来越重要。近年来，无论是中国运营商还是国际运营商，都在积极向这一领域扩张。运营商不仅将提供医疗信息化服务作为履行企业社会责任的举措，而且也将其视为新的盈利增长点。在组织结构上，全球重要电信运营商纷纷成立了专门的部门以负责医疗信息化的运营，并且还大量聘请来自医疗机构负责信息技术的高管组成咨询委员会。这对于运营商了解医疗行业需求具有重要的作用。除此之外，运营商还非常重视与产业链重点环节建立伙伴关系。在服务方面，运营商非常重视网络及安全设施的部署，这是提供医疗信息化服务的基础。

2010年，运营商西班牙电信强势进军医疗信息领域，专门成立了智慧医疗业务部门。西班牙电信采取了进军电子医疗业务领域的做法。提供开发并销售基于ICT的医疗业务，包括通过移动方式提醒患者就医、适用于慢性病患者的远程监控、远程修改病历以及基于视频会议的病患咨询等。

AT&T公司最近在管理层架构中新设了一个全新的高层职位——首席医疗信息官。该举措标志着该公司已经将智慧医疗行业作为一大潜力领域进行系统开发。AT&T公司针对行业中医院、医生、公共卫生人员、纳税人等不同的主体提供了相应的解决方案。AT&T提供了包括医疗信息交换、远程医疗、安全服务、灾后恢复、统一通信、远程医疗等解决方案。

Vodafone在智慧医疗服务领域重点关注三类主体，制药公司、医疗服务机构和医疗保险提供者。Vodafone研发团队提供应用服务系统作为重点产业。医疗机构员工可通过移动终端以远程方式方便接入其应用系统，使其能够实时接入最新医疗健康数据并使用其他资源，以方便服务客户、判断产品效能、指导安全用药、提高产品和服务效率。

此外，国际几家主要的平台研发企业和服务提供商也高调介入智慧医疗行业领域。高通公司宣布组建全资子公司——高通生命公司，将运营此前的高通无线医疗部门业务。同时还将设立规模为1亿美元的高通生命基金，由高通公司的投资集团——高通风险投资管理。高通生命公司的首项产品——用于无线医疗终端的2net™平台，目前已上市。旨在通过基于云的解决方案将无线医疗终端互连，以方便终端用户、他们的医疗保健服务提供者和护理者访问生物计量信息。谷歌和IBM公司在2009年即宣布，患者可以使用 IBM 的软件从他们的医疗设备，如血压和血糖监测的接口来传输各自的数据，并通过谷歌在线录入个人健康记录库中。英特尔公司和通用电气公司也早在 2009 年建立合作关系，在智慧医疗业务领域开展深入合作。他们发起成立了康体佳健康联盟，旨在实现医疗设备和系统之间交换信息标准化。

近年来，中国智慧医疗应用发展，其多数发展模式是在延承国际健康服务先进理念的同时兼顾具体国情，其经验具有借鉴价值。如何突破价格竞争“瓶颈”，积累充足且合格的专业人才，梳理优化业务流程，加强信息化建设，建立适合中国国情的智慧医疗发展模式与发展战略，已经成为决定智慧医疗产业未来命运的主要因素。

第四节　如何建设医院物联网

一、医院物联网总体建设思路

医院物联网建设是通过物联网实化医疗和对物的智能化管理工作，支持医院内部医疗信息、设备信息、药品信息、人员信息、管理信息等的数字化采集、处理、存储、传输、共享等功能。实现医院由“数字化医院”向“数字化物联网医院”的转变。

通过物联网技术在医院中的应用，打通融合医院临床信息系统：HIS、EMR、LIS、RIS，PACS、医院 HRP 资源管理系统、消毒供应追溯系统、智慧楼宇系统等各类系统，实现医院对院内固定资产、医疗设备、高值耗材、后勤物资、人力资源、患者服务、建筑环境以及临床医疗过程的综合智能化管理与监控的需求，从而解决医院面临的医疗业务平台支持薄弱、医疗服务水平偏低、医疗安全生产存在隐患等问题，实现对医院的全方位的精细化管理。

二、医院物联网总体建设内容

（一）物理平台建设

医院物联网总体建设内容可分为三个方面：建设面向物联网的 M2M 平台、建设物联网的网络层、建设基于物联网的医院终端系统。

1. 建设面向物联网的 M2M 软件平台

医院物联网建设的第一步就是要建立一个面向物联网的 M2M 软件平台。M2M 系统作为物联网的核心系统，主要体现三方面的相互通信，即人与人之间 (Man to Man)、机器之间和人与机器之间 (MantoMachine，MachinetoMan) 的通信，M2M 系统还可将这些不同类型的通信技术进行有机结合。其中最能体现物联网特点的是机器之间的通信，而机器之间的通信更多的是 IT 机器设备通过无线移动通信进行与各种 IT 系统的通信。

M2M 平台是将终端平台与无线设备、智能化设备及其他 M2M 应用设备相连接，并使所有设备都具备网络通信能力，真正实现物联网通信体系在各行业的广泛应用。

M2M 通信主要以 Internet 作为核心网络，将不同形式的 IP 通过网络连接的方式实现 IP 终端互联的网络结构，是目前物联网中最具高效性的组合网络方式。由于物联网的联网对象非常广泛、种类极其繁多，且来自不同的厂商，可能采用的不同的系统平台，使其交互变得非常复杂。M2M 系统依据功能域的不同被划分为设备域、应用域和网络域，由于 M2M 系统具有如此明确的功能域区分，其通信特点主要展现在几种域之间的临界范围。具体而言，M2M 系统通过各种智能终端将不同域的数据进行交互转换、资源共享、应用优化等，完成大数据与移动化的有效结合，支持医院业务平台的应用，减少人工操作的工作量，提高医疗服务的及时性和安全性。

2. 医院物联网网络层建设

物联网是实现医疗“精细化”的基础。使用RFID、Wi-Fi、ZigBee、3G、4G、5G等无线网络、物联网设备和技术建设医院物联网的感知环境，即物联网平台的感知层。通过部署物联网网络层，并实施医院资源管理平台，对医院各类资源、设备的定位、追踪，实现动态实时的管理。

搭建基于物联网的医院数据交换平台，实现一个完善高效的通信网络，网络上的每个设备都按规定的协议交换数据，同时必须安全、实时、可靠并具备灾难恢复的能力。

通过物联网AP以及融合技术解决医院有线网、无线网、物联网的通信和数据融合问题。以物联网AP和物联网AC为该平台的核心，其中物联网AP加载相关功能的无线AP和RFID阅读器，实现信息的双频四通道的发送和接收。物联网AP既可以接收RFID标签返回的信息，也可以接收支持Wi-Fi的移动终端返回的信息，实现物联网硬件平台上的感知信息的融合。同时通过融合物联网中间件模块实现前端感知信息和后端应用系统之间的转换、封装、解析和集成，解决应用系统中硬件与软件之间的高耦合性。该物联网数据交换平台可以从全局对物联网感知设备、网络设备进行管理和维护；由于物联网数据交换平台为感知层统一了数据访问接口，使得全局感知数据共享实现成为可能；另外，该平台对软件系统的接口进行统一规范，屏蔽感知层和网络层的差异，使得软件系统和硬件系统的耦合性降低到最低。

3. 物联网终端建设

根据物联网应用的建设情况配备相应设备。首先，人和物识别设备的配备，包括病人、医生、护士、医技、管理人员等RFID射频卡、腕带、条码和二维条码等身份识别的基础设施，然后是各种物品物联网标签的配备。其次，读卡设备，包括射频卡读卡设备、移动读卡设备、条码扫描设备的配置。最后，感知设备的配置，包括各种实时监测病人体征情况的数字化医疗设备的配置。

物联网终端通过各种传感设备采集数据，并通过无线网络把数据上报到物联网接入网关，再由物联网接入网关把数据送入医院物联网服务平台。在医院物联网服务平台收到数据后，根据数据的应用状况，分别把数据送到物联网应用子系统或者其他医院业务系统。图7-4-16是医院物联网总体架构。

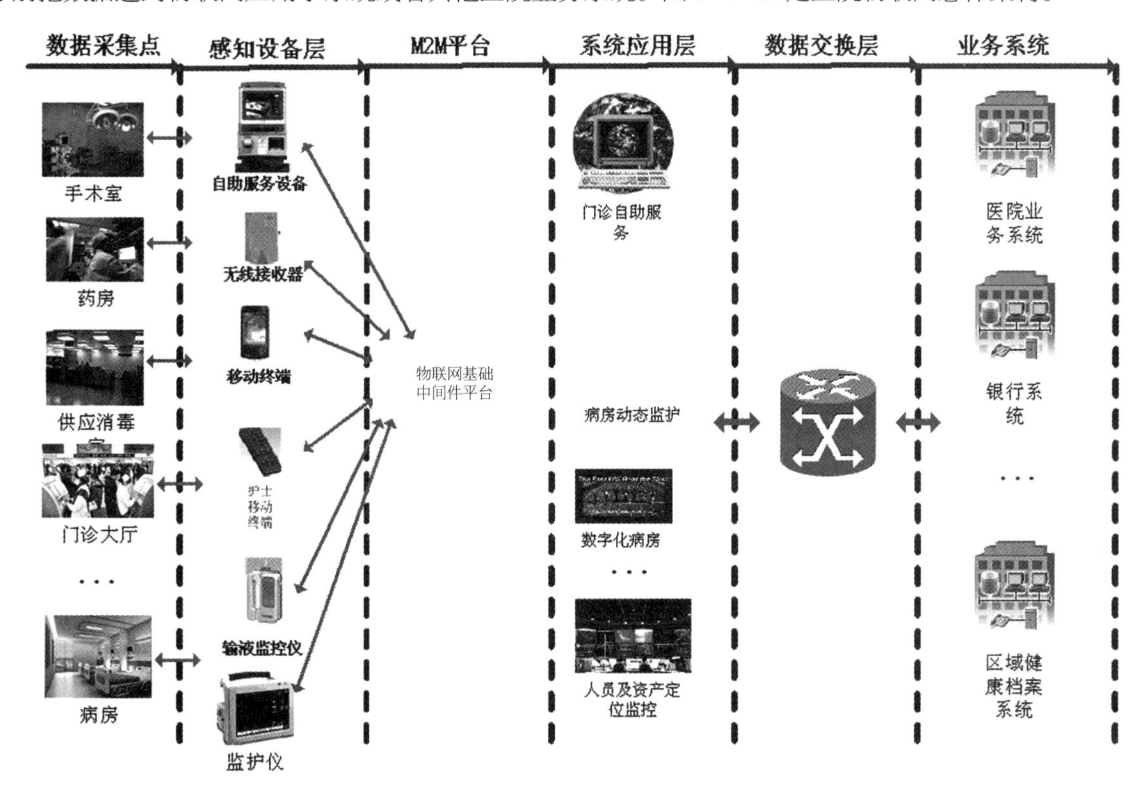

图7-4-16 医院物联网总体架构

（二）应用功能建设

从物联网在医院应用上主要从六方面进行建设。

（1）基于物联网技术重构以患者为中心的医疗服务提供体系。物联网的应用，将改变“求医问药”的传统医疗服务模式，确立患者在医疗服务中的核心地位。在就医前环节中，物联网将整合各部分的信息，患者可以通过任何一个网络终端进行准确的预约挂号，甚至可以在进入医院之前，实现远程诊断，进一步为就医提供便利。就医过程中，从患者进入医院开始，即拥有电子身份标识在门诊诊疗中可以在物联网导航协助下，自助完成挂号、缴费、打印检查 / 检验单等流程；其在医院的一切行为，包括取药、检查等都会记录在个人的电子病历之中，经过医疗保险机构的核实，医疗费用将通过网络直接从对应的患者账户中予以扣除。

（2）在医院中使用的药品、辅料、医疗耗材等，贴上电子标签，从生产到使用的每一个环节都可以通过网络进行跟踪。就医后，患者能够清楚地查询到在医院进行的治疗和用药情况，使得医疗行为透明化，消解了医患之间的信息不对称。患者成为医疗行为的主体，对医疗单位、药品生产企业等服务提供方形成有效监督。

（3）基于物联网实现医疗临床行为的数字化、智能化、人性化。物联网的应用，也为医院工作人员提供了便利。由于每位患者独立的身份标识与其电子病历一一对接，医护人员只需通过患者的 RFID 电子标签，就可以迅速了解病人的过敏史、既往病史等，保障患者的安全，减少重复性工作。患者住院期间，医护人员可以利用物联网终端收集病人的心率、血压、心电图等各种数据，对病人病情进行 24 小时不间断监控及预警，随时掌握患者需求，实现现代化、人性化的服务。医院管理人员也可以利用物联网和智能决策分析，实现对医院员工、医院库存、患者档案、机房重地、医疗垃圾等的有效管理，提高效率，降低成本，为医院发展方案的制定提供信息支持。

（4）基于物联网实现医院管理的自动化、智能化管理。每年可移动设备通常由于误放、失窃等原因损失将近 20%；资产使用率低，不能快速找到合适的设备导致医院必须储备过多同类物资或租赁额外设备，而其中大部分不是空闲就是利用效率低下；部分设备由于缺乏管理，预防性的维护保养措施不及时，导致其处于过期使用或过度使用的风险下。基于物联网技术的应用可以把固定资产和设备进行有效管理，提高资产和设备的利用率和损失。

（5）基于物联网的医院资源智能化调度与监控。医院是为病人提供医疗服务的公共场所，医院能耗是医院各类消耗中费用占有比例较大的部分，同时也是较难控制的因素。随着医院的发展，就医场所环境的要求也不断提高，医院普遍采用中央空调系统来替代过去的分体式空调，加之层流系统的引入，使得医院对特殊气体，蒸汽的需求也与日俱增，每日的运营成本大大增加，如何在满足临床需求的前提下，降低能耗，降低成本，提高医疗服务质量，已成为医院后勤管理人员必须面对的严峻考验。通过物联网技术实现水、电、气设备的智能化调度与监控，降低能耗能有效提高资源的利用和工作效率。同时，利用物联网设备实现对医护人员、医疗设备的定位和监控，有效提高工作效率和利用率。

（6）建设虚拟的无边界医院。在实现医院内部数字化、智能化后，将医院的医疗服务能力通过远程的监测设备实现向院外的延伸，建立无边界的虚拟医院，建立新的就医模式，打造以患者为中心的医疗服务体系。

三、医院物联网建设步骤

图 7-4-18 为医院物联网建设步骤，建设医院物联网应用，可按如下路径来逐步建设。

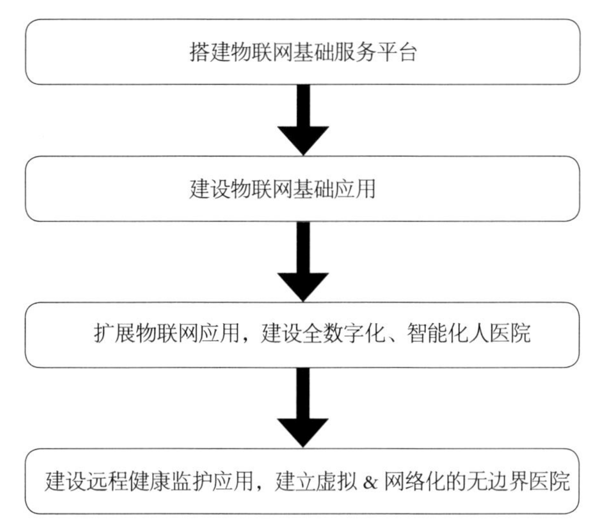

图 7-4-17 医院物联网建设步骤

第一步：搭建物联网基础服务平台。

构建医院物联网基础平台，搭建医院内部的无线传感网络，以 Wi-Fi/ZigBee/3G/4G/5G 等网络接入手段，为医院内部提供机器到机器、机器到人的通信通道，满足物联网应用对基础服务的要求。具体来看，通过建设 M2M 平台，为各应用系统提供统一的标准化的接口，并支持多种网络接入方式。

第二步：建设物联网基础应用。

在物联网平台及基础的无线传感网搭建后，可以选择实施较为简单但能立即产生效果的物联网基础应用先期进行建设。

第三步：扩展医院物联网应用，建设全数字化、智能化医院。

在前两步实施的基础上，物联网已在医院得到基本应用，进一步扩展和深化物联网应用，包括集成医院 HRP 系统的更加精细的物品及资产设备管理、更加智能的医务人员、患者临床服务管理、基于物联网技术的患者健康管理等。

第四步：建设远程健康监护应用。

在完善医院内部物联网应用的基础上，逐步扩展到家庭医疗和日常生活，患者（如慢性病患者）在家里通过物联网终端上传体征数据到医院，实现随时随地的远程监护和健康预警。

第五节　医院物联网应用展望

物联网诞生以来一直处于不断探索与研究中，从最开始的设想阶段到开始技术研发阶段，具体的实验阶段，最后进行全面推广。时至今日，物联网的定义和范围仍在不断变化中，覆盖范围不再只是基于 RFID 技术的物联网，而是任何时刻、任何地点、任何物体之间的互联，除 RFID 技术外，传感器技术、纳米技术、智能终端等技术将得到更加广泛的应用。物联网概念的深入及覆盖范围与时俱进，我国物联网的发展已贴上了“中国式”标签，所有物品通过信息传输设备和互联网连接，进行信息交换，实现智能化识别的管理。

在物联网普及以后，用于动物、植物和机器、物品的传感器与电子标签及配套的接口装置的数量将远远超过手机的数量。物联网的推广将会成为推进经济发展的重要领域，美国权威咨询机构 Forester 预测，到 2020 年，世界上物物互联的业务，跟人与人通信的业务相比，将达到 30：1，因此，物联网被称为是下一个万亿级的通信业务。

可见物联网产业的价值与前景。本节将分为两个部分，分别介绍物联网产业的物联网发展趋势以及物联网应用于医疗领域展望。前者着重点在于物联网产业的整体发展趋势，包括：存在的问题、国内外的前景、政策层面的导向以及从技术层简要阐述各项技术发展的未来空间等，而后者着重点在于物联网在医疗领域的应用，包括：物联网对于医疗领域的意义、给医疗领域带来的改变、未来医疗物联网式的生活、对于医疗领域物联网所带来的革命性特征以及通过结合技术和政策讲解未来人们的物联网的生活方式。

一、物联网发展趋势

本书主题是医疗物联网的建设，而即使是医疗物联网那还是离不开物联网本身的发展，反过来可以说，正是物联网本身欣欣向荣的发展才推动了它在医疗领域的发展。物联网为代表的新兴产业目前正在全国快速有序地推进，为使我国在新一轮信息技术革命中处于最有利的地位，保持我们的竞争力、保障我们的利益以及推进我们的全球影响力，我国政府正持续在政策和资金方面加大对物联网的投入，调动各类资源特别是智力资源参与物联网的规划和建设。

物联网不仅是简单意义上的物物相联，它在更深的层次上是一个全球性的生态系统，在这个生态系统中，人类仅仅是其中非常小的一部分，但人类的参与是其中最重要的特征，参与的形式不再停留在基本的生存生活阶段，而会过渡到更高级的感知自然、认知自然、理解自然、顺应自然、利用自然的新阶段。如果说互联网的发展推动了人类对于自身的认识，那么物联网的发展将极大提升人类认识自然、认识自身的能力，为人类重新融入自然、应对各种地质灾害、各种自然挑战提供保障，这些对于人类在地球上的长期生存、延续、发展具有重要意义。

从长期来看，物联网不仅是应对经济危机，提升竞争力的有力工具，它更是人类发展的必然阶段，它将以前破碎的互联网、工业、农业、气象、地质等有机地连接起来形成一个巨大的智慧生态系统，人们对它价值的认知才刚刚开始。

（一）物联网产业技术展望

随着物联网技术的进步和产业的逐步成熟推动物联网发展进入新的阶段。联网技术的不断突破，如低功率广域网（LPWAN）技术、5G技术、数据处理技术、大数据整体技术、云计算等技术的发展与成熟，促进了物联网产业的发展。目前，全球物联网发展的模式将进行新的转变，从一体化封闭模式向以水平环节为核心的开放模式转变，不同行业分散的信息资源、用户资源、设备资源及外部碎片化的开发资源整合集中。发展重心以围绕物联网平台为主的多种方式产业布局形成产生生态。物联网技术的发展是不断探索和更新的过程，技术改进和创新仍然是产业发展的基础和支撑。

物联网关键性的技术包括：感知事物的传感器节点技术，联系事物的组网和互联技术，判别事物位置的全球定位系统，实现事物思考的应用技术，以及提高事物性能的新材料技术。

在现有物联网技术的基础上，为了进一步发展和应用物联网，需要突破物联网关键核心技术，包括：传感器技术、体系架构共性技术、操作系统物联网与移动互联网、大数据融合关键技术。

物联网的应用需要智能化信息处理技术的支撑，主要需要针对大量的数据通过深层次的数据挖掘，并结合特定行业的知识和前期科学成果，建立针对各种应用的专家系统、预测模型、内容和人机交互服务。专家系统利用业已成熟的某领域专家知识库，从终端获得数据，比对专家知识，从而解决某类特定的专业问题。预测模型和内容服务等基于物联网提供的对物理世界精确、全面的信息，可以对物理世界的规律（如洪水、地震、蓝藻）进行更加深入的认识和掌握，以做出准确的预测预警，以及应急联动管理。人机交互与服务也体现了物联网为人类服务的宗旨。人机交互提供了人与物理世界的互动接口。物联网能够为人类提供的各种便利也体现在服务之中。

（二）物联网应用发展趋势

物联网的发展从概念到技术研究、试点实验阶段，已经取得了突破性进展。近年来，物联网技术被应用到各行各业，小到各种可穿戴产品、共享单车，大到汽车、工厂和楼宇，物联网能使一切设备互联并具备智慧。

通过应用物联网，各个行业发生了深刻变革，例如在农业领域，提高了农业智能化和精准化水平；在物流领域，支持多式联运，构建出了智能高效的物流体系；在污染源监控和生态环境检测等领域，提高了污染治理和环境保护水平；在医疗领域，积极推动了远程医疗，还被应用于药品流通、病患看护、电子病历管理等方面，并且物联网产生的海量数据的价值将继续推动物联网发展，促使生活和社会管理想智能化、精细化转变。

美国陆军于2016年6月16日公布的《2016—2045年新兴科技趋势》预测报告，综合分析了过去五年内由美国内外政府机构、科研机构、咨询机构、国际研究所、工业界、智囊团和智库等发布的32份科技预测报告及这些报告提到的690项科技趋势，以识别出可能带来变革性或颠覆性影响的科技趋势。通过报告涉及的690项科技趋势进行综合比对分析，最终提炼形成并明确了24个值得关注的新兴科技趋势，其中就包含了物联网。

报告指出，到2045年，最保守的预测也认为将会有超过1000亿的设备连接在互联网上。这些设备包括了移动设备、可穿戴设备、家用电器、医疗设备、工业探测器、监控摄像头、汽车以及服装等。它们所创造并分享的数据将会给我们的工作和生活带来一场新的信息革命。人们将可以利用来自物联网的信息来加深对世界以及自己生活的了解，并且做出更加合适的决定。

随着5G网络的到来，以及智能手机、平板电脑等各类智能终端的普及，物联网将渗透到各行各业，促进产业变革，经济发展，为人民的美好生活提供更便捷的服务。可以想象未来的物联网应用场景：在未来，当你坐着无人驾驶汽车出门，走进一家杂货店，立刻就会有自动声音问候您，它会记下您的姓名并提醒您买牛奶，因为自上次购物您已经三天没买了，而且，机器知道您要买哪种品牌，您多长时间买一次，您家有几位家庭成员等，即使在打折优惠期，您也无须再排长队等候结账。射频识别技术灵敏标签将会自动地生成您的账单，您甚至不用将您购买的商品从您的购物车内拿到收款台上，您需要做的只是用信用卡付账，然后离开。在未来，当你从冰箱中取出一罐可乐饮用时，冰箱会自动地读取这罐可乐的物品信息，即刻通过网络传输到配送中心和生产厂商，于是第二天你就会从配送员的手中得到补充的商品。在未来，牛奶将告诉我们它什么时候会发酸，走丢的小狗能告诉主人它的位置。如果你愿意，可以知道你吃的牛肉是哪个农场的哪头牛身上的。你穿的鞋从出厂到你购买花了多少时间，中间经过了哪些流通环节。在未来，你将再也不需要购买地铁票、火车票和飞机票等。当你经过这些车站的验票处时，布置在这些地方的RFID阅读器将读取你手机上的RFID芯片中的信息，并自动地完成验票工作。

二、物联网应用于医疗领域展望

医疗领域的信息化走过了20多年的历程，在前端应用当中我们从单机应用、局域网或互联网，从现在来说要从原有的信息化的基础上进一步进入物联网的时代，要从实时、智能化、自动化、互联互通的物联网应用来适应医疗领域改革的需要。物联网在医疗领域的应用不仅仅是软件之间的互通，更重要的是要对病人、医护人员以及移动设备、医疗设备和保健设备等各类传感设备动态联通，实现对整个医疗环境的动态感知和更全面的互联互通，逐步深入智能化。

物联网技术在医疗领域的应用潜力巨大，能够帮助医院实现对人的智慧化医疗和对物的智慧化管理工作，能够满足医疗健康信息、医疗设备与用品、公共卫生安全的智能化管理与监控等方面的需求，从而解决医疗平台支撑薄弱、医疗服务水平整体较低、医疗安全生产隐患等问题。在物联网市场中，医疗物联网将成为仅次于工业物联网第二大应用领域，2017年医疗物联网预估达270亿美元，其中占据医疗物联网份额最大的就是医疗设备市场。在2017医疗电子与器材产业国际高峰论坛中，有专家指出，医疗产业是积极采用物联网（Internet of Things）技术的前几大产业之一，有将近60%的医疗机构已采用物联网技术，采用后高达73%的人满意其节省成本的效果，预估到2019年约有87%的医疗院所采用物联网技术。

随着人们对健康的日益重视，医疗卫生已经成为RFID技术较早使用的行业之一。医疗机构测试与采用RFID将有助于提高医院的工作效率和保证病人的安全，在医疗机构中采用RFID技术已是大势所趋。RFID技术在医疗机构中有着很多用途：运用实时定位系统对医疗器械跟踪、病人流动管理以及门禁系统、医院患者管理、医务人员管理、医疗设备管理、用血安全管理、医药及耗材供应管理、医疗废物管理、医疗冷链管理、远程医疗等。

医院患者管理：使用RFID技术将患者姓名、年龄、血型、过敏史、亲属姓名、紧急联系电话、既往病史等信息储存在射频腕带中，挂号、就医、取药只需一刷就避免人为失误，规范合理用药，还可以与医院HIS系统接驳，随时从医院远端服务器调取病人完整病历。此外针对病人，可以对床头病人标识卡、住院服改进，对患者生命体征进行实时监护；针对新生儿，运用RFID腕带和母婴识别系统避免他人抱错和偷抱；针对重症患者以及老年患者，物联网技术优化的智能呼叫系统可以实时获取患者身体状况参数，并通过监控中心对患者的位置、身体状况等进行监控，医护人员可实时掌握患者健康状况从而做好治疗方案。

医务人员管理：医务人员的流动性大，在医院重要点位设置固定RFID阅读器读取每个工作人员的RFID胸卡判断其所在位置，从而实现人员室内跟踪，为调度医务人员及时诊疗与救护提供支持。在此基础上，集成门禁系统、监控系统、考勤系统。防止外来人员随便进入，以提高综合管理能力。

医疗设备管理：医疗设备管理的最终目的是使医疗设备处于良好的运行状态，确保医院的社会、经济、技术效益最大化。基于RFID技术的医疗设备管理通过标签植入，智能实现入库出库、科室管理、资产盘点、保修报损、防盗报警、能源消耗监测与分析等功能。此外，还可以通过功能完备的信息系统，实现设备定期维护保养以延长使用寿命，实现设备档案电子化提升工作效率，实现设备使用监管以确保设备利用率。

用血安全管理：将物联网技术用于血液管理，从献血开始就将每个血袋上记录献血这基本信息和血液生物信息的RFID标签，从而简化血液筛选和储存流程，提高血库内部处理效率，降低出错率和血型配错率。当然应用物联网技术于血液还存在一些其他声音，例如标签的电磁波对血液成分是否存在影响，RFID应用于用血安全其成本的投资回报过低等等，这些都是应用过程中的一些“瓶颈”问题。

医药、耗材供应管理：基于RFID技术的医药供应管理可以实现药品装配迅速、识别和杜绝仿冒药品、减少不必要库存、提高照单生产率、门诊智能摆药取药等。在医疗器械、耗材的管理过程中，可以运用物联网可视化技术在医用耗材的采购、验收、保管、使用及毁形等方面，进行全过程、全方位地实时监控和管理。美国的MobileAspect公司的RFID解决方案已经可以为药品提供安全、准确、实时的跟踪管理。基于RFID技术的药柜会自动记录药品的存储、使用情况。此外它还能记录药品的过期时间、分类号以及批号，并自动提醒药品过期。MobileAsPets公司还计划将此RFID系统与电子医药记录系统和药品交互数据库结合起来，能够自动识别病人并即时调出其电子医疗记录。当医生输入患者ID，药品柜打开，在医生将一种药品从药品柜中取出时，系统会检查药品是否对该病人有害，如发现取错药的情况系统会自动发出警报。美国的Sun公司也发布了RFID药品供应链管理方案，该方案主要解决两个方面的问题：其一，基于EPC编码技术的药品防伪功能，唯一标识可以让假冒伪劣品无处藏身；其二，基于RFID技术展开的全面的药品供应链管理，提高药品的配送效率等。

医疗废物管理：将物联网技术应用于医药废物的管理，是近几年研究的一个方向。采用RFID技术可标志每袋医疗垃圾废物的科室（病区）、种类、数量、重量，以及何时、何人送到周转站。国外一些先进医院通过对医疗垃圾的收取、称重、运输、焚烧等过程的数据进行收集和分析，避免医疗废弃物的漏装、遗失、丢弃，记录规范整个流程的耗时，全程监控医疗废物转运，确保医疗废物被妥善运输到指定地点。

医院冷链管理：利用物联网技术建立医院冷链的监控和预警系统，实时监测医疗冷藏环境数据。在整个低温冷藏药品、血液、试剂、制剂等冷链管理过程中，应用RFID多功能传感器的特性，无须人工操作，全程自动地记录药品温度变化情况，并可实现不开箱读取温度数据。无论是同一地点还是多个地点，记录实时准确地上传至系统的数据中心，可实现医用药剂从仓储、运输到终端的全程冷链管理。该系统可提高医院药品、试剂等的管理水平，减少药品、试剂等的损坏与流失，降低医疗风险，提高安全管理水平。

远程医疗系统：借助物联网技术，医生可及时获取外院患者的血糖、血压、睡眠等生命体征数值，并为病人做进一步治疗方案等。马里兰大学开发的战地远程医疗系统，由战地医生、通信设备车、卫星通信网、野战医院和医疗中心组成。每个士兵都佩戴一只医疗手镯，它能测试出士兵的血压和心率等参数。另外还装有一只 GPS 定位仪，当士兵受伤，可以帮助医生很快找到他，并通过远程医疗系统得到诊断和治疗。远程动态血压监护系统，可以随时随地监护血压状况。系统由动态血压监测仪、E+ 医终端、医生工作站、控制中心四部分组成，是依托无线远程健康监护平台的信息采集与传输，对患者在某一时间的血压进行自动采集与发送保存，如果患者血压值超过预先设定值时，系统将自动向相关人员发送短信等报警提示，这对高血压并发症有着重要的临床意义。

物联网技术在中国发展潜力巨大，前景诱人。在信息社会，对各种信息的获取及处理要求快速、准确。在不久的将来，RFID 标签技术将和其他的识别技术一样深入我们的生活、改善我们的生活。相比之下，RFID 标签应用管理和标准化工作迫在眉睫，应该在学习、借鉴国外的基础上，建立具有中国知识产权与国际标准相兼容的一个 RFID 标签的标准，这样我们既保护了国家的利益，同时也能融入国际、经济市场的大循环，综合利用资源，共荣共赢。中国药学会提供的数据显示，在我国每年至少有 20 万人因用错药、用药不当而死亡，服食不达标药品人数占用药人数的 11% ~ 26%，日常急救病例的 10%因用药失误引起。近年来，药品安全问题频频发生，2006 年我国就发生了几起药品叫停事件：卫生部紧急叫停欣弗、国家食品药品监督管理局（SFOA）叫停鱼腥草注射剂等，就是因为假冒伪劣药品给人们的生命安全造成了伤害。在我国的药品经营质量管理规范（GSP）、药品生产管理规范（GMP）认证规范中也存在与美国 PDMA 中相类似的条款，但实际执行的效果并不理想，以上两例药品质量事件就是明证，由于缺乏对药品流通过程的有效追溯，导致药品的召回非常困难。

可穿戴式智能设备热潮新起，不仅 Apple、Google、百度等 IT 巨头热衷于此，而且英特尔、TI、美信等半导体厂商亦瞄准可穿戴设备的研发与创新，乐此不疲。目前，消费市场出现一股新趋势——个人健身装置。心率监控器、可穿戴式健身追踪器、可分析人体成分的体重计，用来量测和监控个人化健身锻炼和日常活动的选项。白天可以监测人们的运动类型和运动量，晚上可以监测睡眠状态。此外，通过测量出身体多个部位的数据形成一套完整的智能医疗系统。

虚拟医院是在数字化医院 (e-Hospital) 的基础上建设“以病人为中心”的临床信息系统为应用核心的实体医院，将医院转变为适应病人临床需要的服务模式。数字化医院遵循一系列国际标准或国家标准，如 HL7、DICOM3.0、ICD-10 等，通过宽带网络把数字化医疗设备、数字化医学影像系统和数字化医疗信息系统等全部临床业务过程纳入数字化和网络化，实现基于网络的求医、电子挂号、预约门诊、预定病房、专家答疑、远程会诊、远程医务会议、新技术交流演示等服务，如图 7-4-18 所示。

未来，患者只要轻点鼠标，一个 3D 的虚拟网络医院就会呈现在电脑中，虚拟工作人员会带领患者在网上导医。虚拟医院运用 3D 仿真技术，将医院内部门诊、科室、住院部、体检中心等实体部分相结合，全面实现就医过程的虚拟化，为患者提供优质网络就医服务。

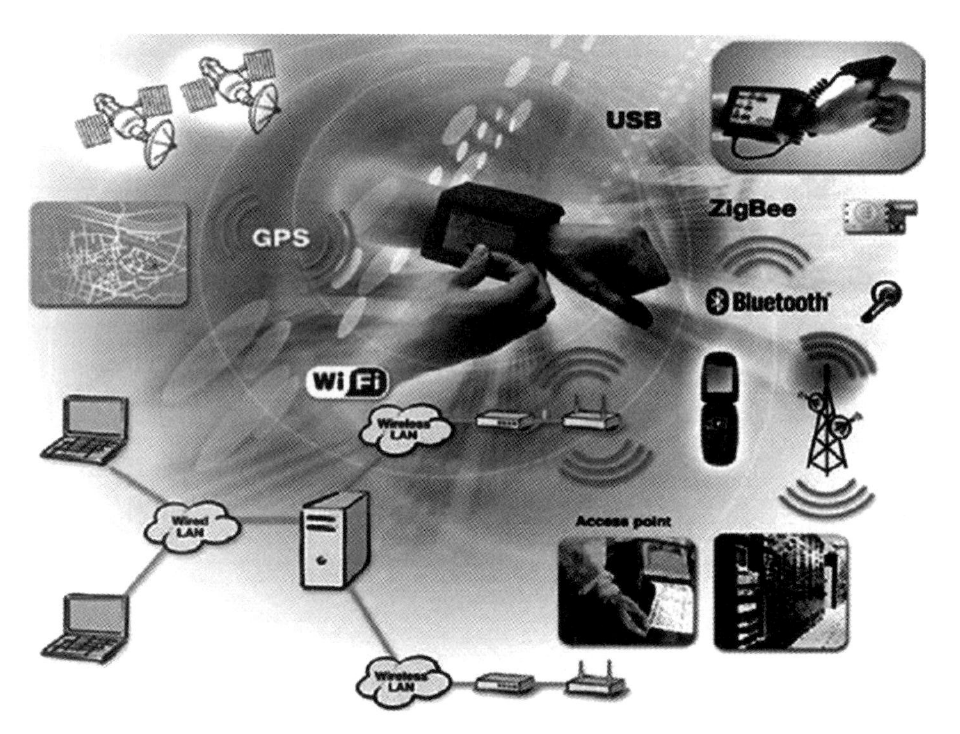

图 7-4-18 智能医疗系统网络连接图

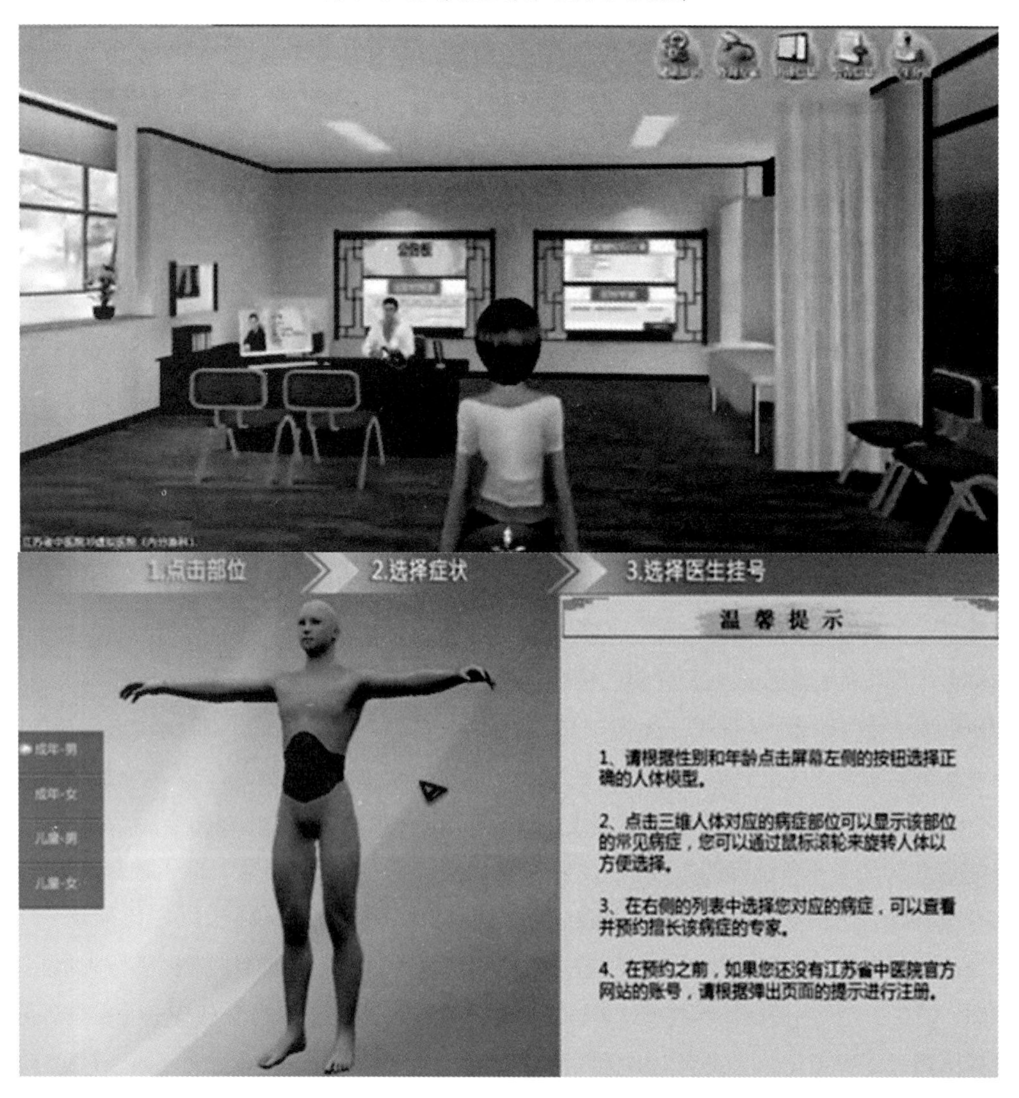

图 7-4-19 虚拟医院构想图

参考文献

[1] 陆伟良 . 物联网技术在建筑智能化系统应用初探 [J] . 智能建筑科技，2010（2）.

[2] 陆伟良 . 物联网与绿色智能建筑核心技术探讨 [D] . 中国 · 杭州 · 第四届华东城际智能建筑联盟论坛论文集，2010.

[3] 张公忠 . 物联网与智能建筑 [J] . 智慧建筑与城市信息，2011（1）：14 — 17.

[4] 谢秉正，陆伟良 . 绿色智能建筑工程技术 [M] . 南京：东南大学出版社，2006.

[5] 陆伟良，许作民 . 实用楼宇管理自动化控制工程 [M] . 南京：东南大学出版社，2008.

[6] 王建章，陆伟良 . 实用智能建筑机房工程 [M] . 南京：东南大学出版社，2010.

[7] 田景熙 . 物联网概论 [M] . 南京：东南大学出版社，2010.

[8] 白世贞，牟唯哲 . 医药物联网 [M] . 北京：中国物资出版社，2011.

[9] 宁焕生，王炳辉. RFID 重大工程与国家物联网 [M]. 北京：机械工业出版社，2009.

[10] 宁焕生，张彦. RFID 与物联网——射频、中间件、解析与服务 [M]. 北京：电子工业出版社，2008.

[11] 赵军辉. 射频识别技术与应用 [M]. 北京：机械工业出版社，2008.

[12] 康东. 射频识别（RFID）核心技术与典型应用开发案例 [M]. 北京：人民邮电出版社，2008.

[13] 董丽华. RFID 技术与应用 [M]. 北京：电子工业出版社，2009.

[14] 焦宗东. EPC 物联网中流通信息的研究 [D]. 合肥工业大学，2007.

[15] 袁精华. 当前国内外医药行业的形势及特点 [J]. 视点 / 行业聚焦，2007（11）.

[16] 李大亮. 国内外医药产业现状及今后发展 [J]. 林区教学，2009（6）.

[17] 马晓伟. 基于 RFID 的药品监督流程中的关键问题研究 [D]. 合肥工业大学，2008.

[18] 余雷. 基于 RFID 电子标签的物联网物流管理系统 [J]. 射频识别，2006（2）.

[19] 辛鑫. RFID 在医药供应链管理中的应用技术研究与开发 [D]. 上海交通大学，2007.

[20] 赵文哲. RFID 技术在产品供应链中的应用与研究 [J]. 开发研究与设计技术，2007（5）.

[21] 李兴鹤. 基于 RFID 的室内人员跟踪及药品防伪与管理的研究 [D]. 山东大学，2005.

[22] 朱卫平，盛焕烨，王东. 可重构 RFID 信息采集系统设计与实现 [J]. 计算机应用与软件，2007（10）.

[23] 刘建生，林自葵，王慧. 基于物联网的药品流通流程再造研究 [J]. 物流技术，2007（5）.

[24] 李锋. 基于 RFID 和 Agent 技术的物品跟踪系统 [J]. 计算机工程，2008，34(4).

[25] 沈乱，范亚芹. 企业局域网机密信息传输系统设计 [J]. 吉林大学学报：信息科学版，2009，27（3）.

[26] 周建新，王丹虹. 基于 Web 的产品信息发布系统的实现 [J]. 工程图学学报，2008（5）.

[27] 郭艳庆. 基于 GIS 的信息发布系统的设计与实现 [D]. 北京工业大学，2009（4）.

[28] 陈平，郑捷文. 基于 RFID 的远程医疗急救系统 [J]. 中国医疗设备，2008，23(3).

[29] 曹世华，赵方. 一种 RFID 的新生儿电子防盗系统的设计与实现 [J]. 杭州师范大学学报：自然科学版，2008，7（5）.

[30] 贾凯，王慧，王保松. 物联网在我国医药流通中的应用研究 [J]. 商业任济文荟，2007（5）.

[31] 杨国斌，马锡坤 . 物联网时代的医疗信息化及展望 [J] . 中国数字医学，2010，05(8)：37−39.

[32] 秦宇 . 基于物联网架构的医疗应用平台建设初探 [J] . 医学信息，2016，29(18)：4−5.

[33] 刘兰英 . 物联网中 M2M 技术的应用实践分析 [J]. 电脑知识与技术，2017，13(8)：270－271.

[34] 柳春，柳直，姚柳伊 . 物联网在植入性医疗器械管理中的应用 [J] . 医疗装备，2014，27（ 4 ）：78－79.

[35] 李金甫 . 物联网技术在医院管理中应用的研究 [J] . 包头医学院学报，2013，9（ 3 ）：117-118.

[36] 钟晓茹 . 基于物联网的医院设备管理系统的设计与应用 [J] . 中国医疗器械信息，2012（ 9 ）：47－51.

[37] 张振雷 . 基于物联网技术的婴儿防盗系统 [J] . 计算机时代，2011（ 9 ）：45－47.

[38] 张德林，董瑞国 . 浅析医院手术室物联网平台的建设 [J] . 中国医疗器械信息，2011，17(12)：15－18.

[39] 郭丽娜，路杰，郭玮娜 . 浅谈物联网在智慧医院建设中的应用 [J] . 中国卫生信息管理，2016（ 3 ）：299－302.

[40] 孙麜 . 基于物联网的人群时空行为分析研究 [D] . 中国科学院研究生院，2012.

[41] 潘文斌 . 基于 RFID 与 iBeacon 的医院内人群时空行为数据获取与分析研究 [D] . 中国科学院大学，2015.

[42] 米永巍，伍瑞昌，等 . 基于物联网的医疗设备管理体系结构和关键技术研究 [J] . 医疗卫生装备，2016（ 3 ）.

[43] 贾垂邦，浅析物联网技术与发展 [J] . 电子信息，2018（ 1 ）.

[44] 邱小明，物联网体系结构及关键技术研究 [J] . 电脑知识与技术，2011（ 7 ）.

[45] 戴家刚，杨胜利，周玉宝 . 医院物联网体系结构和关键技术研究 [J] . 中国新通信，2015（ 21 ）.

[46] 丛林 . 基于技术、应用、市场三个层面的我国物联网产业发展研究 [J] . 辽宁大学，2016（ 6 ）.

[47] 崔欣，谢桦，陈春妍，等. RIM 模型在数字医疗服务模式中的研究应用 [J] . 中国卫生信息管理，2016，B(1)：51－55.

第八篇

医院运维管理与建设创新

第一章

医院建筑调适

辛衍涛

辛衍涛 北京回龙观医院党委书记、副院长，研究员

第一节 概述

调适一词来自英文的"Commissioning"。其含义既包括"调试、性能验证"，也包括"委托"。传统的调适重点局限在暖通空调系统，之后逐步扩展到建筑的各个系统和专业。这一概念的产生可以追溯到20世纪70年代在管理领域普遍开展的质量控制活动，以及这一活动的直接成果——在80年代广泛开展的"全面质量管理"活动。

近年来，随着绿色建筑在我国的不断普及，调适的概念也开始引入国内。业内人士希望采用这种较为先进的工程管理方法来加强设计、建设、施工各方的协调沟通，解决设备、电气、控制等专业之间相互脱节，甚至相互扯皮的问题；提高系统综合调试的精细化程度，满足建筑动态负荷变化和实际功能的要求，持续改进建筑系统的绩效。

一、调适的定义

关于调适，美国卫生工程协会（American Society of Healthcare Engineering，ASHE）在其编写的《卫生设施调适指南》中给出了如下定义：调适是一个过程，其目的是保证建筑的各个系统能够按照设计进行安装和运行、能够与业主的项目需求相一致，运行和维护人员能够对已完成的设施进行操作和维护。

调适虽然不是一个全新的概念，但是它系统引入我国的时间并不长，对于医疗卫生行业的基本建设工作者来说还相对陌生。我们在把握其内涵时应当注意以下几点。

调适与调试不同。所谓调试是指在竣工阶段通过对建筑系统测试、调整和平衡，使系统达到无负荷静态的设计状态。它主要关注的是施工质量，而不是建筑系统能否在实际运行中达到功能需求。调适则不同，除了进行建筑系统的调试验证之外，它还要进行性能测试验证、综合效果验收和季节性工况验证，以保证建筑系统的运行满足业主的需求。调试通常在竣工阶段进行，而调适涉及决策、规划、设计、施工、验收、运行多个阶段，几乎贯穿于建筑系统的整个生命周期。

调适与监理不同。开展工程监理的目的是保证工程建设贯彻执行国家的有关法律、法规，保证工程建设文件、工程建设合同得到履行。它的主要依据是上述法律、法规、文件以及合同。它关注的重点是合法、合规问题，而不是实际运行的绩效能否满足业主的需求。

调适的对象是既包括设备，也包括参与建筑系统决策、规划、设计、施工、验收以及运行的人，特别是操作、维护、管理建筑设施的人。强调通过必要的培训使他们做好准备，正确地操控、维护已经建设完成的建筑系统，以保持良好的运行绩效。

调适不仅与静态的、单独的系统相关联，而且是一个系统的、记录完整的、相互协同的过程。其目的是保证建筑系统具有较高的可靠性、功能性、可维护性。

调适是实现建筑系统可持续设计、可持续运行的保障。美国的一项研究表明，大约53%获得LEED星级认证的建筑，达不到美国环境保护局能源星级认证（Energy Star）的要求。因此，即便采用了可持续的设计方案，甚至获得了绿色建筑的认证，也并不意味着可以保持良好的绩效，需要通过必要的调适来加以保障。

医疗建筑调适有自身的行业特点。医疗建筑的调适除了关注一般意义上的业主需求之外，还特别关注医疗安全，关注医疗行业的规范以及不同医疗专业的特殊需求，如：感染控制、舒适度、医疗气体、呼叫系统等。

二、调适的种类和范围

根据调适开始实施和持续时间的不同，我们可以将调适分为全面调适、后调适、再调适和持续调适四类。

全面调适主要适用于新建项目。一般在决策阶段就开始，并且贯穿于建设项目的各个阶段。其目标是保证建筑系统在生命周期的一开始就处于理想状态，子系统之间具有良好的协调性，不断提高建筑系统维持其初始绩效的可能性。

后调适主要适用于已经完成或接近完成，未曾进行调适的建筑项目。后调适的主要目的是改进既有建筑的绩效。对于那些不能满足业主需求、建筑设施超负荷运行或者建筑功能发生变化、反复出现设备和控制系统的故障、存在室内空气质量问题、使用者不满意的既有建筑来说，后调适更值得推荐。

再调适只适用于曾经进行过全面调适和后调适的建筑。主要目的包括以下两个方面：一是确保建筑系统的运行持续保持良好的绩效，特别是在建筑经过改造或者使用功能发生变化之后；二是维持原有的调适成果。再调适需要定期按照原有的调适内容、程序对建筑系统进行再检查、再测试、再调整。

持续调适是全面调适或后调适的延续。与再调适类似的是，它确保建筑系统的绩效连续保持业主当前的，或者不断提高的需求。与再调适不同的是，它不仅仅评价某一时段的绩效，而且关注建筑系统整个生命周期的绩效。有些持续调适几乎是连续进行的，也有些持续调适按照固定的周期进行或者按照需要进行。

调适的范围因建设项目的不同而有所不同。一般来说，决定调适范围的影响因素包括项目的规模、复杂程度、建设周期、法律法规的规定等。

（1）建筑围护：保温隔热、玻璃幕墙、防潮、外墙、屋面、气压。

（2）消防安全：防火等级、防烟和排烟、压力梯度、消防控制、火灾报警系统、消防给水及消火栓系统。

（3）暖通空调系统：空调末端、冷梁、风机盘管、暖风机、空调机组、能量回收装置、排风系统、冷水系统、热水系统、蒸汽系统、湿度控制装置、防火、防烟装置以及需要采用特殊技术满足医疗专业需求的区域，如：手术室、负压空间、正压空间、数据中心、影像中心、药库及实验室等。

（4）控制系统：工作站、系统图表和仪表、网络、控制器、传感器、制动器、计量器。

（5）管道系统：生活冷水系统、生活热水系统、集水坑水泵、天然气和液化石油气系统、燃油系统、管道配件和洁具、消毒灭菌系统、雨水收集和中水系统、冷却水处理系统、污水系统。

（6）医疗气体：医疗气体、其他特殊气体。

（7）电力系统：常规供电系统、应急供电系统、防雷系统、接地系统。

（8）弱电系统：电话系统、数据系统、对讲系统、寻呼系统、遥测系统、安防系统、主时钟系统、专用天线系统、电视系统、护士呼叫系统、无线接入点、手机基站。

（9）外照明：照明控制、光控装置、感应控制、光电池装置、效果照明。

（10）冷藏系统：食品冷藏、食品冷冻、临床冷藏、临床冷冻、血库。

（11）垂直运输：电梯、自动扶梯、升降机。

（12）传输系统：气动物流系统、自动导车系统。

第二节　调适的实施

一、调适团队

（一）调适团队的组成

调适团队一般应由业主或业主的代表、调适机构、运行和维护人员、设计人员、施工管理人员、总包和分包商组成。也可以根据调适的范围从上述人员中选择部分人员组成。

（二）调适团队的职责

1. 业主或业主代表的主要职责

通过归纳项目要求清晰、准确地表达出对项目的期望；对调适过程和项目团队的工作予以支持；负责选定调适机构。

2. 调适机构的主要职责

负责调适的全面实施，其中包括组织、协调、执行以及相关资料、档案的收集、整理工作。通常，调适机构应当是独立、具有合法资质、不存在利益冲突的第三方。由业主直接委托，对业主负责，与其他各方没有联系。

3. 运行和维护人员的主要职责

运行和维护人员既包括普通员工，也包括管理人员和各个专业的工程师。他们在调适过程中主要是参与图纸的审核、现场巡视、功能测试和技术培训。事先熟悉设施、设备情况，掌握运行维护的知识和技能，了解可能面临的问题以及运行维护的策略。

4. 设计人员的主要职责

设计人员包括建筑师、建筑相关专业的工程师以及其他相关专业的咨询顾问。他们的职责主要是完成建筑的规划、设计，编制建设工程文件，保证建筑的功能满足业主的需求，实现建设项目的预期目标。

5. 施工管理人员、总包商、分包商的主要职责

施工管理人员、总包商主要是负责指导和协调项目团队开展工程建设。分包商涉及建筑设施的各个相关专业，负责各个子系统的施工和安装。他们的主要职责是将各自的调适安排纳入调适机构确定的总计划之中，在调适机构的指导下对子系统进行绩效测试，发现和解决系统存在的缺陷并做好相应的记录，提供系统的相关资料，做好运行维护人员的培训。

二、调适的实施

（一）调适的阶段划分

调适的实施一般采用分阶段进行的方法，主要划分为：设计前阶段、设计阶段、施工阶段、试运行阶段以及运行和保修阶段。

（二）各阶段工作内容

1. 设计前阶段

设计前阶段需要完成的主要工作包括：确定调适范围、确定调适团队的组成、选定调适机构、签订调适合同。

（1）确定调适范围。

调适范围的影响因素包括项目的规模、复杂程度、建设周期、法律法规的规定等。其中，项目规模对调适范围的影响最大。大型建设项目的调适通常涉及范围广，内容也较为复杂。小型项目以及局部、子系统的改造项目涉及的范围十分有限。项目的复杂程度同样会影响调适范围，子系统越多，调适范围越广，内容也就越复杂；反之，则范围小，内容相对单一。

分阶段建设的项目，除了会影响调适范围之外，还会影响调适的周期和频次。因为在不同的阶段，对同一子系统的功能需求可能会不同，需要进行再调适。

法律、法规的规定属于强制性要求，不但影响调适范围，而且会影响调适的结果。是调适需要关注和解决的首要问题。

（2）确定调适团队的组成。

由于医疗建筑的特殊性，调适团队的业主代表中应当有医疗专业人员，或者建立一个医疗专业人员

参与的机制，以保证在调适的关键节点能够听取他们的意见和建议。

调适在我国尚未普及，目前还没有真正意义上的专业调适机构。现阶段，我们可以考虑由业主委托有能力开展调适的建筑咨询机构进行，或者由业主聘请相关专家和专业技术人员自行组建临时的调适机构。对于那些范围不大、相对简单的调适，也可以由运行维护人员负责实施。

（3）选定调适机构。

调适机构的选定应当尽早完成，以便能够及时介入建设项目的规划设计和工程管理，在投资预算、规划设计完成之前，在施工开始之前就能发现问题，研究解决方案。

由于调适是一项专业性很强的服务，业主在选择调适机构时一定要认真审查其资质。除了机构的资质之外，还应审查关键岗位人员的资质、接受培训情况、专业证书、专业特长、竞争优势、业内评价、是否承担过类似的医疗卫生项目等。

调适机构的资质应当与项目的调适范围、复杂程度以及重要性相匹配。一些子系统的重大调整，如建筑围护、电力系统、信息系统、安防系统和电梯等，有较高的技术需求，对相应专业人员的技术水平也会有较高的要求。在审查调适机构资质时，应注意考虑这些因素。

（4）签订调适合同。

一般来说，调适合同的内容应当包括：调适机构的工作范围、完成时限以及发生延误的责任、合同的终止、业主的责任、工作报告的归属与使用、工作现场的安全、预计费用、危害与风险控制的责任负担、合同签署的法律依据、争议的解决、合同的生效。也可以根据双方协商的结果对其他有关调适的特殊事项进行约定。

在合同谈判之前，双方应再次确定调适范围或者明确可能发生的更改，因为这是最终确定工作范围和费用的依据。

关于调适费用，可以参考项目的规模、调适内容、建设周期、系统的种类、设备的类型等因素而确定。通常小项目的单价相对于大项目来说较高，复杂项目的单价相对于简单项目较高。从国外的情况来看，大型项目的调适费用一般为项目总投资的 0.5%，小型项目一般为 1.25%。

在进行费用谈判时，除了项目规模、复杂程度、调适范围等因素之外，业主方还可以根据调适机构审核的图纸和文件的数量、参加洽商会议的次数、所涉及的工程阶段等因素判定其费用的收取是否有充分依据、是否合理。同时要确认哪些支出项目，如差旅费、印刷费、加班费等，属于可以接受的范围。

还有一点需要在合同中加以约定。即调适合同一旦签订，调适机构应作为业主方的代表为维护其利益提供服务，与设计方和建设方不应有任何利益关系。

2. 设计阶段

设计阶段是调适过程中的一个关键阶段。从这一阶段开始，调适活动将会根据不同的系统、部件和项目的周期被细化为具体的工作范围、目标、分类清单和模板。在这一阶段，项目建设各方的有效沟通十分重要。它是调适工作顺利开展和取得实效的基础。设计阶段的调适程序主要包括以下若干方面。

（1）设计前调适会议。

设计前调适会议一般在设计阶段开始时举行。其主要目的是向参与建设项目的各方通报调适的范围和过程，使各方充分理解自己在调适过程中应当发挥的作用，以及它对自身工作范围的影响。虽然此时最终的调适计划还没有完成，但是总体的调适范围和要求已经相对明确，各方可以据此对自己的工作内容和相应的费用加以调整，避免出现大的误差。

由于设计团队需要在设计开始之前讨论调适的有关问题，而施工的总包和分包商的选择需要一个过程，为了保证设计团队能够尽早地获取必要的信息，不能等到所有的承包商都选择完毕之后再召开调适会议。必要时，设计前调适会议可能要举行两次，使后来的承包商也能有参加会议，充分了解情况的机会。

（2）确定绩效目标。

尽早确定绩效目标可以预测未来建筑运行的支出，供业主在决策时参考。同时，它也是一个十分重要的设计参数，对于机械、电力、管道系统的设计以及建筑朝向和围护的设计等都会产生影响。参与建设的各方都应对目标有一个基本的理解，同时要分析实现这一目标会给自己带来哪些影响，应采取哪些措施加以应对。

（3）编制业主项目要求。

业主项目要求所规定的核心内容是“我要做什么”，其中包括明确的目标和工作计划。它也是调适的重要参考依据。

业主项目要求的编制要贯彻多方参与的原则。不能只局限于管理层和部门领导，还要吸收运行维护、信息、专业技术、安防、环境卫生以及其他相关部门的员工参与。另一个关键原则是加强各方的协调，要确保各方的意见都能得到反映，不能由一方或少数几方主导，要注意各方诉求的平衡。

业主项目要求的基本内容包括：项目背景、预期目标、功能需求、生命周期及其成本和质量、绩效考核标准、维护要求、培训目标和考核标准共 8 个方面。

（4）编制设计基础文件。

设计基础文件应由设计方协调业主和调适机构在方案设计开始前编制完成，规定出项目设计的基本框架。与业主项目要求相比，前者关注的重点是设施的运行和绩效，而设计基础文件重点关注的是具体的标准、要求和目标。它是选择基础建筑设施，决定设备性能的参考依据。设计基础文件所提供的详细信息对于调适机构评估设计和配套设施能否满足业主的需求十分关键。因为设计图、施工图中一般不包含上述信息，承包商也不依据这些信息来履行合同的规定。

设计基础文件的主要内容应当包括：适用法规和标准、室外设计条件、室内设计条件、建筑使用情况、电力负荷的限额、照明的照度和控制需求、对其他内部负荷的要求、对通风、压力梯度和空气质量的要求、对建筑增压的要求、预期的维护管理计划、对所有需调适系统的维护和服务要求、应急状态下的绩效标准、暖通空调系统的噪声标准、消防安全标准、可持续设计、节能措施。

（5）审核业主项目要求和设计基础文件。

在方案设计开始以前，调适机构应当确认业主项目要求清晰地向设计团队表达了自己的需求，调适工作的范围与业主项目要求中规定的具体过程相匹配。

（6）审核设计文件。

设计文件的审核主要包括对方案设计、初步设计和施工图设计的审核。主要任务是确认文件中包含施工、维护和运行所需要的相关信息；提出降低费用，同时又不损失绩效的建议；以及降低能源消耗、维护成本、生命周期成本，同时不会增加施工费用的建议。

具体来说，调适机构在审核方案设计文件时，要确认其内容是否与业主项目要求和设计基础文件相一致，是否吸收了同类项目的先进经验。同时，还要听取运行和维护人员的意见和建议，将其归纳整理后提交给设计团队，并督促设计团队以书面形式进行反馈。

（7）编制调适计划。

一般来说，调适计划的内容包括：概述、设备和系统清单、团队职责、管理与沟通机制、提交资料、调适节点、启动、安装清单、功能测试、培训、运行和维护手册、反季节测试和保修的执行。

（8）细化具体事项。

具体事项实际上是对调适过程中所涉及的有关问题进行必要的说明。其内容至少要包括：调适团队的参与程度、承包商的职责、提交资料及其审核的程序、对运行和维护文件或系统手册的要求、与调适相关的会议次数和参会成员、相关检验的程序、计划编制的启动和实施、功能绩效测试的程序、验收和竣工的程序、培训的要求、保修的现场审核。

（9）审核初步设计文件。

审核的主要目的是确保初步设计文件与业主项目要求和设计基础文件相一致；调适机构和业主在方案设计审核时提出的问题得到了解决；评估空间分布、设备布局、可维护性、系统间协调性、设备容量是否符合业主的需求；是否考虑到了适当的冗余和今后的扩容问题；是否能够保证调适计划的实施。

与审核方案设计文件的要求相同，调适机构还要听取运行和维护人员的意见和建议，将其归纳整理后提交给设计团队，并督促设计团队以书面形式进行反馈。

（10）审核楼宇自控系统的运行控制。

楼宇自控系统是调适过程中最为关键、最难完成的系统。因为它要与许多建筑系统精确匹配，因此在安装过程中需要与多个承包商进行协调。进行调适时，不但要验证所有部件和系统的控制，还要验证系统间运行功能的联动。调适机构在审核运行控制策略时应保证其足够细化，能够满足对系统绩效的要求。

（11）审核施工图设计文件。

主要目的是审核施工图设计文件与业主项目要求和设计基础文件的一致性；初步设计文件审核时提出的问题是否得到了解决；主要设备的容量是否与需求相匹配；运行的程序是否清晰、完整，具有良好的能效；天花板上部是否有足够的检查和维修空间；评估操作和维护点的数量、传感器和流量计的位置是否合理，是否可以采取更为高效的控制系统；现场验证设计是否采纳了合理建议，具有良好的空间分布、设备布局、可维护性以及系统间的协调性；各种阀门、互锁装置能否满足超载、故障时的动作需要；文件是否能够协调各个专业实现系统一体化的要求。

同样，调适机构也要听取运行和维护人员的意见和建议，将其归纳整理后提交给设计团队，并督促设计团队以书面形式进行反馈。

（12）更新调适计划和具体事项。

调适计划和具体事项通常在设计阶段的早期就已完成，此时整个项目的建设内容虽然已经确定，但各个系统的细节尚未最终确定。因此，调适计划和具体事项的内容也不够详尽。随着设计的深化、各系统细节的确定，调适计划和具体事项也应不断更新和完善。

（13）编制公用设施管理计划。

其主要内容应当包括根据医疗安全和感染控制的风险而确定的设备清单，如给排水、天然气、燃油、火灾报警、蒸汽、电力、医疗气体、呼叫、暖通空调、气动物流、垂直运输等系统；对检查、检测、维护的具体要求；详细的系统分布图；异常情况的处置程序，出现故障后的关闭程序和告知范围；进行紧急维修的程序；保证医疗气体、电力、水源和燃油供应的应急措施；其他公用设施，如物流、消毒、暖通空调的应急措施；公用设施长时间不能恢复的应对措施。

（14）参加招标前会议。

会议的主要目的是向施工团队通报调适的范围，通报调适计划和具体事项中的具体要求，回答承包商的提问，进行必要的澄清。使承包商详细地了解调适的要求和应当承担的责任，对标书的条款进行最终的调整。

3. 施工阶段

施工阶段需要完成的调适程序包括 14 项。

（1）召集调适工作会议。

调适工作会议一般在招标完成、施工合同签订之后，正式施工开始之前，由调适机构组织召开。参会各方包括业主、设计团队、总包和分包商。它的主要目的是通报调适计划和具体事项，使各方充分理解调适过程，各自需要发挥的作用和应当承担的责任。会议要特别关注施工图的呈交，按照施工手册和调适具体事项的规定审查并核准相关文件。会议结束前，要总结归纳出调适工作的近期目标，确定下一次调适工作会议的时间。会后，调适机构要编写会议纪要并分发至参会各方。

（2）建立并维护问题日志。

在设计和施工阶段，调适机构应当建立一个问题日志，对调适工作中发现的问题和处理过程进行记录。日志当中应当记录所发现问题的性质、确定问题存在的时间、建议采取的修正措施、有关各方的责任、预计解决的时间、当前的状况。当项目完成后，问题日志可以综合地反映出所有与调适相关的问题以及它们的解决方案。每次召开调适会议时，都应讨论日志记录的问题，并将结果写入会议纪要。如果问题重大并且需要及时处理，也可以召开专门的调适会议。

（3）审核提交数据和施工图。

调适机构应当审核所有提交的在调适范围内的与调适相关的文件。其目的是保证调适计划、具体事项和业主项目要求所规定的内容逐一得到落实。调适机构还应当在审核过程中征求运行和维护人员的意见和建议，归纳整理后书面提交给设计团队和业主。设计团队应对这些在设计阶段没有关注到的问题纳入正式的审核范围，与项目各方一起讨论解决方案。

（4）审核运行与维护手册。

在施工图得到核准后，承包商应当尽快提交运行与维护手册，由调适机构对其内容和格式进行审核。通常，这些手册都会存在这样或那样的问题，不适合维护人员使用。主要的问题包括组织结构的不合理；没有针对本项目进行必要的编辑修改；内容不够完整等。调适机构应向业主、承包商和设计团队提交书面的问题清单。通过审核保证手册包含各个系统及其设备高效运行与维护所需要的基本信息和指导性建议。一般情况下，应在进行培训前将手册发至运行人员手中，作为培训的基础性资料。

调适机构审核的重点包括：所有调适范围内的设备手册是否都已经提交；手册的结构、装订、排版、标记是否规范合理；是否提供了针对本项目的相关内容，如供应商和安装工程承包商的名称、地址、电话，经过审核的技术参数，使用和维护说明，安装、维护、部件更换、启动、特殊维护的说明，部件清单，特殊工具清单，绩效数据和保修信息，等等。

同样，调适机构应当在审核过程中征求运行和维护人员的意见和建议，归纳整理后书面提交给设计团队和业主。设计团队应将这些在设计阶段没有关注到的问题纳入正式的审核范围，与项目各方一起讨论解决方案。

（5）召集调适阶段会议。

在施工过程中，调适机构应当按计划召集阶段性的调适会议。目的是在调适的关键节点协调各方的工作，保证调适的正常开展。所谓关键节点包括：施工图提交、设备安装、预功能检查、设备启用、功能绩效测试、运行与维护手册交付、培训、季节测试。

（6）参加必要的项目会议。

调适机构应当审核工程项目日常会议纪要，必要时参加项目的会议协调、解决与调适相关的问题。

（7）组织运行和维护人员现场巡视。

组织施工现场巡视的目的主要是与运行和维护人员讨论设备、系统、业主项目要求、设计基础文件、例行维护要求、运行程序等相关问题。调适机构应当对运行和维护人员提出的问题和建议进行归纳整理，并与施工方和设计方进行沟通，寻求解决方案。

（8）进行预功能检查。

主要检查设备安装是否符合施工文件的要求。调适机构或者业主要根据设计图和施工图编制预功能检查清单，在施工的不同阶段进行检查。发现问题后要及时与调适工作人员进行沟通，并将问题记入日志和现场检查的报告。如果预功能检查完全依靠调适机构或业主方工作人员完成有困难，可以请承包商、设计团队协助完成，调适机构进行抽查。所有工作必须在功能测试前完成。

（9）审核暖通空调系统控制方案。

由于设计师和系统控制工程师不熟悉对方专业的技术问题，常常导致设计与控制方案之间的不协调。调适机构应当成为两者之间的桥梁，确保控制方案与设计意图相互协调。在工程完成的前后分别进行方案审核，保证系统的良好运行绩效。

（10）见证设备与系统的启动。

主要是负责对设备启动的程序进行审核，见证关键系统的启动过程，审核与启动相关的文件资料。

（11）审核调试报告。

调适机构应负责对承包商提交的设备和系统的调试报告进行审核，并且以书面的形式反馈审核结果，同时将反馈结果提交业主和设计团队。在审核过程中，应当对调试报告中提交的仪表读数进行抽查核对。

（12）见证功能绩效测试。

调适机构要对设备和系统的综合测试加以指导。通常，功能绩效的测试应在所有设备和系统安装完毕、预功能检查完成、设备已经启动、承包商的测试已经完成之后进行。其主要目的是确保系统的绩效与设计意图相一致。

功能绩效测试要对系统的设计、带负荷运行、应急状态运行的状况进行评估。测试的过程应当遵循从简单系统到复杂系统再到综合系统的顺序。调适机构应当邀请运行和维护人员参与测试，除了见证结果之外，还可以进一步了解系统的运行和维护要求。

（13）进行设施压力测试。

与医疗卫生建筑相关的法律、法规和规范对于危重症的护理、手术、处置、传染病隔离等特殊空间与邻近空间的压力关系都有具体要求。调适机构应当根据规范的要求进行正压、负压、建筑围护与室外压力平衡的测试。

（14）审核竣工图纸。

调适机构应当与运行和维护人员一起对竣工图纸进行审核，确认与实际安装情况不符之处。向业主、承包商、设计团队提交审核结果清单，并将其纳入竣工文件之中。

4. 试运行阶段

调适机构在试运行阶段主要应当发挥协调和督促作用，完成以下各项工作任务。

（1）开发运行和维护监测系统。

目前，因为多方面的原因，医疗卫生机构普遍面临工程技术人员不足的问题。管理者主要依靠工程技术人员持续改进运行和维护水平的模式应经难以实现。因此，越来越依靠自动监测与控制技术来发现运行中的缺陷和设备故障、优化运行策略、保证设备正常运行、降低维护成本。在试运行阶段，调适机构应当根据业主项目要求，协调设计团队与承包商共同开发运行和维护监测系统。

通常，监测系统应当包括建筑的能源需求和成本，以及建筑的空调终端、空气处理机组、排风扇、生活热水系统、热水系统、冷水系统、水冷系统和冷却塔、蒸汽系统、锅炉、燃油系统、电力系统的运行状况。

（2）开展维护人员培训。

维护人员的培训应当按照事先制订的计划进行，应当与业主项目要求以及培训具体事项当中的规定相一致，与维护人员的实际需求相适应，有详细的培训方案。维护人员的培训一般由施工方负责，由制造商、代理商提供支持。培训方案应当提交给设计团队、业主、调适机构进行审核、同意。

调适机构应当对培训的实施进行监督，保证其满足运行和维护人员的需求，时间安排合理，便于相关人员参加。还应当监督音像资料的录制，保证质量，供后续的培训使用。负责在培训前后组织知识测试，确定培训需求、评价培训结果。

培训的要点一般包括设备和系统的主要功能、运行和维护手册的使用、基本操作模式、与其他系统的互动以及运行数据的监测、节能调试和优化、安全生产和健康防护、特殊维护和置换的有关事项。

（3）完成暖通空调控制系统的趋势分析。

趋势分析是建筑空间状况和能源使用情况的重要反馈信息，对于运行和维护人员管理设备、降低能耗十分关键。分析的重点应当是那些对空间状况、能源使用影响最大的系统。了解运行趋势可以及时诊断控制系统的问题，发现浪费能源的原因，优化运行绩效。

（4）编写调适报告和系统手册。

调适机构应当在施工阶段结束后完成调适报告和系统手册的编写。

调适报告应当对调适过程、方法、结果进行归纳、提交资料和相关活动的记录。其内容包括摘要、工作完成情况、发现的问题及其解决方式、系统绩效测试和评估结果、设计文件审核及提交情况、运行和维护活动及培训情况、在调适过程中所形成的会议纪要、记录、清单、测试结果、数据等文件资料。

系统手册的重点是系统的操作。它最重要的用途之一是帮助运行和维护人员排除系统故障。系统手册至少应当包括业主项目要求和设计基础文件、单线图、竣工图、控制图、原始控制参数、系统联合运行说明、重复测试和对照测试的计划、传感器和驱动器校准计划。

（5）编制维护预算。

调适机构应当帮助业主方的行政和财务管理人员准确、全面地理解运行和维护的资源需求，以及不断改善成本效果的措施。确定预算时应当考虑使用年限、建筑面积、人员、能耗水平、天气情况、特殊维护、外包服务等因素。

（6）进行消防设施的检查和测试。

调适机构应当按照国家的法律、法规和规范，在项目施工阶段结束后、启用前协调承包商进行检查和测试，并提交书面报告。

（7）编制建筑维护方案。

方案的编制应当由调适机构协调运行和维护的管理人员、设计团队和承包商在设计完成后、整个项目完工并投入使用前进行。如果可能，应当将方案编制成信息化的维护管理系统。调适机构的主要工作是确保设备按照相关标准进行了编号和标记、图纸标记的房间号码与实际房间号码一致、业主收到了运行和维护所需的电子文档、设备名称和相关信息与维护管理系统向匹配、管理系统可以自动生成规范的工作单、完整的维护记录、定期校准传感器的提示。

5. 运行和保修阶段

建设项目完成投入运行后，调适机构的工作并没有全部结束，在运行和保修阶段还要完成以下工作。

（1）回顾运行趋势数据。

建筑设施投入运行之后，系统处于实际负荷运行状态，此时的运行趋势数据对于管理人员优化系统运行、调整舒适度、加强能源管理都十分关键。调适机构应当协助运行和维护人员回顾数据，调整监测参数，优化绩效。

（2）测量并审核实际能源绩效。

调适机构应当协助运行和维护的管理人员收集实际的电力、燃油和水资源消耗数据，与预测数据进行比较，观察逐月的变化。如果超出预测水平，调适机构应协调管理人员、设计团队和承包商一起分析原因，寻求解决方案。为了使业主方的管理人员和维护人员经常关注能源使用的效率，调适机构应协助建立能源消耗的披露机制，定期发布相关信息。

（3）完成运行后绩效测试。

一般情况下，系统的运行因当地气候等原因很难达到满负荷运行状态，但在保修期结束前，有必要进行满负荷的功能测试，特别是冬、夏两个季节。调适机构应当协调相关方按照规定的季节或延期进行测试，提交测试报告并将其纳入文档资料。需要注意的是，涉及安全、警告和应急供电的系统功能测试基本不受季节影响，应当在投入运行前完成。

（4）参加保修期结束审核。

调适机构应在保修期邻近结束时协调业主、承包商和设计团队对项目进行回顾，确认在施工、运行和维护过程中发现的问题是否已经得到解决，并且提交报告。

（5）建立能源绩效基线。

建筑投入运行 1 年之后，业主或调适机构要建立实际能源效率的基线，以便将实际的能源、水资源消耗以及费用支出与工作目标或评审要求进行比较。

第三节　关于后调适

一、后调适的适用范围和目的

后调适的主要目的是改进既有建筑的绩效，其改进可以体现在不同的方面，既包括能源效率的提高；也包括设备使用寿命的延长、可靠性的提高、环境舒适度的改善、运行成本的降低；对于医院来说，还包括院内感染的控制、患者、员工和来访者满意度的提高等。

二、后调适的组织实施

（一）后调适团队的组建

后调适的组织实施一般应由业主委托的专业调适机构负责。考虑到我国的国情，也可以考虑由业主委托有能力开展调适的建筑咨询机构进行，或者由业主聘请相关专家和专业技术人员自行组建调适机构负责实施。

在组建后调适的团队时要特别注意两点：一是要选好团队的负责人。确定人选时一定要考察其是否具有医院建筑设计、施工和运行管理的经验；了解医院管理层关注的重点，有能力说服他们采纳自己的建议；并且具备足够的专业知识和专业能力来完成系统调适的各项任务。二是要强调运行和维护人员的参与。他们最了解设施和设备的建设和实际运行情况，目前存在哪些需要解决的问题，有哪些改进绩效的潜力。管理层制定的措施是否符合实际，他们最有发言权。再好的管理策略也需要他们来贯彻执行，才能收到预期的效果。

（二）后调适的组织实施

通常，后调适是在医院新建项目已经完成并且运行一段时间后进行的，它的具体实施虽然不涉及立项、设计、施工、验收等阶段，周期相对缩短，但关键的环节不能缺少。以节能调适为例，一般来说应当包括以下主要环节。

1. 统计能源支出

一般应统计 24 个月的能源支出，主要包括天然气、燃油、蒸汽、冷却水、电力、上水、污水等，建立能源消耗的基线数据。除了统计总体支出之外，还可以按照单体建筑等单位进行二级或多级统计。

2. 确定工作目标

节能的工作目标既可以是具体的指标，也可以是获得与节能相关的认证。同时要确定完成目标的时间表，可以一次完成，也可以分阶段完成。

3. 分析预判

从国外的经验来看，医院通过采取节能措施而降低的能源支出在 5%~35%。除了利用历史数据进行预测之外，还要注意分析节能措施对能源支出结构和变化趋势的影响，提高分析预判的准确性。

4. 资料分析

收集、分析医院建筑的图纸和资料。其中包括原始图纸和改扩建图纸、设备资料和维护手册、测试和调试报告、控制图表等。这项工作可以使后调适团队准确了解和掌握医院建筑及其设施、设备的现状，发现存在的问题和缺陷，了解运行控制的关键节点，为后调适提供有价值的信息。

5. 设施、设备核查

对医院建筑的设施、设备进行全面核查是一项十分费时而且需要资金支持的工作。如果条件有限，可以先重点核查机械、电力和高能耗设施、设备，如采暖、制冷和通风系统中的冷水机组、锅炉、水加热器、空调机组、排风扇、水泵等。有条件时再扩展到建筑围护、电梯、厨房设备、洗衣设备等其他子系统。核查的内容包括收集相关资料、核对资料与现状的一致性、发现当前存在的问题。

6. 审核温控系统

应对温度控制系统进行全面、详细的审核。主要包括冷水机组、锅炉、空调终端、空调机组、排风系统、生活热水设备、风机盘管等，确定当先的工作程序和设定值。后调适团队可以通过审核获得大量的实用信息。

7. 评估措施

从供给侧来说，主要是分析天然气、电力和水资源的费用结构，寻找从供给侧降低单位支出的措施。如采用峰谷电，集团购买等。需求侧的节能措施通常包括：照明、蒸汽、冷水、热水、通风、管道、温度控制、电力和建筑围护等若干类。

8. 提出建议

根据对供给侧和需求侧节支措施的评估结果提出建议，供管理层决策，并且制订落实决策的长期规划和具体工作计划。

9. 追踪、记录

建立能源支出的追踪和记录系统。每月对能源支出指标的完成情况进行监测，并且公布结果，提示相关人员关注节能工作。收集的数据还可以用作今后的分析、预测。

10. 设备检测

对冷水机组、冷却塔、锅炉、各种水泵进行检测，测量并记录压力、温度、流量和电力消耗的数值。对空调机组、排风系统的风量、压力梯度、温度、湿度、风扇速度、电机电流、风扇耗电进行检测和记录。

11. 评估设备

将所有的检测结果与原设计进行比较，发现不符之处并加以记录。与运行和维护人员一起分析原因，确定矫正方法。

12. 分析趋势

根据收集到的关键设备的运行参数，确定设备的运行趋势。并且采用运行趋势的数据来分析系统运行的状况，确定节能措施，解决存在的问题，评估和改进系统绩效。

13. 制订设备运行计划

根据面积、天花板高度、房间数量、室外空气变化、换气次数的要求、压力梯度、流量等因素制订详细的通风方案。根据建筑的使用情况确定空调机组、冷热水系统、风机盘管和其他设备的运行时间，优化运行参数。

14. 完成报告

工作报告除了按照一般要求对整个工作情况进行总结归纳之外，还应当重点说明后调适所采用的方法、得出的结论、提出的建议、采取的措施及取得的成效。

第二章

医院评审管理

鲁超　袁闪闪　李峰　汪卓赟

鲁 超 安徽医科大学第二附属医院院长

袁闪闪 中国建筑科学研究院环境与节能研究院室主任

李 峰 安徽医科大学第一附属医院高级工程师

汪卓赟 安徽医科大学第二附属医院副研究员

第一节 概述

一、医院评审管理概念

评审是为确定主题事项达到规定目标的适宜性、充分性和有效性所进行的活动。对医院进行评审是一个复杂系统工程，目前尚无明确定义。美国医疗机构联合委员会国际部认为，医院评审是一个非政府性的评价过程，通过对不同医院的整体和各部门进行评价，以确定受评医院是否能够达到医疗质量和安全要求的标准。法国国家医疗评审对评审的定义是：评审是由独立于医疗机构之外的专业人员对医疗机构进行的评价过程。我国原卫生部印发的《医院评审暂行办法》认为，医院评审是指根据医疗机构基本标准和医院评审标准，开展自我评价，持续改进医院工作，并接受卫生行政部门对其规划级别的功能任务完成情况进行评价，以确定医院等级的过程。评审评价主要有三种形式：一是医院自查。医院根据发展定位和绩效目标设定分阶段目标及评价标准和方法，并组织开展院内评价和同行评议，评定预定目标的实现和完成情况，以实现自我改进。二是行政审查，即卫生部门对医院规章制度、管理运行、质量安全进行准入性审查，以实现有效监管，其评审标准一般具有行业权威性和透明性。三是第三方评价。它是独立于项目执行方（医院）和监管方（卫生行政部门）之外的第三方（社会舆论、行业组织等）组织开展的客观评判。第三方评价是以医院质量与安全及其持续改进为核心，测量医院在整体水平或专项水平上的绩效表现，也包括标准化的医务人员、患者满意度调查及需求分析。目前，已有 30 多个国家和地区建立了医院评审评价体系。

二、国外医院评审概况

医院评审最先开始于美国，随后在欧洲、亚洲逐步实施，迄今已有 90 余年的历史，国外医院评价工作在制度建设、标准制定和具体做法上已趋于成熟。

（一）美国

美国医院联合评审委员会于 1998 年成立了专门针对美国以外医疗机构评审的 JCI（Joint Commission International），为美国以外的国家和地区提供医院评审标准。评审包括 3 个步骤：调查、资料汇总和作出决定。JCI 总部向申请评审的医疗机构派驻调查员，评审调查依据评审手册中的各项标准进行，调查方法包括访谈、观察和文件回顾。调查在现场使用追踪方法学进行评审，主要包括：结合使用评审检查申请书中提供的信息；追踪一定数量患者对医疗机构整个医疗流程的体验；检查医疗流程中一个或多个环节，或环节衔接处的表现。最终评审委员出具评审报告。其结论主要是根据被评机构的单项得分和总分对照评审规则得出，必要时会对被评机构进行跟踪随访。另外，JCI 尤其强调评审前的咨询与指导，能够针对每所医院的具体情况进行详细的个性化咨询指导。

（二）英国

英国的医疗质量评价是由 CQC（Care Quality Commission）执行的。CQC 成立于 2009 年，不隶属于卫生部，而是对国会负责。它负责所有卫生服务机构的注册，通过智能监测、专家实地检查对医疗机构进行评级，结果分为“优、良、有待改进以及不合格” 4 个等级并同时公开发布。对发现问题的机构，《卫生与社会保障法案（2008）》赋予 CQC 强制执行权（Enforcement），包括合规行动、警告、特别措施以及民事或刑事诉讼 4 种处理。

（三）德国

1997 年，H.D.Scheinert 博士和 F.W.Kolkmamn 教授（KTQ 现任名誉主席）在德国联邦卫生部资助下，启动了第一个医院评审项目。KTQ 标准的核心是以患者为导向和公开透明，评审标准主要从以患者为导向、以员工为导向、安全、沟通与信息管理、医院领导、质量管理 6 大认证理念指导医院进一步完善质量与安全体系建设。KTQ 倡导以患者为核心的透明医疗制度，一般会每两年更新一次，引导医院发展方向。

（四）日本

1995 年 7 月，日本医疗机构质量评审组织正式成立，1997 年正式开始评审工作，日本医院评审目的是“从学术的、中立的立场对医疗机构的机能进行评价”。

医院评审以书面审查和访问审查相结合的方式进行。最后的评价由专门的评审调查者到被评审医院，根据评审标准（评分标准），分析原始数据和自评结果，客观地进行评价。

（五）澳大利亚

澳大利亚也是较早开展医院评审的国家之一。1974 年成立医院标准委员会，1988 年更名为澳大利亚卫生服务标准委员会（ACHS）。2001 年澳大利亚卫生部采用“国家卫生绩效框架”，ACHS 根据这个框架设计并实施“评价与质量改进项目”（EQulP）。该项目评审周期为 4 年，包括医疗机构每年的自我评估、每两年一次的定点调查和每四年一次的专业机构检查。EQulP 包括临床、支持和治理三方面。临床功能指的是医疗服务相关内容，针对临床医师；支持功能指的是临床与非临床人员的合作；治理功能针对医疗机构负责人或领导。

（六）法国

法国独立的公共医疗组织和医疗机构资助的政府机构评价认可局（ANAES）每五年通过自我评价、现场评价和评审报告为所有的医疗机构强制进行一次评审。在对医疗机构调查过程中，评审专家必须按时向 ANAES 总部报告不符合评审标准的医疗机构名单并提交调查报告，报告同时被送到相应区域行政部门。公众可以从其网站上下载结果，以展现评审的公开性。区域行政部门可以根据报告调整医院的预算和投入。

（七）荷兰

荷兰医院评审主要参考 NIAZ 制定的 35 条标准和整体评价体系，对医院的各部门和功能进行评审。通过过程评价到同行评议的方式，35 条评价标准可以对所有典型的医院部门和功能进行评价。医院的质量改进和质量保证体系必须满足整体标准质量体系标准。部门的标准则侧重于操作的设备、物资供应和知识技能的应用。在评审访谈期间，所有的标准都可以对部门管理进行过程评价。另外，所有的标准要满足 PDCA 循环。

（八）国际标准化组织（ISO）

国际标准化组织（ International Organization for Standardization ）是世界上最大的非政府性国际标准化机构。ISO 的宗旨是在全世界范围内促进标准化工作的开展，以便国际物质交流和相互服务，并扩大知识、科学、技术和经济方面的合作。1991 年 8 月正式公布 ISO 9004—2 标准 ， 即《质量管理和质量体系要素第二部分：服务指南》。ISO 9000 国际标准把服务行业分为三类：一是产品销售型服务，直接为产品服务；二是餐馆型服务，产品加工与服务紧密结合；三是法律顾问型服务，几乎没有物质产品，是单一的服务。医院同时具备这三种类型的服务：药剂科提供制剂，供应室供应消毒物品，类似第一种服务；医生做手术与护士打针送药，类似第二种服务；医生检诊、咨询和护理心理服务，类似第三种服务。这三种服务都适用国际标准。ISO 9000 标准体系是可以应用到医疗卫生服务领域的，这也是医院管理者寻求 ISO 9000 认证的一个重要因素。

三、我国医院评审概况

（一）中国台湾评审概况

1988 年，我国台湾地区成立了医院评审委员会，并于同年开展评审工作。1999 年成立了第三方评价组织——财团法人医院评鉴暨医疗质量策进会。以此为标志，台湾的医院评鉴工作开始委托民间机构协助办理。

医院评鉴始于 1978 年的教学医院评鉴。实施医院评鉴 30 多年来，期间伴随着以病人为中心及病人安全的国际质量及国际评鉴发展趋势、台湾医疗社会及医疗体系发展需求，医院评鉴制度及评鉴基准经过几次修正，发展趋于成熟。评鉴制度无论在人员素质、仪器设备及医院管理等各方面均日渐受到医院重视，医疗各方面质量也有相当大幅的提升。

（二）中国大陆评审概况

1. 第一周期医疗机构评审（1989—1998）

20 世纪 80 年代中期，原卫生部在总结我国三级医疗保健网络和各地活动的基础上，提出了医院分级管理的构想。1989 年，卫生部发布《关于实施医院分级管理的通知》（ 卫医字〔89〕25 号）和《综合医院分级管理办法（试行草案）》，我国医院分级管理与评审工作正式启动。我国医院分级管理标准主要包括 3 方面：医院基本条件（或最低标准）、医院分级标准和医院分等标准。最初的评审标准和评审细则将医院规模、设备设施条件、医院管理、医疗护理质量等量化为 2000 分，其中医院分级标准 1000 分，主要考核医院规模（500 张病床为起点）、服务半径、工作量等，医院分等标准 1000 分，主要用来评价医疗护理质量。根据评价结果，将我国的医院分为三级九等。

2. 第二周期医疗机构评审（2009 年至今）

原卫生部于 1999 年委托中华医院管理学会成立专门课题组，一方面，开展对第一周期评审的客观评估，完成了《我国医院评审工作评估》研究报告；另一方面，也积极借鉴国外经验，提出下一步开展医疗机构评审的思路、标准体系与可行性建议。2003 年 1 月，北京市卫生局委托中国医院协会，对北京地区的北京协和医院、北京大学第一医院、北京友谊医院、北京铁路总医院 4 家医院进行了评审试点。2005 年 4 月，原卫生部和国家中医药管理局决定，在全国开展“以病人为中心，以提高医疗服务质量为主题”的医院管理年活动，以推进医院管理的科学化、规范化和标准化建设，正式颁布了《医院管理评价指南（试行）》，这是我国卫生行政主管部门在医院评审暂停年后首次出台的医院管理评价标准，并于 2008 年 5 月发布了医院管理评价的正式标准———《医院管理评价指南（2008 年版）》（以下简称《指南》）。该《指南》将医院评价划分为医院管理、医疗质量管理与持续改进、医院安全、医院服务、医院绩效等 5 个维度，全面启动了我国医院的第二轮评价。

2011 年，正式颁布了三级综合医院的评审标准和评审细则，标志着医院评审工作的正式启动，随后又陆续颁布了二级综合医院以及部分三级专科医院的评审标准。

（三）《三级综合医院评审标准（2011 年版）》

《三级综合医院评审标准（2011 年版）》共 7 章，从书面评价、现场评价、医疗信息统计、社会评价四个维度对医院进行评审评价，评审结果采用 A~E 五档表达（A- 优秀、B- 良好、C- 合格、D- 不合格），其评价分档遵循 PDCA 原理。1~6 章现场评审条款 637 条，涉及医院建筑及设施 37 条、医学装备 12 条。二级医院的建筑与设备、设施管理要求与三级医院大同小异，内容涉及医院建筑总体要求、病房和诊疗室建设要求、医技用房设置要求等。评审标准强调医院内涵建设，不主张医院规模扩张，并从安全与质量持续改进角度设置核心条款 4 共 8 条及动态管理和周期评价要求。

第二节　评审评价标准下的医院建筑要求

医院建筑作为医疗活动的承载体，对医疗活动的开展具有重要作用。各类涉及医院的评审评价标准都从不同角度对此进行了阐述和规定。JCI 对医院建筑没有专门的篇章，但在 JCI 评审标准（第六版）APR.12 章节中强调医院所提供的患者医疗服务环境对患者安全、公共卫生或员工安全未构成直接威胁，这一点具有丰富的内涵，并在其他查验中均涉及对基础设施的要求。结合评审评价要求，以 JCI 标准及实际评审要点梳理评审评价对医院建筑管理的要求。

一、医院选址方面的要求

JCI 标准关注医院选址的重点集中在安全和人性化方面，主要包括：周边条件是否满足医院需要，主要考虑生态条件、交通条件、有无潜在安全危险、噪声影响、通风环境等；是否符合卫生规划要求；是否满足医院功能流程需要；是否关注与周边场地的相互影响。

医院建设的选址涉及两个方面：对不同选址场地及其依托环境进行利弊比较分析 ；对某一特定的选址场地及环境进行论证分析。首先，选址区位要符合城市区域卫生资源分布规划和城市总体发展的长期规划。其次，应详尽分析选址场地现状具备的各种条件，是否适合或能否满足医院的建设要求，如生态安全条件、交通条件、市政管网、通信设施条件等。最后，要密切关注医院建设选址场地与周边环境可能发生的相互影响。选址要远离各类辐射污染源，如电磁辐射（电力输送高压走廊）、放射性物质辐射源，空气、 噪声污染源，如铁路边、高速路边、污水处理厂旁等。

除了考虑外界环境对医院的影响，还要从保护生态环境，可持续发展的角度出发注重分析项目建设对周围生态环境的影响，尽力避免项目建设对现状生活环境、自然生态环境产生明显的扰动。尽量避开幼儿园、中小学校、 食品加工厂等对环境质量比较敏感的机构。从较大范围环境层面考虑，医院建设选址应避免选择在生态敏感区域。选址还应充分利用并保护场地周边的自然条件、保留和利用地形、地貌、植被、水系，保持历史文化与景观的连续性，保护场地的完整性，尽量减少暴雨时场地的水土流失及其他建筑行为而造成的灾害。

二、医院建筑功能方面的要求

评审评价标准关注医院建筑功能，主要集中在流线合理（特别是患者就诊流线、洁污流线等）；临床（门诊、住院）、医技、后勤科室之间布局合理；急诊功能分区合理及其他科室相邻关系；满足医疗、建筑等各规范要求；特殊设计科室在满足规范同时，考虑安全与伦理需要；充分考虑保护隐私权需要 。

评审评价标准对医院建筑空间流线有明确的要求，重点关注外部流线和内部流线设计两个部分。外部流线主要包括：乘坐汽车或救护车的病人到达与离开，步行的病人到达与离开，停车场所，职工的进出控制，货运流线、死者的运送、燃料废物的运送等。内部流线更为复杂，主要包括：门诊病人与医技、药库以及其他管理部门的流线，入院病人与住院部、服务部、急诊区、医技部门的流线，出院病人与服务部门的流线，各部门间病人的流线，死者运至太平间的流线，职员、医生坐诊、更衣、值班流线，供应物品的流线，废物清除路线与病人或探病者的流线分开，等等。

三、医院导视系统方面的要求

评审评价标准对医院导视系统的关注重点是医院导视系统设计是否基于以患者为中心的原则；是否具有整体和分级设计；设计策划是否建立在人流分析基础上；导视编码系统是否科学；标识和导视是否易于辨识等。

JCI 关注导视系统体现安全、以病人为中心的核心理念，对导视系统设计有着具体要求，简明性：

明确、易识、逻辑性和重点突出，这是最重要的要求。连续性：能抵达目的地而无断续。规律性：导视标识分级要合理布置。统一性：同类导视引导标识在其表现形式方面应统一规划；可视性：要与医院整体建筑风格、VI 相配套。科学性：要在人流分析基础上设计布点图。导向系统中有许多设计要点已经为业界所公认，并运用到了设计实践中，如：

（1）必须设置各楼层的分层指引牌。除了在医院大堂设立总索引以外，在电梯出入口处也要有标识；

（2）必须放置医院建筑平面图，其方位应与观看者朝向的实际方位一致；

（3）标识牌设计风格必须统一，颜色、字体、尺寸也要有明确规范，并符合国家规定；

（4）有夜间服务的诊室，还应在标识牌内装置灯光；

（5）在人流密集处不能设置宣传栏及公示栏；

（6）医院的公共场所对公众有可能需要的信息设置标识牌，如洗手间、楼梯间、电梯及残障者专用通道等的标识。

四、医院建筑感染管理方面的要求

评审评价标准对医院建筑在医院感染防控方面关注的要点包括：建筑建造及使用是否满足相关规范，医院建筑管理是否关注院感隐患，并采用有效措施以消除院感。医院建筑设施基于院感防控是否有第三方评估，评估及持续改进。医院建筑使用过程或整体改扩建是否考虑院感防控因素并进行有效干预；医院建筑设施是否满足可预期院感风险，进行空间、流线、材料、气流等的相适应性变化。

案例：医院既有建筑施工感染防控管理

医院施工安全管理需要科室 / 部门与总务部门、医院感染管理办公室共同制定医院施工隐患管理合同。总务部门根据制订的施工方案，组织施工队伍实施；对施工队进行施工前施工人员的身份识别证、施工证、动火证的发放、监督；对施工现场通风、环境防护、用火、用电、施工人员个人防护、建筑垃圾的处理等进行全程监督；督查中发现施工单位违规施工，应勒令其停工整顿。医院感染管理办公室应对施工人员及病区的工作人员培训与空气传播感染有关的风险，对施工过程中感染预防与控制措施应进行巡查；监察审计部应按招标合同的要求对施工的不同阶段派监审人员到现场进行追踪审核。

施工单位应根据总务部门的《建造、翻新风险评估危害性通知》《建造、翻新工程风险控制措施级别评估表》制订施工方案并落实；施工前应取得总务部门、医院感染管理办公室、监察审计部、总务指挥中心共同签发的施工许可，方可施工；风险级别在Ⅲ级及以上的工程，开工前应在施工现场张贴开工告示；开工前应建造防尘隔离屏障，对于两天内的过程，可全部使用塑料屏障；每天清理施工现场产生的废料、碎屑及灰尘；提供并清洁吸尘垫；关闭暖气、通风、空调系统，密封施工区的所有风管 / 风口；保护施工区域所有设施和宣传图片的完好；对拆毁医院内部和外部建筑而产生的废料、碎屑洒水加湿，抑制扬灰；如有动火工程，必须提前填写动火申请表交总务部门，经总务部门审核后发放动火许可证，同时施工方应根据需求配备必要的消防用具；施工中如需对消防设施改造，必须具备相应资质。医院施工安全策略与措施可根据不同类，灵活选择。

（1）对工程项目分类：根据有无扬尘和工程规模可分为 A 类、B 类、C 类、D 类。

A 类包括非侵入性和视察工程，包括但不局限于以下内容：每平方米移开 1 块天花扣板的视察活动；无打磨喷涂；铺墙面材料、小规模电工工作、小型水管维修安装以及其他不产生灰尘和不需要凿墙、进入天花（并非为了视察）的活动；烟感、温感设备、灭火器等灭火系统功能的测试。

B 类包括产生少量灰尘的小规模短工期活动，包括但不局限于以下内容：电话及电缆电脑的安装；进入服务区的管道及其他空间；可以控制灰尘产生的凿墙或凿天花工程。

C 类包括产生中高水平灰尘或者拆毁或移除任何固定建筑构件的施工，包括但不局限于以下内容：

喷漆与铺墙面材料前所做的打磨工作；移除地砖、天花板和木质镶嵌板的施工；天花板内进行的小规模管道工作或电力工作；筑建新墙；重大的电缆铺设活动；在一个工作班次内无法完成的工程；重型设备的大型拆卸工作。

D 类包括大型建筑拆毁和建设工程，包括但不局限于以下内容：需要连续班次才能完成的施工；需大规模地拆毁或移除一个区域内所有电缆或管道系统的工程；新建工程。

（2）医院建筑区域及风险区域的划分：根据患者获得感染危险性的程度，可将医院分为 4 个区域：低风险区域包括行政管理区、教学区、图书馆、生活服务区；中等风险区域包括普通门诊、普通病区等；高风险区域包括感染科、餐厅等；极高风险区包括手术室、重症监护室、层流病房等。

（3）风险评估。根据整个工程修缮计划，由总务部门、医院感染管理办公室与需进行改造的科室共同开展安全性评估，明确规模与屏障技术的选择。通过风险评估，分析建筑修缮工程中感染风险、消防隐患，制定预防措施，并监督落实到整个建筑修缮过程中。

（4）风险控制措施级别。当施工活动和风险水平显示需采取Ⅲ级或Ⅲ / Ⅳ级或Ⅳ级控制措施时，要获得院感办的批准。

表 8-2-1 病人感染风险等级表

病人风险区	A 类	B 类	C 类	D 类
低风险	Ⅰ	Ⅱ	Ⅱ	Ⅱ / Ⅳ
中等风险	Ⅰ	Ⅱ	Ⅲ	Ⅳ
高风险	Ⅰ	Ⅱ	Ⅲ / Ⅳ	Ⅳ
极高风险	Ⅱ	Ⅲ / Ⅳ	Ⅲ / Ⅳ	Ⅳ

（5）预防控制措施，如表 8-2-2 所示。

表 8-2-2 感染控制预防措施

风险等级	施工期间	竣工时
Ⅰ级	1. 采取最大限度降低扬尘方式，进行施工 2. 立即复原视察时拆下的天花板	竣工后，清洁施工现场
Ⅱ级	1. 关闭施工区的暖气、通风、空调系统 2. 堵住并密封所有送回及排风格栅 3. 用宽幅胶带密封不使用的门 4. 在施工区出入口放置吸尘垫 5. 采取有效方法，预防浮尘扩散到大气中 6. 切割时，在物体表面洒水，以控制尘土	1. 用消毒剂擦拭物体表面 2. 运输前把施工垃圾装在可盖紧的容器内 3. 离开施工区前，湿式拖擦 4. 恢复施工区的暖气、通风、空调系统
Ⅲ级	1. 移除或关闭施工区暖气、通风、空调系统，防止污染 2. 开工前，完成所有重要的维护屏障，如：石膏板、塑料布等，把施工区同非施工区隔开；或者采取立体控制法（使用有塑料盖的推车并密封所有通向施工现场的道路） 3. 运输前，把施工垃圾装在可盖紧的容器里 4. 遮盖运输容器或推车	1. 必须等甲方各部门检查完竣工工程，以及甲方保洁部门彻底清洁施工现场后，才能拆除施工现场的围护屏障 2. 小心拆除围护材料，把尘土和建筑废料的扩散降到最低水平 3. 使用消毒剂湿式拖擦施工区域 4. 恢复施工区的暖气、通风、空调系统

表 8-2-2 感染控制预防措施（续）

风险等级	施工期间	竣工时
Ⅳ级	1. 开工前，完成所有重要的维护屏障，如：石膏板、塑料布等，把施工区同非施工区隔开；或者采取立体控制法（使用有塑料盖的推车并密封所有通向施工现场的道路） 2. 要求所有进入施工现场的人员穿鞋套 3. 关闭施工区暖气、通风、空调系统，防止污染管道 4. 堵住并密封所有送回及排风格栅 5. 堵住并密封所有送、回及排风格栅 6. 正确密封洞口、管道、线管和钻孔 7. 运输前，把施工垃圾装在可盖紧的容器里 8. 遮盖运输容器或推车	1. 使用消毒剂湿式拖擦施工区域频率至少每天2次，如尘土非常多，应增加频率 2. 去除所有送、回及排风格栅 3. 恢复施工区暖气、通风、空调系统 4. 必须等甲方各部门检查完竣工工程，以及甲方保洁部门彻底清洁施工现场后，才能拆除施工现场的围护屏障 5. 小心拆除围护材料，把尘土和建筑废料的扩散降到最低水平

室外修缮工程也应采取感染控制措施，关闭与工地相邻的室内新排风的风阀；采用胶带条密封病房窗户缝隙，以防止外界含尘空气进入，这对于保护性环境中的患者尤为重要；施工中应避免下水道系统的损害，以防止土壤与尘埃被污水污染 。

室内修缮控制措施包括施工方应搭建屏障（如采用钢管脚手架与塑料布建成围挡，全部的建筑修缮活动均在围挡内实施，待施工结束，环境物品表面清洁如初，方可拆卸），防止建筑垃圾中真菌孢子的传播；当建筑修缮作业区牵涉到回风口，应将其密封与阻塞；建筑垃圾的转运应采取尘埃控制措施，从作业区域外运时应采取隔离转移；对于暂不外运的建筑碎块与垃圾应覆盖遮布，并固定好，防止扬尘；采取硬质屏障材料，并使作业区处于负压状态，可以有效防止真菌孢子的扩散。该技术对于保护性环境中的患者尤为重要。对于室内墙面出现霉斑的建筑修缮，不能采取简单覆盖水泥或石灰，而应彻底铲除包含霉根在内的建筑面。

施工监督包括：总务部门现场监督人员监督现场施工方严格执行施工方案，并认真填写施工监督日志；监督施工方落实评估危害性；院感办、总务部门应全程监督；针对检查中发现的问题应下发书面整改通知函，并监督进行整改。

优化后勤保障：包括施工人员应有指定的入口、走廊和电梯，有指定的更衣场所与放置设备工具间；提供其他必要的服务。通过一些限制区域时，提供施工人员必要的个人防护装备。

工程结束现场清理及验收：包括工程在隐蔽工程完工，吊顶安装前，由总务部门通知相关部门验收隐蔽工程，对各部门验收意见汇总改进后，方可进行封闭施工；工程结束后须由项目施工方清空施工区域内所有多余建筑材料和垃圾，清洁或更换空气过滤器、过滤网，完成管道清洁、环境清洁消毒工作；工程结束并完成保洁后，由总务部门通知使用科室、医院感染办公室等相关部门进行现场验收；现场验收后，由各验收部门填写《建造、翻新工程竣工验收报告单》，总务部门监督施工单位落实验收后整改项目。验收后的二次装修和施工后，需由施工方负责再次清理施工区域，做到“工完场清”。施工现场的防护屏障只有在施工方已将项目完成并且施工区域被彻底打扫干净后，才能拆除；新建筑和修缮区域在投入使用前，重新设置空调系统，调整换气次数、湿度、压差梯度等参数，尤其是手术室、保护性区域的通风、换气设施等。

表 8-2-3 建造、翻新建筑施工申请表

<table>
<tr><td colspan="3">填写日期</td><td>年　月　日</td></tr>
<tr><td colspan="3">表号（就是表单编号 + 填写日期如 H-GA-007-F1A20161001）</td><td></td></tr>
<tr><td>工程名称</td><td colspan="3"></td></tr>
<tr><td>施工单位</td><td colspan="3"></td></tr>
<tr><td>作业区域</td><td colspan="3"></td></tr>
<tr><td>院方负责人</td><td></td><td>院方负责人电话</td><td></td></tr>
<tr><td>施工队负责人</td><td></td><td>施工队负责人联系电话</td><td></td></tr>
<tr><td>施工人数</td><td></td><td>施工作业时间</td><td></td></tr>
<tr><td>合同日期</td><td></td><td>施工结束时间</td><td></td></tr>
<tr><td>施工内容</td><td colspan="3"></td></tr>
<tr><td>需配合部门及事项</td><td colspan="3">□机电部　□消防设施改动　□临时接电　□临时动火
□施工警示牌　□现场封闭　□施工垃圾日清
其他：</td></tr>
<tr><td>总务部门审批意见</td><td colspan="3"></td></tr>
</table>

表 8-2-4 动火证申请表

<table>
<tr><td colspan="2">填写日期</td><td>年　月　日</td></tr>
<tr><td colspan="2">表号（表单编号 + 填写日期如 H-GA-007-F2A20161001）</td><td></td></tr>
<tr><td>工程名称</td><td></td><td>动火须知</td></tr>
<tr><td>动火原因</td><td>电焊、气割作业</td><td rowspan="5">1. 动火人必须持有特种作业人员操作证、动火证，按操作规程动火
2. 配有灭火器材，动火 5m 内移除易燃易爆物品，遇有无法清除的易燃物，必须采取防火措施
3. 结束后必须对现场进行检查，确认无火灾隐患，方可离开
4. 监护人在作业前应查看现场，消除隐患；作业中应跟班看护；作业后督促做好清理工作
5. 此表需提前一天上报审批</td></tr>
<tr><td>动火地点、部位</td><td></td></tr>
<tr><td>动火时间</td><td>起　年　月　日　时　分
至　年　月　日　时　分</td></tr>
<tr><td>动火人员</td><td></td></tr>
<tr><td>监护人员</td><td></td></tr>
<tr><td>动火方式</td><td colspan="2">□电气焊作业　□现场明火作业　□切割机作业　□食堂明火作业
□其他（注明动火方式：　　　　　　　）</td></tr>
<tr><td>防火措施</td><td colspan="2">□灭火器　□水桶　□隔离挡板
□其他（注明防火措施：　　　　　　　）</td></tr>
<tr><td>动火
申请人</td><td>动火监护人意见</td><td>施工单位意见</td></tr>
<tr><td></td><td>签字：</td><td>批准人：</td></tr>
</table>

表 8-2-5 建造、翻新感染风险区域及控制措施级别评估表

填写日期				年　月　日
表号（就是表单编号 + 填写日期如 H-GA-007-F3A20161001）				
工程项目			施工单位	
工程进度	开工时间			
	竣工时间			
工程造价	预估造价			
	实际造价			
风险区域（对应栏打勾）	低风险	行政管理区		
		教学区		
		图书馆		
		生活服务区		
	中等风险	普通门诊		
		普通病区		
	高风险	感染科		
		餐厅		
	极高风险	手术室、		
		重症监护室		
		层流病房		
有无扬尘和工程规模分类（对应栏打勾）	A 类：非侵入性和视察工程			
	B 类：产生少量灰尘的小规模短工期活动			
	C 类：产生中高水平灰尘或者拆毁或移除任何固定建筑构件的施工			
	D 类：大型建筑拆毁和建设工程			
风险控制措施级别（对应栏打勾）	Ⅰ级	A 类 + 低风险		
		A 类 + 中风险		
		A 类 + 高风险		
	Ⅱ级	B 类 + 低风险		
		B 类 + 中风险		
		B 类 + 高风险		
		A 类 + 极高风险		
		C 类 + 低风险		
	Ⅲ级	C 类 + 中风险		
风险控制措施级别（对应栏打勾）	Ⅳ级	D 类 + 中风险		
		D 类 + 高风险		
		D 类 + 极高风险		
	Ⅱ / Ⅳ级	D 类 + 低风险		
	Ⅲ级 / Ⅳ级	B 类 + 极高风险		
		C 类 + 高风险		
		C 类 + 极高风险		
备注				
评估人		评估时间		

表 8-2-6 建造、翻新工程风险控制措施通知单

<table>
<tr><td colspan="4">填写日期</td><td>年　月　日</td></tr>
<tr><td colspan="4">表号（表单编号＋填写日期如 H-GA-007-F4A20161001）</td><td></td></tr>
<tr><td>工程项目</td><td colspan="2"></td><td>施工单位</td><td></td></tr>
<tr><td>风险控制措施级别</td><td colspan="4">□Ⅰ级　□Ⅱ级　□Ⅲ级　□Ⅳ级　□Ⅱ / Ⅳ级　□Ⅲ / Ⅳ级</td></tr>
<tr><td>评估人</td><td></td><td>评估时间</td><td colspan="2"></td></tr>
<tr><td rowspan="5">感控预防措施（对应栏打勾）</td><td rowspan="2">Ⅰ级</td><td>施工期间</td><td colspan="2">1. 采取最大限度降低扬尘方式，进行施工
2. 立即复原视察时拆下的天花板</td></tr>
<tr><td>竣工时</td><td colspan="2">竣工后，清洁施工现场</td></tr>
<tr><td rowspan="2">Ⅱ级</td><td>施工期间</td><td colspan="2">1. 关闭施工区的暖气、通风、空调系统
2. 堵住并密封所有送回及排风格栅
3. 用宽幅胶带密封不使用的门
4. 在施工区出入口放置吸尘垫
5. 采取有效方法，预防浮尘扩散到大气中
6. 切割时，在物体表面洒水，以控制尘土</td></tr>
<tr><td>竣工时</td><td colspan="2">1. 用消毒剂擦拭物体表面
2. 运输前把施工垃圾装在可盖紧的容器内
3. 离开施工区前，湿式拖擦
4. 恢复施工区的暖气、通风、空调系统</td></tr>
<tr><td>Ⅲ级</td><td>施工期间</td><td colspan="2">1. 移除或关闭施工区暖气、通风、空调系统，防止污染
2. 开工前，完成所有重要的维护屏障，如：石膏板、塑料布等，把施工区同非施工区隔开；或者采取立体控制法（使用有塑料盖的推车并密封所有通向施工现场的道路）
3. 运输前，把施工垃圾装在可盖紧的容器里
4. 遮盖运输容器或推车</td></tr>
<tr><td>感控预防措施（对应栏打勾）</td><td></td><td>竣工时</td><td colspan="2">1. 必须等甲方各部门检查完竣工工程，以及甲方保洁部门彻底清洁施工现场后，才能拆除施工现场的围护屏障
2. 小心拆除围护材料，把尘土和建筑废料的扩散降到最低水平
3. 使用消毒剂湿式拖擦施工区域
4. 恢复施工区的暖气、通风、空调系统</td></tr>
<tr><td rowspan="2">感控预防措施（对应栏打勾）</td><td rowspan="2">Ⅳ级</td><td>施工期间</td><td colspan="2">1. 开工前，完成所有重要的维护屏障，如：石膏板、塑料布等，把施工区同非施工区隔开；或者采取立体控制法（使用有塑料盖的推车并密封所有通向施工现场的道路）
2. 要求所有进入施工现场的人员穿鞋套
3. 关闭施工区暖气、通风、空调系统，防止污染管道
4. 堵住并密封所有送回及排风格栅
5. 正确密封洞口、管道、线管和钻孔
6. 运输前，把施工垃圾装在可盖紧的容器里
7. 遮盖运输容器或推车</td></tr>
<tr><td>竣工时</td><td colspan="2">1. 使用消毒剂湿式拖擦施工区域频率至少每天 2 次，如尘土非常多，应增加频率
2. 去除所有送、回及排风格栅
3. 恢复施工区暖气、通风、空调系统
4. 必须等甲方各部门检查完竣工工程，以及甲方保洁部门彻底清洁施工现场后，才能拆除施工现场的围护屏障
5. 小心拆除围护材料，把尘土和建筑废料的扩散降到最低水平</td></tr>
<tr><td>施工方确认人</td><td></td><td colspan="2">收到通知时间</td><td>年　月　日</td></tr>
<tr><td colspan="5">施工方承诺：贵院的感控风险措施我部门已知晓，施工方将严格落实贵院的感控预防措施。</td></tr>
</table>

表 8-2-7 总务部门建造、翻新工程竣工验收单 1

<table>
<tr><td rowspan="16">总务部填写</td><td colspan="3">表号（表单编号 + 填写日期如 H-GA-007-F8A20161001）</td><td colspan="2"></td></tr>
<tr><td>工程项目</td><td colspan="2"></td><td>施工单位</td><td></td></tr>
<tr><td rowspan="2">工程进度</td><td>开工时间</td><td colspan="3"></td></tr>
<tr><td>竣工时间</td><td colspan="3"></td></tr>
<tr><td rowspan="2">工程造价</td><td>预估造价</td><td colspan="3"></td></tr>
<tr><td>实际造价</td><td colspan="3"></td></tr>
<tr><td rowspan="3">环境设施验收</td><td>是否完全符合合同、协议要求</td><td colspan="3"></td></tr>
<tr><td>存在问题及建议</td><td colspan="3"></td></tr>
<tr><td>验收人</td><td></td><td>验收时间</td><td></td></tr>
<tr><td rowspan="3">消防验收</td><td>是否完全符合消防要求</td><td colspan="3"></td></tr>
<tr><td>存在问题及建议</td><td colspan="3"></td></tr>
<tr><td>验收人</td><td></td><td>验收时间</td><td></td></tr>
<tr><td>部门负责人意见</td><td colspan="2"></td><td>部门负责人签名</td><td></td></tr>
<tr><td rowspan="3">院感办填写</td><td rowspan="3">院感验收</td><td>建筑、流程是否符合院感要求</td><td colspan="3"></td></tr>
<tr><td>存在问题及建议</td><td colspan="3"></td></tr>
<tr><td>验收人</td><td></td><td>验收时间</td><td></td></tr>
</table>

表 8-2-8 建造、翻新工程竣工验收单 2

<table>
<tr><td rowspan="6">监察审计部填写</td><td rowspan="3">隐蔽验收</td><td>是否完全符合合同、协议要求</td><td colspan="3"></td></tr>
<tr><td>存在问题及建议</td><td colspan="3"></td></tr>
<tr><td>验收人</td><td></td><td>验收时间</td><td></td></tr>
<tr><td rowspan="3">竣工验收</td><td>是否完全符合合同、协议要求</td><td colspan="3"></td></tr>
<tr><td>存在问题及建议</td><td colspan="3"></td></tr>
<tr><td>验收人</td><td></td><td>验收时间</td><td></td></tr>
<tr><td rowspan="2">分管院领导填写</td><td>审核意见</td><td colspan="4"></td></tr>
<tr><td>审核人</td><td colspan="2"></td><td>审核时间</td><td></td></tr>
</table>

五、医院设施安全管理方面的要求

JCI 医院评审标准第十一章《设施管理与安全》（Facility Management and Safety，FMS）旨在确保建筑物不会带来风险，保护人员及财产远离危害、确保安全，标准对 FMS 进行了明确要求。

FMS.4：医院应规划和实施一个项目，通过检查和规划提供安全的硬件设施，降低风险。FMS.4.1：医院应规划和实施一个项目，为患者、家属、员工和探视者提供安全可靠的环境。FMS.4.2：根据设施检查结果和相关法律法规的要求，医院应制订用于升级或更换关键系统、建筑物或组成部分的计划和预算。

另外，标准还明确要求医院需做好以下工作，如建筑设施防跌、防攀爬的安全标识；阀门开关及范围标识；员工防护；机房平面布局图与实际相符；设备线管路图；安全疏散指引等。

（一）设施安全管理

医院在实施设施安全管理中，要求院领导应统筹医院设施安全管理年度计划实施的全过程；部门分管院领导应协助院长推进医院设施安全管理的各项工作；医院安全生产委员会需监督日常的设施安全管理工作，对总务部门上报的设施安全隐患和改进方案做出审批，负责确认每年设施安全管理计划；总务部门应负责制订设施安全管理计划； 监督保安人员对院内安全的巡视、疏导； 院内道路交通安全、全院门锁钥匙、监控设施管理，应急情况下保安人员调度等各项工作；负责监督管理水、电、气、锅炉、冷、暖、氧气、污水站、电梯维护、物资保障、其他社会化服务等部门安全运行；研拟制订医院环境设施风险预防预案；针对可能风险事件进行侦测、预防、分工、演练等，降低风险事件对医院造成的危害；开展全院服务，做好安全保障以及应急支援工作，并处理各项管辖的行政业务；员工应积极配合科室落实设施安全管理工作，参与设施安全管理培训、演练，协助总务部门开展应急处理工作。

设施安全管理的策略与措施主要有以下几类。

1. 设施安全性保障策略

落实设施的日常检查、维护、管理并执行相应措施，确保医院设备设施安全正常运行由安全生产管理委员会成员组成多部门联合检查，每月按计划进行区域巡查。

2. 设施安全的日常管理

严格求救呼叫铃、建筑、家具设施的日常维护，应做到每月至少 1 次的例行检查。

3. 主动巡检维护程序

主动巡检维护程序包括外部和内部审核。外部审核机制对医院整体公共安全进行检查，主要包括消防安全检查、污水水质检查、特种设备安全检测。内部审核主要依照设施设备安全检查和保养的时限执行检查项目：机电部门负责对医院内建筑、室内外公用设施等每月一次安全巡查，巡检项目包括建筑物内各类生活设施，各类设施设备巡检保养计划；总务部门每月进行物业检查；节假日前总务部门协同安全生产委员会的成员进行设施设备安全检查。

4. 安全计划的更新

总务部门根据法律、法规要求，医院发展规划，制订年度设施安全管理计划，并报安全生产委员会审核。年度计划的更新制订，必须充分考虑每一个安全隐患因素，包括消防安全、院感、环保、实际工作、设备等方面要求。计划应包括工程名称、计划执行时间、工期、特殊改造要求等。

医院应根据计划制订配套预算。预算应包含本年度计划内所有已审批拟落实的更新项目，并预留部分应急改造预算。每项环境设施更新和改造的预算必须根据实际空间格局、改造要求等进行初步预算，将预算项目报安全生产委员会，项目落实前，必须再次预算复核，报院长办公会通过。

5. 建筑物更新的实施计划

维持建筑设施符合感控、有害物质和消防要求，应做到建设施工不带来医院感染、人员安全等方面的隐患。总务部门施工现场管理人员、施工单位现场负责人必须严格根据施工安全管理制度，评估每个施工环节对周围医疗环境可能带来的安全和感控风险，做好防护工作。

建筑物的新建、改扩建、装修和验收维护必须根据使用科室的实际需求，制订合理的可行性方案并上报安全生产委员会审核，院长办公会审批；新建、改扩建项目根据使用科室对建筑内部格局、动线流程、水电暖布置的要求，结合医院感染控制和消防安全的风险评估，根据工程造价制订科学的建设方案；建设过程中，需保证施工对医院正常工作造成最小影响，如对施工噪声的控制，施工原材料的存放和加工、施工产生的建筑垃圾和废弃材料的处理等，都需充分考虑周边医疗单元、病人、员工及来访者的影响程度。如因工程内容必须带来不可避免的影响，如夜间吊装、强照明施工、焊接切割等，需提前 1 个工作日以上告知可能受影响的部门和人员，并尽可能缩小影响范围。

项目验收和维护：建筑设施如有涉及吊顶内施工的，吊顶内部作业完成后，总务部门、院感办、审计人员进行验收查看，确保电气线路、管路安装符合要求，并落实消防二次封堵。在建筑设施竣工后：总务部门、审计部必须共同对项目进行验收（必要时院感办参与），如发现需整改之处，汇总签发总务部门整改。整改全部落实后，该项目核准交付使用。维修策略：新建、改扩建项目根据建设合同规定，具有一定周期的质保期（通常情况下为一年），质保期内，常规维修由对应施工安装单位负责处理，应急维修由总务部门负责第一时间解决。

6. 监测机制

做好设施设备巡检记录，医院设施安全维护由总务部门监督，物业各班组人员执行，每日巡检设备运行状况，如有特殊状况或异常事件发生，应翔实记录在巡检表单备注栏或运行故障记录本内，上报总务部门。

总务部门负责管理全院设施的安全维护，并针对设施维保单位的服务项目给予评价。遇有异常事件，维保单位立即处理并在合约规定的周期性维保反馈单内呈现，汇总后送总务部门。主要监测指标为每月病区卫生间防滑标识完好率（每月病区卫生间防滑标识实际完整数 / 每月病区卫生间防滑标识总数）；绩效指标的监测则由总务部门负责实施监测评估，PDCA 模式作为绩效改进的基本工具，确定改进措施和质量改善；年度评估则由总务部门每年结合法律法规及优质医疗创建标准、数据收集分析对计划进行年度评估，内容包括计划的目标、范围、有效性等方面。年度评估提交医院安全生产委员会进行讨论，并将提出的建议作为改进活动的一部分整合到设施安全管理计划。

7. 教育训练

教育训练分为新入职员工教育训练与公用设施操作和维护人员的培训。

新员工入职必须接受岗前培训，了解工作环境中需管理的设施设备，掌握公用设施故障处理的报告流程，提高发现隐患的能力，达到岗位要求；各公用设施管理班组的作业人员需进行操作规程、安全规章制度及技术技能的培训，并取得符合法律法规要求的职业资格证书后方可上岗。保证上岗证书在有效时间内，应按国家规定进行复检。班组和部门每年制订培训计划，至少每年一次考核员工所需具备的技术和技能，并进行应急预案的培训、演练。

（二）公用设施管理

公用设施是指医院所使用的高低压电力设备、生活供水系统、医用气体系统等设备设施，包括大型动力设备和特种设备。大型动力设备是指医院目前在用的空调机组、冷冻水泵组、冷却水泵组、生活水泵组、空压系统、负压系统、配电柜、变压器、消防泵等。特种设备是指医院目前在用的电梯、锅炉、液氧罐等压力容器。

公用设施管理的目的是确保医院电力、饮用水、医用气体可以持续每日 24 小时连续 7 日供应，满足医院医疗工作开展的需求；保证医院各类公用设施的使用和维护符合国家法律法规；确保在发生电力、供水、医用气体中断、设备故障失效等情况下的紧急应变处理切实有效。

公用设施管理的实施需要全院上下的协同配合。医院应统筹公用设施管理年度计划实施全过程；部门分管院领导应协助院长推进设施安全管理的各项工作；医院安全生产委员会监督日常的设施安全管理工作，听取总务部门汇报的设施安全风险、重要设备故障等问题，对改进项目做出审批并监督实施，负责确认每年设施安全管理计划。

总务部门负责制订医院设施安全管理计划；监督机电人员对院内设施安全管理的落实；负责设施设备安全及应急物资的监督管理；拟制定医院各项风险预防预案，对可能风险事件进行观测、预防、分工、演练等；指挥开展突发事件的应急处理，机电人员的调度等各项工作，使风险事件能及时妥善处理；组织开展安全制度培训；对收集的基础数据进行分析；机电部在总务部门的指导下，执行各项设施安全管理制度，协助总务部门开展安全应急事件的处理工作，组织开展治安安全培训，收集所有数据，上报总务部门；医学工程与信息部负责管理医院各项医疗器材、设备的保养、维护、修复和医疗设施设备巡检计划拟定，监控点及其数据管理；员工应积极配合医院设施管理工作，参与培训、演练，协助总务部门开展突发事件处理工作。

公用设施管理的策略与措施主要有以下六方面。

1. 预防性安全策略

各类设备分管部门根据国家规定和设备风险等级制订本部门“年度设备巡检保养计划”，并认真做好每日巡检和记录。

2. 制订公用设施安全管理的计划目标

当月发电机空载运行合格率达到 100%；每季发电机带载运行合格率达到 100%；每月大型动力设备巡检完成率 100%；每月特种设备巡检完成率 100%；每季医院用水水质检测合格率 100%；水电气、锅炉、液氧、压缩空气、中央空调按要求完成巡查 1 次 /2 小时；地下室集水坑的污水泵等设备运行检查 1 次 / 天，按要求完成巡查记录。

3. 突发事件应急策略：依据医院风险评估得出的结果

供电系统：应保障医院 24 小时供电。医院采用市电一供一备为医疗服务提供 24 小时的电源，当两路电源均停止供电，医院首先采用柴油发电机，同时通知柴油供货商。每年按时对发电机的供电进行演练测试。依据管理制度规定设施巡查频率，维保措施；制定停电应急预案，用于保障指导医院突发停电事故。当发生双回路停电时，由发电机供电，依据保障重症生命优先、对医疗服务影响最小的原则，确定优先供应区，首先供应一级区域，待一级区域稳定运行后，逐步开放二、三级供电。

供水系统：医院应采用市政供水一供一备为医疗服务提供 24 小时的水源。院内供水方式采用将市政供水注入生活水箱，再由水泵将水箱水送至各使用部门的二次供水方式。生活水泵及蓄水箱（容量 $256m^3$）能供应院内连续用水 10 小时。当市政供水故障停水时，由消防水车提供不间断水源，保障医疗服务平稳运行，同时也会采取相应措施，限制科室用水。制定停水应急预案，确定优先供水区，每年至少进行一次停水演练测试。

医用气体系统：医院的主要医用气体包括正压设备、负压设备、移动式瓶氧供应、中心供氧系统及病区的设备带等，应严格落实日常巡查和维护及应急处置。

空调系统：加强对空调系统的巡检和维护。

电梯设施管理：对电梯做日常巡查，依照维护保养规范，进行维护保养。

污水管理系统：对污水系统做日常的巡检维护。由有资质的公司维护保养，每半年由第三方机构进行监督。

水质监测措施：对二次供水、直饮水及排放污水等检测。

4. 教育训练

教育训练分为医院新入职员工教育训练、各机电班组的作业人员培训、职业安全理论知识和技术要求培训、消防安全知识教育、设备安全与节能教育、公用设施故障报告流程。

医院新入职员工教育训练主要包括医院整体环境介绍、建筑功能划分介绍、院内科室分布介绍。

各机电班组的作业人员培训主要进行操作规程和安全规章制度以及技术技能的培训，并取得符合法律法规要求的职业资格证书后方可上岗。取得证书后，也应按国家规定进行复检，保证上岗证书处于有效时间内。部门每年制订培训计划，每年不少于一次考核员工所需具备的技术和技能。

另外，还包括职业安全理论知识和技术要求培训；消防安全知识教育；设备安全与节能教育；公用设施故障报告流程。

5. 监测机制

报告和监测：公用设施安全管理计划是一个对设备采购安装—运行使用—报废拆除进行持续监控的信息收集和评估系统。

持续性能监测指标：持续性能监测可以帮助动力设备管理维持在一个稳定、安全、高效节能的水平。根据监测指标所做出的改进活动至少每季度一次汇报至安全生产管理委员会。监测指标为当月发电机组测试正常率（当月发电机组测试正常次数 / 当月发电机组测试总次数。实施公用设施管理计划的绩效监测，以 PDCA 模式作为绩效改进的基本工具，确定质量改进机会和实施改进计划。

6. 年度评估

安全生产委员会每年应对安全管理计划进行年度评估，内容包括安全管理计划的目标、范围、性能指标、有效性。具体措施包括：根据风险评估后的风险等级评定，严格落实改善措施，并每季度向医院安全生产委员会汇报；针对设施及环境的年度风险评估，选出严重影响医疗环境安全的项目进行持续改进，并检测达标率；对停水、停电、医用气体停气应急预案进行修订，以提高风险应对的针对性和时效性；提高公用设施系统故障的应变能力，停水、停电、医用气体停气的应急预案演练次数至少每年一次。

（三）消防安全管理

各类评审评价对消防安全管理高度重视，除要求医院严格按国家规范执行外，要求医院能够利用管理工具对可能出现的消防隐患进行分析，制定降低风险策略。关注防火分区是否规范合理；消防设施设备完好及备用状态； 疏散路径、方式的可行性；替代医疗场所设置；应急照明灯完好性；安全指示标识科学性；合理的应急替代资源设备、设施备用性及安全管理；全院气体阀门可及程度（包括高度、安装区域等）；全院广播系统全覆盖 ；员工培训效果与实际发生状况的吻合性；吸烟限制可控程度等。

六、医院有害物质管理方面的要求

JCI 标准明确指出，医院要有满足安全要求、易于管理、保护员工、符合规范的场所，如 FMS.5 指出：医院应针对有害物质的盘点、处理、存放和使用制订相应计划；FMS.5.1 指出：医院应针对有害物质和废弃物的控制和处理制订相应计划。

（1）易燃、剧毒化学品应存放于带锁的防爆柜 / 理化柜中；

（2）危化品库房应根据物品用途、特性不同进行分区存放；

（3）不同分区货架应保持安全间距；

（4）注意温湿度管控记录；

（5）使用部门需对危化品柜定点、定量（≤ 5000ml）存放，并每日清点等级；

（6）做好防护设施。

评审要求规范危化品管理内容和管控策略。医院要根据 JCI 标准及有关具体标准，系统梳理有害物质管理要点。

①管理计划拟订：说明安全、有效地管理有害物质及其废弃物的执行过程，对有害物质管理计划执行的有效性进行季度、年度评估。

②危化品管控策略：做好危化品评价，总务后勤部门负责危化品的评价与咨询。使用部门尽可能选用无害或有害程度较低的产品。总务后勤部门汇总全院危化品清单，清单发生变化时，向总务后勤部门报备，立即更新清单。清单的内容包括：危化品名称、所在位置、数量。使用人员应了解危险化学品的理化性质、正确的使用方法以及急救措施。危险化学品储存尽量即领即用。各类危险化学品应贮存在指

定的储存柜或存储室中，禁止随意更换盛装的容器。实验室对每次领用和消耗危化品，如实登记，并制定常见混合后存在危险的危险化学品典型组合范例。

③化疗药物管控策略：要求所有化疗药物都应在生物安全柜内配置。配置好的化疗药物用专用袋包好，袋上标有特殊安全标记，用密闭转运车送达使用部门。孕妇或疑似怀孕者，应避免接触化疗药物。

④放射源管控策略：放射源种类包括密封性及非密封性放射源。放射源严格执行国家有关放射源管理的相关法律法规和制度，放射源的订购和使用严格限制在有资质的科室，并定期接受上级职能部门的检查监督。相关科室订购及使用放射源应制订年度订购计划。放射源使用科室必须严格执行保管、领用、登记及交接班制度，专人管理。按不同的种类、剂量、到货日期分别储存在专门铅防护罐中，注明标签。空容器及残余放射源按规定集中堆放，密封性放射源厂家定期回收或按要求处理。具有放射源治疗资质的专业人才方可使用和操作放射源。操作人员根据不同种类放射源的防护要求，落实个人防护；高剂量操作使用机械手、长柄钳；常规使用铅衣、眼镜、手套、口罩等防护用品。放射源检查及治疗时严格执行核查校对制度，详细登记使用剂量。对患者及家属严格执行防护制度，避免不必要的辐射损伤。建立放射源事故报告制度及处理预案，医院辐射防护安全委员会对使用放射源的部门实行定期检查。

⑤做好有害物质标识管理。对有害物质做好标识管理是管理的重要内容。存放危险化学品的容器应根据国家安全生产监督管理局颁布的《危险化学品名录》标明危险化学品的理化性质。标识根据《化学品分类及标记全球协调制度》（GHS）进行分类。

⑥规范医疗废弃物的放置。医疗废弃物应根据不同的放置规范进行处置。

七、医院环境应急管理方面的要求

评审评价标准要求在建筑设计中做好医院外部和内部灾害应急设置，针对医院建筑内部应急重点关注：

（1）可行的疏散路径、方式；

（2）替代的医疗场所；

（3）全覆盖广播系统；

（4）合理的应急替代资源设施、设备。

医院要在过渡空间设立能容纳可预期人数的紧急集中点，同时导视要明确，建筑设施要满足最快疏散要求。

八、患者隐私和权益保护方面的要求

各类评审评价标准对患者隐私保护都有不同程度的要求：JCI 不仅关注患者安全和医疗质量，还注重患者及家属的权利保护，包括一视同仁的生命健康权、隐私保护权、脆弱人群保护权、疼痛评估权、医疗参与决策权、知情同意权、拒绝或放弃治疗权、抱怨与投诉权、器官组织捐赠权等。

JCI 要求医院确定患者就医过程中对隐私的期望并给予尊重，包括身体隐私、个人看病信息的隐私。例如：门诊增加保安管控和预约诊疗实行“一室一患”，杜绝一个诊室一群患者围观的现象；门诊取药电子显示屏呼叫时取消显示患者全名，隐去中间一个字等。

第三节　绿色医院建筑

一、绿色医院建筑概念

绿色医院建筑是指，在医院建筑的全寿命周期内以及保证医疗流程的前提下，最大限度地节约资源（节地、节能、节水、节材）、保护环境和减少污染，为病人和医护工作者提供健康、适用和高效的使

用空间，与自然和谐共生的医院建筑。

绿色医院建筑要通过合理规划、精心设计、确保功能、遵守流程，安全配置各类设施，采取节能、节地、节水、节材等相关措施，最大限度地保护环境和减少污染，提供安全高效的使用空间，使医院与自然和谐共生；更好地体现医院作为城市生命线、确认人的生命安全和医院建筑全寿命期内最大限度地节约资源的理念。

二、国内外绿色医院建筑发展现状

国际上建设绿色医院的代表国家主要有美国、英国、澳大利亚和德国，四个国家均发布了专门针对医院建筑的绿色建筑评价标准体系。2003 年美国“无害医疗”（HCWH）和“最大潜能建筑研究中心”（CMPBS）联合组织编制了 GREEN GUIDE for Health Care（GGHC）、2008 年英国建筑科学研究院（BRE）发布了 BREEAM Healthcare 2008（BREEAM HC）、2009 年澳大利亚绿色建筑委员会（GBCA）发布了 Green Star – Healthcare v1 tool（Green Star HC）、2011 年美国绿色建筑委员会（USGBC）发布了 LEED 2009 for Healthcare（LEED HC）。近年来，德国绿色建筑委员会（DGNB）也发布了 DGNB HC。以最早发布的美国 GGHC 为例，其影响力已经遍布世界多个国家。

我国 2015 年发布《绿色医院建筑评价标准》（GB/T 51153—2015）（以下简称“绿色医院建筑标准”）。该标准对绿色医院建筑的要求更高，也更有针对性。目前，我国已有数个医院按照此标准进行认证，其中比较知名的，如北京大学国际医院。

与此同时，在绿色医院建筑标准未发布实施之前，以及当前咨询和评审单位的一些引导，也有不少医院按照国家标准《绿色建筑评价标准》（GB/T 50378—2014）开展认证。

截至 2017 年，全国按照上述两本标准认证的绿色医院建筑标识约 60 余个，其中主要以设计标识为主，运行标识较少。

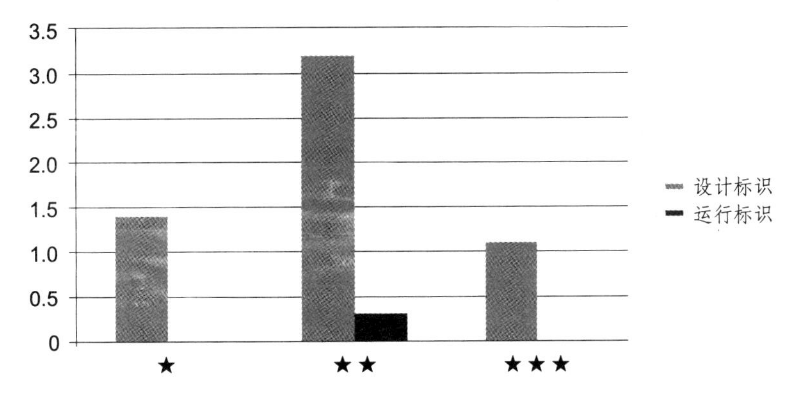

图 8-2-1 2012 ~ 2017 年统计的 60 个全国绿色医院建筑标识项目中分布情况

三、绿色医院建筑评价与认证范畴

新建、扩建和改建绿色医院建筑以及基础设施，都可开展绿色医院建筑标识认证工作。绿色医院建筑的标识认证以单栋建筑或建筑群为对象。单栋医院建筑开展认证时，凡涉及系统性、整体性的指标，应基于该栋医院建筑所属工程项目的总体进行评价。

绿色医院建筑的认证评价可分为设计阶段和运行阶段。设计阶段应在医院建筑工程施工图设计文件审查通过后进行，运行阶段评价应在医院建筑通过竣工验收并投入使用 1 年后进行。

绿色医院建筑标识证书由评价机构颁发。绿色建筑评价标识实行属地管理，各省、自治区、直辖市及计划单列市、新疆生产建设兵团住房城乡建设主管部门负责本行政区域内一星、二星、三星级绿色建筑评价工作的组织实施和监督管理。由具有评价能力和独立法人资格的第三方机构依据国家和地方发布的绿色建筑评价标准实施评价，出具技术评价报告，确定绿色建筑性能等级。

四、绿色医院建筑评价与认证指导

（一）主要原则

院方应合理确定医院建筑规模，选用适当的建筑技术、设备和材料，对规划、设计、施工、运行阶段进行全过程控制，归类整理并留存好各类资质、设计、分析、测试等文件。

选择专业绿色医院建筑咨询机构，提供针对医院自身实际的绿色医院建筑措施建议，使院方能够获得一个真正绿色的医院建筑，而不是一个不能落地的星级标识证书。

院方应根据自身实际，对绿色医院建筑咨询机构提供的绿色医院建筑措施建议进行甄别，在合理的经济条件下，有选择实施。

（二）选址规划阶段技术指导

合理开发利用土地，设置合理的床均用地面积和容积率。容积率比较推荐范围为 1.4 ~ 1.8，当容积率小于 1 或大于 4，都是不推荐范围。

鼓励医院充分利用周边公共交通，并设置便捷的联系，如医院院区主入口靠近公共交通站点，并设置便捷的专用人行通道联系公共交通站点。

（三）施工图设计阶段技术指导

（1）合理开发利用地下空间，鼓励利用地下空间进行各类非医疗用房设置。比如，停车场、设备间、药品传送、餐厅等。

（2）合理进行建筑朝向和布局设计。建筑朝向、病房楼的日照满足标准要求，且有利于自然采光，建筑布局有利于自然通风。

（3）绿色医院建筑所有建筑无论功能与体量大小，都不鼓励使用玻璃幕墙。

（4）鼓励采用机械式停车、地下停车库、停车楼等方式节约用地，并鼓励采用错时停车方式向社会开放停车场所。

（5）鼓励设置绿色雨水基础设施，如利用下凹式绿地、雨水花园等有调蓄雨水功能的绿地和水体，设置透水地面，对屋面雨水进行收集和再利用。

（6）鼓励对医院建筑能耗进行分区和分项计量。对建筑单体、主要功能分区计量，对照明、插座和暖通空调系统用电进行分项计量，对大型医疗设备、电梯进行单独计量，对主要机房的电耗和燃料消耗分类计量，对主机房的主要设备分别计量。

（7）鼓励设置热工性能指标优于国家标准的围护结构，鼓励选用能效指标达到国家节能标准要求的节能设备和产品。

（8）鼓励利用可再生能源及空气源热泵，提供部分生活热水或发电。

（9）鼓励使用用水效率等级较高的卫生器具。

（10）鼓励使用喷灌、微灌等节水灌溉系统，在此基础上，设置土壤湿度感应器、雨天关闭装置等节水控制措施，或种植无须永久灌溉的植物。

（11）合理收集利用蒸汽冷凝水等优质杂排水，绿化灌溉、道路浇洒、室外水景补水等生活杂用水鼓励采用非传统水源。

（12）鼓励使用本地化建材。

（13）鼓励现浇混凝土使用预拌混凝土，建筑砂浆使用预拌砂浆。

（14）合理采用高强度钢筋 HRB400 级（及以上等级）、C50（及以上等级）混凝土、Q345（及以上等级）高强钢材。

（15）室内装修材料的选择要求坚固、结实、耐用。内隔墙面材、门垭口、门和墙柱阳角的面材可抵抗水平冲击的破坏。墙面、地面、顶棚等部位应使用易清洁、耐擦洗建筑材料。鼓励采用的地面材料相关要求如下：陶瓷砖，破坏强度≥400N，耐污性2级；橡胶地板，耐污性、耐磨性满足现行国家标准《硫化橡胶或热塑性橡胶耐磨性能的测定》（GB/T 9867—2008）要求；PVC地板，满足欧洲标准EN 660中耐磨性T级要求。

（16）鼓励土建设计考虑装修需求，公共部位土建与装修工程一体化设计，不破坏和拆除已有建筑构件及设施，避免重复装修及返工，如走廊、大厅等土建与装修一体化设计，卫生间土建与装修一体化设计。

（17）鼓励采用合理措施，改善室内或地下空间的自然采光效果。通过合理建筑设计或采用反光板、散光板、集光导光设备等措施改善室内空间采光效果；通过合理建筑设计或采用采光井、反光板、集光导光设备等措施改善地下空间自然采光。

（18）鼓励采取可调节遮阳措施，降低夏季太阳辐射得热。

（19）鼓励门诊楼、住院楼中人员密度较高且随时间变化大的区域设置室内空气质量监控系统，并保证健康舒适的室内环境。对室内的二氧化碳浓度进行数据采集、分析并与新风联动。实现对室内污染物浓度超标实时报警，并与新风系统联动。

（四）运行管理阶段技术指导

（1）鼓励绿色出行，对采取绿色出行方式的员工给予鼓励。

（2）鼓励根据功能需求制订科学、合理的设施、设备运行计划，并贯彻执行。

（3）鼓励建筑智能化系统定位合理，网络功能完善，除满足医疗服务的需求之外，还能对设施、设备的运行情况进行监控。对建筑智能化系统和医院信息系统进行统一管理，能够满足HIS、LIS、PACS系统的需要。对设施、设备的运行进行实时监控。

（4）鼓励对能源、资源消耗进行计量、审计，实行绩效考核，有奖惩措施。

（5）对医院建筑运行中所使用的化学品严格加以管理，并避免对患者、员工、来访者以及周边社区造成健康危害；建立健全化学品使用管理的规定并严格执行；采用具有合法证明文件的绿色替代产品；存放地点恰当、设施完好、有防盗措施；按规定程序进行破损、废弃后的处置。

（6）鼓励采用有利于院内物流细分的技术手段和设备系统，减少室内二次污染，提高效率。

参考文献

[1]黎群有，隗伏冰.基于JCI标准的医院信息化建设与管理实践[J].中国数字医学，2017（09）：103-105.

[2]张日升，韩英师.医疗建筑空间和流线组织人性化发展分析[J].绿色环保建材，2017（06）：251.

[3]胡梦然.综合医院病房区周边场地环境及景观现状的分析研究[D].河南大学，2017.

[4]李素琼.以JCI标准为导向建立患者入院护理评估[J].基层医学论坛，2016，20（31）：4460-4461.

[5]刘丹丹，刘瑞新，谢新年.JCI标准在提升医院药事管理水平中的应用[J].中医药管理杂志，2016，24（03）：16-17.

[6]崔勇.人文视域下的医疗建筑流线研究[D].青岛理工大学，2015.

[7]黄晚元.JCI标准下医院有害物质的管理与实践[J].办公室业务，2015（11）：27.

[8] 唐磊. 以流程为中心的医院导向系统设计研究 [J]. 美与时代(上), 2013 (02): 74-76.

[9] 于显慧. 医院建筑空间人性化设计研究 [D]. 青岛理工大学, 2012.

[10] 施茜 .JCI 评审标准在医院感染管理中的应用 [J]. 中国医学创新, 2011, 8 (35): 102-104.

[11] 曹向阳, 王怀庆, 欧丰霞, 等. 基于 JCI 认证标准的员工资格确认与教育培训管理 [J]. 中国人力资源开发, 2011 (07): 70-71.

[12] 王国栋. 论医院建设选址 [J]. 中国医院建筑与装备, 2010, 11 (10): 54-56.

[13] 何思忠. 浅谈医院建筑建设管理 [J]. 中国医院建筑与装备, 2010, 11 (02): 48-49.

[14] 孙银凤. 医院建筑的洁污流程与设计研究 [D]. 湖南大学, 2008.

[15] 莫秋兰. 结合 JCI 国际标准谈医院人力资源管理 [J]. 现代医院, 2008 (04): 115-116.

[16] 袁玉华, 同俏静, 赵凯, 等 .JCI 医院评审中医院感染的预防与控制标准的执行与体会 [J]. 中华护理杂志, 2008 (02): 175-177.

[17] 何治. 医院建筑的安全性研究 [D]. 湖南大学, 2006.

[18] 格伦, 李艾芳, 张集锋. 综合医院建筑的流线系统研究 [J]. 新建筑, 2004 (04): 18-21.

[19] 施临湘, 朱丽丽, 宋剑, 等. 试论患者权利的保护 [J]. 南方护理学报, 2003 (04): 89-90.

第三章

医院建筑与设备运维管理

鲁超　李峰　汪卓赟

鲁　超　安徽医科大学第二附属医院院长

李　峰　安徽医科大学第一附属医院高级工程师

汪卓赟　安徽医科大学第二附属医院医院副研究员

第一节　概述

一、理论发展与实践

设备管理发展以维修工程学为基础、同时与其他学科理论相结合。设备管理包括前期管理、维修、资产、润滑、改造更新和备件等。从总体来看，设备管理理论的发展主要经历了以下几个阶段。

（一）事后维修阶段

对设备进行事后维修的制度产生于早期的工业生产。传统的操作工人因工业化而被逐渐淘汰，造成设备的修理慢慢地从生产中剥离出来独立存在，逐渐使相关的维修人员和管理人员变得更加独立和专业，逐渐形成了专业性比较突出的设备管理，但此时的设备管理内容比较简单，此阶段维修的总体特点就是设备无故障就不报修。

（二）预防维修管理阶段

工业化的需求使机器变得更加复杂，社会化大生产使机器设备经常会发生故障，造成停机损失，这种损失逐渐有增加的趋势，促使企业格外重视处理设备故障。人们意识到，为了避免事故不断重复发生设备的维修工作最好应在故障发生前就进行，防患于未然。这一时期，以预防为主的设备维修观点逐渐形成了。

（三）生产维修阶段

为改善事后维修和预防维修的不足，在 20 世纪 60 年代以后，以美国为主要代表的西方国家逐渐开始采用新的生产维修管理体制，这种新的体制以预防维修为出发点，注重以生产为核心，强调系统化的管理设备，对不同的设备按其在生产运营中的重要程度进行区别对待。它由事后维修、预防维修、改善维修、维修预防四部分构成。此维修理论特别强调维修策略的灵活运用，兼具后勤工程学观点中的预防维修、可靠性和无维修设计三者的优点。

（四）设备综合管理阶段

过去仅限于机器维修和机器管理的观点因其自身局限性，已经无法适应现代工业发展对设备管理的新要求，也无法满足现代企业的发展需求。西方发达国家结合机器生产运营实践先后形成了各自的综合管理观点。英国的综合工程学、日本的全员生产维护理论、其他国家如瑞典、德国和法国把理论与本国实践相结合而提出的管理模式成为这一时期的研究热点。

二、管理内容

（一）医院设施设备管理的定义

设施设备管理是以设备为研究对象，追求设备综合效率，应用一系列理论、方法，通过一系列技术、经济、组织措施，对设备的物质运动和价值运动进行全过程（从规划、设计、选型、购置、安装、验收、使用、保养、维修、改造、更新直至报废）的科学型管理。

（二）设施设备管理的分类

1. 设施管理分类

根据医院设施的配置情况，我们按以下分类进行管理。包括：建筑物本体、供配电系统、给排水系统、暖通系统、电梯系统、消防系统、安全监控系统、通信与音响系统、维修工具与设备、其他公用设施（包括照明、各类管线、标牌、标识牌、公共通道、沟、渠、池、井、公共信箱、防雷接地系统等）。

2. 设备管理分类

按设备的重要程度和设备维修的经济性原则，确定和划分不同设备的管理模式和主要维修方式。一般从设备与生产的关系、设备投入与产出关系、设备的价值、设备运行的安全性及危害性、设备的维修性（修理负责程度、故障频次、备件供应状况）等方面，对设备进行管理分类。一般常采用ABC分类方法，将设备划分为三类。

A类设备。对医院运营有重要影响的医疗与后勤设备，包括关键设备、重点设备、主要动力设备、具有安全和环境危害性的设备等。

B类设备。确保A类设备可以有效运行的相关辅助设备。

C类设备。一般设备或简单设备。

（三）设施设备管理的内容

（1）设施设备的费用。包括最初的和正在发生的费用。管理时应该知道需要的费用，并通过计划分配，提供这些费用。

（2）生命周期内的费用。一般来说，所有的经济分析和比较都应该基于生命周期花费。如果只考虑资本费用和最初的费用，经常会做出错误的决定。

（3）服务的融合。优质的管理意味着不同服务的融合。

（4）运行和维护。操作者和维护者按规范去完成作业。

（5）委托的责任。管理的功能应该归入预算项目中去，由专人对各项工作负责。

（6）费用的时效性。识别和比较这些费用，并且过一段时间进行一次有规律的比较。

（7）提高工作效率。应该时常通过特定的比较、使用者的反馈以及管理来判断其效率。

（8）生活质量。设施管理者应该设法提高和保护员工的生活质量。最低的要求是有一处安全的工作场所，努力的目标是有一处可以提高个人和团体工作效率的工作环境。

（9）冗余和灵活性。因为工作的本身经常是部分在变化的，管理者必须进行设施设备的冗余和灵活性分析。

（10）资产的设施。设施设备应被看作是可通过各种途径给医院带来收益的有价资产。

（11）经济职能。值得用一种商业的办法来进行设施设备管理。

（12）连续的系统。设施设备管理从开始计划到进行处理，是一个连续的过程，不是一系列分立项目的组合。

（四）设施设备管理的范畴

设施设备管理涉及范畴广，包括医院所有的非核心业务。主要包括八个方面：策略性年度及长期规划；财务与预算管理；医院不动产管理；室内空间规划及空间管理；建筑及改造工程；新的建筑及修复；保养及运作；保安、通信及行政服务。除此之外，设施设备管理的业务还包括能源管理、支援服务、高技术运用及质量管理等。尽管设施设备管理的业务范畴比较广泛，但这些业务都是围绕着两个中心内容展开的：其一，通过对建筑设施的管理，延长设施设备的使用年限，确保其功能的正常发挥，节约能源，降低成本及运行费用；其二，应用各种高新技术，以提供各种高效增值服务，使医疗工作更加合理和简洁，服务更方便和舒适。

第二节　医院建筑与设备运维系统的组织结构

一、运维体系结构

（一）运维体系结构的设计

为在医院设施设备安全运行保障的基础上，最大限度地提高建筑与设备运维的效率和质量，优化资源配置、节约运维成本、规范工作程序，结合医院建筑与设备全生命周期管理的特点，建立和完善医院建筑与设备运维体系势在必行。如图 8-3-1 所示。

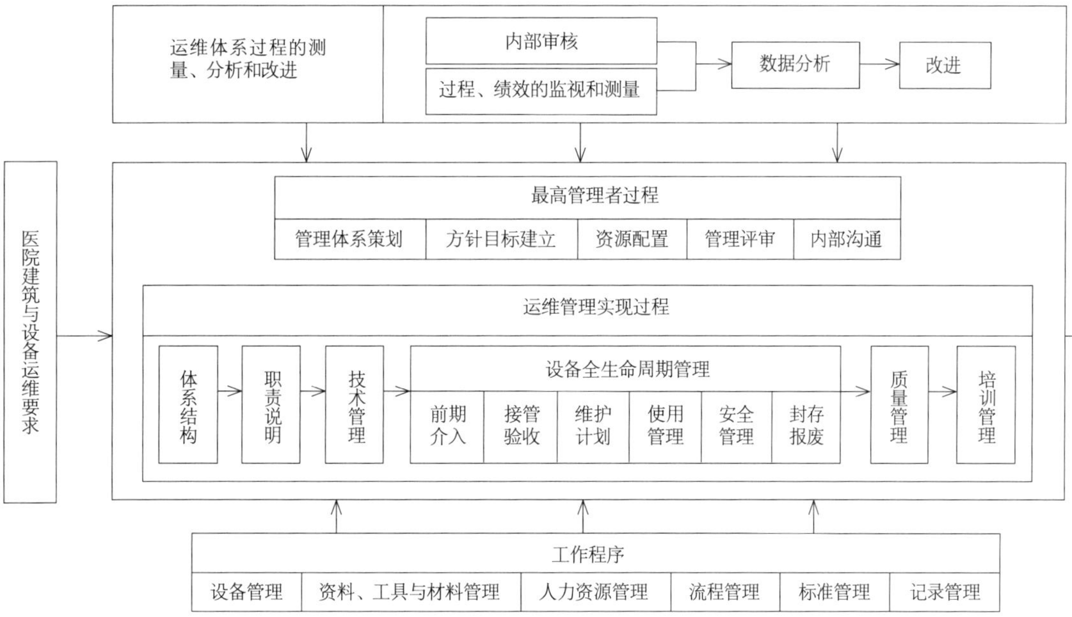

运维体系过程的测量、分析和改进
内部审核
过程、绩效的监视和测量
数据分析
改进
医院建筑与设备运维要求
最高管理者过程
管理体系策划
方针目标建立
资源配置
管理评审
内部沟通
运维管理实现过程
体系结构
职责说明
技术管理
设备全生命周期管理
前期介入
接管验收
维护计划
使用管理
安全管理
封存报废
质量管理
培训管理
满意度
工作程序
设备管理
资料、工具与材料管理
人力资源管理
流程管理
标准管理
记录管理

图 8-3-1 医院建筑与设备运维体系结构

（二）按工程技术分工设计的组织结构

医院后勤工程技术包括：基本建设与设施维护、设备运行与状态监测、维修保障与应急管理、技术论证与设施设备管理等，并通过调度中心及其智能信息平台，实现统一、量化与可追溯管理。

1. 基建工程管理组织结构

基建工程管理包括：大型基建项目施工、中型改造项目施工、小型维修项目的需求分析、项目立项、设计论证与文件会审；施工前的各项准备，包括：施工队伍招标、设备材料进场、现场施工条件准备等；施工过程中的各项技术核定、质量控制与安全防护，以及进度管理与成本控制；施工结束后的竣工验收管理，包括施工资料的管理、测量与试验、质量控制等。如图 8-3-2 所示。

基建工程管理
项目负责人
施工设计论证
施工前准备
施工过程管理
施工资料管理
测量与试验
需求分析
方案设计
设计论证
文件会审
队伍选择
材料进场
现场准备
作业指导
技术核定
材料管理
质量安全
进度管理
成本控制
技术资料
变更设计
文件签发
图纸受控
竣工文件
人员配备
检测程序
材料检验
质量控制
资料管理
质量、安全与目标

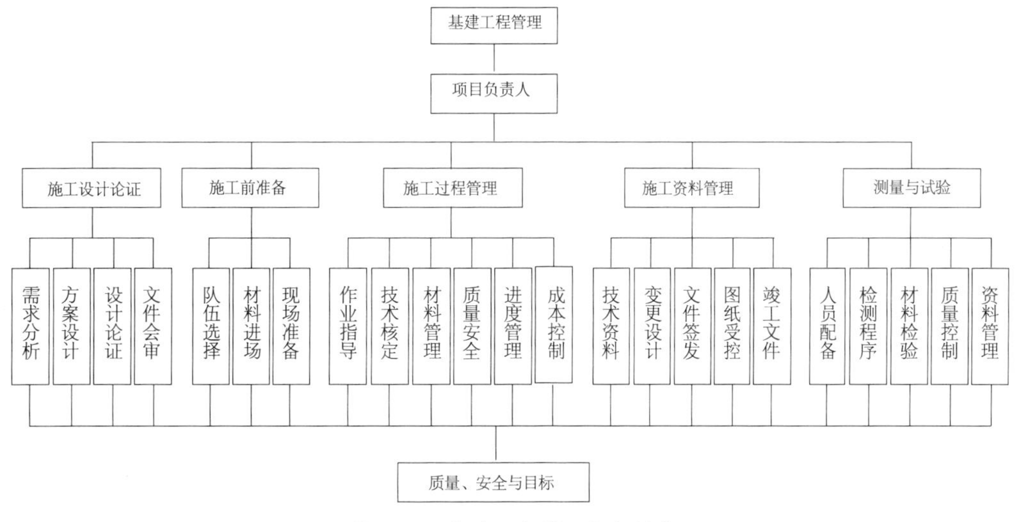

图 8-3-2 基建工程管理组织结构

2. 设备管理组织结构

设备管理采用设备生命周期管理，包括：设备采购前的项目论证与评估，确定技术参数和性能指标；设备前期管理中的交接验收、安装调试和制定台账；设备使用管理中的操规范化与标准化、设备运行状态监测与运行维护；设备安全防护、事故分类；设备后期管理等。如图 8-3-3 所示。

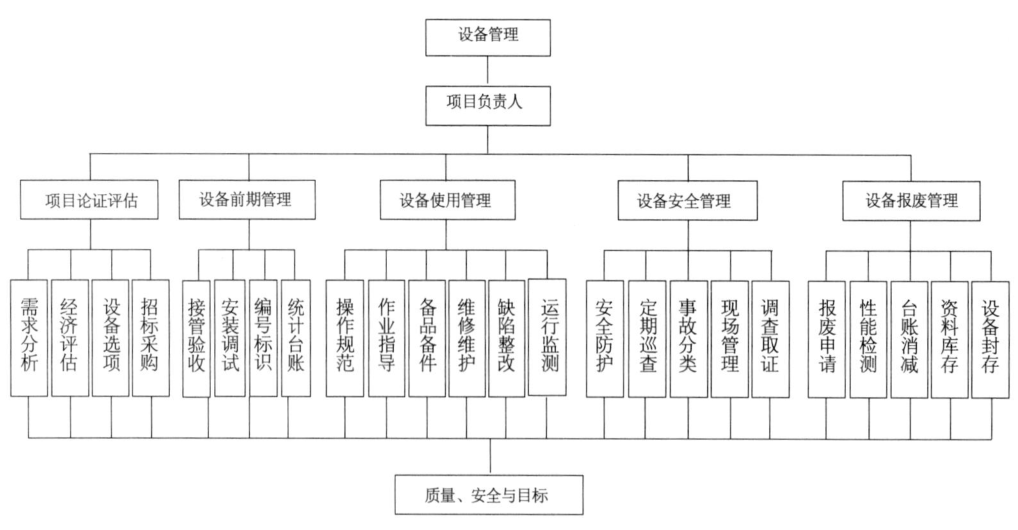

图 8-3-3 设备管理组织结构

3. 维修计划管理组织结构

维修计划和控制包括：设施设备的维护保养、计划性维修与改造、计划性巡查与点检、非计划性维修与处置、维修材料的管理、维修安全管理等。如图 8-3-4 所示。

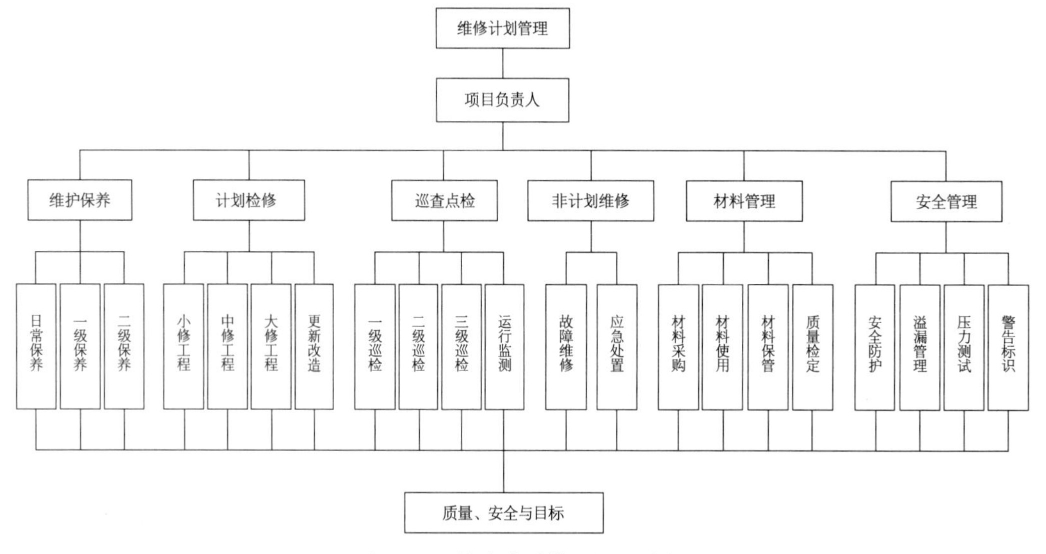

图 8-3-4 维修计划管理组织结构

4. 质量控制管理组织结构

质量控制管理涉及质量管理的依据和参与部门、质量管理的目标；涉及人员资格的评估和材料供应评估、内部质量审核、维修差错率管理，以及开展质量调查工作。如图 8-3-5 所示。

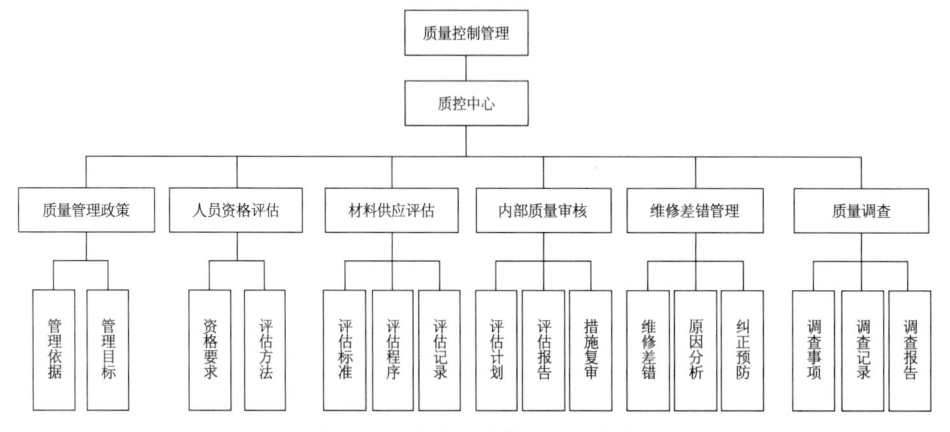

图 8-3-5 质量控制管理组织结构

5. 技术培训管理组织结构

技术培训管理包括：培训大纲的制定与修改、培训计划的拟订与实施、培训质量考核以及记录归档等工作。如图 8-3-6 所示。

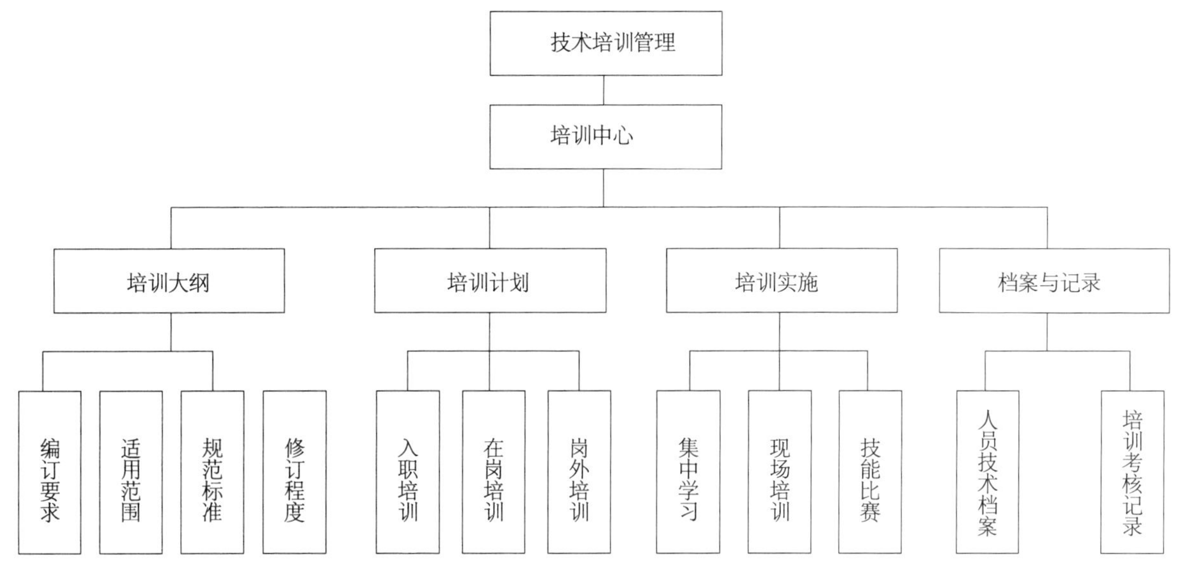

图 8-3-6 技术培训管理组织结构图

（三）按工程技术分类设计的组织结构

按不同专业类别划分：建筑本体类（机电与土木工程、安保与消防工程）、辅助功能类（智能控制系统、信息网络系统）和医学工程类（医学诊断与诊疗系统、医学辅助系统）、管理类（质量控制与技能培训、计量统计与能效评估）。如图 8-3-7 所示。

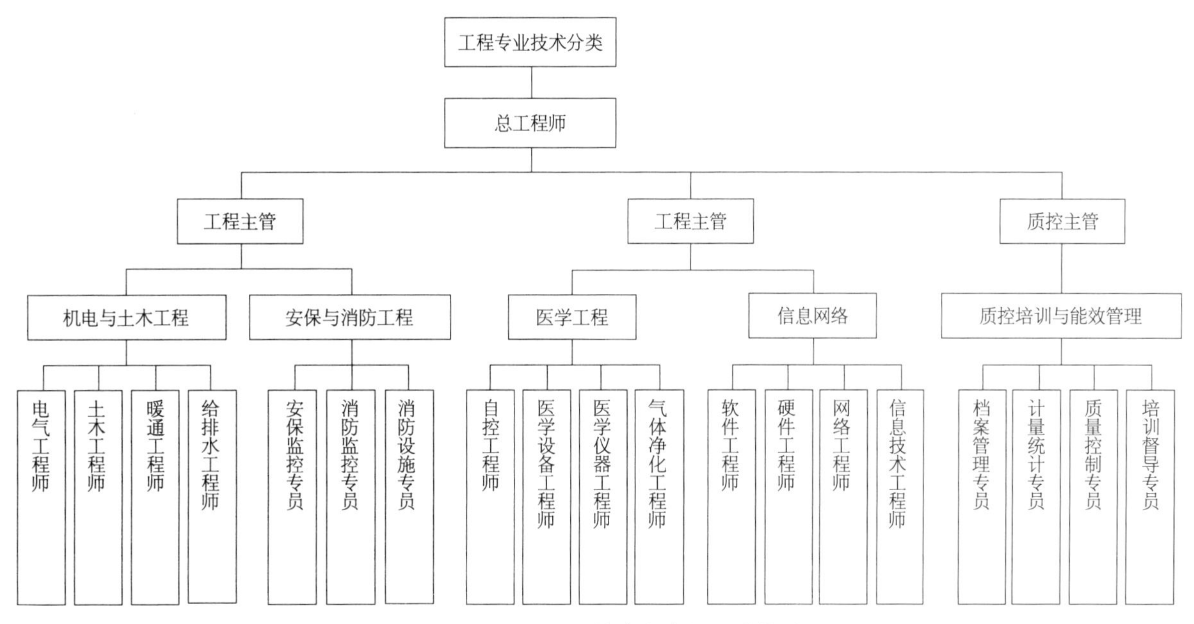

图 8-3-7 医院工程技术分类组织结构图

（四）按管理分类设计的组织结构

按不同设施设备管理种类划分：设施部分（基础设施、辅助设施、标识系统）和设备部分（强电设备、弱电设备、暖通设备、安防设备、特种设备、医疗设备）。如图 8-3-8 所示。

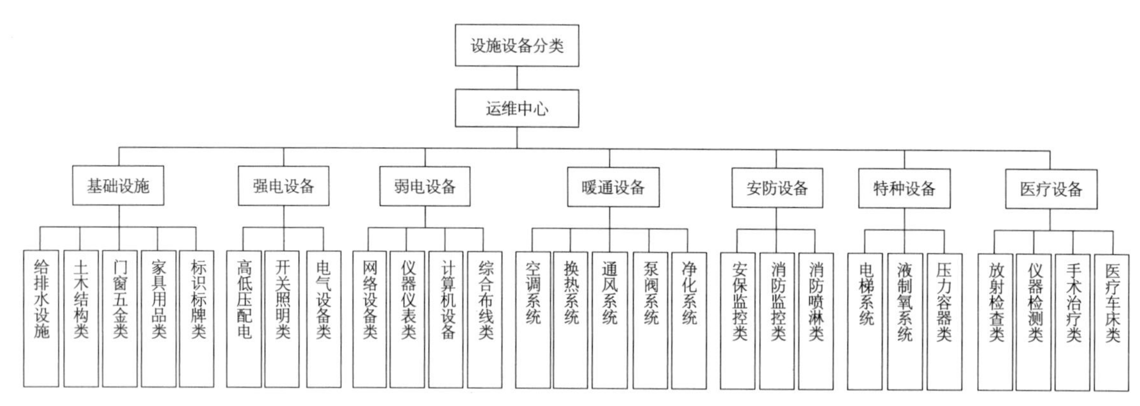

图 8-3-8 设施设备管理分类组织结构

（五）按维修分类设计的组织结构

按不同维修类别与管理范畴划分：设施维护与保养、设备维修与保养、维修计划的管理、台账与材料管理、维修安全管理、协议单位管理。如图 8-3-9 所示。

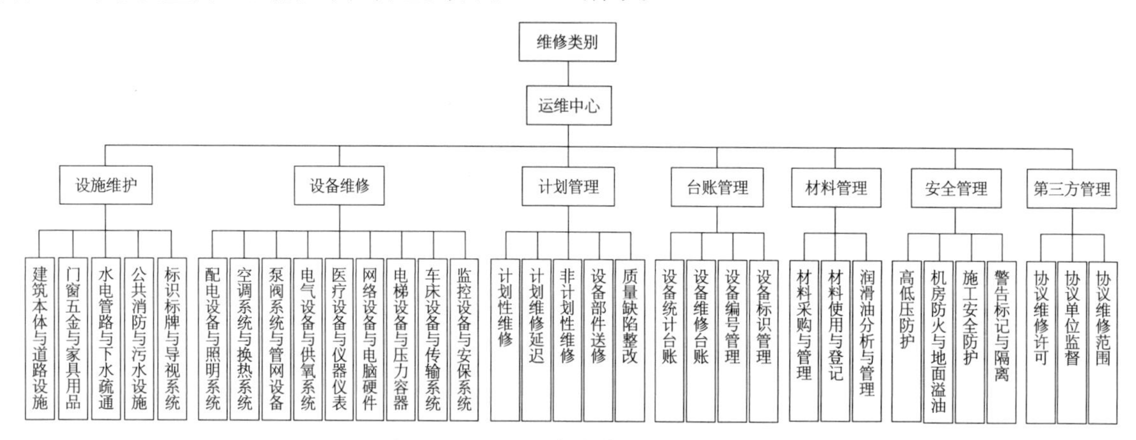

图 8-3-9 设施设备维修分类组织结构

二、人员与部门职责

（一）工程技术负责人工作职责

1. 总工程师工作职责

（1）在医院后勤保障部的领导下，全面负责全院基础建设与施工管理、设备设施运行与维护管理、建筑工程与设备技术管理，研究和解决建筑工程与设备技术方面的问题，负责工程与设备新技术、新工艺、新材料的引进和科研项目的开发工作。

（2）制定医院后勤质量与安全总体目标、办法和措施，并具体指导后勤保障部落实技术质量、安全运行的方针和目标，负责检查各专业技术部门相关工作开展情况，并向保障部领导汇报。

（3）掌握后勤保障部范围内的项目进度计划情况，落实对项目进度的动态控制。

（4）对基础建设、项目施工、设备采购、设备维修等招投标项目进行监督审核，提出可行性意见。

（5）负责组织对施工评审、设备选型、技术方案的研讨论证和落实、工作计划的编排阶段性指标分解和落实、各类资料的整理。

（6）指导各部室编制各项目总体进度、论证方案和资金预算，并掌握其执行情况。

（7）对后勤保障部专业技术人员进行业务培训及业务指导，负责专业人员业务考核与评定工作。

（8）负责收集、整理上级有关部门的检查、督察结果，总结经验，查找不足，改进和提高部门管理水平。

2. 技术主管工作职责

（1）在总工程师的领导下，编写实施性施工组织设计，确定最佳施工技术方案，并在施工中根据实际情况进行优化。

（2）负责拟订本部室工作计划、年度预算，检查督促工作进度和工程管理等方面的实施情况，研究工作中存在的问题，并对其进行分析找到解决办法，总结经验并改进。

（3）负责医院基本建设项目的规划报批、各类手续办理、图纸设计、图纸审核、工程量清单制作工作。

（4）负责组织召开工程协调会议，解决工程施工过程中存在的协调、配合问题，确保工程的顺利实施。

（5）负责工程施工的全过程管理、质量与安全的监管等工作。

（6）负责组织本部室人员审核工程概算、预算、工程进度、决算，协助审计部门做好工程投资控制工作。

3. 运行保障主管工作职责

（1）在总工程师的领导下，编写实施性设备运行操作规程和标准化指导文件，确定最佳运行与维护方案，并在运行中根据实际情况进行优化。

（2）负责制订本部室工作计划，拟定年度预算，按期布置、检查、总结。

（3）负责监督检查本部室人员岗位职责制落实情况，掌握本工种的安全操作规程与安全知识，自觉遵守安全生产的各项制度，特种设备作业员人做到持证上岗，及时完成上级下达的各项工作任务。

（4）负责组织机电设备（电力、制冷、锅炉、热力交换、电梯等）、医疗设备（CT、MRI 等各类医疗检查与诊疗设备）、信息网络（信息网络、运营软件等）的运行保障工作。

（5）负责健全设施设备与仪器仪表技术资料档案，监督设施设备的运行记录登记；掌握设备性能与运行技术参数，负责设施设备的运行监测工作。

（6）负责监督检查机房设施与工作场所，确保卫生整洁，确保设备运行性能良好、安全性能良好、操作性能良好。

4. 维修保障主管工作职责

（1）在总工程师的领导下，编写实施性设施设备维修保养计划，确定最佳维修与维护方案，并在工作中根据实际情况进行优化。

（2）负责制订本部室工作计划及年度预算，按期布置，检查总结改进。

（3）负责监督、检查本科各部门、各类人员的工作职责与制度落实情况，掌握本工种的安全操作规程与安全知识，自觉遵守安全生产的各项制度，及时完成上级下达的各项工作任务。

（4）负责组织机电设备（电力、制冷、锅炉、热力交换、电梯等）、医疗设备（CT、MRI 等各类医疗检查与诊疗设备）、信息网络（信息网络、运营软件等）的维修保障工作。

（5）负责建立设施设备与仪器仪表维修台账工作；掌握设备性能与技术参数，负责设施设备的维修保养工作；负责组织巡查定检和安全检查工作并监督落实。

5. 设备与技术主管工作职责

（1）在总工程师的领导下，负责组织实施全院的设施设备管理与技术保障工作。

（2）制定、贯彻和执行有关设施设备管理的各项规章制度。

（3）建立设施设备的台账、卡片、档案，统管全院的设施设备技术资料。

（4）负责设施设备的验收、移交、转移、封存启用、调拨、报废等工作。

（5）负责设施设备事故的处理及各项技术评定工作。

（6）采取勤巡检、勤考核等有效措施，将全院设施设备的完好率提高到 100%。

（7）监督运行设备的使用情况，定期召开设备管理会议，通报设备管理状况，及时解决各部门提出的设备管理上的问题。

6. 质控主管工作职责

（1）协助部门领导建立、实施和保持质量管理体系。

（2）制定和优化质量管理文件和质量控制流程及规范。

（3）对质量体系的实施过程进行监督并及时持续改进。

（4）审核年度计划，并报主管领导审批。

（5）负责拟订内部质量管理体系审核报告。

（6）协助部门领导定期召开管理评审会议。

7. 培训主管工作职责

（1）负责统筹规划保障部的教育培训工作，并管控培训经费的有效使用。

（2）拟订培训计划，执行培训计划，并负责培训考核评定工作。

（3）负责培训资源建设与管理，尤其要组织培养技术骨干，建立技术骨干队伍。

（4）负责日常培训运作管理，如培训需求分析、培训组织与评估、培训固化、培训费用管理等工作。

（5）负责培训基础行政工作，如与外部培训机构建立并保持有效的联系、建立并完善员工培训档案、培训设施设备使用管理。

（6）负责对培训内容、时间等做出合理的判断，检查培训效果，督促、协助员工在实际工作中的分享、应用培训知识与技能。

（二）部门职责

1. 基建工程中心工作职责

基建工程部主要负责医院基建工程的新建、扩建、改造及维修项目的质量监督和管理。

（1）执行上级领导的指示，管理好本部室的员工。制定本部室的组织机构和管理运行模式，并有效地保证医院基础设施安全经济地运行和建筑、装饰的完好。

（2）完成医院交给的基本建设计划任务（新、改、扩建工程与维修项目），按基本建设程序负责组织勘察、设计和施工管理。

（3）熟悉国家基本建设法律、法规和相关工作程序，熟练掌握建筑施工规范和验收标准。

（4）按照招投标程序、规范，协调、处理招投标工作。

（5）与中标单位签订合同（包括勘察合同、设计合同、施工合同等），并组织施工。

（6）负责完成从建设工程规划许可证直至施工许可证过程中的全部报批工作。

（7）加强技术管理，开工前熟悉工程图纸，牵头组织图纸会审，向施工单位进行工程技术和设计图纸交底。

（8）协助落实开工前现场的各方面条件，组织工程测量、场地平整、验线、勘探等工作。

（9）负责施工工程进度、质量、安全文明施工工作，参与工程材料的前期认定、进场验收和见证取样等工作。

（10）负责监督管理施工单位与监理单位。

（11）对工程施工进行质量跟踪管理。现场施工员除做好质量监督工作外，还要求施工单位做好工程质量分部、分项自检记录。对在工程施工中发现的质量问题，要求施工单位立即进行整改，直到合格后，再继续下步工序，确保工程质量达到合格验收标准。

（12）负责工程变更、签证的认定、工程量的确认以及工程款拨付（含质保金等）的初审工作。

（13）工程验收。对未达到国家相关标准、规范要求的工程，经过整改合格后才能给予验收。验收时成立由有关单位参加的验收领导小组，验收后召开验收会议，把工程中存在的问题都提交上来，并发表处理意见，会后形成验收纪要，严格工程交付使用的手续。

（14）做好工程决算的审核工作。认真学习国家、地方有关工程预算、定额及造价信息等结算文件。工程结算过程中，配合审计科对工程量进行实测实量，并对有资质的第三方审计单位提出的问题，随时进行解答。

2. 设备运维中心工作职责

（1）医疗设备：所有医疗、科研、实验室的设备设施及配套的仪器仪表、压力容器及管道，如：CT、MRI等医疗设备；氧气、二氧化碳气体等医疗气体系统和负压吸引设备；呼吸机、除颤监护仪、麻醉机、洗胃机、电动吸引器、监护仪、麻醉咽喉镜、简易呼吸器、脚踏式负压吸引器等医疗急救的设备。

（2）动力设备：为医疗提供保障，即提供动力和能源的设备和设施，如：配电照明系统、中央空调系统、电梯传输系统、蒸汽供热系统等。

（3）网络设备：为医疗、科研、实验室、行政办公提供软件与网络服务的设备与设施，如：主服务器、网络交换机、相关工作站等。

（4）餐饮设备：为患者、职工及外来就餐人员提供服务的设备与设施，如：餐厨设备、就餐设施、餐饮用品等。

（5）安防设备：为医疗、生活办公提供消防安全保障的设备与设施，如：安防监控系统、“一键式”报警系统、机房七氯丙烷灭火系统、消防喷淋系统、灭火与安保器具等。

（6）生活设施：为医疗、生活办公提供生活保障的设备与设施，如：病房设施（家具与卫生设施等）、运送设施（推车、轮椅等）、办公设施（家具与卫生设施等）、供水设施（热水与冷水）、排水设施（生活、污水等）、门禁系统等。

（7）隐蔽工程：建筑红线以内的所有水、电、气（汽）隐蔽工程，与市政管网对接的所有地下管网（井），如：动力电缆、信息电缆、监控电缆、热力管线、燃气管线、给排水管网、雨水与污水管网等。

运维中心负责设备的运行及使用管理工作，并按照既定的维修保养规程和年度检修计划对设备进行维护和检修，以确保设备能正常运转，保证医疗秩序正常进行。负责对院区内所有的设备设施及隐蔽工程进行维修与维护以及年度检修。

（1）确保水（包括供排水和冷却循环水）、电、气（汽）、天然气等动力及能源的安全与稳定供给，并确保24小时不间断供应。

（2）确保动力设备（含应急电源设备）、医疗设备、网络设备、安防设备、生活辅助设备与设施的正常运行，并提供优质、安全的运行服务。

（3）负责动力设备（含应急电源设备）、医疗设备、网络设备、安防设备、生活辅助设备与设施、照明等的维修与维护，并负责设备的运行记录、维修记录、预防性维修保养记录的填写并保管。

（4）负责动力及能源的用量统计并交由财务统一核算，对能源的用量进行监控，提出节能措施、制定节能方案。

（5）与相关职能部门（如供电局、质检院、供水集团、计量检测中心等）沟通，负责特种设备（如防爆电气、电梯、锅炉、压力容器）的操作证或使用证的年度检验；负责动力用压力表、安全阀、医疗用仪器仪表的年度校验；负责高压电气绝缘工具（绝缘手套、绝缘鞋、高压验电笔、绝缘拉杆、接地线）

的年度检验。

（6）负责设备机房管理，严格按照《设备机房管理规范》实施对机房的管理，确保机房设施完备、环境（温湿度、卫生）适宜、设备完好与各类指标正常、现场作业指导文件与图纸资料完整等。

（7）设备与技术中心的专业工程师与运维中心一起制订设备的《年度大修 / 检修计划》，并按照《设备维修保养标准管理规程》来组织、指导设备的大修 / 检修工作。大修、检修记录要在技术中心存档。

（8）设备与技术中心的专业工程师与运维中心一起制订设备的《预防性维修保养计划》，并按照《设备维修标准管理规程》来组织、指导设备的预防性维修保养工作。预防性维修保养记录要在技术中心存档。

（9）负责各部门的仪器仪表、计量器具的检 / 校验工作或联系资质单位对各部门仪器仪表、计量器具的检 / 校验工作。设备与技术中心编制、建立并填报仪器仪表、计量器具台账，并将该台账交由运维中心备份。设备与技术中心负责向运维中心提供仪器仪表、计量器具的校检周期和校检计划，仪表、量具需在到期前 1 个月提报，仪器需在到期前 2 个月提报，以便运维中心及时联系资质单位进行校准工作。

（10）负责设备设施上非标件的测绘与委外加工，并进行技术确认。

（11）根据其他部门要求或工作需求，负责旧设备的技术改造及相应的配套工程的制作与安装及调试工作。

（12）配合各部门参与设备的验证工作，参与设备的技术改造和再验证工作。

3. 设备技术中心工作职责

（1）负责组织主要设备、材料检验和监造工作，参与常规设备、材料入场验收工作。

（2）负责设备入场后建账、保管、发放，随机资料的验收、收集、存档，售后服务的联系。

（3）负责施工图现场交底，施工方案（含检维修作业规程）审批。

（4）负责主要设备（系统）采购技术协议审批和供货商的推荐，负责维修材料的审核与管理。

（5）负责特种设备、压力管道检验计划的制订和使用许可证的办理。

（6）负责检维修单位和作业人员资质审查，大型检维修机具入院审批。

（7）负责交付检维修装置、设备隔离、置换、吹扫、交付检维修条件确认。

（8）负责现场施工作业安全监护，配合运维中心对现场工程管理。

（9）配合检维修单位设备（系统）试压、调试、单机试运。

（10）负责竣工验收及检维修资料收集、设备档案填写。

（11）配合运维中心对检维修完成后设备交付运行的确认，并参与检维修工程量统计、质量确认。

（12）参与技改技措、大修更新、特种防腐及清洗项目技术论证与竣工验收。

（13）负责施工单位质量管理人员入场教育，施工方案中质量保证措施审批，现场质量保措施确认，质量联检点验收工作的组织，工程实施过程中质量监督、抽检，隐蔽工程部分质量确认。

（14）负责项目施工与设备（系统）按照竣工验收质量评定。

第三节　医院建筑工程技术管理

一、医院建筑性能评价

医院建筑性能评价是对建筑策划、设计、建造和使用的一个创新尝试。它基于建筑交付使用后每一个阶段的反馈和评价，范围从策略规划到整个建筑生命周期的使用过程。它涵盖了从建筑使用、再利用到循环再生的全寿命周期。

（一）定义

一个运用反馈评价的理性建筑设计程序可以被视为一个循环过程，由此通过连续的反馈评价信息，可以更好地获得设计方案，最终得到更优化的结果。使用这一程序，医院决策者能够做出更贴近患者的设计方案，能够获取来自评价研究存储及更新数据库的建筑详细信息。

（二）性能标准

性能标准是人类需求源于使用者与其建筑环境内一系列设施之间的相互作用，性能标准可分为三个层级的优先顺序：

（1）健康、安全和保险性能；

（2）功能、功效和工作流程性能；

（3）心理的、社会的、文化的和美学的性能。

（三）关于医院建筑性能评价的概念基础

医院建筑性能评价的目标是提高医院建筑生命周期的每一个环节的决策质量，医院建筑性能评价的整体框架包括：医院建筑交付使用和生命周期的六个主要阶段规划、策划、设计、建造、使用和物业管理以及设施再利用。这一评价方法的重要性质之一就是考虑到过程中不同时间点上的不同要求，同时制定内部的评价，并协调六个阶段的循环过程中出现的问题。主要考虑医院建筑交付期间以及医院建筑全寿命周期中性能评价的复杂特性。如图 8-3-10 所示。

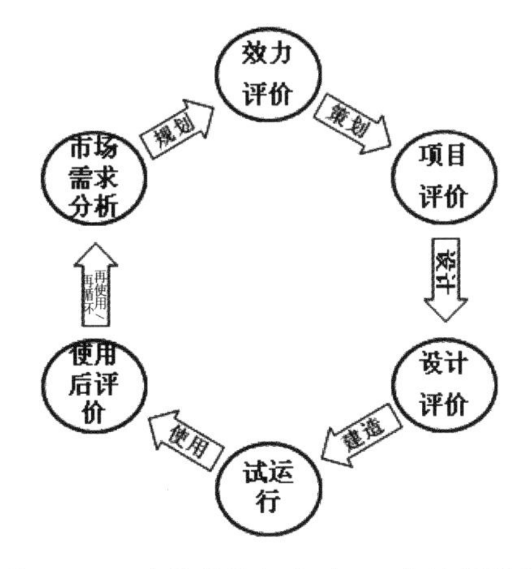

图 8-3-10 建筑性能评价（BPE）过程模型

（四）医院建筑交付的六个阶段和生命周期的性能评估

1. 策略规划——效力评价

作为医院建筑性能评价的第一个阶段，它的焦点集中在最初想法、常规概念、关键环节几个选项上，而不是集中在经过详细策划确定的项目上。是针对医院建筑项目所做的前期工作。它给医院管理层提供了来自操作层面的使用者的必要反馈。

2. 策划——策划评价

策划是医院建筑性能评价的第二个阶段，是用来表述医院建筑要实现什么样的愿望和功能。一旦策划结束，这个策划即可作为建筑设计与建造的一系列导则。它能够被用于新医院建筑，也可以被用于一个医院既有建筑的更新和改造。在医院建筑性能评价的框架内，策划的环节位于策略规划之后、设计之前。事实上，一些早期的策划发生在规划阶段，而大部分详细策划则发生在设计阶段，对于一些专项的详细策划甚至可能要等到建造的开始，使用后评价的反馈也是策划的一种形式。

3. 设计——设计评价

设计是医院建筑性能评价的第三个阶段，在这个阶段参与者投入为医院用户创造空间和提供物质解决方案的实际过程中，在这个阶段里使用者和决策者开始去寻找什么样的空间解决方案是可能的和适当的。在决定是适应存在的约束还是有效地解决问题的选项上，设计者提出二维和三维空间想象，开始对策略规划和功能策划全过程中建立的优先顺序做出反应。

4. 建造——试运行

建造描述了医院建筑性能评价框架的第四个阶段，在这个阶段中建造和试运行组成了建造阶段的评价循环。建筑师在他们所做出的设计和建造文件里表达了他们有关设计性能的建议。以建筑系统的观点，期望和预期的建筑性能包含在建筑和工程图样以及设计过程中所完成的建造说明里。设计文件反映了设计中所做的分析和制定的设计决策，以及设计团队收集的设计经验资料。承包商和他们的专业分包商按照合同的职责向业主如实正确地执行设计和建造文件，他们的工作是根据图样和说明去施工。

5. 使用——使用后评价

由医院建筑使用者得来的反馈能在不增加成本的情况下帮助提升医院建筑的价值，借助于医院建筑能更加接近终端业主。附加的建议包括以下内容：

（1）医院管理者将确定它们清晰的目标，并把监测和实态调查贯穿于设计和建造过程中；

（2）设计师开始从一个技术的角度了解更多关于如何使医院建筑真正地工作，以及如何使建筑更好、更充满活力、更便于使用和更便于管理；

（3）建造方应该建立普通的标准，并在建筑交付后提供支持；

（4）物业管理者将更仔细地监督，对使用者的需求、意见和业主更强烈的要求给予更加积极的响应；

（5）行业协会应该鼓励把反馈程序作为常规实践的一部分；

（6）在导致全方位改善的众多方法中，政府应该鼓励反馈程序。

6. 适应性再利用 / 循环再生——市场需求评估

（1）医院建筑性能测量的操控。

医院建筑是一种独特的资源，是一个需要长期投入的资金。作为一个医疗的诊疗环境，设施设备通常是一个医院所能拥有的最大财富，也是医院人力成本之后的第二个最大花销。在正常的经济条件下，它们提供了资本的增值以及循环的收益流。

（2）医院建筑性能和物业管理。

根据医院建筑性能评价框架，物业管理的阶段最长（即后期的运维管理阶段）。物业管理者的任务是通过最高成本效益的方式来管理设施，以保护院方的投资，通过设施的增值或通过提交给院方的利润，医院建筑性能能够被测量。通常情况下，性能测量要求在设施运行效率和有效性方面有精确的反馈。然而，近年来空间以及人和程序相关资产的有效管理已经表现出了更大的重要性。

（3）运行设施性能的背景。

为了使管理有效，管理者必须能够将医院建筑性能信息作用于建筑。在管理层面，未来的行动或调查的决策能被有限量的关键指标所引发，这些指标显示了管理者运行设施正常的重要信号。在实际层面，管理报告的要求控制着性能指标的选择，然而，关键性能指标选择的决策通常被正在发生的性能测量的环境和背景所决定。除依靠性能信息来有效地确定目标区域之外，社会化运作也影响持续改进和投资调整的管理决策和行动。如图 8-3-11 所示。

二、医院建筑节能质量控制的关键点

（一）设置原则

建筑节能质量控制关键点的设置，应当根据不同的管理层次和职能，按以下原则进行分级设置：

（1）施工过程中的重要项目、薄弱环节和关键部位；

（2）影响工期、质量、成本、安全、材料消耗等重要因素的环节；

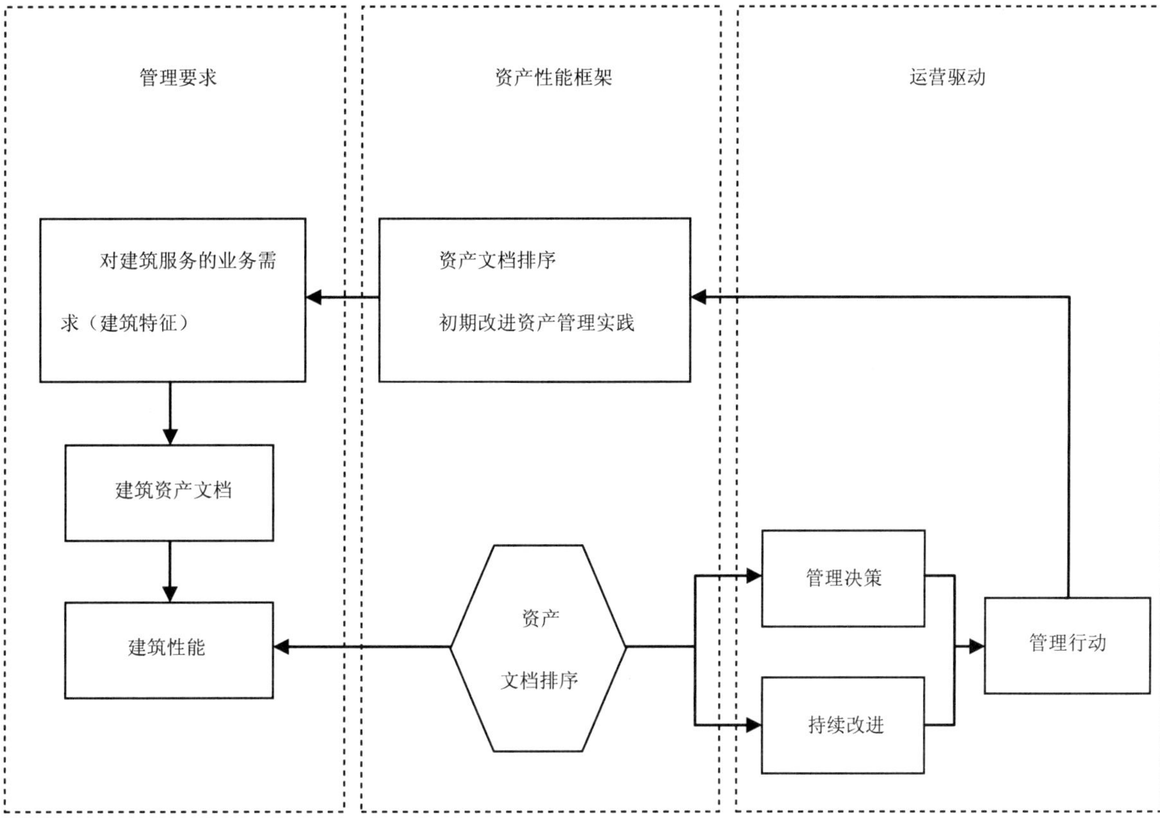

管理要求

资产性能框架

运营驱动

对建筑服务的业务需求（建筑特征）

资产文档排序
初期改进资产管理实践

建筑资产文档

建筑性能

资产
文档排序

管理决策

持续改进

管理行动

图 8-3-11 管理行动的建筑性能催化剂

（3）新材料、新技术、新工艺、新设备的施工环节；

（4）质量信息反馈中缺陷数较多的项目；

（5）随着施工进度和影响因素的变化，管理点的设置要不断推移和调整。

（二）控制措施

（1）制定医院建筑节能质量控制关键点的管理办法；

（2）落实医院建筑节能质量控制关键点的质量责任；

（3）开展医院建筑节能质量控制关键点 QC 小组活动；

（4）在医院建筑节能质量控制关键点上开展抽检一次合格管理和检查上道工序、保证本道工序、服务下道工序的“三工序”活动；

（5）认真填写医院建筑节能质量控制关键点的质量记录；

（6）落实与经济责任相结合的检查考核制度。

（三）主要文件

（1）质量控制关键点作业流程图；

（2）质量控制关键点明细表；

（3）质量控制关键点（岗位）质量因素分析表；

（4）质量控制关键点作业指导书；

（5）自检、交接检、专业检查记录以及控制图表；

（6）工序质量统计与分析；

（7）质量保证与质量改进的措施与实施记录；

（8）工序质量信息。

第四节　医院设备全生命周期管理

现代设备管理将系统工程、控制论、价值工程、预测技术、ABC 管理法、可靠性工程和信息论等先进的管理理念融入传统设备管理中，可以将设备管理分为三个阶段：前期管理、运维管理和后期管理，这三个阶段共同构成了完整的设备寿命周期管理循环。

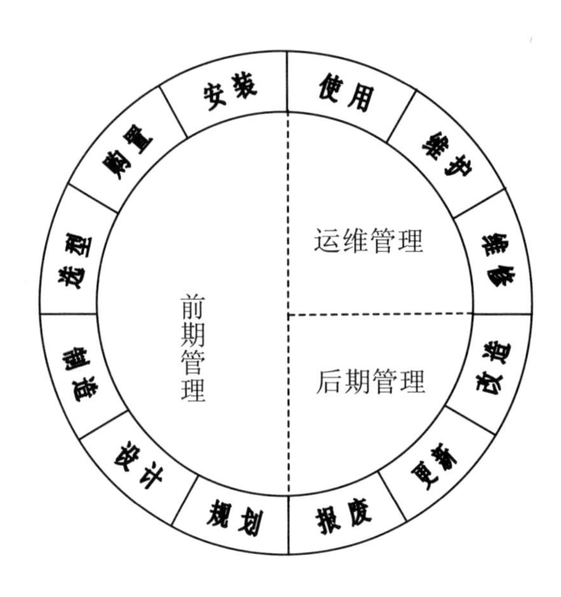

图 8-3-12 设备全寿命周期示意

一、设备的前期管理

设备的前期管理内容涉及设备规划、选项、购置、安装调试、交工验收等管理事项，同时在设备前期管理中应该将设施设备的基础数据存档，以便设备运行管理和设备后期管理的顺利进行。具体包含四个方面：选购高效率、高效益的设备；做好设备的工作环境调节和安装调试工作；做好操作人员的培训工作；做好设备管理及维修人员的培训工作。

（一）设备前期管理的概述

1. 设备前期管理的意义

（1）设备的初期投资占设备寿命周期费用的大部分，良好的设备前期管理对医院经济效益有比较大的影响。

（2）设备前期管理包括了设备的规划与选型，因此，这一阶段也就决定了医院设备的系统功能和技术水平，影响后期运行效能和工作效率。

（3）设备前期管理中的验收、安装和调试对设备效能的发挥和寿命的延长具有影响作用。

2. 设备前期管理的总体规划

设备前期管理的工作分配。

（1）财务部门。主要工作包括：筹集资金、合理运用、预算审核。

（2）规划与使用部门。主要工作包括：中长期规划、经济可行性报告、年度投资计划、选项方案和技术协议、制定相应的工艺流程。

（3）设备管理部门。主要工作包括：组织协调、审查论证、维修要求及可行性分析、外购订货、合同管理、调试运行及反馈。

（4）安全与环保部门。主要工作包括：要求及规范、制订计划并落实、验收评价。

（5）质量检验部门。主要工作是检查自制与外购设备的质量及设备安装和调试，并为设备验收提供依据。

3. 设备前期管理的风险防范

（1）质量风险。

（2）技术进步风险。

（3）售后保障风险。

（4）商务风险。

（5）验收的风险。

（6）环境风险。

（二）设备前期管理的程序

根据工作时间维度，设备前期管理包括三个阶段：规划、实施和总结评价。

1. 规划阶段

主要任务是精心构思、初步筛选、制订计划、评价分析以及进行决策。

2. 实施阶段

主要涉及设备的设计制造、设备的选型、招标、订货与购置等，如人员的培训、设备的检查验收和试运行等管理，其目标是以尽可能少的投资时间获得尽可能多的投资收益。

3. 总结评价阶段

总结评价可以为日后的设备规划提供参考资料，该阶段的工作主要涉及设备再规划、设计制造或采购、安装调试以及设备使用初期的信息搜集、分析整理和反馈等。

二、设备的运维管理

（一）设备运行管理概述

1. 设备运行管理的内涵

设备的运行管理是设备的寿命周期内对设备的合理使用进行管理，以确保设备性能的正常发挥，最终使设备具有竞争力的寿命最长和使用效率与效能最高。设备运行管理主要涉及设备状态监测与故障管理、设备维修管理、设备润滑管理、设备现场管理、设备备件管理等，其中，设备状态监测与故障管理是设备运行管理的重要内容。

2. 设备运行时期的风险防范

在设备全寿命周期的各阶段中，运行阶段所存续的时间是最长的，该阶段属于发挥设备使用价值、实现价值增值的过程。该阶段的风险类型比购置阶段要少，主要包括如下几种。

（1）技术风险。

该阶段的技术风险是指设备故障产生的后果是不确定的、模糊的。这种技术风险通常是由材料的功能特性、设备可靠性及故障检测等因素引起的，其中由设备可靠性因素引起的风险是最常见的。

（2）环境风险。

该阶段的环境风险是指国家政策环境是不确定的、变化的。该风险的可预测性比较低。

（3）安全风险。

设备安全风险是指设备运行中如果存在安全隐患没有及时发现并进行检修，就会对设备运行人员和设备使用人员的人身安全造成威胁。安全生产是医院在运营过程中所追求的第一目标，也是医院“以患者为中心”服务宗旨的重要前提保障。

3. 设备的合理使用

设备的合理使用就是根据设备的性能、技术要求及操作规范来正确地使用设备。由于环境的作用，在设备的运行过程中，其零部件和整个设备会发生摩擦、松动、老化、疲劳以及锈蚀等现象。设备的合理使用就是为了减轻或延缓这些现象，从而延长设备的使用寿命。其中，“合理”意味着使工作范围、工作幅度、工作深度、工作环境等方面与设备性能相适应。

（二）设备状态监测与故障管理

设备状态监测及故障诊断技术是通过监测设备的温度、振动、压力、流量等各种参数，分析设备，并将事故消灭在萌芽状态，以尽早地消除设备故障，解决事故隐患，提高设备运行可靠性，延长设备寿命周期的一种技术方法。

1. 设备状态监测

（1）设备检查。

设备检查是指在规定的时间内，按照规定的检查标准（内容）和周期，由操作人员或维修人员凭感官和测试工具，对设备的运行效果、工作性能、磨损程度进行检验、测试的活动。

设备检查的分类：按照检查时间的间隔长短，可分为日常检查和定期检查；按照检查的技术功能不同，可分为性能检查和精度检查；按照检查方法不同，可分为直观检查和工具仪表检查。

设备检查记录。设备检查记录是医院掌握设备运行情况和技术状态、制订设备维修计划的主要依据。设备检查记录的内容包括：设备检查中发现的问题数目、已解决问题的数目、对遗留问题的处理意见、问题产生的主要原因、各个问题所占的比例、解决问题所耗费与停机损失等。

设备检查的新发展。状态监测与故障诊断技术是在设备检查的基础上逐渐发展起来的一种新方法，它利用仪器仪表，对设备的运行状态进行跟踪检测，对设备故障进行早期诊断，从而准确掌握设备的具体情况。

（2）设备状态监测的作用。

越早发现设备故障并及时采取应对措施，能最大限度地减少损失。设备状态监测有效地遏制了设备故障所造成的损失，同时也直接降低了设备的维修频率和维修费用。

（3）设备零故障。

设备运维管理中，对设备进行监测与诊断的主要目的在于降低设备故障率、提高设备使用的综合效率。优秀的医院后勤保障团队在设备管理工作中，应树立起“零故障”的理念和意识，充分发挥人的主观能动性，做到“零故障运行”。

2. 设备故障及故障诊断

设备故障是指设备丧失了所规定的原有性能或者状态。通常将设备运行中所发生的状态异常、缺陷、性能劣化以及事故前期的状态统称为故障，甚至有时把设备事故直接归为设备故障。

设备故障诊断是指以状态监测所获取的资料为基础，结合设备自身的工作原理、结构特点、运行参数及历史状况，分析、预测可能出现的故障，分析并识别正发生的和已发生的故障，进而明确设备故障的性质、类别、程度、部位及趋势，为设备的正常运行和合理检修提供必要的技术支持。

（1）设备故障的分类。

①按照故障产生的时间延续性，可将设备故障分为突发性故障与渐进性故障。

②按照故障的功能劣化程度，可将设备故障分为功能性故障与潜在性故障。

③按照故障的易察性，可将设备故障分为明显使用性故障、明显非使用性故障、明显安全性故障、隐蔽安全性故障与隐蔽经济性故障。

④按照故障的时间长度，可将设备故障分为间歇性故障和永久性故障。

⑤按照故障发生的宏观原因，可将设备故障分为固有故障、操作维护不当故障和磨损故障。

（2）设备故障的主要起因。

宏观原因，主要是指从整体方面来分析，即设备的设计、制造、使用和维护过程中所可能出现的问题。包括：设计缺陷；制造加工缺陷；维护保障不足；安装缺陷；使用缺陷。

微观原因，指的是那些局部方面所产生的原因，可能不是人为或者环境的原因而导致的，而不仅仅是年代使用久远或者一些自然现象造成的设备故障。它是相对于宏观原因而言的，也是设备故障的直接原因。如弹性变形失效、塑性变形失效、塑性断裂失效、脆性断裂失效、疲劳断裂失效、腐蚀失效、磨损失效、蠕变失效等。

设备发生故障是一种正常的现象，是不可避免的，就像人生病一样。但是可以通过合理的维护减少其发生故障的频率。减少设备故障的最根本的措施应该是对设备整个生命周期进行维护，做到全员生产维护。

（3）设备故障的发生规律。

在整个寿命周期内，设备的性能或者状态随着使用时间的推移而逐步下降。设备故障的形成有其客观规律，了解设备故障的发生规律有助于制定合理的设备维修策略，也有利于建立科学完善的维修体系。

浴盆曲线，也称典型的故障率曲线，它形象地显示了设备故障率随着时间推移的变化规律，如图8-3-13所示。从图中可以清晰地看出，设备的故障周期包括早期故障期、随发故障期、耗损故障期三个阶段。

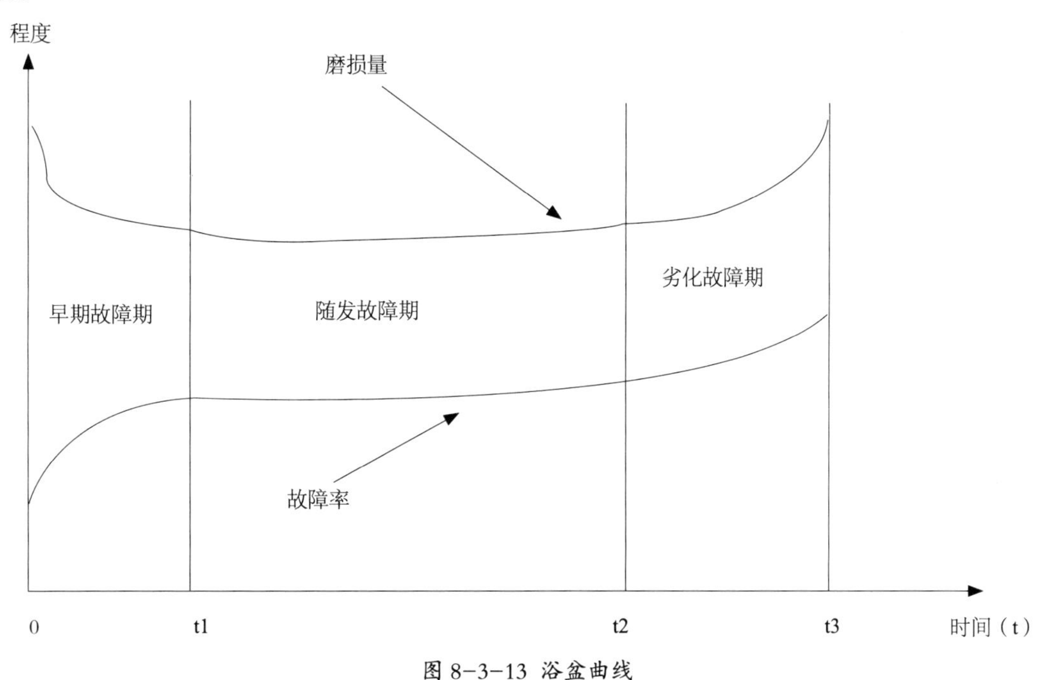

图 8-3-13 浴盆曲线

①早期故障期（$0 \leqslant t \leqslant t1$）。是在设备安装测试完成后，经过磨合、调整，而即将进入正常工作的时期。在这一时期，设备的故障率很高，但随着工作时间的延长，故障率迅速下降并逐步趋于稳定。早期故障期的时长与机器设备系统的设计及制造质量有关，且该时期的故障主要由人为的差错造成，如设备的设计缺陷或制造缺陷。

就设备的整个寿命周期而言，早期故障期的持续时间并不长，但是仍要引起重视，否则会影响到新设备效能的正常发挥，不利于投入资金的回收。

②随发故障期（$t1 \leqslant t \leqslant t2$），是设备系统的正常工作时期。在这一时期中，设备故障率的变化程度较小，通常被认为是一个常数。随发故障期内出现的设备故障往往是一种突发性故障，这些故障出

现的原因主要包括设备的使用不当、维修不力以及设计上的隐患等，因此要降低这一时期的故障率，就需要规范设备的操作方式，加强设备状态检测与故障诊断的工作，提高设备设计的可靠性，同时还需要常对该时期的设备故障开展调查和统计分析工作，以清晰地了解到有关设备的运行情况、故障情况以及维修保养情况，从而保证设备管理活动的顺利进行。

③耗损故障期（t2 ≤ t ≤ t3）。设备经过长时间的运行及使用后，逐渐磨损及老化，故障率随时间的推移而不断上升，最终将导致设备的功能丧失，工作寿命衰竭。可以通过在耗损故障期前开展预防维修或者在该时期之初就开展小修工作，来防止故障的大量出现，从而降低设备故障率。

设备劣化的渐变过程。设备的故障总是累积产生的，是一个渐变的过程。由图 8-3-14 可清晰地看出：最初设备的性能劣化，然后演变成缺陷，最终导致故障发生。所以，应做好设备状态监测，防微杜渐，树立防患于未然的理念。

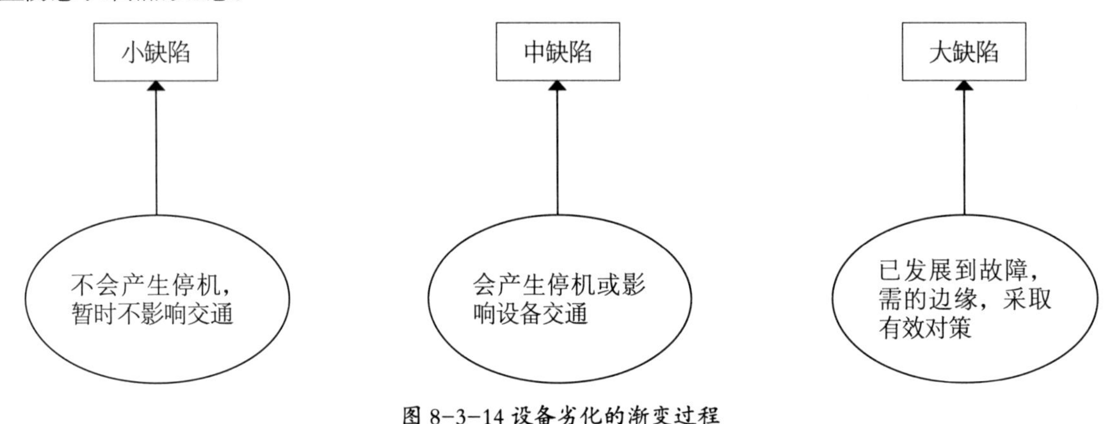

图 8-3-14 设备劣化的渐变过程

3. 设备的磨损

设备磨损是设备运行过程中的正常现象，有人会把设备磨损理解为设备异常甚至是设备故障，其实这是不正确的。只有设备出现了严重磨损，导致了设备运行的异常状态，才会出现设备故障。设备磨损性故障是设备故障的一种表现形式，它指的是设备由于运动部件的磨损，超过某一极限值所引起的故障。

（1）设备有形磨损产生的原因及其规律。

①有形磨损的第一类情形。在设备运转过程中，因力的作用，设备相互作用的零部件表面会由于摩擦而产生各种复杂的变化，如表面的磨损、剥离或者是形态改变，以及各种原因引起的零部件疲劳、腐蚀与老化等，这些能够被直观看到的有形磨损就定义为第一类有形磨损。

在通常情况下，设备的有形磨损大体包含三个阶段的规律及特征，如图 8-3-15 所示，依次是磨合磨损阶段、正常磨损阶段、剧烈磨损阶段。三个阶段的划分依据是磨损的激烈程度。

由图 8-3-15 可知，第一阶段为磨合磨损阶段（AB 段），第二阶段为正常磨损阶段（BC 段），第三阶段为剧烈磨损阶段（CD 段）。根据图 8-3-15 所示的磨损曲线及规律，可以确定设备维修的最佳选择点应该在设备由正常磨损阶段转化为剧烈磨损阶段之前，即应选择在 C 点附近。

基于对设备磨损规律的分析，可以进一步研究如何将磨合磨损阶段缩短，延长正常磨损阶段的时间，规避剧烈磨损阶段的发生。较短的磨合磨损阶段，一般都意味着零部件的质量高；而较长的正常磨损阶段，一般意味着设备的磨损速率低、质量稳定，可以降低更换或者修复的频率与停机时间，从而有效地提升设备利用率。

②有形磨损的第二类情形。有形磨损的第二类情形主要表现为锈蚀。锈蚀的原因一是自然力的作用，二是缺乏必要的保养。随着锈蚀范围的不断扩大、程度的不断加深，会影响到设备的精度与工作能力，甚至会导致设备的报废。

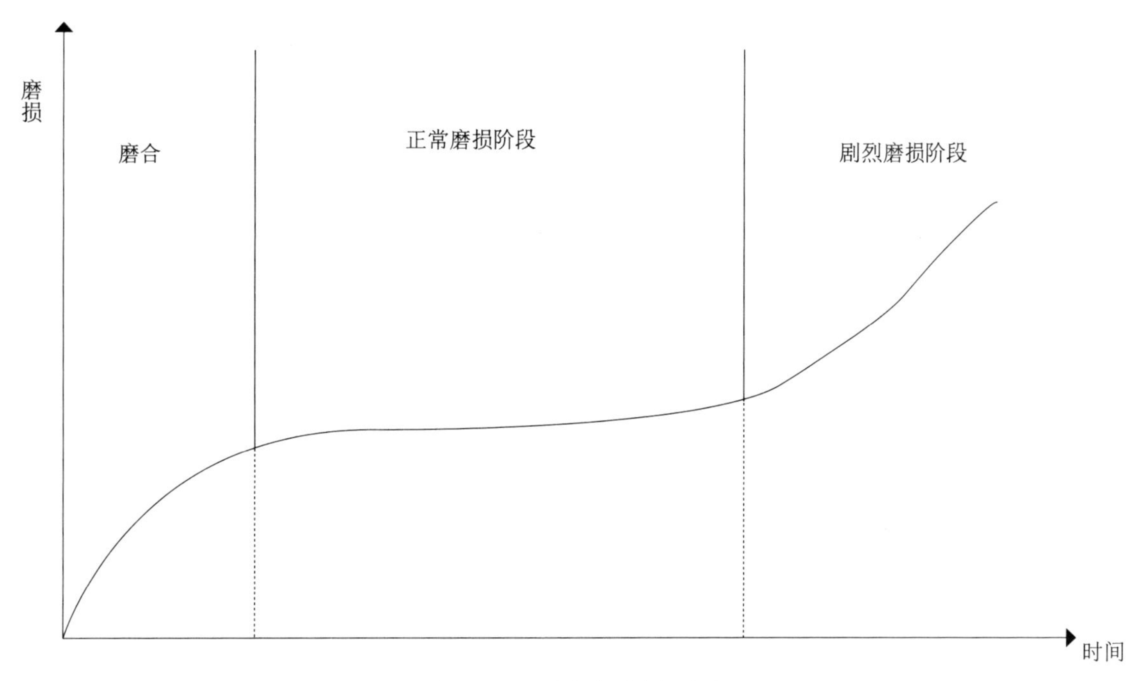

图 8-3-15 设备有形磨损曲线

（2）设备的无形磨损。

①无形磨损的第一类情形（经济性无形磨损）。这种磨损是指在设备的有效使用期内，随着劳动生产率的提升，设备的初始价值不断下降，也就是贬值。

②无形磨损的第二类情形（技术性无形磨损）。这种磨损是指随着科技的进步，原有设备可以被性能更完善、效率更高的新设备取代而导致的贬值。它的贬值速度基本上和科学技术的发展速度成正比。

（3）对设备磨损的补偿。

设备遭受磨损以后，应当进行相应的补偿，设备的磨损形式不同，补偿的方式也不同。对设备磨损的补偿应注意以下两点：

①对实际运行和处于闲置状态的设备都要进行维护与保养工作，从而有效地减慢有形磨损的速度；

②技术部门应该参照各种设备磨损的具体类型，采用相应的补偿形式及策略。

设备的磨损形式以及与之对应的补偿形式如图 8-3-16 所示。

4. 设备故障管理

设备故障一旦发生和处理后，都要在相关技术会议上进行沟通，并在每月的月报中体现。通过这些举措，能使同类设备的故障发生的概率大幅度下降。由此可见，以故障管理为切入点来开展设备管理工作是卓有成效的，既可以保证各类设备长周期正常运行，又减少了设备停工检修的费用，节省了开支，保证了医疗秩序的平稳、有序。

（1）设备故障识别的标准。

故障表明设备丧失了规定的功能，属于一种不合格的状态。为了便于判定设备及其零部件是否出现了故障，就需要确定出一套用来识别设备故障的标准。

在识别设备故障时，通常应从以下两个方面来分析：

①某一项设备技术参数是否满足规定的极限要求；

②设备是否会出现不应有的故障后果，如人为的操作不当、疏忽等造成的故障。

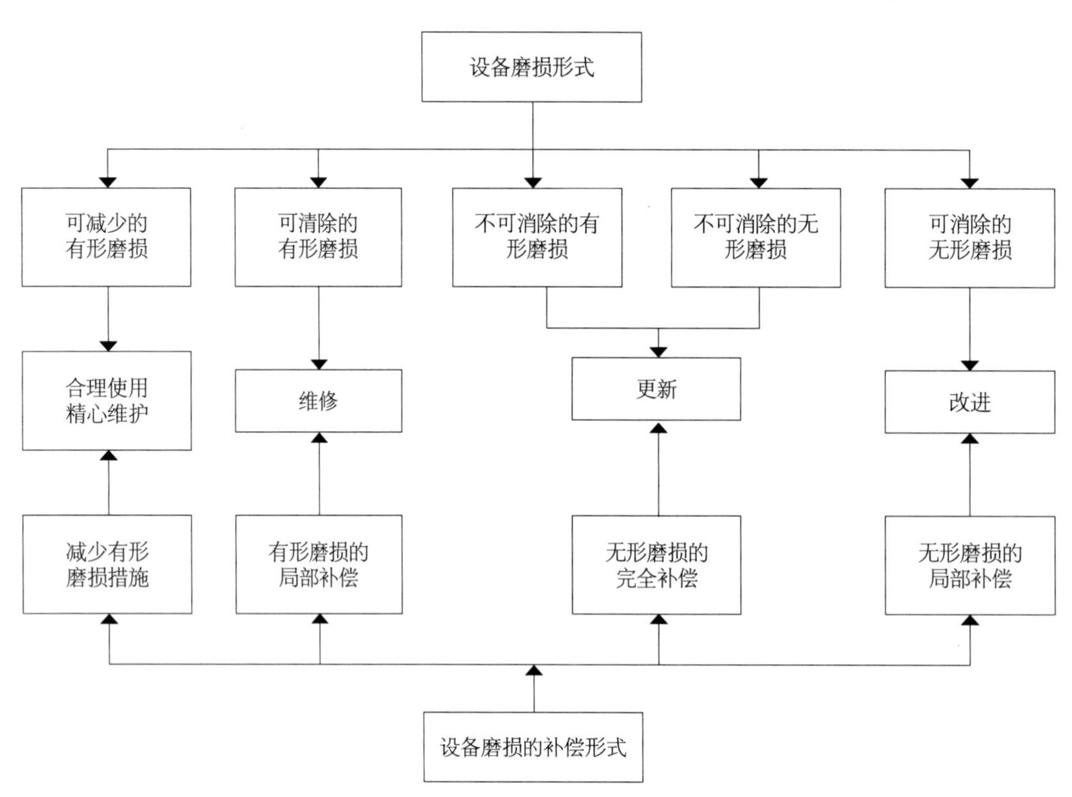

图 8-3-16 设备磨损的补偿

（2）设备故障管理的程序。

①对操作和维修人员做好宣教工作，并对设备使用情况进行记录、统计分析。

②确立与本部门工作实际相结合的设备故障管理重点。

③对重点设备进行重点监测、诊断，监测工作必须要有计划性，以便能够及时发现各项异常状况。

④对常见的设备故障现象要进行统计，并将典型例子做好汇编，以备日后类似问题的程序化操作。

⑤完善设备故障的记录制度，并及时进行故障的统计分析工作。

⑥根据故障成因、故障类型和设备性能，采取相应的措施，并做好设备故障的日常维修工作。

⑦监理故障信息管理流程图。

⑧做好突发性故障的应急管理准备。

（3）设备故障全过程管理。

设备故障全过程管理是指把设备管理的范围扩展到包括设备的研究、设计、制造、购置、安装调试、使用、维修和改造，一直到最后报废的全过程，在这个过程中每个环节都必不可少，每一个环节的问题都可能会引起整个过程的连锁反应。设备故障全过程管理主要包括以下几个方面的工作：

①故障信息收集。在这一环节，应做好设备使用、故障记录日志；

②故障信息储存统计。在这一环节，可采用计算机来实现对设备故障信息的存储统计；

③故障分析的内容及方法。在开展故障分析时应注意：首先，将本部门的故障种类规范化，明确每种故障所包含的内容；其次，设备故障发生后的鉴定工作必须按照统一规定的格式进行故障原因的分析。

故障分析主要包括故障频率强度分析、故障部件分析和故障原因分析三种。常用的故障分析方法有鱼骨分析法、故障树分析法、平均故障间隔期分析法、分步分析法和统计分析法。

鱼骨分析法。是一种用来发现问题“根本原因”的方法，故也称为“因果图”。鱼骨图能够有效地分析问题的因果关系，具有直观、简明、实用的特点。如图 8-3-17 所示。

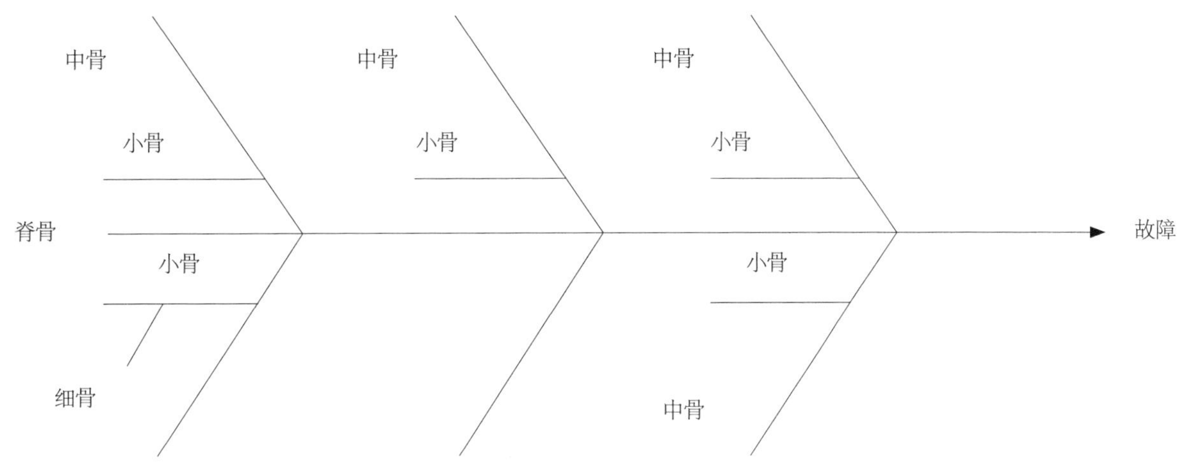

图 8-3-17 鱼骨图

故障树分析法：是指从上一层次的故障入手，分析下一层故障对上一层故障的影响，如图 8-3-18 所示。

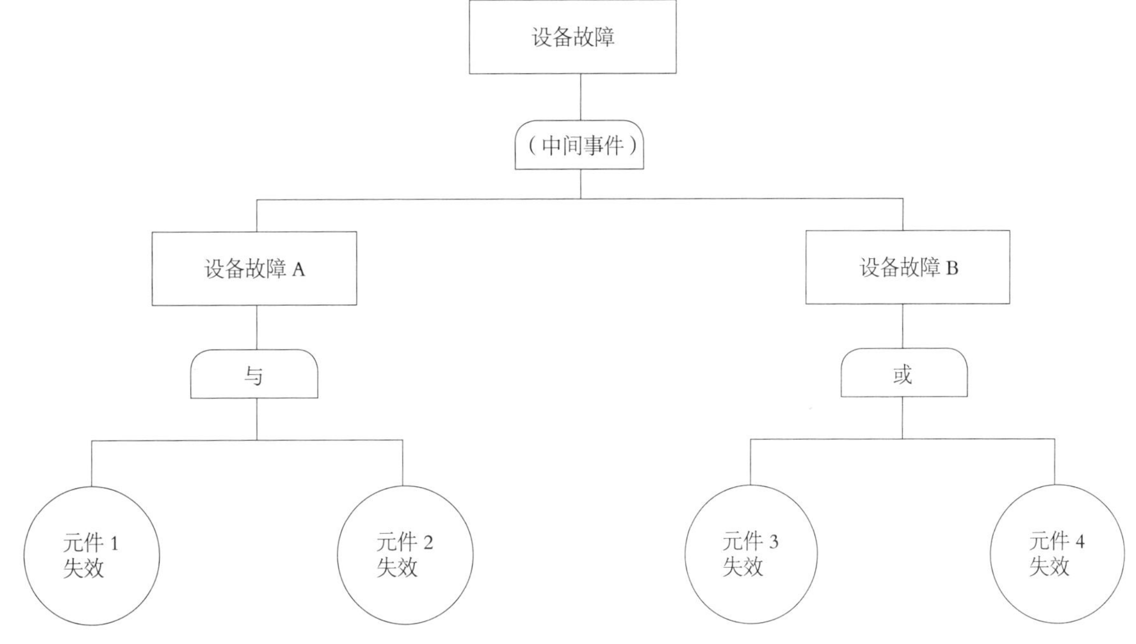

图 8-3-18 故障树

故障树是由各种事件符号和逻辑关系组成，事件之间的逻辑关系用逻辑门表示，其中，这些符号包括逻辑符号、事件符号等。这种方法不仅可以分析硬件失效，而且可以分析软件、人为因素、环境因素等引起的失效；不仅能分析单一零部件故障引起的设备（系统）故障，而且可以分析由两个以上零部件故障引起的设备故障。故障树分析步骤如图 8-3-19 所示。

了解系统：熟悉掌握系统的运行情况及各方面的参数。

调查事故：收集事故的各方面信息，并对信息数据进行统计，拟定系统可能发生的事故。

确定顶事件：顶事件是所要分析的对象。通过对所调查的事故进行全面分析，从而将发生率高的或后果严重的事故选定为顶事件。

确定目标值：通过对事故数据进行统计分析，计算事故的发生概率，并以此作为要控制的事故目标值。

调查原因事件：调查与事故有关的所有原因事件。

画出故障树：从顶事件起，逐级找出直接原因的事件，并按照一定的逻辑关系画出故障树。

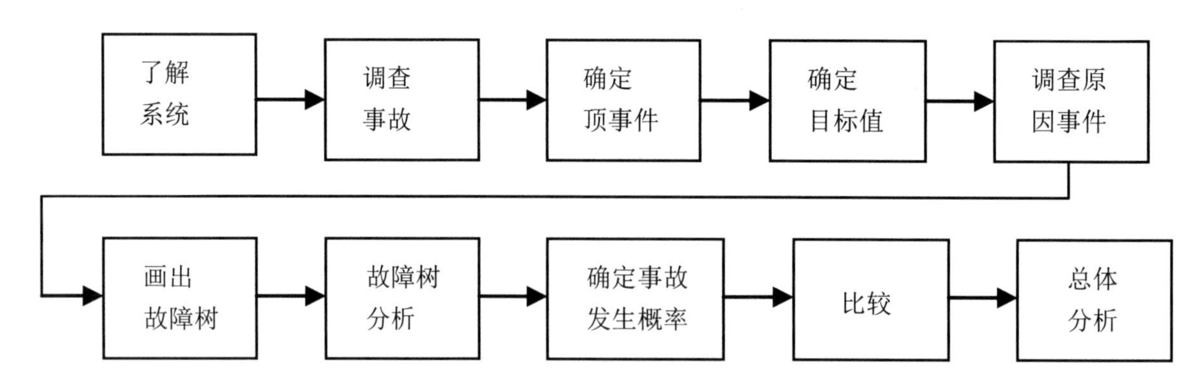

图 8-3-19 故障树分析步骤

故障树分析：对故障树进行分析并简化其结构，以确定各基本事件的重要程度。

确定事故发生概率：确定所有事故发生概率，并在故障树上标出事故的概率，从而求出顶事件的发生概率。

比较：比较分为可维修系统和不可维修系统进行讨论，前者要进行对比，后者求出顶事件发生概率即可。

总体分析：对故障树进行总体分析，若故障树规模很大，可借助计算机进行。

故障树分析原则上是以上 10 个步骤，但在具体应用时可以根据实际情况进行调整。故障树分析是一种非常直观、有效，且较容易应用的分析方法。若将设备可能含有的功能或故障罗列出来，并对这些功能或故障分别用故障树分析法进行分析，那么设备的薄弱环节就很容易暴露出来。这种分析方法在初步设计阶段、设计完成阶段、操作维修阶段都能起到重要作用，在故障诊断中也同样十分有效，能帮助迅速判断故障位置。

平均故障间隔分析法：设备的平均故障间隔期在设备实际使用时可以方便地测定，也是评价设备使用期效果的重要工具，它可以帮助查找设备故障的形成原因。

平均故障间隔期的分析通常涉及以下步骤：

A. 选取有针对性地分析对象；

B. 记录观测时间，应全部记录观测期内发生的全部故障（不论停机时间），涉及突发故障（需要事后维修）以及将要发生的故障（借助预防维修排除）的相关数据信息、数据的分析和计算。

分步分析法：是指进行设备故障分析时，采取自粗至细、自大至小的方式逐步地开展，最终查出故障形成的最根本原因及其成因的过程，并“对症下药”，及时采取必要的纠偏措施。

统计分析法：就是根据设备的某一方面故障占设备所有故障的百分比，来分析查找故障的主要成因的一种故障分析法。所查找的成果可以为设备的运维管理提供支持和参考数据。

（4）设备故障处理。针对故障类型，总结出日常的处理手段，以便提高故障的修复时限和应对能力。一般来说，设备故障起因及处理手段如图 8-3-20 所示。

（5）设备故障评价与反馈。总结设备日常的使用和维修经验，向相关部门提交反馈意见，有利于日后设备的设计、选择与改造等工作的成功开展，如图 8-3-21 所示。

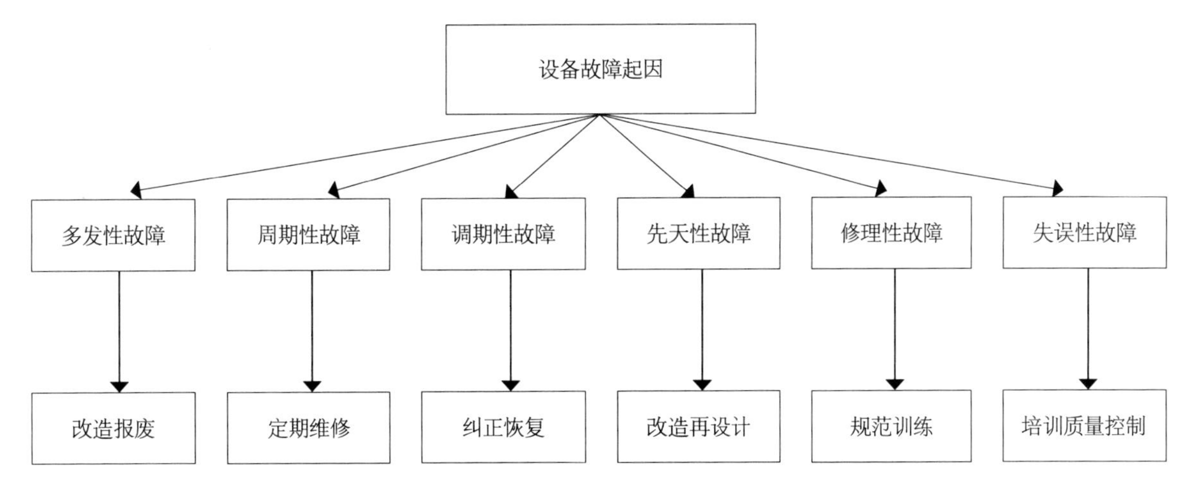

图 8-3-20 设备故障起因及处理手段

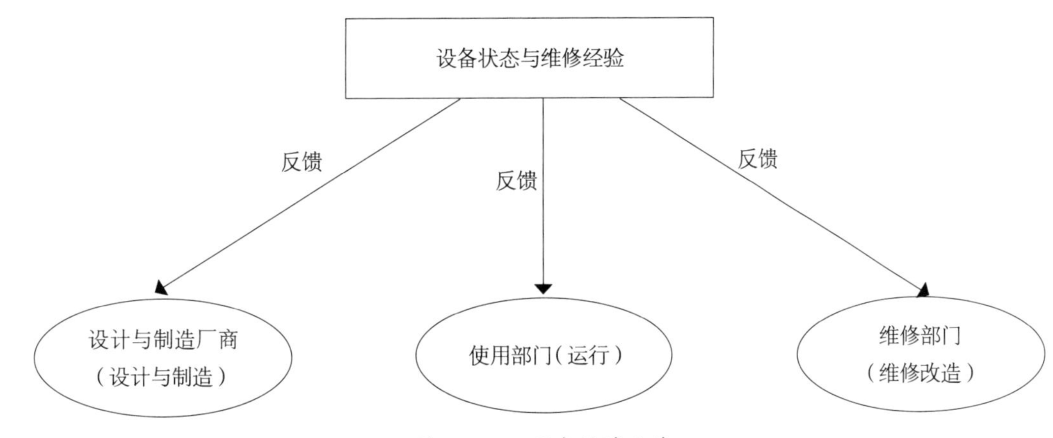

图 8-3-21 设备故障反馈

（三）设备维修管理

随着设备的使用，其零部件的磨损会逐渐地增大，设备的精度以及性能可能会慢慢地难以满足实际生产的要求，甚至造成不可估量的损失。

1. 维修的内涵管理

（1）维修的必要性。任何形式的设备在使用过程中都不可避免地存在有形及无形磨损，在特定条件下，设备即使未投入使用，但经过一定时间后，其功能也将逐渐消失。

维修除对设备的磨损与消耗在物资形态上给予补偿外，还补偿了其经济价值。

从技术、经济上来看，对磨损及消耗的设备进行物资形态上的补偿及价值形态上的追加，便存在一个决策优化的问题。何时进行维修，维修到何种程度，也就是维修计划和维修层次的问题，连同维修组织等因素便构成了一种策略上的考虑，将其规范化后就形成了不同的维修策略。

（2）维修策略。为实现确定的维修目标而制订的总体方案的计划与实施。

常用的维修策略有基于时间或工作量的维修策略（通常为预防维修模式）；基于故障的维修策略（为事后维修模式）；基于状态的维修策略（为状态监测维修模式）。在维修工作中三种策略都不可或缺，对于一般设备或故障损失较小的设备可采用基于故障的策略；主要设备可采用基于时间、工作量的策略，亦可采用基于状态的策略；对于涉及安全、环保或流程的设备则可采用基于状态的策略。如图 8-3-22 所示。

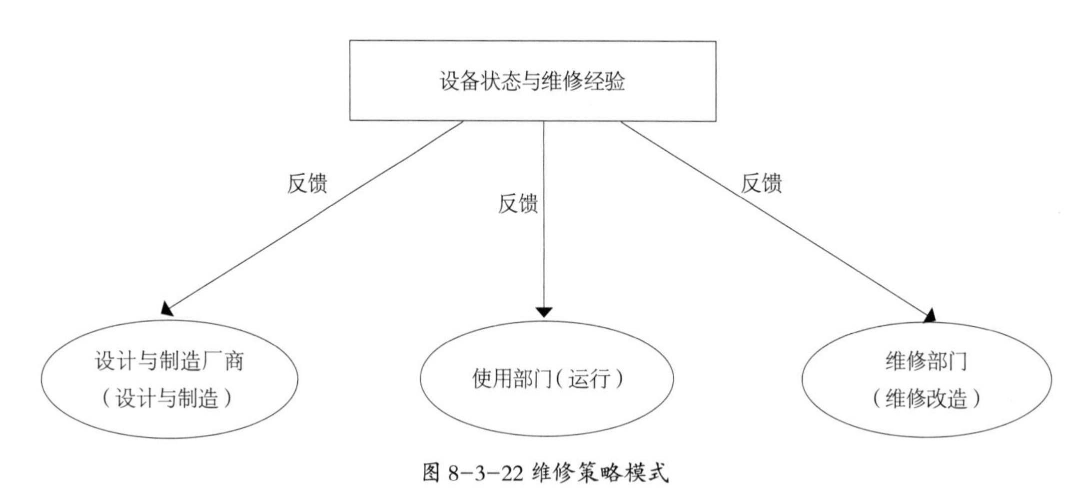

图 8-3-22 维修策略模式

2. 设备维修种类和管理要求

（1）设备维修种类。

按照维修的工作内容、工作量以及技术要求，设备维修可划分为三大，即大修、项修、小修。

大修，是指在对设备进行修理维护中工作量最大的维修。

项修，即指项目维修，是指在设备使用过程中，有针对性地对状态劣化到难以达到运行要求的部件开展的维修工作。

小修，主要涉及对在维修间隔期内即将失效的零部件进行定期的更换与修复，以便确保设备功能的有效发挥。

（2）设备维修的管理要求。

对设备维修管理而言，应做到：将由设备故障带来的停工与修理时间尽可能地缩小；尽量压缩设备备件的购买与保管费用，以便降低运行成本；制订完备的维修计划，进而提高设备的可靠性、经济性和运行效能。

3. 设备维修方式

设备维修方式也称设备维修模式，是指在合适的时间对相应的维修对象（设备）开展有针对性的维修活动（维护、检查或修理）的模式。一般情况下，医院设备常用的维修方式包括预防维修、事后维修和计划综合维修。其中，预防维修又包括状态监测维修与定期维修两种。

（1）预防维修方式，是指根据预先确定的计划与技术规范开展修理活动，其目的在于降低故障发生频率、提高设备的运行效率。包括实时状态检测维修与定期维修。

①实时状态检测维修。也称为预测维修，是以状态为依据的维修。实时状态检测维修能够充分地利用零部件的使用寿命，从而维持设备的良好运行状态，提高设备管理的效率。这种设备状态检测技术比较适用于重点设备以及不适宜解体检查的设备，或者出现故障会引起连锁反应的设备。

②定期维修。也称为预防维修，是以时间为依据的维修。定期维修在事前就已经确定了设备的维修周期、维修对象、维修类型以及技术要求，具有周期性维修的特点，如大修、项修、小修等。

定期维修虽然能够在事前做好预先安排，但由于设备的出厂质量、使用条件、负荷、维护水平等方面的差异，容易出现如下两种问题：一是间隔设置过短，出现维修过剩；二是间隔期设备过长，设备失修。这两种情形出现后都会最终影响医疗秩序的正常开展。为了避免以上问题的发生，医院对设备进行定期维修时应注意发挥实时状态检测维修的优势，一定程度上将两种维修方式结合起来，以便较及时准确地获取设备的技术信息，同时应根据具体情况调整维修周期。

（2）事后维修方式，就是当设备发生故障或者性能低于基准值，已经不能正常运行时开展的非计划性的维修，有时也被称为故障维修。设备故障维修通常伴随着各类损失，同时也会使得维修工作开展起来较为被动。

（3）计划综合维修，是指以无维修设计为方向，以追求最低成本为目标，研究设备性能降低或停机所造成的损失，并与维修费用相比较，使效益最大化。无维修设计又称为维修预防，是一种在设备设计时就考虑设备在使用中尽可能无须维修和没有故障时间的思路。对不同的运行状态的不同设备或部件，应采用多种维修方式的最佳组合，使维修费用和因停机造成的损失总和最低，这也是计划综合维修方式的基本原则。

4. 设备维护保养

设备维护保养的内容主要包括清洁、润滑、紧固、调整、防腐、检查等，目的是修正因设备长久运行而发生的技术参数变化，确保设备在最佳状态下运行。医院后勤保障部门应做好设备的日常维护保养工作，及时发现设备运行的隐患，排除故障，改善设备的运转状况，提高运行效率，同时延长设备的使用寿命。

（1）日常保养。

设备的日常维护保养时操作员工每日都要进行的一种经常性例行保养，不包含在设备的运转时间内。日常保养的工作内容主要有：

①上下班前后及时检查和填写交接班记录；

②擦拭设备各零部件，保持设备的清洁和润滑。

（2）一级保养。

一级保养主要涉及紧固、润滑、检查以及部分零部件的调整，是在专职检验人员的指导和配合下由操作人员承担的工作。

（3）二级保养。

二级保养是指在完成日常保养与一级保养的前提下，定期对设备内部开展局部解体检查、清洗、调整、修复以及更换少量磨损零部件等工作。二级保养由专职检验人员承担，它和一级保养、三级保养都是定期进行的。

（4）三级保养。

三级保养主要是指对设备主体部件进行解体维护保养，对主要零部件的磨损状况进行评估，并根据磨损情况更换零部件。三级保养需要由专业技术人员定期进行。

设备日常保养工作需要制定相关规定，以确保设备日常保养能够按时准确地完成，如表 8-3-1、表 8-3-2 所示。

表 8-3-1 设备保养计划表

<table>
<tr><th colspan="2">设备名称</th><th>编号</th><th colspan="2">放置地点</th><th>单位</th><th>取得时间</th><th>耐用时间</th><th>已用年限</th><th>备注</th></tr>
<tr><td colspan="2"></td><td></td><td colspan="2"></td><td></td><td></td><td></td><td></td><td></td></tr>
<tr><td colspan="10">保养计划</td></tr>
<tr><td colspan="5">二级保养</td><td colspan="5">三级保养</td></tr>
<tr><td>保养时间</td><td>保养项目</td><td>实施单位</td><td>资金估算</td><td>责任单位</td><td>保养时间</td><td>保养项目</td><td>实施单位</td><td>资金估算</td><td>责任单位</td></tr>
<tr><td></td><td></td><td></td><td></td><td></td><td></td><td></td><td></td><td></td><td></td></tr>
<tr><td></td><td></td><td></td><td></td><td></td><td></td><td></td><td></td><td></td><td></td></tr>
</table>

表 8-3-2 设备维护记录卡

编号：	填写日期： 年 月 日					
请修单编号						
故障日期						
维护类别	定期					
	计划					
	突发					
故障	部位					
	原因					
	故障及维护情形					
维护人员	工时					
	姓名					
维护材料	名称					
	型号及规格					
	数量					
维护成本						
停工工时						
同一故障维护周期						
标准维护周期						

5. 设备维修的参数系统

设备维修中的参数系统（或称指标体系）是维修管理目标的重要组成部分，借助于维修参数及参数系统可对维修管理中某一环节的计划与实际情况进行评估和比较，为管理层在维修方面的决策提供依据。

维修参数体系可考虑由以下参数组成：

（1）维修费用参数。

$$维修费用强度=\frac{年度维修费用}{年度运营费用}\times 100\% \quad （式 8-3-1）$$

维修费用强度表明单位运营费用中维修费用所占的比值，从费用上反映了维修工作的效果，也是考核和评估维修费用控制的参数。维修费用强度可由医院财务部门加以统计并考核。

$$主要运营设备维修费用强度=\frac{设备年度维修费用}{设备重置价值}\times 100\% \quad （式 8-3-2）$$

$$备件费用强度=\frac{备件重置价值}{设备重置价值}\times 100\% \quad （式 8-3-3）$$

上述两项参数表明设备单位重置价值所消耗的年度维修费用及备件费用，从费用上反映了主要运营设备年度维修工作的强度及备件消耗的情况，可用于主要运营设备维修费用和备件费用控制的考核和评估。这两项参数可由医院财务部门及设备维修管理部门共同加以统计并考核。

$$维修材料费用比 = \frac{年度维修材料费用}{维修年度总费用} \times 100\% \quad （式 8-3-4）$$

$$维修工时费用比 = \frac{年度维修总工时}{年度维修总费用} \times 100\% \quad （式 8-3-5）$$

上述两项参数分别反映了单位维修费用中维修材料及维修工时所占的比例，通过不同单位（部门）之间的考核可以分析、判断维修材料及维修工时费用的合理性，据此制定相应的费用控制措施。这两项参数可由医院财务部门及设备维修管理部门共同进行统计并考核。

（2）维修计划参数。

$$维修计划程度 = \frac{年度计划维修费用}{年度实际维修费用} \times 100\% \quad （式 8-3-6）$$

维修计划程度以医院内部用于计划维修的费用在实际发生费用中的比值来表示维修工作计划程度的高低，可用于考核和评估医院预防性计划维修的状况及规模。这一参数可由医院的财务部门及设备维修管理部门共同进行统计并考核。

$$维修费用预算偏差度 = \frac{（年度实际发生的维修费用 - 年度维修预算费用）}{年度维修预算费用} \times 100\% \quad （式 8-3-7）$$

维修费用预算偏差度表明了医院维修费用预算编制的实际效果，反映了费用的计划程度。计算的结果为正，说明费用超支，反之则为节余。可用于考核和评估医院年度维修费用控制的情况，分析发生偏差的原因并为下一年度维修费用预算的编制提供依据。这一参数可由医院财务部门进行统计并考核。

$$计划维修实施率 = \frac{年度实际完成的计划维修工时}{年度制订的计划维修工时} \times 100\% \quad （式 8-3-8）$$

计划维修实施率通过医院计划维修工时的实际完成值与计划值的比值反映了维修计划制订在工时上的偏差，可用于检查和考核本年度计划维修执行的情况，并为下一年度编制维修计划（时间方面）提供依据。这一参数可由医院设备维修管理部门进行统计并考核。

（3）维修管理的组织参数。

$$人均固定设备资产价值 = \frac{设备固定资产价值}{设备维修人员总数} \times 100\% \quad （式 8-3-9）$$

此项参数从维修人员人均分摊的设备固定资产价值（原值或重置价值）上反映了医院维修管理部门的工作效率，可用于医院内部相同管理部门之间的评估或比较。一般应由医院财务部门及人事部门共同统计并考核。

$$维修人员构成比 = \frac{维修技术人员数目}{维修人员总数} \times 100\% \quad （式 8-3-10）$$

$$维修人员比例 = \frac{维修人员数目}{全体员工总数} \times 100\% \quad （式 8-3-11）$$

上述两项参数反映了医院维修管理部门的员工素质及数量构成情况，可用于医院内部各部门之间的评估与比较。这两项参数应由医院人事部门进行统计并考核。

（4）维修专业化参数。

$$外委维修费用比 = \frac{年度外委维修费用}{年度维修总费用} \times 100\% \quad （式 8-3-12）$$

外委维修费用比是通过医院外委维修费用在医院总的维修费用中的比值来评估医院维修专业化的程

度，可用于医院不同年度的比较，比值越大则说明专业化维修程度越高。此项参数可由医院财务部门及设备维修管理部门共同加以统计并考核。

$$维修集中化程度=\frac{维修中心实施的年度维修工时}{年度总的维修工时}\times 100\% \qquad (式8-3-13)$$

此项参数反映了医院内部实施维修的集中化程度，在一定程度上也反映了医院内部维修的专业化水平，可用于医院内部不同年度之间的比较。该项参数应由医院设备维修管理部门进行统计并考核。

（四）设备润滑管理

1. 设备润滑管理的内涵

将一种具有润滑性能的物质加到两个相互接触物体的摩擦面上，达到降低摩擦与减少磨损的做法称为润滑。正确且及时地对设备进行润滑保养，对降低设备磨损，延长设备的使用寿命，确保设备安全、稳定运行具有非常重要的作用。

2. 润滑材料的种类及其选用

（1）润滑材料的种类。

凡是能降低摩擦力的介质都可作为润滑材料，润滑材料也称为润滑剂。常用的润滑剂有下述类型：

①液体润滑剂，如含水润滑剂、石油系润滑油、动植物油、合成基础油。目前最常用的是液体润滑剂。

②气体润滑剂，如空气、氮气、蒸汽等惰性气体。

③半固体润滑剂（润滑脂），如皂基（石油系基础油和合成基础油）。

④固体润滑剂，如石墨、二硫化钼等。

（2）润滑材料的选用。

润滑材料的合理选用是确保设备良好润滑效果、降低设备润滑故障发生率的重要保障。选择润滑材料时通常主要考虑润滑材料的技术性和经济性，具体涉及以下方面：设备工作条件、运动部件的技术及结构性能、润滑材料的特性等。

设备的工作条件主要涉及以下方面。

①工作温度。若温度高，应选用黏度大，闪点高，氧化安定性强的润滑油或者耐高温的润滑脂；温度低则相反。

②负荷程度。若运动的副负荷或压强偏高，应选用黏度大的润滑脂。

③运动速度。高速运动副摩擦面宜采用低黏度润滑油或润滑脂。

④工作环境。若潮湿程度较为严重，应选抗乳化性强、油性及防锈好的润滑脂。若密封性好，应选润滑油；而若密封性差，应选润滑脂。

运动部件的技术与结构性能主要受以下因素的影响较大。

①摩擦面的加工精度。若加工精度高或运动副间隙小，应选用黏度小的润滑油。

②润滑装置。对于机械循环润滑系统，宜采用黏度小的润滑油；而人员间隔加油装置宜采用黏度偏大的润滑油。

③摩擦面的方位。若摩擦表面处于垂直或者非水平方向，应选用黏度大的润滑油或者润滑脂。

④运动副的间隙。运动副间隙越小，润滑油黏度越低。

润滑材料的特性：润滑油适用于集中循环润滑；润滑脂适用于低速、负荷大、摩擦面粗糙、冲击大、密封不良的设备。

（五）设备现场管理

现场管理是对设备的一种“即时”管理，对设备操作人员的操作步骤与内容作详细的规定，做到程序上完整，以保证设备管理的完整。

为确保员工按规定执行设备保养方面的有关操作，必须对此作出明确规定。

（1）每种设备都需要明确一个管理责任人；

（2）应编制设备操作使用和保养得工作流程以及行为规范，规范应体现“5W2H”（What，做什么；When，什么时候做；Where，对设备哪里进行操作；Who，由哪位责任人做；Why，做的理由是什么；How，怎么去做；How Much，做到什么程度，标准是什么）；

（3）设备点检规范可以包含定人、定周期、定方法、定项目、定点检流程、定记录等内容；

（4）设备使用者应严格按照操作规程操作，按照设备管理责任要求做好责任区域的管理；

（5）做好对设备操作人员的培训，培训内容应包括：设备使用、清洁、点检、保养方法；

（6）各设备管理责任者应按规定做好设备运行情况记录、设备完好检查、设备点检、精度检查、状态监测等工作；

（7）现场主管应督导所属员工落实设备清洁、点检、调整、紧固、润滑、安全、防腐等工作；

（8）保持设备现场管理的记录。

（六）设备备件管理

对设备进行备品备件管理，是减轻设备故障对医院运营造成损害的有效方法。

1. 设备备件管理的目标

备件管理的目标是实现用最少的备件资金来达到科学合理经济的储备，并能及时满足设备维修的需要，缩短设备停歇维修的时间，从而提高设备的运行效率和经济效益。

2. 备件管理的发展态势

随着社会化服务体系的日益完善，医院的备件储备及供应较多地依赖于备件信息管理与社会虚拟备件库。在这种新的条件下，医院和供应商紧密合作、信息共享的供应链管理模式必将形成。在该模式下，供应商已经直接参与到医院的库存管理中，这就从根本上改变了供应商与医院的管理，使得库存管理模式发生了质的变化。

3. 设备备件管理的内容

备件管理工作的内容按其性质划分，主要包括：备件的计划管理、备件的库房管理、备件的技术管理、备件的经济管理。

4. 备件的 ABC 管理

备件的 ABC 管理法被广泛地应用于企业管理方面。当企业的经营管理存在不均衡状况时，选用该方法有利于抓住重点，集中有限资源办大事，如对关键设备的重点管理等。备件的 ABC 管理法就是按照备件的品质规格、占用资金额度、库存时间及价格差异度来有侧重地对设备备件进行控制的一种库存管理方法，如表 8-3-3 所示。

表 8-3-3 备件的 ABC 管理

备件分类	备件特点	备件的库存管理
A 类	属于关键的少数备件，品种数仅占总数的 5% ~ 15%，但所占资金比重为 60% ~ 80%，储备期长、采购制造周期较长、价格较高	需要重点控制和管理，应该尽量采用最经济合理的订货、采购方案

表 8-3-3 备件的 ABC 管理（续）

备件分类	备件特点	备件的库存管理
B 类	属于一般性的备件，其在品种、资金方面都只占总数的 15% ~ 25%	与 A 类备件相比，订货批量可适当加大，订货时间也可作小幅度的相应机动调整，对库存量的控制也比 A 类稍宽一些
C 类	占用资金少但涉及品种较多，属于次要的多数备件，虽然其品种占总数的 60% ~ 80%，但资金比重仅为 5% ~ 15%	通常是根据计划需用量来一次性订货

（七）设备的安全管理

1. 设备安全管理概述

安全管理的概念。是指管理者对安全生产进行的计划、组织、指挥、协调和控制的一系列活动，以保护职工在生产过程中的安全与健康，保护国家和医院的财产不受到损失，促进医院改善管理，提高效益，保障医疗事业的顺利发展。

2. 实现设备安全的基本途径

（1）实施事故预防。

①消除潜在的危险。通过利用新技术成果来消除人体操作对象和作业环境的危险因素，从而最大可能地达到安全的目的。

②控制潜在的危险数值。通过安全阀、泄压法等装置使用，来控制潜在的危险源数值不超过安全控制指示的要求，从而达到预防事故发生的目的。

③提高安全冗余度。通过提高安全设计标准、增加安全余量等提高设备的坚固程度。（增加安全系数 N）

④利用互锁功能。通过利用机械联锁或电气互锁，实现自动防止故障、保证安全的目的。（如：供电系统的隔离开关与断路器的关系）

⑤实施替代措施。使用替代的方法，可以通过不可燃材料代替可燃材料或改良设备等方式，将设备潜在的危险消除。

（2）控制受害程度。

①设置薄弱环节。（如变压器的防爆筒、液氧储罐的卸压阀等）

②设置防护屏障。

③利用警告或警示信息。

④距离防护。

⑤时间防护。

⑥个人防护。

⑦避难、生存和救护。

3. 设备的安全技术

（1）设备的安全装置。

从安全技术角度考虑，在设备的设计阶段，就应该考虑各种安全装置。在制造时应确保这些装置的功能和质量，使用时应注意精心维护。这些安全装置包括：防护装置、保险装置、联锁装置、制动装置、信号装置以及危险牌示、色标和说明标记等。

（2）设备的合理布置。

设备的布置和工作地的安排组织是否合理，直接影响着运行效率和安全生产。因此，在进行工艺布置和设备安置时，一般要考虑经济上的合理性，更需要考虑生产技术上的安全性。我们在进行设备的布置时，一般要考虑以下因素：

①应该符合防火、防爆和工业卫生要求；

②应考虑设置过道和运输、消防通道；

③设备在排列时，应该安排有一定的安全距离，务必使工人在操作、维修时方便、安全，而且不受外界危险因素的影响。

（3）设备的安全检查和实验。

对设备进行安全检查和试验，是设备工程安全技术中一项非常重要的工作。其目的是为了及早发现事故的隐患，避免发生工伤事故，减少或消除职业病因素，解决安全生产上存在的问题。要定期地对电器系统做绝缘电阻测量绝缘耐压试验；对受压容器做耐压实验，对起重设备做静、动载荷试验，对各种安全防护装置和仪器仪表都要做相应的性能试验，如：防洪防汛检查、消防检查、设备封堵检查等。

（4）遵守安全技术规程。

①检查有关安全生产的规章贯彻执行情况。

②分析研究事故发生的原因，在接受教训后要及时提出防范措施。

③进行有关安全技术、工业卫生技术等方面的知识教育。

④交流推广安全生产的先进经验，组织安全操作观摩表演。

⑤参观安全生产展览，积极开展安全生产的竞赛活动。

⑥发动广大职工积极提出合理化建议，及时、正确地消除不安全的隐患。

⑦及时表扬并奖励在安全生产中涌现出来的好人好事，批评并纠正各种违反安全生产规章制度的错误行为。

（5）合理使用防护用品。

防护用品是预防事故和职业病的一项辅助措施。预防工伤事故首先要从设备、工艺两个方面着手。在已经采取了其他安全措施仍不足以完全消除危险因素或有害影响时，为了保护劳动者的身心健康，可以发给必要的个人防护用品。对防护用品必须正确、合理地使用，才能起到应有的效果。事故分析表明，不少绞伤、眼伤、高空坠落等事故，都与没有正确使用防护用品有关。

三、设备的后期管理

（一）设备后期管理概述

1. 设备后期管理的内涵

设备后期管理是指从设备的改造、更新直到报废为止的全过程的活动。这一过程时间跨度较长，管理得当可提高设备可利用率，降低维护费用，使设备寿命周期费用最经济，同时使医院获得最大的经济效益。

2. 设备后期管理风险的防范

设备后期管理就是对已无法满足安全稳定运行、使用精度无法达到标准或在经济及环境影响方面已经不合理的设备，开展改造、更新、报废的相关工作。在这一阶段，设备风险管理包含如下目标：一是改造后的设备风险管理与购置阶段的风险管理目标类似；二是实际报废的花费低于计划值，报废过程安全；三是更新之后的效益超过更新前的。

设备后期管理的风险主要有环境风险和财务风险。

（1）环境风险。该阶段的环境风险主要是指政策的不确定性，即各种政策方针的变化都可能会影响设备的更新报废策略与处置过程，致使预定的设备处置方式和时机都要做调整。

（2）财务风险。该阶段的财务风险主要是设备处置资金的持续保障具有不确定性。其中，设备处置阶段所需的资金包含：一是设备的报废阶段需要一定量的资金来保证拆除、清理、环境恢复等活动的顺利进行；二是设备的改造更新环节先于报废工作，它也需要资金的注入。

（二）设备折旧

在设备使用过程中，由于受到长期耗损，设备的价值会部分地、逐渐地减少，这就会涉及固定资产折旧。固定资产折旧是指以货币表现的固定资产因耗损而减少的那部分价值。这种逐渐地、部分地耗损而转移到运营成本中去的那部分价值，是运营成本的有机组成部分，在财务核算上称为折旧费或折旧额。

1. 确定设备折旧年限时的基本原则

在确定设备折旧费时，首先要确定设备折旧年限，确定折旧年限一般要遵循以下几个基本原则。

（1）考虑设备使用寿命的长短。

（2）与设备的实际损耗情况一致。

（3）综合考虑技术改造和经济承受能力。

2. 设备折旧的方法

常用的设备折旧方法有以下四种：年限平均法、工作量法、双倍余额递减法、年限合计法。根据设备的经济利益预期实现方式，选择合适的折旧方法。

（1）年限平均法，也称直线折旧法，是指将设备的折旧费在其使用寿命内均匀的分摊。其计算公式为：

年折旧费 = [（1− 预计净残值率）÷ 预计使用年限] ×100%

月折旧率 = 年折旧率 ÷12

月折旧额 = 设备原价 × 月折旧率

净残值率 = 预计净残值 ÷ 设备原价

在实际的计算中，年限平均法不适用于：①设备的工作效率与使用年限成反向关系时；②设备的维修费与使用年限成正向关系时。

（2）工作量法，是根据设备的实际工作量计算各期折旧费的一种折旧方法。其计算公式为：

单位工作量折旧额 = [设备原价 ×（1− 预计净残值率）] ÷ 预计总工作量

月折旧额 = 设备当月工作量 × 单位工作量折旧额

（3）双倍余额递减法，是指在不考虑预计净残值的条件下，按照各折旧期期初的设备原价减去累计折旧费之后的余额，以及双倍的年限平均法折旧率来计算固定资产的各期折旧费。其计算公式为：

年折旧率 =（2÷ 预计使用年限）×100%

月折旧率 = 年折旧率 ÷12

月折旧额 = 固定资产账面净额 × 月折旧率

需要注意的是，运用该折旧法，应在其折旧年限到期前两年内，均衡地分摊设备的账面价值净值扣除预计净残值后的余额。

（4）年限合计法，又叫年数总和折旧法，是在固定资产前期多提折旧费，后期少提折旧费，以便在预计使用寿命内加快补偿固定资产成本。它和双倍余额递减法都是加速折旧法。其计算公式为：

年折旧率 =（设备还能使用的年限 ÷ 设备预计使用寿命的年限合计）×100%

月折旧率 = 年折旧率 ÷12

月折旧额 =（设备原价 − 预计净残值）× 月折旧率

（三）设备改造

设备改造是把技术创新成果应用到现有的设备当中，并对设备进行相应的改造工作，从而提高设备的可靠性及操作性、改善设备的性能、提高设备运行效率和技术水平。

1. 设备改造的方法

设备改造的方法分为设备改装和设备技术改造两个方面。设备改装主要是为了满足使用要求，而对设备的形状、容量、体积、功率等方面进行相应的扩展或改变。设备的技术改造则是把新的技术创新成果应用于现有的设备中，以有效地提高设备的运行效率，提升设备的技术水平。

2. 设备改造的目标

设备改造的主要目的是满足医院的运营要求，增强设备的性能和技术水平，提高设备管理的效率，并创造更多经济效益和社会效益。一般而言，设备改造具有以下几个目标。

（1）满足使用要求和提高运行效率。

（2）节约能源和较低运营成本。

（3）保障医疗救治与设备运行的安全性。

（4）保护环境和降低污染风险。

3. 设备改造的原则

（1）经济性原则。

（2）针对性原则。

（3）适用性原则。

（4）可能性原则。

4. 设备改造需要注意的事项

（1）设备改造需要进行统筹规划。

（2）要与医疗需求变化以及设备升级换代相结合。

（3）要与设备修理相结合。

（4）要尽可能采用先进技术。

（5）要充分发挥团队精神，提升员工参与度。

（6）要量力而行，追求经济效益。

（四）设备更新

设备更新是指采用新的设备或技术上更先进的设备更换技术上或经济上不再适合的设备。医院在开展设备更新工作时，应在遵循相关技术发展的要求的基础上，进行技术更新的经济性论证与可行性研究，以便合理地把握设备的大修理、技术改造和技术更新的界限，做到三者之间的有机结合。

1. 设备更新期

（1）设备更新期的内涵。

设备更新期，有时也称为设备的经济寿命，其影响因素一般涉及以下几点。

①效能衰退，是指设备的现状较之其全新状态时在工程效率方面有所降低。通常，设备在使用过程中的物质磨损，使其效能逐渐降低，并使设备维持费逐年上升。

②技术陈旧，是指现存的设备因技术落后，与应用了新技术的新型设备相比，其工作效率低或者运行费用高，丧失继续使用的价值，必须及时进行更新。

③资金成本，是指购置新设备所支付的资金或者投入的成本。医院要将有限的资金更多地投入医学

诊疗与科研教学中来，因此，在确定设备的经济寿命时要平衡资金成本和设备更新所带来的收益。

（2）设备更新期的确定。

①要依靠历史资料和数据。

②计算设备最佳更新周期。

2. 设备更新的方式

（1）设备的原样更换。

（2）设备的技术更新。

3. 设备的选择

在选择设备时，应当全面考虑技术和经济效果。总体而言，设备选择应当遵循以下几个原则。

（1）生产性。

（2）可靠性。

（3）节能型。

（4）维修性。

（5）成套性。

（6）通用性。

4. 设备更新的注意事项

（1）要提高原油设备的技术水平。

（2）要与设备改造、维修相结合。

（3）加强设备薄弱环节的更新。

（4）应妥善安排老设备。

（五）设备封存及报废管理

1. 设备封存管理

为有效处置部分闲置设备，以便在设备启封时及时投入正常使用，必须重视对封存设备的管理工作，在实践中我们有以下几点体会分享给读者。

（1）建立封存设备的管理制度并严格执行。

①设备封存前，技术人员必须对设备进行全面的鉴定。对其存在的故障，要投入必要的资金进行修复，使设备处于完好状态进入封存期。

②设备封存前，必须由设备管理人员对该设备完成一次调整、紧固、润滑、清洁、防腐作业，并经质控部门检验合格后，方可办理封存手续。

③设备封存后，根据条件高值A类设备应尽可能入库存放，露天最好集中停放，并配备相应管理人员。

④封存后的设备电瓶必须拆下集中管理，每月充电保养一次；轮胎式设备要架离地面停放；液压缸活塞外露部分必须涂油防腐；封存设备现场必须配备防火器材。

⑤专职人员要对封存设备按规定日期、规范进行保养，并填写记录，随时接受相关部门的检查。

⑥露天停放设备的保养规范。每周搞1次机械设备的外部清洁。每月将机械设备发动1次（以润滑发动机内部机件），同时进行5～10分钟的运转走合（以润滑传动底盘各部机件）。每季对所有加复合钙基润滑脂、钙钠基润滑脂的润滑点注入一定量的油脂，并补充机械油、液压油，对油缸活塞外露部分涂油防腐。每半年做1次机械总成部件外部的清洁和检查。每年对机械设备油漆脱落部位进行1次补漆防腐。

⑦封存设备启封时，由设备管理人员重新进行全面的调整、紧固、润滑、清洁、防腐作业，并经机

管部门验收合格后，方可办理手续投入使用。

（2）必须为封存设备的管理提供必要的资金。

（3）封存设备的管理要列入月工作计划，指定专人负责对封存设备的管理。一方面负责封存、启封手续办理，台账资金管理；另一方面负责设备使用部门的工作协调。

2. 设备报废管理

医院根据设备资产管理的有关规章制度，制定设备的闲置、报废和处置的具体办法，做好设备的后期管理。

（1）报废条件。

凡属符合下列条件之一者可申请报废：

①使用时间已达到规定使用年限，或使用年限较久、损坏严重或老化变质，丧失效能，无修理使用价值并提足折旧的；

②国家或上级规定淘汰的机电产品和老旧汽车等，已无配件来源，技术性能能不能满足使用要求，无修复价值的；

③耗能超标，严重污染环境，进行改造又不经济的；

④因遭受自然灾害或非常事故造成损坏或严重损坏，无修复价值的；

⑤品种杂、数量少、未定型、未过关（包括自己制造的）已列入固定资产的中试产品，管、用、修困难，且非生产必需的设备；

⑥油耗超过规定 20%以上的主设备；

⑦经过 3 次大修或超过 50 万公里的各种车辆。

（2）设备报废的审批程序。

①各部门根据设备技术状况，凡符合报废原则规定的，填制报废资产申请表，主管领导组织管理人员、专业技术人员和有经验的操作员工参加，进行技术鉴定，经主管领导签字后报医院国有资产管理部门。

②国有资产管理部门根据报废设备申请表，组织有关人员对各单位提出申请报废设备进行审查，认定符合报废原则的设备，由设备管理部门按审批权限汇总上报，经批复后，办理冲减设备资金。

（3）报废设备的管理、回收。

①设备未正式批准报废前，应对设备妥善保管，做到废而有物，废而不缺，不得随意拆卸和拼修，保持其完整。

②报废后需改、代留用的设备，必须经公司批准，否则任何单位无权擅自留用。

③报废设备必须由医院国有资产管理部门统一安排处理或暂时保管。报废设备做到入库造册建账，分类存放保管。

四、设备的寿命周期费用

设备购置后、安装前所花费的费用，属于沉没成本，因已经支付出去且是无可挽回的。所以，以后的问题就是如何提高设备剩余寿命周期费用的经济性。设备寿命周期费用的理论及方法属于一种从全局上把握设备经济性能的实用决策技术，它有助于我们从设备的各个阶段加强设备管理，做出科学合理的决策。

（一）设备寿命

设备寿命是指设备从投入生产开始，经过有形磨损及无形磨损，到其在技术或者经济方面不适宜再继续使用为止，所经历的时长。一台设备可以有多种属性的寿命，根据不同的属性通常可分为物理寿命、技术寿命、经济寿命及折旧寿命四种。

（1）物理寿命，也称自然寿命，是指设备从全新投入运行起，经过有形磨损的阶段，直到最后在技术上不能再满足原来的使用要求为止的时间段。一般来说，设备的物理寿命比较长，延长设备物理寿命的措施是维护和修理。

（2）技术寿命，是指设备从全新状态投入运行后，直至被新技术设备所替代的时间段。一般而言，设备的技术寿命长短与技术更新速度的快慢呈负相关。

（3）经济寿命，是指设备从投入时的全新状态，到具有最低的均匀等值年费所用的总时间。作为设备综合管理方面的一个重要内容，经济寿命是决定设备更新或改造决策的重要依据。

（4）折旧寿命，是指按有关部门规定或医院自行规定的折旧率，把设备总值扣除残值后的余额折算到接近于零时所经历的时间。折旧寿命的长短取决于国家的相关政策和医院规章所确定的折旧方法。

（二）设备寿命周期费用的概念

设备寿命周期费用是指设备从规划设计、制造（购置）、安装调试、使用、维修、改造直至报废的全过程中所发生的费用总和。现代设备管理的重要特点之一就是追求设备寿命周期费用的最大经济化，这也属于设备综合工程学的基本原理。通过对设备寿命周期内各个阶段费用变化情况的统计分析，可以描绘出设备寿命周期费用的曲线，如图 8-3-23 所示。通常来说，①在设备的规划设计与制造时期，所耗费用是逐渐递增的；②安装时期所耗费用开始下降；③设备运行时期，所耗费用几乎保持稳定的水平；④在设备的老化阶段，所耗费用再次上升，这时候应该对设备进行更新，设备的一生就此终结。在图 8-3-23 中，设备寿命周期费用就是图中曲线和时间轴所围成图形的总面积。

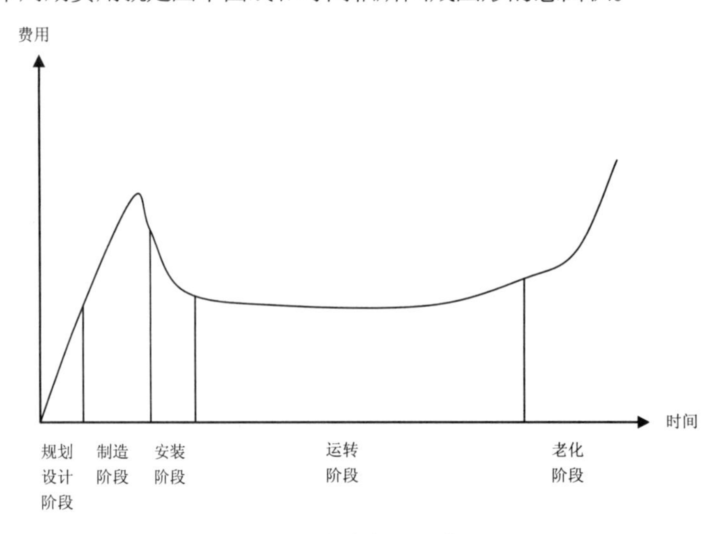

图 8-3-23 设备寿命周期费用曲线

（三）设备寿命周期费用的构成

对设备的寿命周期费用进行分析，是开展设备技术和经济评价工作的基础。通过对设备寿命周期费用的分析，利于医院管理者了解到寿命周期内各种费用占总费用的比重情况及相应的影响度，从而有利于构建起合理的费用结构与单元。一般来说，对费用结构分解越是精细和有层次，在此基础上估计得到的寿命周期费用的可信指数越高。设备寿命周期费用主要包括设备设置费和设备维持费两部分内容。

（1）设备设置费，是指医院为取得某种设备而一次性支付的费用，主要涉及研发设计费、生产制造费、购置费、交通运输费、安装调试费。可见，对外购设备和自制设备而言，其设置费的构成是不同的。

（2）设备维持费，是指医院取得该设备后，为使用该设备而经常支出的各种费用，主要包含维修费、劳动成本、能源费、处置费以及诸如保管、检验检测、环保等方面的杂费。

此外，考虑设备残值后，设备寿命周期费用可以用下列公式来表示：

设备寿命周期费用 = 设备设置费 + 设备维持费 − 设备残值。

第五节　维修计划与控制

一、概述

维修计划是指对设施设备维修活动的预先安排。维修控制是指在设施设备维修过程中，按既定的政策、目标、计划和标准，通过监督和检查维修活动的进展情况、实际绩效，及时发现偏差，找出原因，采取措施，以保证目标、计划的实现。

（一）维修计划与控制的定义

“维修计划与控制”的定义很多，许多管理专家和标准化组织都试图用简单通俗的语言对项目进行抽象性概括和描述。就共同性而言，维修计划是指设施设备保持和恢复其固有技术性能等维修活动预先安排的工作事项。维修控制是全部管理职能（计划、组织、领导和控制）中的一个重要职能，是通过规定限制条件和下发指令来控制所属单位及人员的行动，约束人们的行为，是确保设施设备维修组织按维修计划做出反应而施加的一种约束和压力。维修计划与控制是指维修人员认识到需要按预先制定的维修计划做什么和保证采取相应行动的手段。

（二）维修计划及其分类

维修计划是对设施设备维修各项工作的内容、步骤和实施程序所做出的科学安排和规定，是组织实施设施设备维修的基本依据。

1. 维修的计划管理

维修的计划管理，必须强调全面的计划管理，即全系统、全过程、全员性的计划管理。

（1）全系统的计划管理，就是维修系统要有总体的规划、计划，同时系统内各部门、各层次、各单位都应有相应的计划，做到“以上定下、以下保上”，形成完整的计划管理体系。

（2）全过程的计划管理，就是计划要有长期的、中期的、短期的，做到“以长定短、以短保长”，就是既要制订好计划，又要组织执行好计划，随时检查计划的落实情况，且根据情况的变化及时修订计划，通过控制、修订，保证计划的执行。以组织执行保证计划目标的实现，形成一个计划、组织、控制全面计划管理的循环。

（3）全员性的计划管理，就是要求每个管理人员和维修人员都要关心和参与整个系统和所在单位的计划工作，都要围绕保证实现整体目标来制订自己工作的计划目标，都要按计划办事。

2. 维修计划的分类

维修计划的种类很多，从不同的角度可以进行不同的分类，如：按计划的管理类别分，有建筑工程类、医学设备类、信息网络类、生活保障类等；按计划的管理时间分，有长期规划，年度、季度、月计划，直至周、日工作计划；按计划的工作范围分，有综合性计划、专项工作计划和维修作业计划；按计划的工作性质分，有工作计划、保障计划、修理计划、保养计划、培训计划、运行计划、送修计划等。

（1）维修的长期规划，是一种综合性、纲要性、战略性计划，是对维修工作的宏观管理，一般以 3 ~ 5 年为一个周期。它确定了规划期内设备维修工作的目标、方向、规模和重点，设计了维修工作的整体结构和部署，提出了维修工作的主要指标，它在维修计划管理中占有重要的地位。维修的长期规划，可以采用滚动形式，采用近细远粗的方法，边执行边修正，即根据系统环境的变化和短期计划的执行情况，不断地调整和延续。具有较强的适应性和灵活性，是一种弹性计划。

（2）维修的年度计划，是长期规划的具体化，是实施长期规划的年度安排。通过编制年度计划，能够根据执行长期规划中遇到的新问题，提出新的需要，发现新的潜力，对长期规划进行调整，以保证维修计划的科学性、稳定性、可行性和有效性。年度计划要详细、具体规定各项工作的任务指标，明确计划的执行单位和责任，提出保证计划完成的具体措施。

（3）维修的月度计划（或季度计划），属于短期计划，又称作业层计划，是在计划实施过程中的作业计划与控制工作。

（4）临时计划，是指为完成临时任务而制订的计划，一般在临时任务受领后制订，随着任务的完成而终结。

（三）维修计划的编制方法

1. 维修计划的基本要素

（1）必要性——为什么要制订该计划。

（2）目标——该计划要达到什么目的。

（3）地点——在什么地方执行。

（4）时间——在什么时机执行和什么时间完成。

（5）执行人——由谁执行及分工。

（6）方法——如何实施。

（7）措施——如何解决实施中可能出现的问题。

（8）检查和监控——分阶段检查点和监控程序。

2. 维修计划的程序

（1）领会意图，明确任务。

（2）研究信息，掌握情况。

（3）列出项目，拟定指标。

（4）提出文案，优化控制。

（5）上报审批，下达执行。

3. 维修计划的编制技术方法

（1）平衡法。

（2）定额法。

（3）比例法。

（4）比较法。

（5）分析法。

（6）网络法。

（四）维修级别与维修方案

1. 维修级别和维修级别分析

按照维修机构的梯次配置，维修级别通常分为小修、中修和大修。

（1）小修在设备使用现场进行，由使用人员或现场维护人员完成，发现小故障及时排除，作好记录。

（2）中修是指对设备进行正常的和定期的全面检修，对设备部分解体修理和更换少量磨损零部件，保证设备能恢复和达到应有的标准和技术要求，使设备能正常运转到下一次修理。

（3）大修是指对设备进行定期的全面检修，对设备要求全面解体、更换主要部件或修理不合格的零部件，使设备基本恢复原有性能。

权衡维修级别的准则有两类：一类是经济性准则，在进行此类分析时，主要以全生命期费用最低为决策的依据；另一类是非经济准则，主要考虑安全性、维修可行性、任务成功性及其他技术因素。

2. 维修方案的形成

在制定和评价各种可能的维修方案时，要考虑到下列问题：

（1）是否为每一个维修级别规定了预期的计划维修和非计划维修的职能？

（2）是否为每一个维修级别确定了应采用的有关使用与保障性的要求指标？

（3）采用的各个指标是否能保证设施设备使用要求；它们在各维修级别上彼此之间是否匹配？

（4）关于检测和保障设施设备的基本约束条件和预计的要求有哪些？

（5）每一个维修级别的人员专业种类和技能水平要求有哪些？

（6）预期有哪些设施要求？

（7）预期在每一维修级别会有什么样的维修环境要求？

（五）维修的有效性和经济性分析

维修的有效性和经济性分析，是制定设施设备维修保障规划，建立经济、有效的维修保障系统的决策基础。无论是修复性维修还是预防性维修，在制订维修方案、选定维修方式方法、确定维修级别和进行维修活动时，都必须以维修的有效性和经济性为基本准则。维修是否有效，通常应考虑以下三个方面：

（1）能否及时完成维修任务，保证设施设备的正常运行；

（2）能否保持或恢复设施设备的技术性能；

（3）能否保持或恢复设施设备的可靠性和维修性。

在维修的有效性和经济性分析的基础上，选择维修方案时主要采用效费分析法和综合评价法。

（1）效费分析法是在几个可行的维修方案中，分别估计各维修方案维修的有效程度和费用，然后计算各维修方案的效费比。

（2）综合评价法是指把维修有效度的三个分指标和维修费用及劣化损失费用（包括维修后由于性能下降而比新设备多用的维护保养费用）等项目综合在一起的评价方法。

（六）维修计划管理与决策分析

1. 维修计划管理与决策的特点

（1）系统性。

（2）时间性。

（3）风险性。

（4）模糊性。

2. 维修计划管理与决策的原则

（1）法规制度制约原则。

（2）效益原则。

（3）系统原则。

（4）定量分析和定性分析相结合原则。

（5）民主集中制原则。

3. 维修计划管理与决策的过程

决策过程的一般流程如图 8-3-24 所示。

4. 维修计划管理与决策的内容

维修计划管理与决策的内容主要有：设施设备维修需求预测、维修资源配置、维修计划安排、预防性维修决策、维修方案决策、应急维修决策优化等。

（1）维修需求预测是指设施设备的使用要求出发，通过收集、获取设施设备维修工作的相关信息，运用定性和定量预测的方法，对维修工作进行科学的预测。

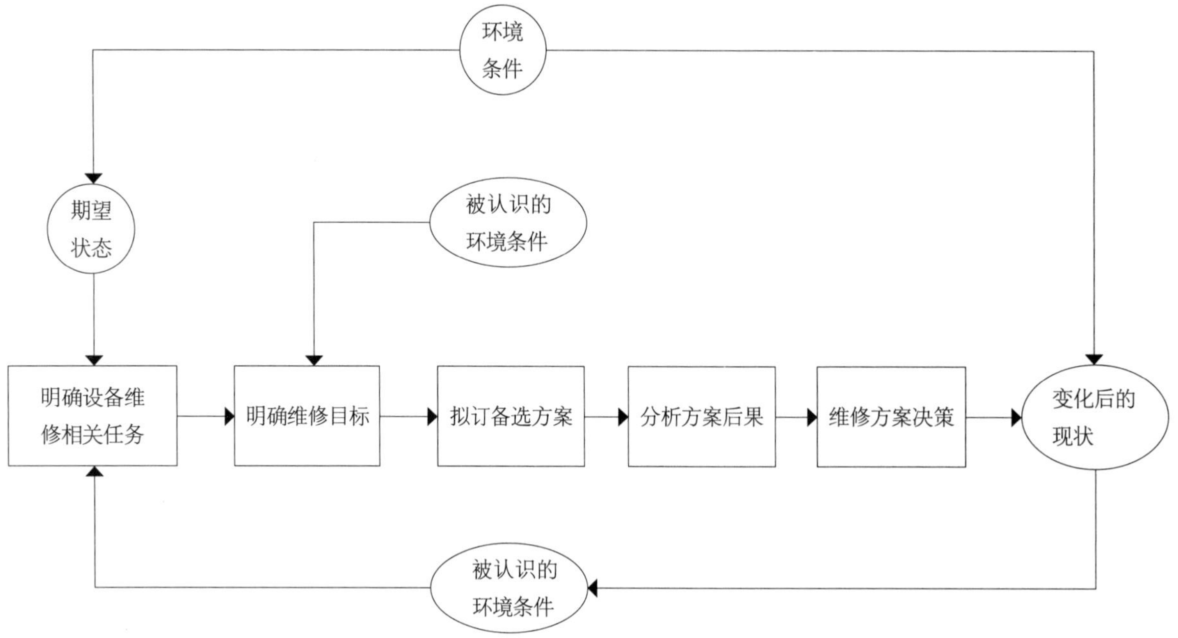

环境条件
期望状态
被认识的环境条件
明确设备维修相关任务
明确维修目标
拟订备选方案
分析方案后果
维修方案决策
变化后的现状
被认识的环境条件

图 8-3-24 维修计划管理决策一般流程

（2）维修资源配置，是指在维修计划方案的拟制和执行过程中，为达到以较少的维修资源获取更大的维修效益，而综合运用相关决策优化理论与方法，合理安排维修的保障器材设施、维修经费等维修资源，提高维修资源的使用效率。

（3）维修计划安排，设备维修计划与控制是在方案拟制阶段和执行阶段，安排维修计划方案的时间进度和人员指派工作，通过时间进度的计划安排，合理优化维修计划方案的时间，压缩工期，减少费用；通过恰当安排人员实施相应维修工作，提高维修人员的维修效率。

（4）预防性维修决策，建立以可靠性为中心的维修分析，基本思路是：对系统进行功能与故障分析，明确系统内可能发生的故障、故障原因及其后果；用规范化的逻辑决断方法，确定出各故障的预防性对策；通过现场故障统计、专家评估、定量化建模等手段，在保证安全性和完好性的前提下，以维修停机损失最小为目标优化系统的维修策略。

（5）维修计划方案的择优决策，就是在方案决策阶段对各个备选方案进行优劣度评价，其目的是从各个备选方案中选出一个“最优”方案。

（6）应急维修决策优化，主要是根据突发状况下设备故障维修决策，采取运筹决策的理论与方法进行分析，提高应急维修保障的时效性和成功率。

二、维修计划与控制

（一）准备过程和主要工作

维修项目的立项必须按照系统方法有步骤地进行。项目前期策划的过程包括项目构思、情况调查、问题定义、提出目标因素、建立目标系统、目标系统优化、项目定义、项目建议书、可行性研究、项目决策等工作。

1. 维修项目的构思

（1）构思的产生。任何维修项目常常出于系统现存的需求、问题、战略和可能性上。

（2）构思的选择。考虑环境的制约，充分利用资源和外部条件。充分发挥自身优势，达到合作各方的最优组合。

2. 维修项目的目标设计和项目定义

（1）情况的分析和问题的研究。

（2）维修项目的目标设计。

（3）维修项目的定义和总体方案策划。

（4）维修项目的审查。

（5）提出维修项目建议书。

3. 维修项目的依据

可行性研究，即对实施方案进行全面的技术经济论证，看能否实现目标，它的结果作为维修项目决策的依据。

4. 维修项目的评价和决策

在可行性研究的基础上，对维修项目进行财务评价、经济评价和环境影响评价。根据可行性研究和评价的结果，由上层组织对维修项目的立项做出最后决策。

（二）维修管理系统

1. 维修管理的概念

维修管理的目标是通过设施设备维修管理工作实现的。维修作为一种类型的管理对象，对它的管理运作不仅适用一般的管理学原理和方法，而且适用系统工程的理论和方法，组织学理论和方法。

2. 维修管理的工作范围

为了实现维修管理目标必须对项目进行全过程的、多方面的管理。

（1）维修项目管理必须包括由维修项目的范围定义的全部任务和工作，包括各个子项目及项目分解的所有工作任务。

（2）不同维修阶段的项目管理工作。包括维修的前期策划阶段；维修项目的设计和计划阶段；进行维修项目实施控制工作，监督、跟踪、诊断项目实施过程；项目后期工作等。

（3）维修项目管理的职能分解。主要包括成本管理，时间管理，质量、安全、环境和健康管理，组织和信息管理，采购和合同管理等。

（三）维修计划体系

维修计划是指由维修目标、策略程序、方案等要素构成的一个计划体系，是实施维修计划与控制的重要依据。

1. 维修计划过程

（1）维修项目的目标设计和项目定义实质上就是一个初步计划。

（2）可行性研究既是对目标的论证，又是一套较细和较全面的项目计划。

（3）在维修项目批准后，设计和计划是平行进行的。计划随着设计不断细化、具体化。每一步设计之后就有一个相应的计划，它作为项目设计过程中阶段决策的依据。同时，项目结构分解不断细化，项目组织形式也逐渐完备，这样就形成了一个多层次的控制和保证体系。

（4）在维修项目实施中，一方面，随着情况的不断变化，每一个阶段都必须研究修改、调整原计划；另一方面，由于计划期制订的计划较粗，在实施中必须不断地采用滚动的方法详细地安排近期计划。

2. 维修计划工作流程和内容

（1）维修计划工作流程。

计划是维修项目管理系统的一个子系统，必须建立合理的计划工作程序，提出具体的、规范化的计划文件要求。

①维修项目计划是丰富多彩的，包括许多职能型的计划。

②各种计划之间有机的联系和制约，形成一个复杂的计划体系。

（2）维修计划内容。

①确立目标，对目标研究分析。

②进行环境条件调查，分析制订计划的限制条件，写出调查报告。

③工程技术系统的策划和分析。

④确定项目范围和项目结构分解。

⑤维修项目的实施技术方案和总的实施策略。

⑥维修项目的组织计划。

⑦项目的工期计划。

⑧资源计划。

⑨采购计划。

⑩成本计划。

⑪资金计划。

⑫质量、安全、环境等管理计划等。

⑬其他保障计划。

⑭风险分析和应对计划。

⑮项目计划的各种基础资料和计划的结果应形成文件，以便沟通，且具有可追溯性。

3. 维修计划的要求

由于维修项目的特殊性和计划在项目管理中的作用，对项目计划有特殊的要求。

（1）目标是计划的灵魂，必须按照批准的项目总目标制订详细的计划。计划必须符合上层组织对项目的要求。计划人员必须详细地分析目标，弄清任务范围和界限。

（2）符合实际，确保可靠性和可行性。

（3）经济性要求。要求维修项目计划不仅有较高的效率，而且要有较高的整体经济效益，同时要求项目的资金平衡，有效地使用资源。

（4）全面性和系统性要求。

①通过结构分解得到的所有项目单元。

②项目单元的各个方面，如质量、数量、实施方案、工序的安排、成本计划、工期的安排。

③从项目开始直到项目结束的各个阶段。

④所有项目任务的承担者。

（5）计划的弹性要求。

①外界环境的变化。

②资金投入的变化，新的想法与新的要求。

③环境因素的干扰。

④可能存在目标、计划、设计中考虑不周、错误或矛盾，造成工程量的增加或减少，方案的变更，以及由于工程质量不合格而引起返工。

（6）实施过程中管理工作或技术工作失误，管理者缺失经验，能力不足。

（7）计划详细程度的要求。

①项目计划设计的深度。

②项目结构的分解程度。

③计划与项目组织相协调。

④工程规模及其复杂程度。

⑤计划期的长短。

4. 维修计划中的协调

（1）一个科学可行的计划不仅在内容上要完整、周密，而且各种计划之间要协调。

（2）注意合同之间的协调，在责权利关系、工作关系的安排、时间的安排上应协调。

（3）不同层次的计划协调。

（4）重视计划编制后工作。

（四）维修实施控制体系

1. 维修实施控制的概念

实施维修控制，必须明确维修控制的任务，了解控制的作用和方法，明确影响控制的因素。

（1）维修项目控制的任务。

本书中的控制是指在计划阶段后对项目实施阶段的控制工作，即实施控制，它与计划一起形成一个有机的项目管理过程。

维修项目实施控制的总任务是保证按预订的计划实施项目，保证项目总目标的圆满实现。

（2）实施控制的必要性。

①项目管理主要采用目标管理方法，由前期策划阶段确定的总目标和经过设计和计划分解得到的详细目标，必须通过实施控制才能实现。目标是控制的灵魂，没有目标则不需要控制，也无法进行控制；没有控制，目标和计划就无法实现。

②现代医院设施设备维修项目规模大、投资大、技术要求高、系统复杂，其实施的难度很大，不进行有效的控制，必然会导致项目的失败。

③由于专业化分工，参加项目实施的单位多，项目的顺利实施需要各单位在时间、空间上的协调一致。但由于项目各参加者有自己的利益，有其他项目或其他方面的工作，会造成行为的不一致、不协调或利益冲突，使项目实施过程中断或受到干扰，所以必须有严格的控制。

④由于多种经营、灵活经营、抗御风险的需要，许多企业跨部门、跨行业、跨地区、甚至跨国的项目越来越多，这给项目管理带来了新的问题，给控制提出了新的课题和要求。

⑤工程项目在实施过程中，由于各种干扰会使实施过程偏离项目的目标，偏离计划，这使得项目计划在实施过程中必须不停地调整，如不进行控制，会造成偏离的增大，最终可能导致项目的失败。

（3）现场控制。

为了使项目管理有效，使控制得力，项目管理人员必须介入具体的项目实施过程，进行过程控制，而不是作最终评价。要亲自布置工作，监督现场实施，参与现场的各种会议。所以，工程项目一经现场开工，项目管理工作的重点就转移到施工现场。

（4）项目目标对控制的影响。

工程项目采用目标管理方法，所以项目实施控制又是目标控制。控制的目的是使整个项目的实施完成总目标。项目实施控制具有如下特点：

①目标的可变性；

②项目是多目标系统，而且经常会产生目标争执；

③组织行为对控制具有很大的影响，项目参加者在项目实施中的行为主要受他在项目中的利益驱动；

④外界环境变化造成对项目实施的外部干扰，使实施过程偏离目标，项目目标与环境之间的交互作用是控制的难点，在项目实施的整个过程中应一直加强对环境的监控。

2. 维修实施

维修项目实施控制的许多基础性管理工作和前提条件必须在实施前或在实施初期完成，作为项目实施的前导工作，它包括以下三个方面的内容。

（1）各种许可证的办理。按照我国的建设法律和法规，建设项目必须获得批准，办理相应的许可证。

（2）现场准备。现场准备是项目实施的前期阶段，有大量的现场准备工作和物资准备工作。

①现场实施所必需的各种手续和许可证的办理。

②现场原建筑物的拆除和场地平整。

③现场及通往现场道路的疏通，给排水的敷设，现场邮电和通信问题的解决。

④现场临时设施的布置及搭设。

（3）实施条件准备。

①劳动力的调查、培训工作。

②材料的订货、采购、运输、进场。

③施工设备的调遣及进场安装。

④全部必要的技术文件的提供和相应的会审工作等。

3. 维修实施控制要素

维修实施控制包括多个要素，主要有维修项目实施控制的对象、控制点的设置、控制的内容、控制的依据、控制期的设定、控制的过程等方面。

（1）维修项目实施控制的对象和控制点的设置。

为了便于有效地控制和检查，对各种控制对象要设置一些控制点。控制点通常都是关键点，能最佳地反映目标。控制点一般设置在：

①重要的里程碑事件；

②对工程质量有重大影响的工程活动或措施；

③对成本有重大影响的措施；

④合同价格和工程范围大，持续时间长的主要合同；

⑤主要的工程设备和主体工程。

（2）控制的内容。

①项目范围控制；

②合同控制；

③风险控制；

④项目实施过程中的安全、健康和环境方面的控制。

（3）控制的依据。

工程项目控制的依据从总体上来说是定义工程项目目标的各种文件，如项目建议书、可行性研究报告、项目任务书、设计文件、合同文件等。

（4）控制的设定。

最小控制期的设定与总工期有关，一年以上的项目，控制期通常以月计，工期较短的项目控制期可以为周或双周。控制期越短，越能早发现问题，并及早采取纠正措施，但计划和控制的费用会大幅度增加。

在特殊情况下，如项目出现失控情况，或对风险大、内容复杂、新颖的重要项目或项目单元，可以缩短控制期，做更精细的计划和更严密的控制。

（5）控制的过程。

维修项目实施控制是一个积极的、持续改进的过程。

①管理和监督项目实施。实施控制的首要任务是监督，通过经常性的监督以保证整个项目和各个工程活动按照计划和合同有效地和经济地实施，达到预定的项目目标。工程监督包括许多工作内容。

领导整个项目工作，做工作安排，沟通各方面的关系，提供工作条件，培训项目管理人员。

按计划实施项目，保证每个工程活动按时开始；协调工程实施过程中的各项工作、各参加者之间的关系，处理矛盾，发布工作指令，划分各方面责任界面，解释合同。

各种工作的检查，如各种材料和设备进场及使用、工艺过程、隐蔽工程、部分工程及整个工程的检查、验收、试验等，并管理现场秩序。

工程过程中对各种干扰和潜在危险的预测，并及时采取预防性措施。

记录各种实际工程实施情况及环境状况，并收集各种原始资料。

各种工作和文件的审查、批准。

②跟踪项目实施过程。通过对实施过程的监督获得反映工程实施情况的资料和对现场情况的了解。将这些资料经过信息处理，管理者可以获得项目实施状况的报告；将它与项目的目标、计划相比较，可以确定实际与计划的差距，认识到何处、何时、哪方面出现偏差。

③实施过程诊断。为了对项目的实施过程进行持续改进，必须不断地进行诊断。

对工程实施状况的分析评价。这是一个对项目工作业绩的总结和评价过程，按照计划、项目早期确定的组织责任和衡量业绩的标准，评价项目总体的和各部分的实施状况。

对产生问题和偏差原因的分析。偏差的原因很多，可能有目标的变化、新的边界条件和环境条件的变化、计划错误、新的解决方案、不可预见的风险发生、上层组织的干扰等。

原因责任的分析：责任分析的依据是原定的目标分解所落实的责任，它由任务书、任务单、合同、项目手册等定义。通过分析确定是否由于项目组织中的成员未能完成规定的责任而造成偏差；常常存在多方面责任，或多种原因的综合，则必须按责任者、按原因进行分解；实施过程趋向的预测。实施趋向预测是在目前实际状况的基础上对后期工程活动做新的费用预算及制订新的工期计划。

④采取调控措施。控制的目的不仅是监督和追究责任，而是后期工作的安排，并采取措施，以持续改进项目实施过程。对项目实施的调整通常有两大类：对项目目标的修改。即根据新的情况确定新目标或修改原定的目标；按目前新发生的情况制订出新的计划，或对计划做出调整。

（6）其他控制手段的使用。

前馈控制。它不是按照已获得的结果，而是事先考虑将产生的或可能产生的结果采取措施；它不依据工程报告、报表和统计数字，而是根据项目投入分析研究，预测结果，将这种结果与目标相比较，再控制投入和实施过程。

防护性控制，即在实施过程中采取控制手段。如通过严密的组织落实责任体系，建立管理程序和规章制度，在各管理职能之间建立权力制衡。

4. 变更管理

（1）变更的概念。

变更的种类：目标变更；工程技术系统的变更；实施计划或实施方案的变更；项目范围的变更；其他，如投资者的退出，管理模式的变更。

工程项目变更的起因。工程项目变更的起因除了前面所描述的计划干扰因素外，还可能是项目实施没有达到计划的要求，造成计划与实施之间的差异。

项目各种变更之间的联系。环境的变化和上层组织战略和要求的变化可能会直接导致项目目标、工程技术系统、工程实施方案、项目范围的变化；目标的变更可能会导致工程技术系统、实施方案、项目范围的变更；工程技术系统的变更会直接导致项目范围的变更；工程实施方法的变更会导致项目范围的变更。

变更的影响。变更会导致项目系统状态的变化，对项目实施影响很大，主要表现在从下几个方面。

①定义项目目标和工程实施的各种文件，都应做相应的修改和变更。有些重大变更会打乱整个施工部署。

②引起项目组织责任的变化和组织争执。

③有些工程变更还会引起已完工工程的返工、现场工程施工的停滞、施工秩序被打乱，已购材料的损失等。

④项目变更及其控制不是孤立的，必须同时全面考虑对其他因素或方面的影响，如范围变更会对时间、费用和质量产生影响。

⑤变更导致项目控制的基础和依据发生变化，导致目标的变更和新的计划版本。这样，实际工程施工状态与原计划甚至原目标可比性不大，应该在原计划的基础上考虑各种变更的影响。

⑥频繁的变更会使人们轻视计划的权威性，而不执行计划，或不提供有利的支持，会导致项目的混乱和失控，所以变更不能太随意。

（2）变更管理工作。

变更的处理要求：①在变更之前应分析变更的意图、变更程序及变更的影响。②变更应尽可能快地作出，避免施工停滞或继续施工造成的返工损失。③变更指令做出后，应迅速、全面、系统地落实变更指令。

变更程序：①变更申请；②提出变更要求；③变更审查与批准；④发布变更令。

（五）维修结束阶段的管理工作

1. 竣工和移交

（1）项目竣工。

项目的竣工验收是全面考核和检查项目实施工作是否符合设计要求和达到规定的质量的重要环节，是施工方、承包商向建设方汇报建设成果和交付新工程的过程。这阶段的工作将为以后进行项目后评价提供依据。

（2）项目移交。

工程由建设方移交工程的运营部门，或工程进入运营状态，标志着工程建设阶段任务的结束，工程项目进入运营阶段。移交过程应正式通知项目相关者参加，应有各种手续和仪式。

2. 保修和回访

维修工作完成交付使用后，按照全寿命周期管理的要求，还必须负责对承修设施设备的保修，并定期进行回访，了解设施设备的质量情况。

3. 项目的后评价

项目的后评价通常在项目竣工以后，项目运作阶段或项目结束之前进行。

（1）项目的后评价指对已经完成的项目，已投入运营的项目的目标、实施过程、运营效益、作用、影响，进行系统客观的总结、分析和评价。

（2）项目后评价应以事实为根据，必须反映真实情况，用数据说话，应吸收项目的相关者参加。

（3）项目后评价的内容。

项目效益后评价。以项目投产后实际取得的效益（经济、社会、环境等效益）为基础，测算项目的各项经济数据，得到相关的投资效果指标，然后将它们与项目可行性研究报告中预测的有关指标进行对比，评价和分析其偏差情况以及原因。

项目管理后评价。以项目竣工验收和项目效益后评价为基础，在结合其他相关资料的基础上，对项目整个生命周期中各阶段的管理工作进行评价。

项目管理后评价可以从不同的角度进行。

①项目前期工作后评价。

②项目实施工作后评价。

③项目运营管理后评价。

第四章

医院第三方服务单位的管理

黄如春　王永红　朱虹　刘毅

黄如春 江苏省人民医院总务处长，研究员级高级工程师

王永红 江苏省人民医院总务副处长，副高级研究员

朱 虹 江苏省人民医院总务处维修保障科助理工程师

刘 毅 江苏省人民医院总务处维修保障科助理工程师

第一节　概述

近年来，由于国内人均生活水平的不断增长，人们开始更多的关注自身健康，这也就直接导致了社会和人民群众对医院的就医需求大大提高。需求量的提高推动了医疗服务市场更为激烈的竞争，促使公立医院纷纷从规模效益型的模式向质量效益型模式进行转变。然而在进行模式转变的同时，推动医疗机构内涵建设更是持续发展的根本保证。医院后勤进行第三方单位承包是近年来医院后勤管理研究的重要领域，也是医院管理改革的一项重要内容。

医院后勤部门负责整个医院的保障工作，涉及所有临床医技科室的运作，对于医院的正常运营与整体医疗水平起着不可或缺的作用。医院的后勤管理现在多采用第三方服务单位服务的形式，其整体的后勤服务质量也在不断提高，服务于医院的企业数量更在逐年攀升。

医院后勤管理具有涉及内容多、区域范围大、环境复杂、对象特殊、管理路径特殊等特点，并为医院各重点工作的正常运行提供着巨大的支持。医院后勤第三方服务外包是指医院通过公平招标、竞争等形式，将医院非核心业务外包出去转让经营的战略方式，通过改变传统模式，社会化外包获得专业化、高层次服务，达到医院、第三方服务公司和病人的三赢局面。但同时也带来一系列风险与挑战，由于至今没有统一的后勤社会化标准，缺乏对于第三方服务单位系统、科学的管理，所以针对医院第三方服务单位的管理仍需要不断探索与研究。

一、国内外医院第三方服务发展过程

（一）国外发展过程

医院第三方服务单位的启用在西方发达国家起步较早，同样运行机制也相对成熟，各项职能相对完善，进一步了解其运营情况对正确评价及改进我们的工作有很好的借鉴价值。

美国医院集团采用后勤集约化管理，在人员、财务、信息、基本建设、物资采购、后勤服务实行垂直化管理。集团在相应医院设立分支机构，以达到降低成本、扩增服务项目、专注改善医院主营核心业务成效、弥补医院专业能力不足、避免设备投资成本增加等目的，进一步解决人员流动及招聘困难等事宜，努力提高医院形象、社会效益和经济效益。

德国医院后勤第三方服务始于20世纪60年代初，经过较长时间的探索和实践，目前已基本形成具有本国特色的医院后勤服务模式。医院后勤第三方服务主要分为普通服务、餐饮服务和物业服务三类。德国医院后勤服务管理经过几十年的实践，现已达到一个较高的管理水平。目前，德国医院后勤服务须符合德国医疗透明管理制度与标准委员会（KTQ）制定的医院服务和管理标准。并且，德国医院的后勤管理学科化建设水平较高，德国吉森大学《医院技术管理专业》就专门为欧盟国家的医院培养和输送后勤管理人才。

法国医院提倡人性化的后勤第三方服务。按照法国有关条例规定，公有医院由国家规定饮食标准，通过市场竞标的方式与中标者签订合同，由中标者承包。由专业的后勤保障服务公司的专门的营养专家来认定病人和健康人的伙食。比如，手术期间的病人有减轻消化的菜谱、精神抑郁的病人是保护型菜谱、糖尿病人因为有一型糖尿病和二型糖尿病而分两种菜谱、职工的菜谱则根据营养要求而配置不同的品种等。

日本医院后勤第三方服务起步较早，而且在不断寻求改革，追求新的经营之道，努力走医院供给事业的统一化之路。有调查结果表明，日本医院后勤第三方服务业务正在向“医疗废弃物处理”“医疗事务”“医院医疗信息电脑系统”“医疗信息服务”“医院物品管理”“医院维修服务”“经营咨询”“紧急通报服务”等更多项目拓展。

新加坡医院通过招标把多家信誉良好的饮食公司引入医院，同时把最著名的连锁超市、书店、美容院、自动银行、邮局、药店、售租医疗用品的公司、警察局等搬进医院，形成了一个立体的社会化后勤服务体系。

（二）国内发展过程

1992年6月16日《中共中央、国务院关于加快发展第三产业的决定》明确指出："以社会化为方向，积极推动有条件的机关和企事业单位在不影响保密和安全的前提下，将现有的信息、咨询机构、内部服务设施和交通运输工具向社会开放，开展有偿服务，并创造条件使其与原单位脱钩，自主经营，独立核算。同时，鼓励社会服务组织承揽机关和企事业单位的后勤服务、退休人员管理和其他事务性工作，打破'大而全'、'小而全'的封闭式自我服务体系，使上述工作逐步实现社会化。"这就提出了世纪之初的中国企事业后勤面临的一个共同改革的课题：后勤服务社会化。

党的十四大（1992年10月12日至18日）明确提出，我国经济体制改革的目标是建立社会主义市场经济体制，实行由计划经济向市场经济的根本性转变。2000年2月16日，国务院体改办等部门在《关于城镇医药卫生体制改革的指导意见》中指出加强医疗机构的经济管理，进行成本核算，有效利用人力、物力、财力等资源，提高效率、降低成本。实行医院后勤服务社会化，凡社会能有效提供的后勤保障，都应逐步交由社会去办，也可通过医院联合，组建社会化的后勤服务集团。卫生计划第十个五年计划纲要提出了"实行医院后勤服务社会化"的要求，改变传统的后勤保障模式，建立符合社会主义市场经济规律和适应医疗卫生事业发展特点的后勤保障机制。

2002年原卫生部颁布《关于医疗卫生机构后勤服务社会化改革的意见（试行）》，为医院后勤服务外包提供具体的实施方法，全国医疗机构就此展开了对后勤服务外包的大胆尝试。在党的十六届三中全会（2003年10月11日至14日）上制定《关于完善社会主义市场经济体制若干问题的决定》是中国改革史上具有里程碑意义的重要文献，是指导我国今后一个时期经济体制改革的纲领性文件，对推进中国医院后勤社会化改革持续深入进行具有方向性指导意义。

国家发展和改革委员会公布2006年3月1日至15日半月改革动态，在《中华人民共和国国民经济和社会发展第十一个五年规划纲要》（以下简称《纲要》）对"十一五"时期的经济体制改革做出部署，其中《纲要》第四篇"加快发展服务业"的第十八章"促进服务业发展的政策"中提出"打破垄断，放宽准入领域，建立公开、平等、规范的行业准入制度。鼓励社会资金投入服务业，提高非公有制经济比重。公共服务以外的领域，要按照营利性与非营利性分开的原则加快产业化改组。营利性事业单位要改制为企业，并尽快建立现代企业制度。继续推进政府机关和事业单位后勤服务社会化改革。采取积极的财税、土地、价格等政策，支持服务业关键领域、薄弱环节、新兴产业和新型业态的发展。健全服务业标准体系，推进服务业标准化。大城市要把发展服务业放在优先位置，有条件的要逐步形成服务经济为主的产业结构"。

2015年，国务院办公厅发布《关于城市公立医院综合改革试点的指导意见》。党的十九大报告提出：深化医药卫生体制改革，全面建立中国特色基本医疗卫生制度、医疗保障制度和优质高效的医疗卫生服务体系，健全现代医院管理制度。

这一系列政策文件的发布，有力地推进了我国大陆地区公立医院后勤服务社会化的进程，国内涌现出具有区域代表性的医院后勤社会化改革方式。上海市在医院社会化改革中变单位后勤为社会后勤，组建后勤服务集团和企业实体，鼓励医院间联合、医院与社会联合，并将后勤项目委托给服务好、质量优、信誉高、价格合理的专业服务公司；深圳市借助一流企业提供管理与服务，能让社会承担的部分都拿出去，利用市场机制，获取全面、低耗、优质的服务，医院集中精力，做医疗工作；在福建省也有一些医院实行这种模式。

国内香港特别行政区和台湾地区，经济发展水平比较高，医院第三方服务的发展也取得了一定的成效。在香港特别行政区医院给排水系统、空调和通风设备、电气设备设施、电梯、消防、燃气供应、医疗气体供应等支持系统全部采用智能化管理，信息化程度高；专业性强，由政府专业部门和专业机构承担机电设备的管理运维；制度完善，坚持人员持证上岗的法律制度，以上管理方法减轻了医院管理的负担，使高层管理人员有精力考虑医院的发展等全局性问题，使整个医院后勤支持系统的运行建立在一个完备的质量保证体系之中，保证了医院医疗工作的顺利进行。台湾地区的医院将其非核心业务外包给专业第三方服务公司，并且已形成了医疗产业的经营趋势。医院外包的不仅有电脑维护、废弃物处理、洗涤、清洁、医械维护、太平间、餐厅、救护车、保安等项目，还将部分医疗项目如检验、放射、碎石及洗肾业务也进行了外包。

二、发展第三方服务单位的影响

毋庸置疑，医院后勤服务主要面向的是临床的医护人员以及广大的患者，而后勤相关服务人员和管理者的责任就是辅助后勤人员更好地完成自身的工作。通过全方位引进第三方服务单位，可以使医院管理者从繁杂的行政后勤管理中摆脱出来，集中精力于医、教、研等核心业务工作，不断提升医疗技术水平和医疗服务质量。医疗机构需要在按照市场经济规律实行社会化服务的同时，对自身的管理模式、成本等方面进行全方位的统计和计算。通过使用先进的管理工具完成评估和优化，帮助医院提高资源的利用率，减少不必要的开支。可以说，医院后勤引入第三方服务单位的管理模式不仅可以推动医院的整体发展，更能使综合运营效益获得提升。

同时，医院采用第三方服务管理较以往医院自行管理对医院空间布局会产生一定影响。第一种情况，当某项业务完全外包给第三方公司时，业务的转移将带来空间地点的转移，例如将车辆业务外包给服务公司，医院原本用于车辆管理办公、运输、停放的区域将会改造成其他功能用房。第二种情况，承担业务的第三方服务公司的服务地点虽然在院内，与传统自管在空间利用上仍然有差异。传统自管运维受医院建筑分布影响较大，运维地点通常较为分散。第三方服务公司基于管理角度通常采用集中式运维方式。

第二节　第三方服务单位的运作模式

一、第三方服务单位的运作模式

（一）后勤服务实体或企业集团化模式

该模式主要表现在医院与医院、医院与社会或医院与母体高校之间的联合。这种模式基本运作方式是把医院后勤服务按项目组建服务中心，如物业管理中心、物资配送中心、洗涤中心、连锁餐厅、超市等。按现代化物业模式运作，实行独立核算、自主经营、自负盈亏。其优点主要表现在以下各方面。

（1）有利于后勤服务实体管理体制的转变。按现代企业管理制度，首先在用人机制和分配机制上引入竞争机制、激励机制，实行公开招聘、竞争上岗。实行企业化管理，创造新机制和新的工作环境，使企业充满活力。

（2）有利于人事改革。后勤改革中的人事改革是一个难题，长期以来医务人员与后勤人员的同酬不同工使后勤人员对医院产生强烈的依赖感。由于成立的实体还有医院的身影，这样职工仍有一定的归属感，相对来说便于实施。

（3）有利于资源共享。借助专业服务公司的管理经验来提升联合实体的经营水平，有利于提高医院后勤服务效益和质量。后勤服务集团同时服务于多家医院，且根据后勤工作系统而复杂的特点，这种集团模式可以使资源共享、合理调配。

（4）有利于产权明晰。医院购买联办的实体或企业集团提供的服务，只需配备几个后勤专职管理人员。作为甲方，医院对后勤工作实施监督、协调、考核，医院与实体或企业集团的产权关系相对清晰。

这种模式存在的问题主要表现在：由于涉及分配、人事制度的改革，易引起后勤人员对改革的不满而形成阻力，具体的操作应慎之又慎；此外，由于把职责不明确的问题由医院转移到了医院与实体企业之间，易导致互相推脱责任。

（二）竞标分类承包模式

该模式将医院后勤服务分成几块，面向社会公开招标，挑选有实力、专业性强的公司进驻，打破院内后勤服务独此一家（医院自家办）的格局，彻底改变原来缺乏竞争、缺乏激励机制、服务质量不能满意的现状。其优点表现在以下各方面。

（1）医院后勤传统的管理体制、方式和程序都发生了一定程度的变化。表现为引进了以市场为主导、以公司独立运作的市场经济管理体制，为医院后勤改革注入新的内涵与活力，在市场竞争机制下，提高服务质量，降低服务成本，使医院选择满足自身需求的最符合质量标准的服务公司，逐步实现后勤社会化。

（2）在人事改革上又向前迈进了一步。引进社会服务公司，可使其消化部分医院后勤职工。同时有利于提高职工的积极性和专业技能，后勤职工的接受程度也较高，一定程度上既推动了后勤改革，又保持了后勤职工队伍的稳定性。

（3）切合现阶段医院的后勤改革实际。在我国现阶段后勤社会化改革的推进过程中，应坚持分批推进，成熟一个推进一个，逐步过渡。竞标分类承包模式无疑是最适合医院后勤改革过渡期间的一种改革形式。实践证明，竞标分类承包模式不仅易操作，而且特别适用于中小型医院。目前中小型医院后勤管理服务工作仍存在着管理机制落后，缺乏责、权、利统一的管理责任制等诸多问题。竞标分类承包模式可快捷地改变这种现状，打破陈规。

这种模式存在的问题主要表现在：相对于集团模式和整体委外模式来说，这种模式在人员、资产的剥离上都不彻底；如果转制后的医院后勤服务中心仍旧是游离市场之外，不走向社会，将影响“承包项目”的生存和发展；对于后勤改革来说，在专业上不够标准化，规模上缺少竞争力。

（三）整体委外模式

该模式通常是把服务项目连同后勤职工一起移交，往往以招标的形式进行，这是后勤社会化模式中最彻底的一种。这种模式实施得比较有影响的是深圳地区的某医院，该医院从2000年开始就实行了全方位的后勤社会化改革，将设备维修、医院安保、公共秩序管理、保洁、环境绿化、餐饮、洗涤等全部委托给第三方服务公司，不仅取消了原有后勤人员的编制，每年还能节省后勤经费开支。其优点表现在以下各方面。

（1）管理主体发生了变化。医院角色的瞬间转变，从医院办后勤转变为社会机构办后勤，实现了从计划经济到市场经济的转变。医院由“办后勤”转变为“购买后勤服务”，可以把精力集中在医、教、研的工作上，可以最大限度地节约医院的资金、人力资源和宝贵的医疗用房，为医院的发展腾出更多的资金和编制，使管理者集中更多的精力抓好医院的发展。

（2）管理职能发生了变化。医院后勤管理职能科室从直接指挥调度生产转变为合同管理与质量监督、检查，使后勤产业走上专业集约经营、社会化生产的轨道，带来了明显的社会效益与经济效益。

（3）有利于提高后勤人员的劳动效率，减员增效。后勤社会化，可以使后勤人员分流，经济独立核算，减少医院财政的预算；可以使后勤人员在市场机制的作用下，充分发挥自己的积极性，提高生产率。

（4）医院后勤人员、资产剥离比较彻底，医院与服务公司的产权关系比起前2种模式更清晰。服务公司消化了全部原医院后勤职工，实现了整体转制。

这种模式存在的问题主要表现在：由于后勤职工由“单位人”变成了“社会人”，与原单位之间待遇等各方面的落差，使得医院后勤人员剥离工作像个“雷区”，阻力较大，处理不当易引起不稳定；在委托的过程中容易出现国有资产的流失；由于后勤社会化，出现“市场失灵”，即在市场的完全趋利性的情况下，如何保证公司提供的服务质量以及医院与公司之间的沟通难度大增；在突发情况下如何保证医院在第一时间得到相应的后勤支援也是一个问题。

（四）第三方服务公司总包模式

该模式是将后勤管理服务工作集中委托一家专业的后勤企业队伍全方面负责，医院委托一体化管理机构负责具体的运行管理，实行酒店式管理模式，以酒店维护方式对院落、地面、墙面、设施设备实施“常新”管理。

这种模式目前以国内的北京地区某医院为典型，后勤外包已从最初的保洁、导医等扩展到现在的绿植、餐饮、维修、动力和专业维保，覆盖了七大类上千人的规模。医院后勤管理的工作性质在相当程度上已经从过去培养自己人干，到现在的监督和管理外包公司干。医院总包公司将有计划、分步骤对地面、墙面进行出新，对院落内的所有绿植进行花园式修剪管理，医院后勤保障部门负责检查、督导、总质检员、部门经理以上人员集中办公，将以往各服务单位松散性管理转变为紧密性管理，分散性管理转变为一体化管理，各自为政管理转变为统一指挥管理。院方管理团队只需负责协调、沟通院内各临床科室关系，这样既可及时听取并改进临床科室对后勤服务的意见，又可避免企业的多头应付，让企业没有后顾之忧，从而更能全力提高服务质量。企业也只需按照合同内容运作，严格履行责任权利，及时与后勤管理团队交流和解决管理中存在的问题，双方明确后勤服务评价体系，共同制定管理细则和评分标准。每个月，后勤管理团队按照评委考核小组打分支付管理服务费即可，大大方便了对其的监督和管理。

二、引进第三方服务过程中的风险分析

在引进第三方服务公司的社会化过程中，院方遇见的风险主要突出表现在以下各方面。

（一）选择风险

医院后勤作为一个特殊的后勤体系，需要专业性服务，大部分社会服务企业对于参与到医院后勤服务是“心有余而力不足”。有些企业缺乏对医院工作的了解，部分员工没有经过专业的培训，达不到医院后勤服务的标准及要求，这就需要医院在选择外包服务项目上格外慎重。

医院选择服务企业时，对服务内容、质量标准和价格方面评比后，往往是竞标价格最低者胜出。由于这个原因，服务企业通过压低价格甚至低于成本价的手段，争取成为医院的合作方，而在实际供给服务时，考虑到自身产品成本因素，在追逐利润的原始动机下，社会服务企业所提供的服务质量就可能和竞标时的承诺有差距，服务质量低下。此时即使医院发现质量差距，出于对合同期间重新竞购的成本考虑，也往往放低要求接受。

（二）合同风险

后勤服务外包需要有严格的合同、监管条款和服务协议加以约束，但实际上，医院处在后勤服务市场初期发展阶段，而社会服务企业则在知识、信息上有明显优势。更重要的一点是，实践中许多服务外包合同的真正设计者是社会服务业而非医院。因此，签订合同时，医院经常处于被动地位，给医院带来不利影响。

（三）替代风险

市场无形的“推手”主导了优胜劣汰，当供方无法适应需求，必将退出市场。而医疗机构服务的连

续性却不允许后勤支持系统片刻紊乱，因此，医院任何时刻都要有“危机感”，避免因服务公司更替给医疗业务运行造成的不利影响。

（四）管理风险

（1）人员管理风险。①人员分配不够规范。医院医护都是按照国家相关标准配备，而第三方服务公司的人员配备却没有相关标准进行约束。②人员职责划分不明。第三方服务公司的人员职责分配不够细致，个人职责不明确。③人员流动性大，人员变动影响各项后勤服务工作。④因为医院自身的独特性，对于安全感控方面有着高要求，但服务公司工作人员大都没有受过护理培训，对于医院后勤不够了解，在有些方面甚至无法达到医院要求。

（2）成本管理风险。①物耗管理。服务公司配备的工作用品与医院所要求达到的标准存在差距，例如医院相关科室由于病人群体的特殊对于保洁有着特殊要求，外包公司配置的清洁物品能否达到其要求就是一个问题。②工资核算。服务公司对于不同工种之间工资发放按何种标准也没有具体标准可依。

三、第三方服务单位管理的方向

（一）把握主导权，多方面考虑，综合性选择

医院推行后勤服务外包，应该注重于外包公司的实力与服务的质量，不以价格为唯一标准。医院应考虑自身情况，合理制定适合自身后勤现状的服务外包标准，考察服务企业的资质要求，选出真正有实力、有诚信的社会服务企业承担后勤服务。

把握服务外包市场运行的主导权。医院要成为外包签约的设计者与控制者，必须对市场进行充分调研与深入分析，让医院成为一个有效的综合信息源，增强医院在比较、选择外包企业时的判断力。同时，医院要充分了解参与竞争的各社会服务企业的资质与专业实力、社会信誉度等，形成有利于医院主导的格局。

（二）建立预算管理体系，规范成本核算

建立预算管理体系，有效地对服务公司进行预算的管控，特别是对人员成本的核算和实施。预算管理体系的建立，医院能够从自身需求出发，使医院资源得以高效合理的配置，从而提高医院后勤的经营效率，同时这也是后勤管理者进行管理的重要手段，如图 8-4-1 所示。

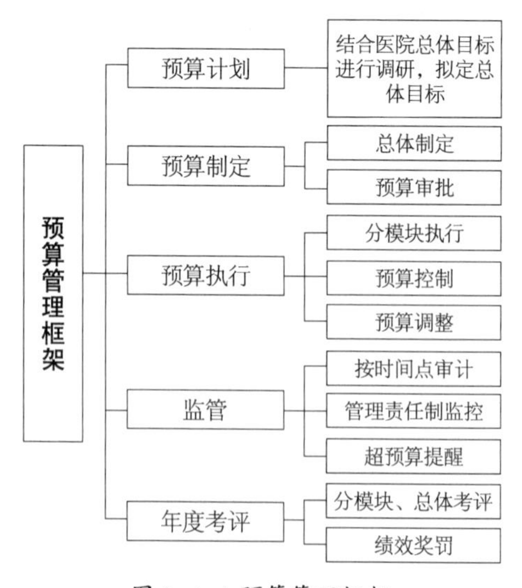

图 8-4-1 预算管理框架

（三）完善相关制度规范，实现标准化管理

1. 明确岗位，定岗定编

医院针对某项后勤服务业务进行外包前，必须找到合理依据并根据自身需求进行岗位和工作量的测算。以保洁配置为例，目前大多数医院是以病床数量或科室面积为依据确定保洁人员数量，与此同时，也要综合考虑病员流动性、病床周转率等因素，制定出真正适合医院的后勤服务岗位配置。

2. 多部门联动，监督服务整体过程

增强双方沟通，定期召开工作协调会。这样医院可以在会议上对外包后勤服务近期的表现提出建议，外包公司也可以提出自身的看法。此外，健全质量监督体系，不仅仅由后勤管理部门作为监督方，联合审计、财务、院办乃至临床、医技、护理等一线科室及直接享受服务的病人及其家属创造多位监督体系。

3. 建立外包服务公司质量考核体系

（1）制定质量管理目标，将这种目标细化到护卫、保洁、配送、生活护理、绿化养护、餐饮、机电运行、洗涤等工作内容，包括工作目标应达到何种程度。同时，制定规范统一的考核指标。如：员工形象、出勤纪律、服务态度、操作规范、应急处置能力、节能环保意识等。

（2）医院根据自身对后勤服务的预期目标是否达成、各项工作的满意程度来进行评价选择。就现阶段，许多医院都会举行年终后勤物业总结大会，各科护士长会就保洁、安保、维修等方面进行评价，对满意的方面给予表扬，对物业公司做得不足的地方给出建议。针对护士长的反馈及建议，督促其保质保量、高效地完成服务工作。

第三节 第三方服务单位的分类

服务外包就是为了将有限资源专注于其核心竞争力，以信息、技术为依托，利用外部专业服务商的知识劳动力，来完成原来由企业内部完成的工作，从而达到降低成本、提高效率、提升企业对市场环境变化应变能力、优化企业核心竞争力的一种服务模式。在竞争日益激烈的今天，很多医院开始思考自己的核心竞争力，开始对经营的业务进行分析，区分出核心业务和非核心业务，并且开始将一部分非核心业务外包出去。

在医院开始进行外包实践的二十几年中，提供服务的第三方外包公司显得十分重要，目前可以将外包公司分为以下类型：基本建设型服务公司、服务型物业外包公司、技术型承包公司、技术型常驻公司以及售后维保型公司。

一、基本建设型服务公司

医用建筑具有专业性、多样性、公共性的特点，在建设阶段更是复杂，不仅需要内部基建部门的全力投入，建设型服务公司也起到重要作用，需根据医院的特性和需求，为医院提供专业的设计、施工以及监管。

EPC 总承包模式可以说是基本建设型服务公司的典型应用模式：医院将建设项目交给总承包商，总承包商对整个建设项目负责，却并不意味着总承包商须亲自完成整个建设工程项目。除法律明确规定应当由总承包商必须完成的工作外，其余工作总承包商则可以采取专业分包的方式进行。在实践中，总承包商往往会根据其丰富的项目管理经验、根据工程项目的不同规模、类型和医院要求，将设备采购（制造）、施工及安装等工作采用分包的形式分包给专业分包商。医院作为甲方也要负起监管责任，与总承包商加强沟通，共同严把施工质量和安全关、建筑材料质量关，严格按照国家有关规范，全程监控，并建立岗位责任制。

二、服务型物业外包公司

卫生系统在努力深化改革，将医院后勤服务与管理推向社会，因此迫切需要物业管理。相对于住宅区、写字楼、商场等一般性物业而言，医院是较难管理的一种物业。在管理中矛盾较多、困难较大，这是由医院物业管理自身的特点所决定的。

首先，医院物业管理的服务对象具有双重性。从业人员不仅给病人提供服务，还要同时满足医务人员的服务需要，而医务人员又在为病人服务。病人属于弱势群体，绝不像住宅区内的住户或写字楼里的办公人员那么易于管理和服务。服务要求越高，管理难度越大。

医院物业管理的功能除了是为医务人员和病人提供优质服务和高效管理，创造安全、文明、整洁、舒适的环境，还必须保证医院正常的医疗工作秩序。同时，良好的物业管理还能为医院树立品牌形象，吸引外来病人就诊，提高经济效益。医院物业管理范围广泛，包括保洁、运送、保安、工程维护、电梯服务等工种，每一部分的管理运作方式不同，由管理处统一协调控制。因此，医院物业管理功能和范围决定了管理的难度。

针对医院物业管理的特点，管理处需遵循物业管理的规律并结合医院实际运作状况，使管理程序和每个管理环节形成制度化、系统化的有机整体，使内部管理和现场管理有机地相互协调配合起来，诸如清洁消毒、机电维修、保安消防及对外关系协调等任何一个环节出问题，都将直接影响物业管理正常运行。因此，管理人员必须学会统筹兼顾，综合治理协调，从全局的角度看问题。

三、技术型承包公司

技术型承包公司项目的审计、设计、施工以及后期运行维护等服务，医院提供工作场地和条件。承包公司不只提供技术服务，还需要配备高度专业和复合型人才来共同完成技术、财务和管理方面的工作，并且在后期运行维护时从前端延伸到末端。综上所述，初期建设期低成本和低风险以及后期的省心省事使得越来越多的医院采用此种外包模式，但同时也要注意一点，虽然技术型承包公司一般有相对完善的管理制度和经过专业培训的工作人员，医院也要担负起监管的职责，加强管理。

合同能源可以说是技术型承包的典型应用。医院除了要将改造设备所有权转交给服务公司外，还需要向服务公司提供该设备相关的数据和资料，为服务公司的改造提供便利条件。项目初期，医院需要配合节能服务公司进行能源审计、节能改造方案的设计，某些条件下还需要承担融资的工作；实施项目的过程中，需要配合服务公司的改造、设备采购和安装调试；项目结束后，医院需要与服务公司共同测量并确认运行效果，支付给节能服务公司相应的费用。正式移交之后，该设备的所有权归属用能单位，但还需要继续由服务公司进行设备的后期运行维护工作。

医院投入少，由于节能服务公司需要提供从审计到验证一整套的节能服务，用能单位不必进行主要的工作，直到项目完成后，能立刻享受到部分的经济效益。同时，由于节能服务公司承担一整套的节能服务，用能单位需要实质上处理的事物相对较少。但是，由于合同能源管理复杂，用能单位也需要投入时间和精力协助节能服务公司完成节能改造。

四、技术型常驻公司

针对医院运营业务的需求特点，结合医院运营管理的相关要求，采用技术型常驻单位予以配合，技术型常驻公司即是对医院提供技术业务，并且派驻高素质工作人员，及时响应各项问题。

例如系统维护公司，针对医院需求所设计的系统充分吸收和考虑目前国内外医院的运营管理系统实践经验，本着先进、经济、实用、高效、可靠的原则进行方案设计、设备选型及项目实施。通过实时监控各个系统的设备运行状况，实现数据检测、故障报警、短信报警、报表统计、数据分析等功能，为医院工作正常进行提供重要支持和保障，此外通过管理软件与自动化软件层级分开的技术手段，为医院提供低成本、高效、便捷的管理平台。

五、售后维保型公司

售后维保型公司主要表现形式就是设备维护外包。作为业务流程外包的一种具体形式，设备维护外包获得了很大发展。设备维护职能的社会化、专业化分工，已经成为设备维护的发展趋势，让最具优势的服务公司承担相应的设备维护职能，是提升设备维护效能最有效的手段。作为一种管理模式的变革，设备维护外包是医院降低设备维护成本、精简维护机构、提高设备管理水平，进而增强竞争力的有效途径。

在医院设备的实际运行过程中，一般存在以下多种售后型维保。

（1）由设备生产厂家售后维修部门或其代理商售后服务部门进行维修：这种模式主要是针对大型的和进口的高端设备，因为此类设备专用性较强、技术要求较高、维修零配件具有较强的垄断性。除了原厂的技术力量和维修配件，其他的维修力量很难达到维修的效果，但此种维修费用一般较高。

（2）设备出现故障后临时聘请社会上有一定维修技能的人员进行维修，这种方式较为灵活，费用较低，有时能解决一些问题。

（3）依托某些大型医院的设备维修部门，组建面向社会的服务机构。现在有的大型医院与一些设备厂商建立了长期合作关系，一些设备厂商也希望利用医院现有的条件和技术力量，使其设备维修部门能承担其区域性维修代理。

不管是以上哪种售后型维保外包，都有一定的科学性和合理性，但同时存在一定的弊端。由厂家直接维修存在费用较高和信息不对称，且有的设备厂家并未在本地设置维修站造成维修周期较长，使医院在维修过程中容易处于被动的地位。长期信赖于社会上个人维修力量则只能是一种暂时性的办法，而且零配件的来源和维修质量并不能完全保证，双方并不存在合同的约束机制，不能保证维修的时效性。而依托某些医院的设备维修部门则存在机构性质难以界定，产权不够明晰，服务收费缺乏依据等问题。面对这种情况，通过加强维保售后型公司的管理，系统化和流程化维保事项，才能更好地解决在设备维修管理中存在的一些问题。

第四节　针对第三方服务公司的监管办法

一、监管的目标和原则

（一）监管的目标

后勤服务社会化改革目标是确保后勤服务社会化顺利开展的关键。在制定医院后勤服务社会化目标时，首先，需结合医院发展战略和实际情况。其次，优化目标尽量量化了。最后，还要制订定切实可行的实施计划。针对医院后勤服务实际，从后勤保障工作薄弱环节入手。对医院后勤服务具体监管标准、监管目标进行细化。

（二）监管的原则

通过对医院后勤服务进行梳理，拟定了社会服务项目后，对具体项目实施成本进行核算。在质量监管体系优化过程中，主要遵循以下原则。

（1）抓住重点，摸清拟实施项目的管理底数、设备底数、改革思路底数、满意度底数。

（2）确定社会化服务项目明细、数量、面积、人员指数等，例如：机电设备按台件计算，保洁与房产维修按建筑面积计算，医疗服务相关项目按实际需求计算。

（3）对拟定项目近几年所消耗的人员、材料等进行统计分析，提出拟定项目的年费用和今后几年费用的调查分析报告。

（4）市场调研，对近期外包项目所用材料费以及相关岗位人员工资进行实际调查。

（5）对前期策划准备进行总结，找出存在的不足，修订社会化方案与计划。

二、建立多元化的监管

由于医院第三方服务的多样化，为了对其进行有效监控，成立一个专门的质量监控委员会。该委员会成员主要由后勤主管副院长、计财、医院党办（纪检）、院办、总务科、护理部、保卫科、机电维修科、被服科、设备科和临床科室等相关科室的负责人组成。质量监控委员会主要工作包括：对社会化公司提供的服务的工作质量进行检查监督和考核；对考核结果进行分析及综合评价；与第三方服务公司沟通协调，督促其落实整改措施在后勤服务中存在的问题以及病人、职工所反映投诉的问题。

（一）建立多层次的内部监管体系

整合监管资源，对后勤服务实施层次化管理，具体分为以下两方面：第一，承包企业自我管理。为了提供高质量的服务产品，满足服务对象的期望，树立企业品牌，以便适应激烈的市场竞争，作为后勤服务者，承包单位必须加强自我管理。第二，医院监管委员会强化监管。作为后勤服务的业主单位，医院成立后勤服务监管委员会，组建一支精管理、懂专业的监管队伍，提高监管执行力。

（二）建立多方位的外部专业监管体系

后勤服务质量监管具有很强的专业性，且是一项相对个性化的工作。仅靠单位内部监管，很难有效实现质量监管目标。为了强化监管工作的客观性、专业性，降低后勤服务成本，提高质量，积极引进外部监管资源。例如：物价部门定期核价，控制餐饮原辅料成本和毛利率；卫生防疫部门定期检查食堂操作间的卫生情况；消防部门检查消防设备运行效能；电梯专业维修部门定期检修。此外，还可请社会上服务口碑好的先进企业、有资质信誉的专业评估公司或中介机构参与医院后勤服务质量监督，增强监管的科学性和权威。

（三）建立多角度的服务对象监管体系

针对医院后勤服务项目多、事务杂等特点，邀请医院各职能部门领导、员工、患者参与监督，具体操作方式如下。

（1）定期发放意见征求表，征集职工与患者的意见。

（2）成立专门的后期服务质量联络员队伍，聘请有关人员当“啄木鸟”，对后勤服务的不足进行监督，并收集来自服务对象的意见建议。

（3）建立由上级主管领导参加的后勤事务联席办公会，研讨影响后勤管理的大事、要事，分析第三方服务单位的问题和不足，在会上提出建议并督促其制订整改计划。

三、制定完善的质量监管体系

（一）明确质量监管任务

在医院后勤服务项目外包后，要转变医院职能，改革现行的监管体制，以保护医院利益为根本指导思想，重新划分医院的责权。在对承包单位服务质量进行监管过程中，医院责任主要体现在以下几方面。

（1）以结果为导向对服务质量进行现场考核。

（2）对具体后勤项目服务质量的影响因素，提炼出主要环节和重要因素，并对其进行监控。

（3）收集医院员工、病人对具体服务质量的评价信息。

（4）建立并完善后勤服务质量评估指标体系。

（5）制定完善的监控标准及程序。

（6）对违反合同条款、服务质量不合格的企业进行处罚。

为确保后勤服务质量监管责权的配置科学严密，根据医院后勤服务的特点，对决策、执行、管理及监督责任与权力进行多样组合，按照不同监管主体的比较，进行有效的配置，尽可能使分解的责任与其角色相符，使责权划分明确。

为有效地降低监管成本，使不同监管主体在后勤服务质量监管上实现优势互补，提高后勤服务的整体效率，充分发挥各监管主体的优势，从偏好和降低成本角度需要将管理责权重心下移，但其标准程序的制定、监督责权应当保留在高层机构。

（二）建立市场准入制度

根据法律法规的要求，结合医院后勤服务的特点，明确市场准入条件和准入程序。在公开、公正、公平的基础上，完善招投标制度，并对其实施过程进行全程监督。根据《中华人民共和国招标投标法》，采取公开招标的方式对代理人进行筛选，以减少不正当交易和腐败现象。在招投标制度实施过程中，可能存在承包单位为牟取高额利润，提高竞标价格的方法串谋营私。因此医院要制定相应措施，有效防止招标过程中的舞弊行为。

组建评标专家库，避免“暗箱操作”，同时结合具体后勤项目特点编制招标文件，确定评标方案。在招标文件中，明确招标主体、招标范围、招标程序、开标、评标和中标规则，要将承包合同的核心内容作为招标的基本条件。

在一定的服务质量基础上，选择投标价最低的承包方。将承包权视为对以最低价提供产品或服务的企业的奖励。通过这种方式，当招标阶段有比较充分竞争时，价格可达到平均成本水平，获得承包权的企业也只能得到正常利润。此外，医院对各后勤服务项目的承包权设相应的年限，使获得承包权的企业为了继续获得承包权，只有不断改善质量。

（三）制定详细规范合同下的质量监管体系

项目承包合同是当事人就项目事务双方的责任、义务和权利自愿签署的法律性文件，是保证项目正常实施、保护双方合法权益、监督双方履行义务的法律保证。合同是双方当事人依照法律规定而达成的协议，合同一旦签订，就具有法律上的效力，在合同双方当事人间产生权利和义务的法律关系。通过这种权利与义务的约束，合同双方方可认真、全面地履行合同。在建立合同关系后，医院的信用问题也是要特别注意的。医院要严格履行合同，合理使用监管手段。在监管过程中不得以公共利益需要等理由而无视个体利益的实现，要遵循信赖保护原则。为避免政策、标准变动影响企业履行合同既得利润，医院将相关调整政策列入下一年度合同后方予以执行。

在制定后勤服务承包合同时，必须明确以下各个方面。

（1）双方的权力与义务。

（2）服务承包单位的具体职责。

（3）对后勤服务的具体要求及衡量尺度。

（4）在履行后勤服务合同的过程中，医院具有某些方面的特权，例如：管理权、监督权、指挥权及解除权等。

（5）冲突解决机制。

（6）将后勤服务转包给其他承包商机制。

合同的具体条款包括：服务范围、服务内容、服务规范、服务质量标准、检查标准、检查评分方案、价款或报酬、合同期限、付款方式、违约责任、质量违约金罚款标准及方式、质量奖惩方式等。

（四）统一质量管理标准

由于受传统体制、惯性思想的影响，在后勤服务过程中，服务公司会不断降低标准，有的甚至将现状作为标准。因此，需要建立一套硬性指标体系，明确规定医院后勤服务及其监管标准，促进服务质量逐步提高。

1. 全面的服务标准

在制定医院后勤服务标准时，我们须遵循以下原则：第一，标准的前瞻性。在制定后勤服务质量指标体系时，注重其前瞻性，使该标准体现预测性、先进性，实现鼓励先进、鞭策后进的目的。第二，标准的常规性。对于有的后勤服务项目，由于其自身技术含量不高的特点，缺乏专门的行业标准，医院方需要对其进行认真研究，探索规律、总结经验，注重标准的常规性要求。第三，标准的行业性。大多医院后勤服务项目具有一定专业、行业要求，对于不同项目，其具有不同的管理要求和管理标准，因此，对技术含量高的项目，要针对其行业、专业特点，制定具有针对性的关键指标。第四，标准的适应性。随着后勤服务的不断变化，保持标准的适应性。

针对医院后勤服务具体项目，结合市场规则，根据社会发展和服务需求对标准进行适时修正。例如：对于餐饮服务项目，根据现代医院职工的健康状况，提供绿色、营养、低热、低脂等菜肴；根据病人民族归属、饮食习惯、口味特点等开具个性化菜单，服务标准紧跟需求变化，满意率持续稳定提高。

2. 严格的监管标准

为了提高监管性能，在制定监管指标体系时，要加强操作性，具体注意以下几个方面：

（1）服务的满意性。后勤服务监管的目标在于提高医院职工、病人等对承包商所提供服务的满意度，因此，与服务标准相比，监管标准要侧重于服务效果的检验，重点在于服务对象的反应。

（2）服务的协调性。后勤服务监管涉及不同专业、行业，因此，加强后勤管理部门与承包商的协调性。在制定标准过程中，后勤管理部门和承包商均要参与，以便提高服务过程中各环节的协调性。

（3）服务的可靠性。在制定标准时，在考虑其针对性和操作性基础上，医院方还要注重安全性、可靠性。从前瞻角度，对标准实施过程中可能存在的问题，制定相应措施，例如：设备维护是否到位、有效等。

（4）服务的严肃性。作为监管的依据，监管标准不仅要注重与形势发展的适应性，还要注重其制约性，以确保内容研究、执行严肃，提高监管效率。

3. 规范的工作流程

服务流程是质量指标体系的延伸，其连接着各个服务环节标准。为了确保服务标准及监管措施的有效执行，建立一套严密的工作流程，对服务操作建立规范流程，强化服务监督。针对医院后勤服务项目内容、特点，以 ISO 9001 质量标准体系为蓝本，引进程序管理、过程管理、质量管理、精品管理的理念，例如：《医院餐饮工作流程》《基建房产工程施工、管理工作流程》《设备工程施工管理工作流程》《监管员工作流程》等，不断完善服务的关键点和各环节的衔接点。

（五）实施现场质量监管

在对服务质量进行监控时，要采取动态的、同步的监控措施。由于医院后勤服务的特殊性，现场质量监管同时又是合同质量验收。质量监管委员根据合同中的质量条款，遵循相关的质量评定标准，对项目的质量进行全面考核和检查，以检查其质量是否符合服务规范，是否达到服务标准要求。

根据后勤服务质量标准要求，建立后勤服务质量监测制度，对承包商提供的服务质量实施动态监测，并将考核结果上报给监管委员会。一个合同年度结束后，根据服务标准，对后勤服务检查结果进行整理、统计，形成质量结果，以便确定项目质量等级，最终形成全部项目质量的考核结果。项目检查报告包括：项目各组成部分的质量等级；同一项目不同时期的质量检验结果；项目质量最终评价等。对于检查不合格的项目，对其承包商提出修改意见并且要求其落实完善。

执行现场质量监管，医院方应注意以下几个方面：（1）建立检查评分制度，通过考核打分对具体服务进行评比。在对服务项目进行评分前，不仅要明确评分内容和标准，还要通过相应机制确保其真实性、有效性。此外，在项目监管过程中，根据实际情况，对评分制度进行不断精练、调整，使其更具可操作性。（2）对项目实际状态和所制定的服务标准进行比较，以验证其是否达到标准，并定期撰写监督报告，揭示后勤服务项目一定时期内的服务质量状况，特别是服务质量与标准的偏差，使服务公司清楚自己所提供服务的情况。（3）建立质量检查记录档案制度。对服务质量检查记录进行保存，以便为质量评价提供原始依据。

四、建立质量监管反馈机制

在后勤服务监督过程中，对检查中发现的质量问题，将其及时反馈给承包商，并督促其限时整改，以使其能提供符合标准的高质量服务。根据医院后勤服务的特点，质量监管反馈方式主要有以下几类：

（1）现场沟通。在进行质量现场检查时，当发现问题时，当场指出其存在的问题，并要求其及时整改。

（2）书面沟通。将一段时期内的检查结果，进行整理、总结，以书面形式送达给服务商。

（3）会议沟通。针对具体项目的实际情况，组织质量会议，就服务存在的问题与承包商中上层管理人员进行面对面的沟通。

（4）公示检查结果。医院后勤主管部门对各承包商的服务情况在医院公示栏进行定期公示。

参考文献

[1] 李倩兰 . 国外物流管理理论发展历程探讨 [J] . 集团经济研究，2007（15）：314-315.

[2] 齐效松 . 某大型公立医院后勤社会化模式研究 [D] . 中国医科大学人文社科学院，2014：6-7.

[3] 赵阳 . 医院后勤服务外包的风险管理及应对措施 [J] . 中国医院，2014，18（9）：68-70.

[4] 肖平，刘颜，田怀谷，等 . 现代医院后勤社会化外包战略管理研究[J]. 中国医院管理，2008.28(2)：58-59.

[5] Alexander J.A.，Morrisey M.A.，AResource-Dependence Modelof Hospital Contract Management [J]. Health Service Research，1989.24（2）：59—84.

[6] 陈沪生 . 中德医院后勤科学化管理对比研究 [J] . 中国医院管理，2002，22（3）：46.

[7] Taylor K.S，Contacting Gains Ground：Annual Survey Shows10% Risein Useof Contract Services.Hospitals，1993，67（10）：32-42.

[8] 夏青 . 医院后勤社会化服务质量实证研究 [D] . 西南交通大学工商管理学院，2011：16-18.

[9] Dana B Mukamel，Jack Zwanziger，Anil Bamezai.Hospital competition，resoource allocation and quality of care [J] .BMC Health Service Research.2002，2：10.

[10] 肖平 . 方豪，刘颜 . 国内外医院后勤社会化研究 [J] . 现代医院，2005，9（5）：2-4.

[11] 廖振仲 . 公立医院后勤社会化改革的现状问题及对策研究 [D] . 同济大学，2008：1-66.

[12] 陈国瑾 . 我区医院后勤服务社会化改革的初步实践 [J] . 中国医院管理，2003，11（23）：5l-52.

[13] 顾宝成 . 论我国医院的后勤管理改革 [J] . 泰州职业学院学报，2006，6（5）：62-63.

[14] 郭建民 . 医院后勤制度改革实践与探讨 [J] . 现代医院管理，2006，5（15）：51-52.

[15] 夏保京 . 李晓庆 . 浅议医院后勤社会化改革 [J] . 现代预防医学，2007，34（4）：776-777.

[16] 宋永松，甘宁 . 医院物业外包管理服务、成本与风险控制 [J] . 中国医院，2015，19（1）：64-65.

[17] 陈梅 . 医院后勤外包精细化管理要点 [J] . 中国医院建筑与装备 .2014（7）：91-92.

[18] 曹凡 . 医院后勤服务社会化风险及控制 [J] . 江苏卫生事业管理，2013，24（2）：75-7.

[19] 舒峻 . 广东省人民医院后勤社会化质量监管体系优化研究 [D] . 兰州大学，2011：1-33.